航天科技图书出版基金资助出版

深空探测器自主导航与制导

崔平远　高　艾　朱圣英　著

中国宇航出版社

·北京·

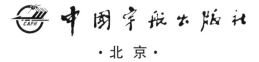

图书在版编目（CIP）数据

深空探测器自主导航与制导 / 崔平远，高艾，朱圣

英著 . -- 北京：中国宇航出版社，2016.8

ISBN 978 - 7 - 5159 - 1162 - 5

Ⅰ . ①深… Ⅱ . ①崔… ②高… ③朱… Ⅲ . ①空间探

测器－导航②空间探测器－制导 Ⅳ . ①V476

中国版本图书馆 CIP 数据核字（2016）第 198811 号

责任编辑	彭晨光			
责任校对	祝延萍	**装帧设计**	宇星文化	

出　版
发　行　　中国宇航出版社

社　址	北京市阜成路 8 号　**邮　编**　100830	**版　次**	2016 年 8 月第 1 版
	(010)60286808　　(010)68768548		2016 年 8 月第 1 次印刷
网　址	www.caphbook.com	**规　格**	787×1092
发行部	(010)60286888　　(010)68371900	**开　本**	1/16
	(010)60286887　　(010)60286804(传真)	**印　张**	19.75
零售店	读者服务部	**字　数**	481 千字
	(010)68371105	**书　号**	ISBN 978 - 7 - 5159 - 1162 - 5
承　印	北京画中画印刷有限公司	**定　价**	128.00 元

本书如有印装质量问题，可与发行部联系调换

航天科技图书出版基金简介

航天科技图书出版基金是由中国航天科技集团公司于2007年设立的，旨在鼓励航天科技人员著书立说，不断积累和传承航天科技知识，为航天事业提供知识储备和技术支持，繁荣航天科技图书出版工作，促进航天事业又好又快地发展。基金资助项目由航天科技图书出版基金评审委员会审定，由中国宇航出版社出版。

申请出版基金资助的项目包括航天基础理论著作，航天工程技术著作，航天科技工具书，航天型号管理经验与管理思想集萃，世界航天各学科前沿技术发展译著以及有代表性的科研生产、经营管理译著，向社会公众普及航天知识、宣传航天文化的优秀读物等。出版基金每年评审1～2次，资助20～30项。

欢迎广大作者积极申请航天科技图书出版基金。可以登录中国宇航出版社网站，点击“出版基金”专栏查询详情并下载基金申请表；也可以通过电话、信函索取申报指南和基金申请表。

网址：http：//www.caphbook.com

电话：(010) 68767205，68768904

序

深空探测是人类了解宇宙、认识太阳系、探索地球环境的形成与演变，获取更多科学认知的重要手段。2007年我国首次月球探测工程的成功实施，标志着我国已经进入世界具有深空探测能力的国家行列；2010年第二颗月球探测器“嫦娥二号”成功发射，分别于2011年实现了日地拉格朗日L2点探测、2012年实现了对4179号小行星（Toutatis，图塔蒂斯）的近距离飞越探测；2013年“嫦娥三号”完成了月面软着陆和巡视探测，实现了中国人的无人登月。当前，我国正在实施以“绕、落、巡”为主要内容的火星探测工程，未来还将开展以火星采样返回、小行星防御探测等为代表的深空探测活动。深空探测任务的实施将对推动航天事业发展、引领国家科技创新发挥十分重要的作用。

在人类进行深空探测活动的时候，由于深空天体目标多数与地球相距遥远（近邻火星与地球距离最近时约5500万千米，最远超过4亿千米），信息传输时滞很大（地球与火星间的单向信息传输时间约在3分钟至22分钟之间），要实现对深空天体目标的探测活动，仅依靠地面测控站难以满足对探测器的实时控制要求，因此探测器的自主管理成为深空探测的关键技术之一。自主管理包括探测器的自主任务规划与执行、自主导航与制导、自主科学与任务操作三个主要方面，其中自主导航与制导是在航天领域研究较早、已经进入应用阶段的一项关键技术。然而深空探测器的自主导航与制导往往面临可用导航天体源少且目标暗弱、导航信息源少且获取困难、星表形貌复杂且先验信息匮乏、小天体周围环境复杂且不确定性大等难题，同时在探测器的不同任务阶段所面临的难点问题各有不同。上述难点问题的出现，对导航与制导技术提出了更大的挑战，同时也是深空探测领域自主导航与制导技术发展的动力源泉。

《深空探测器自主导航与制导》一书从深空探测器自主导航系统可观性分析与度量入手，介绍深空环境和工程约束下的自主导航与制导问题；进而针对深空任务所包含的四个主要阶段——星际巡航段、接近交会段、环绕伴飞段和下降着陆段，分别介绍了导航信息的获取与处理方法、星际巡航和环绕伴飞的自主导航方法以及接近交会和下降着陆的自主导航与制导方法；既包含了不同飞行阶段的任务特点分析，又介绍了相应的自主导航方案及其实现方法，涵盖了深空探测自主导航与制导的主要阶段和内容；最后介绍了具有重要工程应用价值的三类典型深空任务——小天体撞击、小天体附着和火星着陆的自主导航与制导系统设计方法与仿真案例。该书所介绍的自主导航与制导系统设计思想和方法算法，紧密结合深空特殊环境和工程任务约束，将基础理论与新颖思想有机融合，对读者具有很好的启发作用。

本书凝聚了崔平远教授及其带领的科研团队，近年来在国家973等计划支持下开展的科研工作和参加月球探测工程实践中积淀的技术经验和成果，是一本融合基础理论和工程实际应用的学术专著，既可作为从事深空探测领域相关工作研究人员和科技工作者的参考书，也可作为航空宇航相关学科研究生的教材，将对促进我国深空探测器自主导航与制导技术的进一步研究和发展做出贡献。

二〇一六年八月十日

前 言

深空探测是人类对深空环境和天体开展的探测活动。它是伴随人类航天科技水平和能力提升而发展的又一航天活动重点领域。与地球卫星相比，深空探测器距离地球远、传输时滞大、实时测控难，仅依靠地面测控难以满足探测器的实时性要求，因此，探测器的自主管理成为深空探测领域的关键问题之一。本书是针对探测器自主管理的核心问题——自主导航与制导，在作者多年从事深空探测器自主导航与制导方面研究工作的基础上，参考相关优秀文献而完成的。期待本书能为我国深空探测任务的规划、设计与实现提供相应的理论方法。

全书共 9 章。第 1 章介绍深空导航与测控、自主导航与制导的特点及其相关的基本问题；第 2 章从深空动力学系统建模、导航观测模型与分析、深空轨道自主确定等问题出发，介绍深空探测器自主导航基本原理；第 3 章围绕深空自主导航系统特点，分别从导航系统可观性、非线性、稳定性与精度评价四个方面介绍自主导航系统性能分析理论与方法；第 4 章针对自主导航系统信息获取与处理问题，给出探测器不同飞行阶段的自主导航信息处理理论与方法；第 5～8 章针对深空探测器各飞行阶段特点，分别给出了星际巡航段、接近交会段、环绕伴飞段、下降着陆段的自主导航与制导方法；第 9 章结合小天体撞击、小天体附着、火星着陆三类典型任务，分析并给出了深空探测器自主导航与制导系统设计方法，同时介绍了三类典型任务的仿真实例。

本书围绕深空探测器自主导航与制导的特殊环境与约束问题，系统介绍了深空探测器自主导航与制导的基础理论，给出了探测器不同飞行阶段的自主导航与制导方法，包括基于暗弱目标的星际巡航段自主导航方法、基于天体视线信息的接近段自主导航与交会制导方法、基于路标信息的绕飞天体参数自主确定方法、基于矢量测量的着陆状态自主估计方法。书中既包括深空探测自主导航与制导的基础理论，又含有新颖的自主导航与制导系统设计思想和实用方法。本书的主要读者为从事深空探测领域相关工作的研究人员和科技工作者，也可作为高等院校相关专业的教学参考书。

本书初稿完成于 2012 年秋，几经修改，前后历时 3 年。其间，在国家 973 计划项目的资助下，补充完善了最新研究结果，同时得到了栾恩杰院士的精心指导。回顾十六年前栾恩杰院士引领我们进入深空探测领域开始耕耘，其情景仍历历在目，借此《深空探测器自主导航与制导》专著出版的机会，对栾恩杰院士的引领、指导和鼓励表示衷心的感谢。

本书包含了作者所在研究团队的相关研究成果，多位已毕业博士和硕士的研究工作为本书的撰写提供了支持，在此一并致谢。

本书的出版得到了“航天科技图书出版基金”的资助，同时得到了“国家重点基础研究发展计划（973 计划）项目（2012CB720000）”的资助。

由于作者水平所限，书中难免存在疏漏不足之处，恳请广大读者不吝指正。

作　者

二〇一六年五月于北京

目 录

第1章　绪　论

1.1　引言

深空探测是人类航天技术发展的高级阶段，是对地外天体或空间进行的探测活动。通过深空探测活动，可以使人类更深入地了解太阳系及宇宙的起源、演化和现状，进一步认识地球环境的形成和演变，获得空间现象和地球自然系统之间的关系，同时也有利于推动地外天体防御技术的发展，促进航天技术创新和空间科学研究水平提升。

1.1.1　深空与深空探测

目前，关于深空的定义主要有两种。第一种定义认为距离地球大于或等于地月距离的宇宙空间即为深空；第二种定义由国际电信联盟（ITU，International Telecommunication Union）给出[1]，把距离地球200万千米以远的宇宙空间作为深空。

基于上述深空的定义，深空探测相应有两种定义[2]。一种是月球及月球以远的空间探测活动为深空探测；另一种是距离地球200万千米以远的空间探测活动称为深空探测。与此相应，还有以探测器所受天体引力作用的性质来划分深空探测活动的第三种定义，即不以地球为主要引力场的探测活动可定义为深空探测。按照上述第一种和第三种定义，月球探测属于深空探测；若按第二种深空探测的定义，月球探测则不属于深空探测。目前为止人类进行的深空探测活动主要以太阳系为主，同时兼顾宇宙空间的观测。

1.1.2　深空探测典型任务

（1）深空1号

NASA“新千年”计划的目标是在低成本探测器上试验新技术，为未来更复杂的深空任务提供技术储备。深空1号（Deep Space 1）探测器于1998年10月24日发射，是NASA“新千年”计划中的第一个任务。在其发射之后的9个月内，深空1号成功地测试了12项新技术，并进行了小行星Braille（1992 KD）的近距离伴飞[3]。1999年末，其恒星跟踪器出现故障。通过对探测器进行重新配置，在2000年年初成功修复故障，并提出了探测Borrelly彗星的拓展任务。2001年9月，深空1号飞近Borrelly彗星的彗核，在相距2 171 km处拍下了高分辨率的彗星图像。

深空1号进行了一系列新技术试验，光学自主导航是其关键技术之一。探测器通过星载相机拍摄小行星和恒星的图像，导航与控制系统自主计算和修正探测器的飞行轨道。深空1号的光学导航系统是其自主系统的核心部分，称之为AutoNav系统[4]。该系统存储的数据包括事先计算好的标称轨迹，以及目标天体、小行星、太阳系行星和250 000颗恒星的星历。在整个任务中，AutoNav大约每周工作一次，除了能够在巡航段通过多小行星图像导航进行轨道确定外，还可以在接近交会段执行目标跟踪，为姿态控制系统提供精确的姿态指向信息，并基于对目标接近时间的估计进行交会序列操作的初始化。

深空1号任务的成功实施对深空探测技术的发展至关重要。任务中不仅传回了大量的科学任务数据，而且验证了多项深空探测自主技术，其性能参数为后续的探测器设计提供了详细参考。作为NASA“新千年”计划的重要任务之一，深空1号也体现出深空探测自主导航与制导技术是未来深空探测发展的重要方向。

(2) 隼鸟号

2003年5月9日，日本发射了其首个小行星探测器隼鸟号（Hayabusa）。任务的主要目的是实现对25143小行星（又名糸川，Itokawa）的采样返回，并在任务实施过程中对新技术进行测试[5]。

自主导航与制导技术是隼鸟号的亮点之一[6]。为了在着陆区先验信息不足的条件下实现小行星着陆，日本宇宙与航天科学研究所以隼鸟号任务为背景研制了着陆小行星的自主导航与制导系统。该系统通过光学导航相机对着陆目标区拍照，利用激光测距仪测量探测器到小行星表面的距离，导航滤波器通过处理图像和距离信息来获得探测器的位置和速度，再将状态信息反馈给制导系统，进而实现探测器的软着陆。

小行星探测是技术含量高、投入成本低、科学回报大的深空探测任务，“隼鸟号”发展和验证了小行星采样返回的诸多技术，为未来小天体着陆探测任务提供了重要参考。

(3) 火星漫游者

火星漫游者（MER，Mars Exploration Rover）是NASA火星探测计划的一部分，主要用于探测火星上是否出现过生命、火星岩石与土壤的形成过程中是否出现过水，以及火星气候特征等。火星漫游者任务包括MER-A和MER-B两次火星着陆任务，两颗火星探测器分别称为勇气号（Spirit）和机遇号（Opportunity）。勇气号于2003年6月10日成功发射，机遇号于同年6月25日成功发射。两颗探测器分别于美国东部时间2004年1月3日和24日在古谢夫陨石坑和维多利亚陨石坑实现成功着陆。

火星漫游者首次在火星着陆过程中采用了光学导航，其星载的下降图像运动估计系统（DIMES，Descent Image Motion Estimation System）在三个不同高度拍摄着陆地形获得下降图像，通过三幅序列图像间的特征点匹配，估计探测器每两幅图像拍摄之间的水平位移，进而结合匀速运动的假设，确定探测器的平均水平速度[7]。此外，火星漫游者考虑了未知风的干扰，在水平方向上通过控制主减速发动机来抵消水平速度。在竖直方向上，勇气号和机遇号载有雷达高度计[8]，可以实时精确获取探测器相对火星表面的高度和竖直方向速度，结合水平速度的估计，通过制导控制实现软着陆。

(4) 罗塞塔

2004年3月2日，发射了罗塞塔（Rosetta）彗星探测器，探测目标为67P/丘留莫夫-

格拉西缅科（67P/Churyumov－Gerasimenko）彗星，主要科学目标包括对彗星的全局及动态特性的测定，彗星挥发物和矿物成分测定，以及研究彗星表层活动演化过程等[9]。在为期10余年的深空飞行过程中，罗塞塔探测器经历了一次火星借力和三次地球借力，在飞往目标彗星的过程中，罗塞塔对2867Steins和21Lutetia两颗小行星进行了飞越探测，并于2014年11月在距离彗星表面22.5 km处释放菲莱（Philae）着陆器，实现了首次彗星着陆。

菲莱的整个下降过程持续7个小时。菲莱着陆器无导航和轨道控制系统，仅依靠彗星微弱的引力下降，着陆器通过内部的飞轮进行姿态控制[10]。由于无法实现软着陆，加之彗星引力微弱，菲莱以微小的速度与彗星表面接触后发生了第一次反弹，反弹高度约1 km，速度达到38 cm/s，历时约1小时50分钟。此后，菲莱以3 cm/s的速度被第二次弹回，7分钟后着陆在最终位置。由于菲莱位于巨大洼地中，并且部分处于黑暗，导致光照不足，因而无法正常工作。菲莱的着陆过程说明了自主导航与制导技术在小天体着陆中的重要性。着陆器依靠精确的自主导航系统确定自身的位置和速度，结合制导控制才有可能成功实现软着陆。

（5）深度撞击

2005年1月12日，NASA将彗星探测器发射升空，实施深度撞击（Deep Impact）计划。探测器于2005年7月4日抵达坦普尔1号（9P/Tempel 1）彗星，并释放一个小型撞击器撞向彗星，用以探测彗星表层下物质；同时观测弹坑形状，测量弹坑深度、半径及弹坑内部与喷出物的组成，并确定彗星释放气态物质的变化[11]。2005年7月21日，飞越器执行了一次深空机动，进入了返回地球的旅程，并于2007年12月经过地球借力，在2008年12月5日飞向Boethin彗星，继续执行NASA的发现计划（Discovery Program）。

深度撞击探测器包括一个飞越器和一个撞击器，其自主导航与制导系统是影响撞击任务成败的关键因素，该系统负责飞越器的指向控制与撞击器的末段制导。其中，自主导航系统包含3个独立模块：图像处理、轨道确定、机动计算[12]，可处于两种工作模式：1）有星模式，即利用包含目标天体与两颗以上其他星体的图像，在每个曝光时刻确定探测器方位；2）无星模式，即利用姿态确定控制系统（ADCS）确定探测器姿态，在每个曝光时刻与相机拍摄信息联合确定飞越器方位。撞击器的制导系统采用预测制导策略与脉冲制导方式，通过动力学递推预测撞击位置，并计算其与目标位置误差，用以确定推力大小和方向。

（6）火星科学实验室

北京时间2011年11月26日，NASA成功发射了火星科学实验室（MSL，Mars Science Laboratory）探测器，其携带的好奇号（Curiosity）火星巡视探测器于2012年8月6日成功着陆在火星的盖尔陨坑进行探测活动。按照NASA的计划，好奇号将在火星表面至少工作一个火星年（686个地球日）。在此期间，好奇号将挖掘火星土壤，钻取火星岩石粉末，分析火星岩石样本，探测火星是否具有支持微生物生存的环境。

火星科学实验室是美国新一代火星探测器的先驱，成功将大质量火星车着陆于目标区域，且着陆点海拔高度是历次火星着陆任务中最高的。火星科学实验室在火星大气进入过程中依靠惯性测量单元递推位置和速度，并首次采用大气进入制导，以消除由于进入初始偏差、大气模型不确定性及探测器动力学参数不确定性引起的落点误差，进而提高了探测器进入轨道控制能力和着陆精度[13]。在动力下降段，火星科学实验室依靠六波束多普勒雷达测量相对火星表面的高度和速度[14]，并采用二次多项式制导策略对着陆器进行制导控制[15]。最终利用“空中吊车”技术，采用绳系结构将好奇号平稳放至火星表面。此外，在下降过程中，着陆器还依靠星载相机对盖尔陨坑进行拍照，并对着陆区域地形进行评估，初步实现了障碍检测与规避能力。由于采用了大气进入制导技术，好奇号的着陆精度相比火星漫游者有了明显提高。

上述 6 次典型深空探测任务中，自主导航与制导技术是任务成功实施的关键。探测器具备星上自主导航与制导能力，不仅能有效避免测控信号传输造成的时延，也能解决人为数据处理和指令计算引起的延迟问题。应用星上自主导航与制导技术，从导航定位到指令生成的时间可缩短到几分钟甚至几秒钟，减少了操作复杂性，降低了任务成本，简化了地面支持系统，有效扩展了探测器的可执行任务范围，增加了科学回报。同时探测器自主导航也是探测器自主化的关键，可以进一步增强探测器的自主生存能力，扩展其空间应用潜力。

1.2 深空探测器的导航问题

1.2.1 探测器导航与测控

广义的导航是指将探测器从一个位置引导到另一个位置的过程，也可以理解为引导探测器沿预定轨道，以要求精度在指定时间内到达目的地的技术。本书中讨论的深空探测器导航是指确定或估计探测器的状态，包括描述质心运动的位置和速度，以及描述绕质心转动的姿态角和角速度。

目前，无线电测控是技术成熟、应用广泛的深空导航方式，也是天地信息交互的唯一途径。深空测控通信系统包括地面基站和空间应答机两部分，其主要任务是通过上行链路完成对深空探测器的遥测、跟踪与指令控制。下行链路则负责科学数据、音频及图像等信息的下传任务，即通过双向无线电通信链路，对探测器进行跟踪测量、导航定位、指挥控制等。深空测控与地球卫星测控最根本的区别在于，由于探测器距离地球远，导致信息传输时延大，从而衍生出一系列深空探测的测控通信问题。

（1）测控通信衰减与时延问题

通信距离变远，增加了通信路径的损耗，如表 1-1 所示[16]。如何弥补如此巨大的损失以达到测控通信的目的是深空测控面临的难题之一。由于距离过大引起天线能量发散，加之受天线尺寸与功率的限制，深空探测器即使采用定向天线用以集中能量指向地球，所取得的效果也是极其有限的。同时，由于探测器存储容量有限，使得不能完全采用传统存储转发的方式解决距离过大引起的时延问题。随着深空探测任务的多样化和复杂化，需要传送的数据量会变得非常巨大，传统的数据传输方式也难以满足未来深空探测的需求。

表 1-1　地球至太阳系各行星、月球的距离和时延

天体	距地球最远距离/（10^6 km）	增加路径损耗/dB	最大时延	距地球最近距离/（10^6 km）	增加路径损耗/dB	最小时延
月球	0.405 5	21.030	1.35 s	0.363 3	20.75	1.211 s
水星	221.9	75.797	12.378 min	101.1	68.969	5.617 min
金星	261.0	77.207	14.5 min	39.6	60.829	2.2 min
火星	401.3	80.943	22.294 min	59.6	64.345	3.31 min
木星	968.0	88.591	53.78 min	593.7	84.345	32.983 min
土星	1659.1	93.271	92.172 min	1 199.7	90.457	86.661 min
天王星	3 155.1	98.854	260.783 min	2 591.9	97.146	143.994 min
海王星	4 694.1	102.305	418.617 min	4 304.9	101.533	239.161 min

（2）断续测控和通信问题

探测器对地外天体的探测，包括飞越、绕飞和硬/软着陆等几种方式。由于地球和目标天体的自转运动，地面的单座深空测控通信站平均只能观测到探测器 8～12 h；反之，探测器也只能和单座深空测控通信站建立 8～12 h 的通信链路，如表 1-2 所示。如何将深空探测器采集到的珍贵数据和资料及时连续地传回地球，也是深空测控通信中的难点问题。

表 1-2　深空探测中的断续测控和通信时间

飞越方式	绕飞方式	硬/软着陆方式	着陆巡游方式
8～12 h	绕飞周期一半时间（另一半被遮挡）	目标星自转周期一半时间（另一半无法直接通信）	目标星自转周期一半时间（另一半无法直接通信）

（3）高精度导航定位问题

导航定位是深空通信的基础。深空探测器在空间运行，地面站与其建立通信链路、保证通信质量必须确切获知探测器在相应坐标系中的位置和速度，进而使天线方向能够对准探测器并接收信号，反之同理。由于深空探测距离远，因此就更加需要地面站具有精确的测角、测距和测速能力，为深空探测器导航定位。

20 世纪 70 年代初，导航系统主要依靠与航天器之间的双向通信链路传输时延和载波多普勒频移来测距测速。20 世纪 70 年代后期，增加了甚长基线干涉法测角，继而又发展了能够实时测角的连接元干涉技术和同波束干涉技术等[17]。深空探测器距离地球远，获得高精度的距离、角度和速度信息十分困难，这要求时钟和载频的稳定性非常高，且需要精确已知深空测控通信站在地球坐标系中的位置。传统方法需要对多天的测量数据作相关处理，才能得到相对精确的数值。同时，为了保证通信可靠性，就需要降低码速率，这又增加了相关处理的时间。因此发展一种实时的高精度定轨方法是深空测控通信的迫切需求。

1.2.2 探测器制导与控制

制导是导引和控制探测器按一定规律飞向目标或沿预定轨道飞行的过程。在此过程中，导引系统不断测定探测器与目标或预定轨道的相对位置关系，生成制导指令并传递给控制系统，进而实现对探测器的飞行控制。探测器在深空飞行的不同阶段需要采用不同的制导方式。

在星际巡航段，制导主要是进行轨道修正。在某一时刻，通过地面测控或星上自主导航获得探测器的轨道信息，并与参考轨道比较得到轨道误差，再通过轨道机动修正该误差。

在接近交会段，通常采用预测制导方法，该方法已经在深空1号和深度撞击任务中得到了成功应用。预测制导方法的基本思想是，在星上定时计算探测器的接近轨道并预测飞越点，将计算得到的预测点与期望目标点进行比较，利用该偏差产生控制信号，在燃耗和探测器指向满足要求的条件下，施加机动速度，改变探测器的接近轨道，进而达到消除偏差的目的。

在进入下降着陆（EDL）段，制导的作用尤为重要，特别对于具有大气环境的行星着陆过程，制导技术更是面临着严峻的挑战。以火星着陆过程为例，制导技术面临的难点问题主要包括以下方面。

（1）火星大气稀薄且不确定性大

火星本身的物理特性决定了火星的进入过程面临各种难题。当着陆器到达火星时，其相对火星的速度介于4～7 km/s之间，在进入段依靠气动阻力将速度减小到$Ma=2$左右，这个过程大约需要消耗掉最初动能的99%。与地球相比，火星具有较稀薄的大气和相对高的引力，导致相同升阻比的着陆器自由下降到距离表面同一高度时，在火星的终端速度比在地球高几倍，因此消耗99%的动能意味着更长的减速时间和更低的开伞点，从而导致火星高海拔地区的探测非常困难。

另外，与地球相比，对火星大气的了解仍比较有限。NASA马歇尔航天飞行中心根据已有的探测数据开发了Mar-GRAM大气模型[18]，可用于捕获及EDL阶段的系统设计、性能分析。火星表面大气密度不确定性可达80%以上，从而要求制导系统具有较强的鲁棒性[19]。

（2）进入段控制能力弱

与空天飞机等大升阻比飞行器不同的是，小升阻比着陆器的弱控制能力对制导系统的约束较大。着陆器的任务是将火星车着陆到火星表面，同时满足着陆精度和海拔高度要求。为实现上述目标，必须利用气动升力消除进入点状态误差和大气密度误差的影响。由于火星大气密度不确定性较大，而且风的扰动对着陆误差也具有较大的影响，因此仅通过控制倾侧角一个控制量来消除风的扰动和大气密度不确定性的影响，使着陆器同时满足开伞点纵程、横程及高度约束，其控制能力明显不足。着陆器进入段主要是通过跟踪参考加速度曲线获得期望的倾侧角；当横程误差达到设定阈值时，通过反转倾侧角满足横程的约束。由于火星大气进入过程持续时间短，限制了闭环制导系统倾侧角反转的次数，因此加大了横程误差。

(3) 着陆过程环境恶劣

在火星大气进入过程中，由于防热罩的遮挡造成光学导航仪器无法使用，同时由于高速进入的电离造成多频段无线电信号可能发生“黑障”现象，其直接导致了测量信息有限，只能利用惯性测量单元通过航位递推进行状态估计，造成导航精度低[20]。同时，进入过程的各种约束如果不能严格满足，就可能导致着陆器结构损坏等严重后果，而且火星着陆器进入速度很大，气动热问题更为严重。

降落伞下降段目前还不具备制导控制能力。由于降落伞下降过程中速度仍较大，且受风的影响显著，将引发着陆器姿态剧烈变化，为着陆器的实时高精度状态估计带来了难题，也对后续着陆制导的精度带来很大的影响。另外，着陆器携带的推进剂有限，需要研究如何在动力下降过程中减少推进剂消耗。

(4) 火星表面地形复杂

为了获得更多有价值的科学数据，未来需要着陆器在遍布岩石、山脊等复杂地形区域进行着陆探测。另外，火星距离地球遥远，天文观测难以获得详细的地表形态；同时已实施的探测任务得到的数据有限，导致目前缺乏高质量的火星表面地形表征数据。因而，为了实现在火星复杂表面安全、精确地着陆，需要实时对测量数据进行处理；同时利用火星表面特殊地形提供导航信息[21]，也需要对着陆区障碍地形和着陆点进行实时监测、评估，完成轨道规划和制导。

多项式制导方法曾在阿波罗登月和 MSL 动力下降过程中成功应用。对于载人登月任务，航天员能够实时进行障碍识别并进行规避，从而可以保证着陆器安全地在月球表面着陆。然而，对于无人火星探测任务，多项式制导方法无法满足在复杂地形区域安全着陆的要求，因而，需要研究具有自主障碍规避功能的制导方法。

1.3 深空探测器自主导航

自主导航是飞行器依靠自身所载设备，自主地获取相关信息完成导航任务，和外界不发生任何信息交换。随着星载计算机和敏感器性能的不断提高，探测器自主导航技术也获得了迅速发展。最基本的自主导航方式是惯性导航，主要由惯性测量装置（陀螺和加速度计）、计算机和稳定平台（捷联式惯性导航为数字平台）组成。陀螺和加速度计测量探测器相对于惯性空间的角速度和线加速度，通过计算机进行导航解算，从而获得探测器相对某一基准的导航参数。虽然惯性导航自主性强，但由于惯性器件误差随时间不断积累，故需要利用其他自主导航方式辅助深空飞行中的惯性导航，并按任务飞行阶段的不同选择相应的自主导航方式。

在巡航接近段一般采用光学自主导航，通过处理探测器拍摄的天体图像，获得探测器到某一天体的视线矢量或者位置信息[22]。在下降着陆或附着阶段可采用多普勒雷达导航，以获得探测器相对天体表面的相对距离和速度信息[23]。在该阶段也可采用视觉导航，探测器在下降过程中拍摄着陆区图像，通过与地形库或序列图像之间的匹配，获得探测器的位置信息[24]。脉冲星导航是具有发展前景的深空探测器自主导航方式，通过在探测器上安装 X 射线探测器，探测脉冲星辐射的 X 射线光子，测量光子到达时间和提取脉冲星影像信息，经过相应的信息和数据处理确定探测器的运动参数[25]。表 1－3 列出了部分深空探测任务的自主导航方式。

表 1－3　部分深空探测任务的自主导航方式

任务/探测器	国家	自主导航方式	导航敏感器
阿波罗 8 号	美国	天文导航	空间六分仪
SPARTAN	美国	天文导航	空间六分仪
克莱门汀	美国	天文导航	星敏感器
NEAR	美国	光学导航	多光谱成像仪/激光测距仪
深空 1 号	美国	光学导航	导航相机
星尘号	美国	光学导航	导航相机
隼鸟号	日本	光学导航	导航相机/激光测距仪
SMART－1	欧洲空间局	光学导航	导航相机
罗塞塔	欧洲空间局	光学导航	导航相机/微波雷达
深度撞击	美国	光学导航	导航相机
火星探测漫游者	美国	光学导航	导航相机

在以上自主导航方式中，光学导航是目前应用较广、技术相对成熟的自主导航方式。在星际巡航段，探测器可对附近可见的小行星或大行星拍照，通过中心定位技术，确定亮度最大的像素点。该像素点在像平面中的位置反映了天体相对于星载相机的方向，结合相机在惯性系的指向即可确定天体在惯性系下相对于探测器的视线方向。连续观测获得多个视线方向矢量，并利用非线性最小二乘算法，可以估计出探测器的位置和速度。光学导航的精度受多种因素影响，包括相机系统参数、距离目标天体的距离、图像拍摄频率及目标天体的星历精度等。

对于飞越或撞击阶段，光学导航从距离到达目标点之前几分钟到几小时开始，探测器只对目标天体进行拍照。初始图像用于提供探测器相对目标点横程的位置信息，随着探测器逐渐接近目标点，图像中变化的成像目标几何构型可提供探测器相对目标点纵程的位置信息。在此过程中，同样采用中心定位技术确定观测视线方向矢量，但与星际巡航段不同的是，目标天体在图像中所占范围可能大于一个像素点，因此中心定位技术与星际巡航段略有差异。

对于环绕或着陆阶段，目标天体可能充满整幅图像，也可能仅有一部分在图像中。此时，需要以天体表面的特征点为基准进行导航，星表特征点一般通过先前的任务观测获得，并确定其在天体固连坐标系下的位置。与星际巡航段类似，每一个特征点可提供探测器到特征点的视线矢量，如果有三个可用特征点，则可以确定探测器的三个位置分量及相机视轴指向的三个分量；如果有三个以上的特征点可用，则每拍摄一幅图像都可以用最小二乘法进行探测器状态估计。将一系列的观测量融合到滤波器中，可以估计出探测器完整的轨道。多特征点矢量位姿确定技术特别适用于弱引力小天体（小行星和彗星）附近的环绕探测，此技术的应用需提前存储目标天体的地形特征库信息，并通过特征点的识别与匹配获得拍摄图像中特征点在目标天体固连坐标系中的位置。

上述信息处理与轨道确定过程可通过无线电下传图像至地面进行数据解算实现，但会受到测控通信能力的制约。因此，自主导航系统不仅需要具备自主获取信息的能力，还应具备以下自主功能：1）原始图像的实时处理；2）基于图像数据的自主定轨；3）自主任务规划与执行。所涉及的关键技术包括以下内容。

（1）信息获取技术

图像处理是自主导航的基础，是将图像转换成有效观测数据的过程，为导航滤波器提供观测数据。原始图像由星载相机拍摄获得，相机的物理参数（如焦距、光圈等）根据科学要求和导航需求综合确定。一般相机的感光元件为电荷耦合器件（CCD），图像的分辨率由CCD成像阵列中的像素大小和相机焦距共同决定，总视场大小由像素数量决定。光学导航一般采用滤光技术获得最大光通量，并在最短时间内获得最强信号，以减少由于探测器运动所造成的图像模糊和相机噪声干扰。相机的动态成像范围由其数字化水平决定，一般的自主导航系统所使用相机的动态成像范围多为8～12 bit/pixel。

（2）轨道确定技术

轨道确定是根据一系列的观测量，通过滤波估计确定探测器轨道（位置和速度）及相关参数的过程。与导航观测相关的参数主要包括探测器姿态和相机偏移误差，与轨道确定相关的参数包括太阳光压标度因子及各种未建模项。星上自主轨道确定需要着重考虑以下因素。

①数据预处理

原始测量数据中包含许多由系统或噪声导致的极端值，若不剔除会严重影响定位精度。因此，获得测量数据后，并不直接输入滤波器，而是先存储数据，再与预测观测量比较，以剔除极端值。若经过一段时间的观测，所得观测数量不足以精确计算探测器状态信息，则探测器依旧使用先前的状态信息。数据预处理时采用的参数或标准由具体任务确定，一般在任务前通过大量的蒙特卡罗仿真分析确定参数值，以获得最佳定轨精度。由于光学观测频率较低（测量一次耗时几分钟）、观测数据稀疏，因此数据预处理需要严格设定标准。如果有地面测控辅助，则对定轨过程会有很大帮助。原始数据通过数据预处理后，即可用于轨道确定。

②动力学模型

若测量信息在地面解算，则描述探测器轨道动力学的模型越精确越好，而且大型计算机的超强计算能力使得数值积分和微分运算速度不受限制。然而，对于星载计算机来说，其性能远弱于地面计算能力，自主解算速度是星上自主导航系统的主要问题之一。在某些情况（如高速飞越）下需进行模式快速转换，全自主导航中动力学模型不能过于复杂，否则会对星载计算机造成极大负担。一般情况下，可只考虑中心天体和第三体质心引力、太阳光压、化学推进产生的瞬时推力，以及电推进产生的线性多项式小推力。同时，为获得发动机推力的最新信息，发动机的动作会转换成“非引力曲线”，以记录速度增量随时间的变化。在轨道递推时，将该曲线离散化并输入星载计算机中，即可获得递推时间点的瞬时速度增量。

在小行星和彗星高速飞越任务中，可将动力学模型作进一步简化，假设探测器飞越目标天体时作直线运动。自主导航系统开启时，轨道初值采用地面测控确定的位置和速度，飞越过程中速度不作更新。对于这类质量较小的天体，这种简化模型精度较高，且已经在实际任务中得到应用。

③滤波估计

滤波估计是利用有效观测数据确定探测器状态的过程。在航空航天领域中，卡尔曼滤波算法应用广泛，其可通过每次观测进行状态更新，适用于高频观测或者对状态更新频率有较高要求的情况。但对于大部分深空探测任务，对状态更新频率并没有如此高的要求；且光学观测的频率较低，观测数据需要预处理，因此光学自主导航更适合采用批处理滤波方式，即存储大量的原始观测数据，通过预处理剔除极端值，再进行滤波估计。

（3）机动规划技术

若通过轨道确定获得了探测器轨迹状态的最优估计，则需进行轨道预报，以检验探测器目前轨道是否能够满足任务要求；若无法满足，则需要通过轨道机动进行修正。目前的自主导航可以搭配两种类型的机动：小推力机动（如离子推进系统）和脉冲推力机动（如化学推进系统）。

对于小推力机动，给定的速度增量可以持续几小时至几个月，这主要取决于任务阶段及相对目标状态的转移时间。所采用的方法是，将地面得到的最优连续推力分成几个线性部分，每一部分都由推力矢量的赤经、赤纬和推力幅值组成。采用上述线性化方法，各部分的赤经/赤纬均根据当前定轨结果进行调整。

脉冲推力机动相对简单，每一次机动都可以独立求解，推力参数可根据不同目标参数进行确定。对于探测器飞越阶段，目标参数是“B 平面”的方位和距离目标点的时间（B 平面指的是原点在目标天体且垂直于接近轨道的平面）。如果飞越时间不重要（如撞击任务），那么只需将表征 B 平面的两个参数作为目标。然而，对于在天体附近的环绕或着陆阶段，目标参数可以设置为沿着参考轨道的路径点或天体表面的着陆位置。

无论采用何种机动类型，均需在地面提前完成轨道的优化设计工作。然而在深空飞行过程中，往往会出现实际值与参考值偏离较大的情况，此时需要自主导航系统具有自主轨道规划能力。

随着导航敏感器技术的进一步发展、星载计算机性能的进一步增强及对自主导航滤波技术研究的进一步深入，自主导航将成为未来深空探测器导航与测控的必然趋势，且将对未来深空探测任务影响深远。此外，由于我国的测控资源及测控覆盖率有限，在未来的深空发展规划中自主导航技术显得更为重要。

1.4 本书主要内容

本书针对深空探测器导航与制导的基本理论和前沿问题，系统介绍自主导航与制导的理论和方法，进而从不同探测任务阶段的特点和面临的难点问题出发，分别介绍星际巡航段、接近交会段、环绕伴飞段、下降着陆段自主导航与制导系统设计的新颖思想和实用方法算法；最后从系统仿真实践的角度分析典型深空探测任务实例，并给出深空探测器自主导航与制导系统设计值得注意的问题。主要内容如下。

1）深空探测基本概念与导航问题：简要介绍深空与深空探测的基本定义，回顾深空探测典型任务中的导航制导案例，给出深空导航与测控、制导与控制的基本问题。

2）自主导航模型与方法：从深空探测器自主导航的基本原理出发，系统介绍深空探测参考时空系统、各阶段动力学模型、常用导航观测模型和导航敏感器、导航几何分析及自主轨道确定方法。

3）自主导航系统性能分析：从非线性随机系统理论入手，介绍深空导航系统可观性、非线性、稳定性与精度评价四个方面所涉及的自主导航系统性能分析理论与方法。

4）自主导航信息处理：主要介绍不同探测任务阶段导航信息的特点、信息处理方式和手段，并结合各个任务阶段导航敏感器所跟踪的目标在大小、距离、亮度和背景杂光等方面存在的差异，给出不同导航信息处理难点的解决方法。

5）星际巡航段自主导航：主要介绍星际巡航段的任务特点与面临的导航控制问题，给出基于多小行星图像的自主导航和巡航姿态机动控制所涉及的技术方法。

6）接近交会段自主导航与制导：主要介绍接近交会段的任务特点及面临的导航与制导问题，给出地面辅助光学导航、目标天体图像自主导航方法，以及两种常用的接近交会自主制导方法。

7）环绕伴飞段自主导航：主要介绍环绕伴飞段的任务特点与面临的导航问题，给出目标天体导航特征库的构建方法、目标天体物理参数估计方法以及基于天体特征的自主导航方法。

8）下降着陆段自主导航与制导：主要介绍下降着陆段的任务特点与面临的导航制导问题，给出多特征图像光学导航方法、三矢量信息组合导航方法，以及三种下降着陆自主制导方法。

9）自主导航与制导系统仿真：从导航制导系统仿真实践的角度，介绍深空探测器导航制导仿真系统的功能与结构，分别对小天体撞击、小天体附着、火星着陆三类代表性任务进行分析，并给出深空探测器自主导航与制导系统设计实例及值得注意的问题。

参考文献

[1] 吴伟仁，董光亮，李海涛．深空测控通信系统工程与技术．北京：科学出版社．2013：1－10.

[2] 崔平远，乔栋，崔祜涛．深空探测轨道设计与优化．北京：科学出版社．2013：1－205.

[3] Duren R M. Validation and verification of deep－space missions. Journal of Spacecraft and Rockets，2004，41（4）：651－658.

[4] Desai S. Autonomous optical navigation（AutoNav）technology validation report. Report of Jet Propulsion Laboratory，2000.

[5] Kawaguchi J，Fujiwara A，Uesugi T. Hayabusa—Its technology and science accomplishment summary and Hayabusa－2. Acta Astronautica 2008，62：639 － 647.

[6] Misu T，Hashimto T，Ninomiya K. Optical guidance for autonomous landing of spacecraft. IEEE Transaction on Aerospace and Electronic Systems，1999，35（2）：459－473.

[7] Cheng Y，Goguen J. The Mars exploration rovers descent image motion estimation system. IEEE Intelligent Systems，2004，3（19）：13－21.

[8] Braun R D，Mannin R M. Mars exploration entry，descent，and landing challenges. Journal of Spacecraft and Rockets，2007，44（2）：310－323.

[9] Colangeli L，Moreno J. Palumbo P. GIADA：the grain impact analyser and dust accumulator for the Rosetta space mission. Advances in Space Research，2007，39（3）：446－450.

[10] Witte L，Schroeder S，Kempe H，et al. Experimental investigations of the comet lander Philae touchdown dynamics. Journal of Spacecraft and Rockets，2014，51（6）：1885－1894.

[11] Michael F，Hearn A，Michael J S，et al. Deep impact：a large－scale active experiment on a cometary nucleus. Space Science Reviews，2005，117：1－21.

[12] Mastrodemos N，Kubitschek D G，Synnott S P. Autonomous navigation for the deep impact mission encounter with comet Tempel 1. Space Science Reviews，2005，117：193－205.

[13] Mendeck G F，McGrew L C. Entry guidance design and postflight performance for 2011 Mars science laboratory mission. Journal of Spacecraft and Rockets，2014，51（4）：1094－1105.

[14] Chen C W，Pollard B D. Radar terminal descent sensor performance during Mars science laboratory landing. Journal of Spacecraft and Rockets，2014，51：1208－1216.

[15] Steinfeldt B A，Grant M J，Matz D A，et al. Guidance，navigation，and control system performance trades for Mars pinpoint landing. Journal of Spacecraft and Rockets. 2010，47（1）：188－198.

[16] 姜昌，黄宇民，胡勇．研究与开发天基深空通信跟踪（C&T）网的倡议．飞行器测控学报，1999，18（4）：28－37.

[17] Thornton C L，Border J S. Radiometric tracking techniques for deep space navigation. USA：A John Wiley & Sons，Inc，2003.

[18] Justus C G，Duvall A L，Johnson D L. Mars global reference atmospheric model（Mars－GRAM）

and database for mission design. International Workshop: Mars Atmosphere Modeling and Observations, Granada, Spain, Jan. 13 - 15, 2003.

[19] Shen Z J, Lu P. Onboard generation of three - dimensional constrained entry trajectories. Journal of Guidance, Control, and Dynamics, 2003, 26 (1): 111 - 121.

[20] Levesque J F, de Lafontaine J. Innovative navigation schemes for state and parameter estimation during Mars entry. Journal of Guidance, Control, and Dynamics, 2007, 30 (1): 169 - 184.

[21] Cheng Y, Ansar A. Landmark based position estimation for pinpoint landing on Mars. 2005 IEEE International Conference on Robotics and Automation. Barcelona, Spain, April 18 - 22, 2005.

[22] Karimi R, Mortari D. Interplanetary autonomous navigation using visible planets. Journal of Guidance, Control, and Dynamics. 2015, 38 (6): 1151 - 1156.

[23] Qin T, Zhu S, Cui P. An innovative navigation scheme of powered descent phase for Mars landing. Advances in Space Research, 2014, 54 (9): 1888 - 1900.

[24] Shang Y, Palmer P L. Lunar lander's three - dimensional translation and yaw rotation motion estimation during a descent phase using optical navigation. Acta Astronautica, 2011, 68 (1 - 2): 149 -159.

[25] Cui P, Wang S, Gao A, Zhu S. X - ray pulsars/Doppler integrated navigation for Mars final approach. Advances in Space Research, 2015, 57 (9): 1889 - 1900.

第 2 章　自主导航模型与方法

对于深空探测自主导航系统，探测器动力学模型、导航观测模型及状态估计方法都是最基本的要素。由于深空探测任务持续时间长、空间跨度大，因此不同阶段的参考坐标系及动力学模型有较大差异，且导航观测方式也呈现多样化。对于不同的动力学模型和导航观测模型，又需要有相应的导航滤波方法对探测器的运动参数进行估计。本章将从深空探测自主导航的基本原理出发，系统性地介绍深空探测的参考时空系统、各阶段动力学模型、常用导航观测模型和导航敏感器、导航几何分析，以及轨道确定方法。

2.1　动力学系统模型

2.1.1　坐标系与时间系统

（1）参考坐标系

探测器导航的任务就是确定探测器相对于所选定的参考坐标系的位置、速度和飞行姿态，轨道动力学模型的建立也必须找到一个合适的参考坐标系。所以这里定义了本文所涉及的参考坐标系。

①参考坐标系的定义

为了描述参考坐标系，需要给出坐标原点 O 的位置、基准平面（即 OXY 平面）的方位、主方向（即 X 轴的方向）和 Z 轴的方向。由于 Z 轴垂直于基准平面，故只需说明其正方向。总是选择使坐标系成为右手系的 Y 轴方向。

1）日心黄道坐标系：原点 O 定义在日心，OXY 平面与黄道面一致，如图 2－1 所示。黄道面与地球赤道面的交线确定了 X 轴的方向；此方向称为春分点方向；Z 轴垂直于黄道面，与地球公转角速度矢量一致。由于地球自旋轴的方向有缓慢的漂移，导致了黄赤交线的缓慢漂移。因此，日心黄道坐标系实际上并不是一个惯性参考坐标系，故需要注明所用的坐标系是根据哪一特定年份(历元）的春分点方向建立的。本文采用 J2000.0 日心黄道坐标系，其基准平面和主方向分别为 J2000.0 的平黄道和平春分点。

2）地心坐标系一般可分为以下几种。

a）地心黄道坐标系：原点定义在地心，基准平面是黄道平面，X 轴方向指向春分点，Z 轴指向北极，即日心黄道坐标系原点平移到地心形成的坐标系。

b）地心赤道坐标系：原点定义在地心，基准平面是赤道平面，X 轴方向指向春分点，Z 轴指向北极，如图 2－2 所示。需要说明的是，地心赤道坐标系并不是固定在地球上同地球一起转动的，该坐标系相对于地球是旋转的。本文采用 J2000.0 地心赤道坐标系，其主方向为 J2000.0 的平春分点。

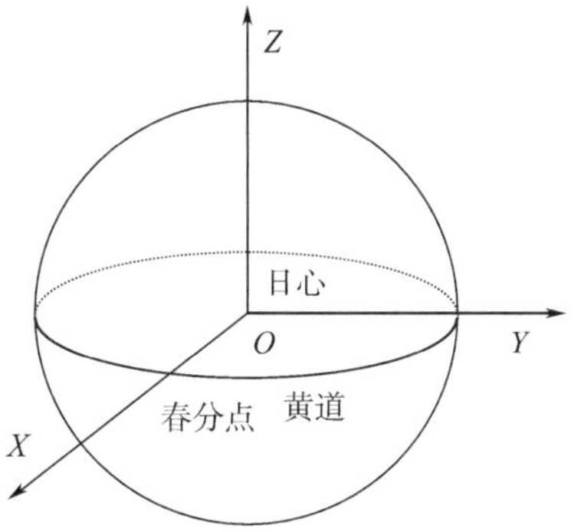

图 2-1　日心黄道坐标系

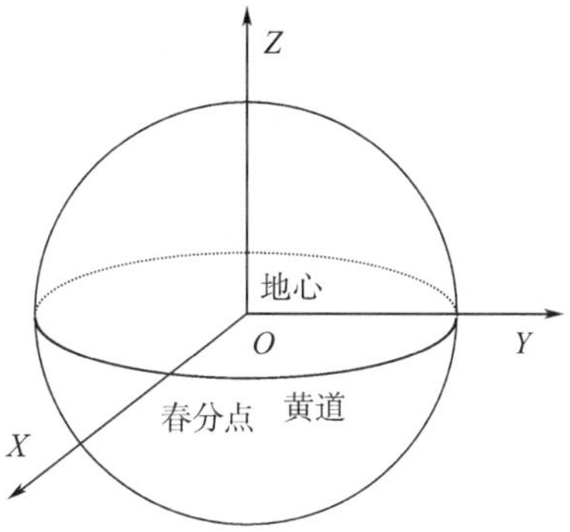

图 2-2　地心赤道坐标系

3）目标天体坐标系一般可分为以下几种。

a）目标天体惯性坐标系：原点定义在目标天体质量中心，基准平面是黄道平面，X、Y、Z 轴分别与日心黄道坐标系的 X、Y、Z 轴方向一致。

b）目标天体固连坐标系：原点定义在目标天体中心，Z 轴选择目标天体的自转轴，即目标天体的最大转动惯量轴，X 轴指向目标天体的最小转动惯量轴，选择构成右手坐标系 Y 轴。

c）着陆点坐标系（目标天体表面坐标系）：原点定义在着陆点（目标天体表面），基准平面取当地水平面，X 轴指向东，Z 轴从目标天体中心指向着陆点，选择构成右手坐标系的 Y 轴。

4）轨道坐标系：以探测器质心为原点，Z 轴沿探测器指向中心天体中心方向；X 轴在瞬时轨道平面内垂直于 Z 轴，指向探测器速度方向；Y 轴与瞬时轨道平面的法线平行，构成右手坐标系。

5）考虑到探测器的结构，探测器本体坐标系一般可分为以下几种。

a）特征轴坐标系：X 轴沿探测器某一特征轴方向，Y 轴和 Z 轴也沿着探测器另外两个特征轴方向，且 X 轴、Y 轴、Z 轴构成右手直角坐标系。

b）惯性主轴坐标系：X 轴沿探测器某一惯性主轴方向，Y 轴和 Z 轴也沿着探测器另外两个惯性主轴方向，且 X 轴、Y 轴、Z 轴构成右手直角坐标系。

c）速度坐标系：X 轴沿探测器速度方向，Y 轴在探测器纵向对称平面内，垂直于 X 轴指向上方，且 X 轴、Y 轴、Z 轴构成右手直角坐标系。

根据深空探测不同任务段的需求，探测器本体坐标系必然保持在一定的姿态模式下。一般来说，主要有如下几种模式：对地定向、对日定向、对目标天体定向、对着陆目标定向、对导航目标天体定向和轨道机动点火姿态等。这里所说的本体坐标系定义得与期望的姿态模式一致，主要用来模拟测量数据。

②参考坐标系之间的转换关系

为了进行不同坐标系之间的转换，必须推导不同坐标系之间的转换矩阵。坐标变换必然涉及坐标旋转，为此，首先定义坐标旋转对应的转换矩阵表示方法。

若原坐标系中的某一矢量用 $\boldsymbol{r}$ 表示，在旋转后的新坐标系中用 $\boldsymbol{r}'$ 表示，若 OYZ 平面、OXZ 平面和 OXY 平面分别绕 X 轴、Y 轴和 Z 轴转动 θ 角（逆时针为正），则有

$$\begin{cases} \boldsymbol{r}' = \boldsymbol{T}_x(\theta)\boldsymbol{r} \\ \boldsymbol{r}' = \boldsymbol{T}_y(\theta)\boldsymbol{r} \\ \boldsymbol{r}' = \boldsymbol{T}_z(\theta)\boldsymbol{r} \end{cases} \tag{2-1}$$

其中

$$\boldsymbol{T}_x(\theta) = \begin{bmatrix} 1 & 0 & 0 \\ 0 & \cos(\theta) & \sin(\theta) \\ 0 & -\sin(\theta) & \cos(\theta) \end{bmatrix}$$

$$\boldsymbol{T}_y(\theta) = \begin{bmatrix} \cos(\theta) & 0 & -\sin(\theta) \\ 0 & 1 & 0 \\ \sin(\theta) & 0 & \cos(\theta) \end{bmatrix}$$

$$\boldsymbol{T}_z(\theta) = \begin{bmatrix} \cos(\theta) & \sin(\theta) & 0 \\ -\sin(\theta) & \cos(\theta) & 0 \\ 0 & 0 & 1 \end{bmatrix}$$

旋转矩阵 $\boldsymbol{T}$（θ）有如下性质

$$\boldsymbol{T}^{-1}(\theta) = \boldsymbol{T}^{\mathrm{T}}(\theta) = \boldsymbol{T}(-\theta) \tag{2-2}$$

式中 $\boldsymbol{T}^{-1}$ 和 $\boldsymbol{T}^{\mathrm{T}}$—— 分别表示矩阵 $\boldsymbol{T}$ 的逆和转置。

1）历元日心黄道坐标系—历元地心黄道坐标系—历元地心赤道坐标系。

历元日心黄道坐标系和历元地心赤道坐标系之间的转换为平移和旋转，其中平移对应一个过渡性的历元地心黄道坐标系。记历元地心赤道坐标系、历元地心黄道坐标系和历元日心黄道坐标系的位置矢量分别为 $\boldsymbol{r}$，$\boldsymbol{r}_{\mathrm{E}}$ 和 $\boldsymbol{r}_{\mathrm{S}}$，则有

$$\begin{aligned} \boldsymbol{r}_{\mathrm{E}} &= \boldsymbol{r}_{\mathrm{S}} + \boldsymbol{r}_{\mathrm{SE}} \\ \boldsymbol{r} &= \boldsymbol{T}_x(-\bar{\varepsilon})\boldsymbol{r}_{\mathrm{E}} \end{aligned} \tag{2-3}$$

其中

$$\varepsilon = 23^{\circ}26'21''.448 - 46''.8150t - 0''.00059t^2 + 0''.001813t^3$$

$$t = \frac{\mathrm{JD}(t) - \mathrm{JD}(\mathrm{J2000})}{36525.0}$$

式中 $\boldsymbol{r}_{\mathrm{SE}}$——太阳（日心）在地心黄道坐标系中的位置矢量；

$\bar{\varepsilon}$ ——平黄赤交角，$\Delta\varepsilon$ 是交角章动，$\bar{\varepsilon} = \varepsilon - \Delta\varepsilon$ ；

$\mathrm{JD}(t)$ ——计算时刻 t 对应的儒略日；

JD(J2000) ——历元 J2000 对应的儒略日。

2）目标天体惯性坐标系—目标天体固连坐标系—着陆点坐标系。

如图 2-3 所示，可以利用三个欧拉角 φ，ψ，θ 来描述目标天体固连坐标系相对目标天体惯性坐标系的指向。记目标天体惯性坐标系和目标天体固连坐标系的位置矢量分别为 $\boldsymbol{r}_{\mathrm{A}}$ 和 $\boldsymbol{r}_{\mathrm{F}}$，则有

$$\boldsymbol{r}_F = \boldsymbol{T}_z(\psi)\boldsymbol{T}_x(\theta)\boldsymbol{T}_z(\varphi)\boldsymbol{r}_A \tag{2-4}$$

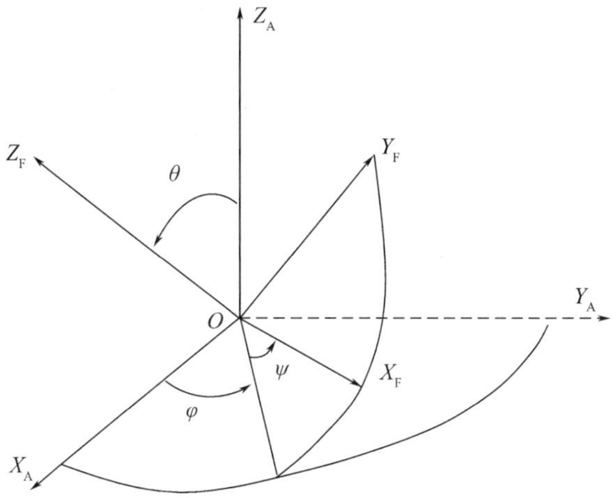

图 2 - 3　目标天体惯性坐标系与目标天体固连坐标系

如图 2 - 4 所示，定义 r，λ，L 分别为探测器在目标天体固连坐标系上的径距和经、纬度，记目标天体固连坐标系和着陆点坐标系的位置矢量分别为 $\boldsymbol{r}_F$ 和 $\boldsymbol{r}_L$ 。

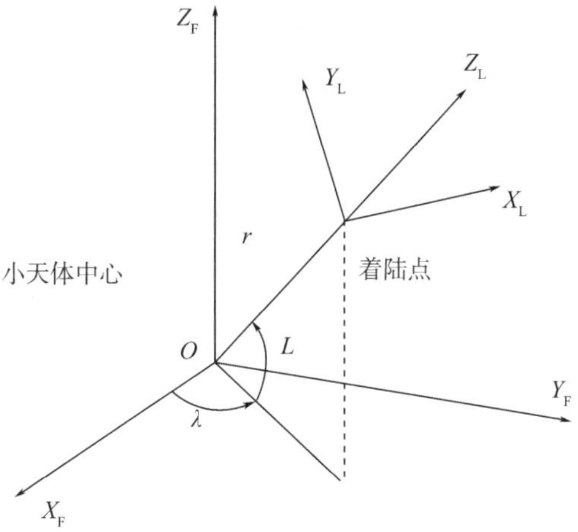

图 2 - 4　目标天体固连坐标系与着陆点坐标系

令

$$\begin{cases} \boldsymbol{Z}_{LF} = [\cos L\cos\lambda \quad \cos L\sin\lambda \quad \sin L]^T \\ \boldsymbol{X}_{LF} = \boldsymbol{Z}_{LF} \times [0 \quad 0 \quad 1]^T \\ \boldsymbol{Y}_{LF} = \boldsymbol{Z}_{LF} \times \boldsymbol{X}_{LF} \end{cases} \tag{2-5}$$

则从着陆点坐标系到目标天体固连坐标系的转换矩阵为

$$\boldsymbol{T}_F^L = [\boldsymbol{X}_{LF} \quad \boldsymbol{Y}_{LF} \quad \boldsymbol{Z}_{LF}] \tag{2-6}$$

于是，有

$$\boldsymbol{r}_F = r\boldsymbol{Z}_{LF} + \boldsymbol{T}_F^L\boldsymbol{r}_L \tag{2-7}$$

(3) 日心黄道坐标系—日心轨道坐标系

$$\boldsymbol{r}_{\mathrm{O}}=\boldsymbol{T}_{z}(\omega)\boldsymbol{T}_{x}(i)\boldsymbol{T}_{z}(\Omega)\boldsymbol{r}_{\mathrm{S}} \tag{2-8}$$

式中 Ω—— 升交点经度；

i—— 轨道倾角；

ω—— 近日点幅角；

$\boldsymbol{r}_{\mathrm{O}}$—— 探测器在日心轨道坐标系的位置；

$\boldsymbol{r}_{\mathrm{S}}$—— 探测器在日心黄道坐标系的位置。

(2) 时间系统

描述运动既需要一个联系探测器位置测量的确定时刻（即瞬间），又需要一个反映探测器运动过程经历的均匀的时间间隔（即尺度），故在导航系统和轨道计算中必然需要时间系统。时间系统是由时间计算的起点和单位时间间隔的长度来定义的。

由于探测器必须测量其相对地球、太阳、行星、恒星或小行星等天体的指向和位置，因此，天文时间尺度就显得十分重要。行星际星历信息同样会涉及时间系统。下面给出本文所涉及的时间系统的描述。

①时间系统的定义

现行的时间系统基本上分为五种：恒星时 ST，世界时 UT，历书时 ET，原子时 TAI 和动力学时 TDT。恒星时和世界时都是根据地球自转测定的，历书时则是根据地球、月亮和行星的运动来测定的，而原子时是以原子的电磁振荡作为标准的。

1）恒星时 ST：以春分点作为参考点，由其周日视运动所确定的时间称为恒星时，春分点连续两次上中天的时间间隔称为一个恒星日。每一个恒星日等分成 24 个恒星时，每一个恒星时再等分为 60 个恒星分，每一个恒星分又等分为 60 个恒星秒，所有这些单位称为计量时间的恒星时单位。

2）太阳时和世界时 UT：以真太阳视圆面中心作为参考点，由其周日视运动所确定的时间称为真太阳时，真太阳视圆面中心连续两次上中天的时间间隔称为真太阳日。由于真太阳日的长度不是一个固定量，因此不宜作为计量时间的单位。为此，引入了假想的参考点——赤道平太阳，它是一个作匀速运动的点，与它对应的即平太阳日和平太阳时。事实上，太阳时和恒星时并不是互相独立的时间计量单位，通常是由天文观测得到恒星时，然后再换算成平太阳时，它们都是以地球自转作为基准的。而世界时 UT 就是在平太阳时基础上建立的，有 UT0，UT1 和 UT2 之分。UT0：格林尼治的平太阳时称为世界时 UT0，它是直接由天文观测测定的，对应瞬时极的子午圈。UT1：UT0 加上极移修正后的世界时。UT2：UT1 加上地球自转速度的季节性变化修正后的世界时。

3）历书时 ET：由于恒星时、太阳时不能作为均匀的时间测量基准，因此从 1960 年起引入了一种以太阳系内天体公转为基准的时间系统，其是太阳系质心框架下的一种均匀时间尺度。但由于实际测定历书时的精度不高，且提供结果比较迟缓，从 1984 年开始，其完全被原子时所代替。

4）原子时 TAI：位于海平面上的 Cs^{133} 原子基态的两个超精细能级在零磁场中，跃迁辐射振荡为 9 192 631 770 周所经历的时间。由这种时间单位确定的时间系统称为国际原子时，取 1958 年 1 月 1 日世界时零时为其起算点。为了满足兼顾对世界时时刻和原子时秒长两者的需要，国际上规定，以协调世界时 UTC 作为标准时间和频率发布的基础。协调世界时的秒长与原子时秒长一致，在时刻上则要求其尽量与世界时接近。

5）动力学时 TDT：因原子时是在地心参考系中定义的、具有国际单位制秒长的坐标时间基准，它可以作为动力学中所要求的均匀的时间尺度。由此引入一种地球动力学时 TDT，它与原子时 TAI 的关系为

$$\mathrm{TDT} = \mathrm{TAI} + 32.184\ \mathrm{s} \tag{2-9}$$

此外，还引入了太阳系质心动力学时 TDB（简称质心动力学时）。TDT 是地心时空坐标架的坐标时，而 TDB 是太阳系质心时空坐标架的坐标时，两种动力学时的差别是由相对论效应引起的，两者之间只存在微小的周期性变化差异。

在轨道计算时，时间是独立变量，但是在计算不同的物理量时应使用不同的时间系统。例如，在计算探测器星下点轨迹时使用世界时 UT，在计算日、月和行星及小行星的坐标时使用历书时 ET，输入的各种观测量采样时间使用的是协调世界时 UTC 等。

②儒略日的定义及转换

在航天活动中，除上述时间尺度外，还常用儒略日（JD，Julian Date）表示时间。儒略年规定为 365 平太阳日，每四年有 1 闰年（366 日），因此儒略年的平均长度为 365.25 平太阳日，相应的儒略世纪（100 年）的长度为 36 525 平太阳日。计算相隔若干年的两个日期之间的天数用的是儒略日，这是天文上采用的一种长期纪日法。它以公元前 4 713 年 1 月 1 日格林尼治平午（即世界时 12^{k}）为起算日期，例如 1992 年 2 月 1 日 0^{k}UT 的儒略日为 2 448 653.5。

从 1984 年起采用的新标准历元（在天文学研究中常常需要标出与数据所对应的时刻，称其为历元）J2000 是 2000 年 1 月 1.5 日 TDB，对应的儒略日为 2 451 545.0，而每年的儒略年首与标准历元的间隔为儒略年 365.25 的倍数。例如 1992 年儒略年首在 1 月 1.5 日，记作 J1992.0；而 1993 年儒略年首在 1 月 0.25 日，记作 J1993.0。

在航天活动中，使用儒略日来表示时间是非常方便的，因为儒略日不需要任何复杂的逻辑，就像年和日一样。但是，为了得到高精度的时间就需要较多的数字。精确到天需要 7 位数，精确到毫秒需要另加 9 位数。所以常用约化儒略日（MJD，Modified Julian Date）代替儒略日。

由于儒略日的数字较大，一般应用中其前二位数字都不变；而且以正午为起算点与日常的习惯不符，因而常用 MJD 表示为

$$\mathrm{MJD} = \mathrm{JD} - 2400000.5 \tag{2-10}$$

这样儒略历元就是指真正的年初，例如 J2000，即 2000 年 1 月 1 日 0 时。轨道计算中经常用到如下的公历日期与儒略日的转换。

1）公历日期转换成儒略日：设给出公历日期的年、月、日（含天的小数部分）分别为 Y、M、D，则对应的儒略日为

$$\begin{aligned} \mathrm{JD} = & D - 32075 + \left[1461 \times \left(Y + 4800 + \left[\frac{M-14}{12}\right]\right) \div 4\right] + \\ & \left[367 \times (M - 2 - \left[\frac{M-14}{12}\right] \times 12) \div 12\right] - \\ & \left[3 \times \left(Y + 4900 + \left[\frac{M-14}{12}\right] \div 100\right) \div 4\right] - 0.5 \end{aligned} \tag{2-11}$$

式中　$[X]$—— 表示取 X 的整数部分，小数点后的位数省略。

2）儒略日转换成公历日期：设某时刻的儒略日为 JD（含天的小数部分），对应的公历日期的年、月、日分别为 Y、M、D（含天的小数部分），则有

$$\begin{cases} J = [\mathrm{JD} + 0.5] \\ N = \left[\dfrac{4(J + 68569)}{146097}\right] \\ L_1 = J + 68569 - \left[\dfrac{N \times 146097 + 3}{4}\right] \\ Y_1 = \left[\dfrac{4000(L_1 + 1)}{1461001}\right] \\ L_2 = L_1 - \left[\dfrac{1461 \times Y_1}{4}\right] + 31 \\ M_1 = \left[\dfrac{80 \times L_2}{2447}\right] \\ L_3 = \left[\dfrac{M_1}{11}\right] \\ Y = [100(N - 49) + Y_1 + L_1] \\ M = M_1 + 2 - 12L_3 \\ D = L_2 - \left[\dfrac{2447 \times M_1}{80}\right] \end{cases} \tag{2-12}$$

2.1.2　轨道动力学方程

深空探测任务的难点之一就是对深空的动力学环境了解较少，所以建立合理的动力学模型是导航系统设计的主要工作内容。根据对探测器飞行轨迹的分析以及对目标天体的特性分析，深空导航系统需要建立不同阶段、不同任务目标的动力学模型。

（1）巡航段轨道动力学模型

探测器脱离地球引力球就进入了日心轨道，对于深空任务一般称之为巡航段轨道。此时中心引力天体为太阳，各类摄动力包括大天体引力摄动、太阳光压摄动、探测器推力等，距离地球较近时还要考虑月球摄动。此时探测器的轨道动力学方程建立在 J2000 日心黄道坐标系上，其形式如下

$$\begin{cases} \dot{\boldsymbol{r}} = \boldsymbol{v} \\ \dot{\boldsymbol{v}} = \dfrac{\mu_s}{r^3}\boldsymbol{r} + \sum\limits_{i=1}^{n_t} \mu_i \left[\dfrac{\boldsymbol{r}_{ri}}{r_{ri}^3} - \dfrac{\boldsymbol{r}_{ti}}{r_{ti}^3}\right] - \dfrac{AG}{mr^3}\boldsymbol{r} + \dfrac{k}{m}\boldsymbol{T} + \boldsymbol{a} \end{cases} \tag{2-13}$$

式中　$\boldsymbol{r}$，$\boldsymbol{v}$——分别为探测器在日心黄道坐标系的位置和速度矢量，且 $r=\|\boldsymbol{r}\|$；

$\boldsymbol{r}_{ti}$——第 i 个摄动行星在日心黄道坐标系的位置矢量，且 $r_{ti}=\|\boldsymbol{r}_{ti}\|$；

$\boldsymbol{r}_{ri}$——第 i 个摄动行星相对探测器的位置矢量，即 $\boldsymbol{r}_{ri}=\boldsymbol{r}_{ti}-\boldsymbol{r}$，且 $r_{ri}=\|\boldsymbol{r}_{ri}\|$；

μ_s——太阳引力常数；

μ_i——第 i 个摄动行星的引力常数；

n_t——摄动行星的个数。

其中的未知变量包括探测器在日心黄道坐标系中的位置和速度矢量、太阳光压系数、未知加速度等。

(2) 接近段轨道动力学模型

探测器接近目标时的动力学模型要根据目标的特性和任务特点分别进行考虑，当前的探测目标一般包括大行星、大行星的卫星、小行星、彗星，接近段任务包括撞击、近距离飞越、远距离飞越、环绕等。

目标天体为大行星或者大行星的卫星时，探测器由于距离目标天体较近，虽然仍旧是以太阳为中心引力天体，但是此时的摄动力主要为目标大行星的引力和太阳光压。其动力学方程建立在 J2000 日心黄道坐标系内，形式如下

$$\begin{cases}\dot{\boldsymbol{r}}=\boldsymbol{v}\\ \dot{\boldsymbol{v}}=\dfrac{\mu_s}{r^3}\boldsymbol{r}+\mu_a\left[\dfrac{\boldsymbol{r}_r}{r_r^3}-\dfrac{\boldsymbol{r}_t}{r_t^3}\right]-\dfrac{AG}{mr^3}\boldsymbol{r}+\dfrac{k}{m}\boldsymbol{T}+\boldsymbol{a}\end{cases} \tag{2-14}$$

式中　$\boldsymbol{r}$，$\boldsymbol{v}$——分别为探测器在日心黄道坐标系的位置和速度矢量，且 $r=\|\boldsymbol{r}\|$；

$\boldsymbol{r}_t$——大行星在日心黄道坐标系的位置矢量，且 $r_t=\|\boldsymbol{r}_t\|$；

$\boldsymbol{r}_r$——大行星相对探测器的位置矢量，即 $\boldsymbol{r}_r=\boldsymbol{r}_t-\boldsymbol{r}$，且 $r_r=\|\boldsymbol{r}_r\|$；

μ_s——太阳引力常数；

μ_a——大行星的引力常数。

其中的未知变量包括探测器在日心黄道坐标系中的位置和速度矢量、太阳光压系数、未知加速度等。当目标天体为小行星或彗星时，由于小行星和彗星的质量很小，引力也很弱，所以探测器的动力学方程与巡航段的动力学方程一致。

针对不同的任务特点，探测器的动力学方程可以分为绝对运动和相对运动两种动力学方程。当探测器仅仅是远距离观察目标天体并执行简单拍照任务时，探测器的动力学方程应该建立在日心黄道坐标系中，其形式与上述两式相同。但是当执行撞击或者绕飞任务时，所需要考虑的主要是探测器相对于目标天体的距离信息，采用相对运动的动力学方程更加合适。此时假设探测器相对目标天体的运动在短时间内为匀速直线运动，于是有简化的相对运动动力学模型

$$\begin{cases}\boldsymbol{r}_t=\boldsymbol{r}_{t_0}+\boldsymbol{v}_t(t-t_0)\\ \boldsymbol{v}_t=\boldsymbol{v}_{t_0}\end{cases} \tag{2-15}$$

式中　$\boldsymbol{r}_t$，$\boldsymbol{v}_t$——分别是探测器在 t 时刻在以目标天体为中心的 J2000 惯性坐标系中的位置和速度矢量；

$\boldsymbol{r}_{t_0}$，$\boldsymbol{v}_{t_0}$——分别是探测器在 t_0 时刻的位置和速度矢量。

(3) 绕飞段轨道动力学模型

绕飞段轨道是指探测器进入目标天体的引力影响范围后的阶段，此时靠近目标天体的距离足够近，能够执行环绕飞行任务，需要考虑的是以目标天体为中心的二体受摄运动，主要的摄动项是目标天体的非球形引力摄动、太阳光压摄动、第三体引力摄动等。目标天体为大行星时，因为对其形状模型、质量分布、磁场模型、大气密度等有着较为详细的了解，所以其动力学模型的形式与地球卫星的动力学模型相似。该模型建立在目标天体质心惯性坐标系内，其形式如下

$$\begin{cases}\dot{\boldsymbol{r}}=\boldsymbol{v}\\ \dot{\boldsymbol{v}}=\dfrac{\partial U_{\mathrm{a}}}{\partial \boldsymbol{r}}+\mu_{\mathrm{a}}\left[\dfrac{\boldsymbol{r}_{\mathrm{rs}}}{r_{\mathrm{rs}}^{3}}-\dfrac{\boldsymbol{r}_{\mathrm{ts}}}{r_{\mathrm{ts}}^{3}}\right]+\mu_{\mathrm{w}}\left[\dfrac{\boldsymbol{r}_{\mathrm{rw}}}{r_{\mathrm{rw}}^{3}}-\dfrac{\boldsymbol{r}_{\mathrm{tw}}}{r_{\mathrm{tw}}^{3}}\right]-\dfrac{AG}{m r_{\mathrm{rs}}^{3}}\boldsymbol{r}_{\mathrm{rs}}+\dfrac{k}{m}\boldsymbol{T}+\boldsymbol{a}_{\mathrm{d}}+\boldsymbol{a}\end{cases} \tag{2-16}$$

式中 $\boldsymbol{r}$，$\boldsymbol{v}$——分别为探测器在目标天体质心惯性坐标系的位置和速度矢量，且 $r=\|\boldsymbol{r}\|$；

U_{a}——目标天体引力势函数；

$\boldsymbol{r}_{\mathrm{ts}}$，$\boldsymbol{r}_{\mathrm{tw}}$——分别为太阳和大行星的卫星在目标天体质心惯性坐标系的位置矢量，且 $r_{\mathrm{ts}}=\|\boldsymbol{r}_{\mathrm{ts}}\|$，$r_{\mathrm{tw}}=\|\boldsymbol{r}_{\mathrm{tw}}\|$；

$\boldsymbol{r}_{\mathrm{rs}}$，$\boldsymbol{r}_{\mathrm{rw}}$——分别为太阳和卫星相对探测器的位置矢量，即 $\boldsymbol{r}_{\mathrm{rs}}=\boldsymbol{r}_{\mathrm{ts}}-\boldsymbol{r}$，$\boldsymbol{r}_{\mathrm{rw}}=\boldsymbol{r}_{\mathrm{tw}}-\boldsymbol{r}$，且 $r_{\mathrm{ts}}=\|\boldsymbol{r}_{\mathrm{ts}}\|$，$r_{\mathrm{tw}}=\|\boldsymbol{r}_{\mathrm{tw}}\|$；

μ_{a}，μ_{w}——分别为目标天体和其卫星的引力常数；

$\boldsymbol{a}_{\mathrm{d}}$——大气阻力摄动加速度。

其中的未知变量包括探测器的位置和速度矢量、太阳光压系数、推力系数、未知加速度、大天体的引力场系数等。

在小天体探测任务中，因为导航系统在确定和预报探测器轨道时需要精确的小天体引力场模型，所以确定小天体的引力环境成为重要的问题。小天体的引力场和形状能够用来推导小天体的质量密度分布，对小天体引力场参数的估计涉及对同步测量到的小天体表面的多普勒数据和光学图像的处理。激光测距仪测量到的探测器到小天体表面的距离也可以用来确定小天体的形状，参考文献［1］完整和详细地描述一个用来确定小天体形状、引力和自旋状态的方法。这里将引用参考文献［1］建立的小天体引力场模型。尽管小天体的形状非常不规则，但一般仍能用球谐项展开来表达其引力势函数

$$U=\frac{GM}{r}\sum_{n=0}^{\infty}\sum_{m=0}^{n}\left(\frac{r_0}{r}\right)^{n}\bar{\boldsymbol{P}}_{nm}(\sin\phi)\times[\bar{\boldsymbol{C}}_{nm}\cos(m\lambda)+\bar{\boldsymbol{S}}_{nm}\sin(m\lambda)] \tag{2-17}$$

式中 GM—— 小天体引力常数；

$\bar{\boldsymbol{P}}_{nm}$—— 勒让德多项式及其函数；

n，m—— 分别是多项式的次数和阶数；

r_0—— 小天体的参考半径；

r—— 探测器到小天体中心的距离；

ϕ，λ—— 分别为小天体的纬度和经度；

$\bar{\boldsymbol{C}}_{nm}$ 和 $\bar{\boldsymbol{S}}_{nm}$—— 分别为归一化的系数。

归一化的系数与无归一化系数之间的关系如下

$$(\bar{C}_{nm};\bar{S}_{nm})=\left[\frac{(n+m)!}{(2-\delta_{0m})(2n+1)(n-m)!}\right](C_{nm};S_{nm}) \tag{2-18}$$

式中　δ_{0m} ——克罗内克函数符号。

考虑到对小天体各类信息了解很少，采用的导航方式主要为相对导航，所以摄动项主要考虑小天体形状不规则摄动和太阳光压及引力摄动，探测器动力学方程建立在小天体固连坐标系内，其具体描述如下

$$\begin{cases}\dot{\boldsymbol{r}}=\boldsymbol{v}\\ \dot{\boldsymbol{v}}=-2\boldsymbol{\omega}\times\boldsymbol{v}-\boldsymbol{\omega}\times\boldsymbol{\omega}\times\boldsymbol{r}+\dfrac{\partial V(\boldsymbol{r})}{\partial\boldsymbol{r}}+\boldsymbol{a}\end{cases} \tag{2-19}$$

式中　$\boldsymbol{r}$，$\boldsymbol{v}$—— 分别为探测器的位置和速度矢量；

$\boldsymbol{\omega}$—— 小天体自旋角速度；

$\boldsymbol{a}$—— 其他未考虑摄动力的加速度；

V ——引力势函数。

$$V(\boldsymbol{r})=U(\boldsymbol{r})+\frac{\beta\boldsymbol{d}\cdot\boldsymbol{r}}{|\boldsymbol{d}|^3}-\frac{\mu_s}{2d^3}\left[\boldsymbol{r}\cdot\boldsymbol{r}-3\left(\frac{\boldsymbol{d}\cdot\boldsymbol{r}}{|\boldsymbol{d}|}\right)^2\right] \tag{2-20}$$

式（2-20）中，第一项为小天体引力势函数；第二项为太阳光压摄动势函数，其中 β 为太阳光压系数；第三项为太阳引力摄动势函数，其中 $\boldsymbol{d}$ 为小天体相对太阳的位置矢量，可以由小行星的星历计算得到。

其中的未知变量包括探测器的位置和速度矢量、太阳光压系数、推力系数、小天体的物理参数等。

（4）着陆段轨道动力学模型

由于着陆阶段探测器距离小天体很近，因此小天体的引力和探测器推力将对探测器的运动起主要作用。考虑到小天体形状不规则摄动和太阳光压及引力摄动，在小天体着陆点坐标系中描述探测器轨道动力学的方程如下

$$\begin{cases}\dot{\boldsymbol{r}}=\boldsymbol{v}\\ \dot{\boldsymbol{v}}=\dfrac{\partial V(\boldsymbol{\rho}+\boldsymbol{r})}{\partial\boldsymbol{r}}-2\boldsymbol{\omega}\times\boldsymbol{v}-\boldsymbol{\omega}\times[\boldsymbol{\omega}\times(\boldsymbol{\rho}+\boldsymbol{r})]+\boldsymbol{R}_b^f\boldsymbol{u}_b+\boldsymbol{a}\end{cases} \tag{2-21}$$

式中　$\boldsymbol{r}$，$\boldsymbol{v}$——分别为探测器在小天体着陆点坐标系的位置和速度矢量；

$\boldsymbol{\rho}$——着陆点相对小天体中心的位置矢量；

$\boldsymbol{u}_b$——在探测器本体坐标系的推力加速度；

$\boldsymbol{R}_b^f$——从本体坐标系转换到着陆点坐标系的矩阵；

V——引力势函数；

$\boldsymbol{a}$——其他未考虑摄动力的加速度。

其中的未知变量包括探测器的位置和速度矢量、推力系数、小天体的物理参数等。

2.2　导航观测模型

2.2.1　近天体视线角测量模型

近天体视线角测量是指对已知天体的方位角、高度角的测量，比如通过分光计或者光谱摄制仪或导航相机可以观测太阳光线方向。在林肯实验卫星（LES）计划中测量了太阳矢量和地心矢量[2]；得克萨斯大学（Texas University）的 Tucknese 等研究了月球探测转移段的自主导航系统，测量了太阳、月球和地球的方位角和高度角[3]；Yanping 给出的导航系统测量了探测器相对太阳的方位角[4]；Yim 等提出了测量太阳、地球的方位角和高度角的导航系统[5]。

近天体视线角的观测模型为

$$\begin{cases} \Phi = \arctan\left(\dfrac{y - y_c}{x - x_c}\right) \\ \Theta = \arcsin\left(\dfrac{z - z_c}{r_{rc}}\right) \end{cases} \tag{2-22}$$

式中　x，y，z—— 探测器在日心黄道坐标系内的位置矢量；

x_c，y_c，z_c—— 目标天体在日心黄道坐标系内的位置矢量；

r_{rc} ——探测器与目标天体间的距离。

2.2.2　夹角信息测量模型

夹角信息测量是指对已知天体视线夹角的测量。通过空间六分仪类的敏感器或者通过相机图像得到目标天体与背景恒星间的夹角，主要代表是天文导航中提到的近天体—探测器—远天体夹角测量、近天体—探测器—近天体夹角测量及探测器对近天体视角的测量等。

其观测模型可以表示为

$$\theta_c = \arccos\left[\frac{(x_c - x)x + (y_c - y)y + (z_c - z)z}{\sqrt{(x_c - x)^2 + (y_c - y)^2 + (z_c - z)^2} \cdot \sqrt{x^2 + y^2 + z^2}}\right] \tag{2-23}$$

$$\theta_{st} = \arccos\left[-\frac{(\cos\beta_{st}\cos\sigma_{st})x + (\cos\sigma_{st}\sin\beta_{st})y + (\sin\sigma_{st})z}{\sqrt{x^2 + y^2 + z^2}}\right] \tag{2-24}$$

式（2-23）为两个已知近天体的视线夹角的表达式，式（2-24）为中心天体/近天体的视线与某恒星方向的夹角，β_{st}，σ_{st} 分别为观测到的恒星赤经和赤纬。利用夹角信息的优点是夹角的计算和姿态无关。

2.2.3　径向速度测量模型

利用太阳和探测器之间的相对运动产生的多普勒漂移现象，可以计算出探测器相对测量天体的径向速度。多普勒漂移可以通过多普勒补偿器或者共振散射分光计测量，前者的

速度估计精度为 1～10 m/s，后者的速度估计精度为 1 cm/s。观测模型可以表示为

$$v_r = \frac{\boldsymbol{r} \cdot \boldsymbol{v}}{\| \boldsymbol{r} \|} \tag{2-25}$$

式中　$\boldsymbol{r}$, $\boldsymbol{v}$ ——分别为探测器在日心黄道坐标系内的位置和速度矢量。

2.2.4　距离测量模型

在接近和着陆目标天体阶段，由于探测器与目标天体表面的距离进入了激光测距仪的测量范围，因此可以通过激光测距仪等测距敏感器来得到距离信息。当前任务中的高度计信息如表 2-1 所示。

观测模型可以表示为

$$r_i = \| [x - x_i, y - y_i, z - z_i] \| \tag{2-26}$$

式中　$[x, y, z]$ ——探测器在目标天体质心固连坐标系内的位置矢量；

$[x_i, y_i, z_i]$ ——激光测距仪指向的目标天体表面特征点在目标天体质心固连坐标系内的位置矢量。

表 2-1　高度计性能表

任务	名称	频率	最大距离	精度
Clementine	LIDAR	1 Hz	640 km	40 m
Mars Global Surveyor	MOLA	10 Hz	786 km	2 m
NEAR	NEAR LA	8 Hz	50 km	2 m
DS-4	LRI	1e5 Hz	2 km	0.2 m

2.2.5　脉冲星测量模型

2004 年美国提出基于 X 射线脉冲星源的自主导航定位预研计划[6]。欧洲空间局已经完成了利用脉冲星导航的可行性研究[7]。X 射线脉冲星导航定位原理与现代卫星导航系统类似，能够为探测器提供位置、速度、时间和姿态等丰富的信息，概算卫星轨道确定精度优于 100 m[8]。此类导航系统由 X 射线成像仪和光子计数器（探测器）、星载原子钟、星载计算设备、导航模型算法库和脉冲星模型数据库组成。其基本原理是利用 X 射线探测器接收脉冲星辐射的 X 频段电磁波，测量其脉冲到达时间，然后与事先建立的以太阳系质心坐标系为基准的到达时间模型进行比较，直接观测量为观测者测量 N 个脉冲的时间间隔[9]。

在忽略接收 N 个信号的时间内观测者的位置变化后，可以得到脉冲星导航的基本观测方程

$$\Delta t_0 = \Delta t_b + \frac{\boldsymbol{n} \cdot \boldsymbol{r}_0}{c} + \delta t_a + \delta t_v + \delta t_g + \delta t_w \tag{2-27}$$

式中　Δt_0 ——观测者测量 N 个脉冲的时间间隔，是直接观测量；

Δt_{b}——太阳系质心接收 N 个脉冲的时间间隔的零级近似，用来作为时间计算的基准，它仅取决于脉冲星的固有参数；

δt_{a}，δt_{v}，δt_{g}，δt_{w}——均为时间误差，分别对应着周年视差影响、由于脉冲星的运动速度产生的多普勒频移、宇宙介质产生的色散延缓、太阳系引力场的广义相对论效应影响；

$\boldsymbol{n}\cdot\boldsymbol{r}_0/c$——脉冲从太阳系质心到观测者的传播时间的零级近似，是确定探测器位置矢量 $\boldsymbol{r}_0$ 的主要部分，其中 c，$\boldsymbol{n}$ 分别为光速和光波传播方向的单位矢量。

2.3 导航敏感器

2.3.1 光学敏感器

受探测器构型和有效载荷质量约束的限制，深空探测器上携带的导航器件应满足体积小、质量小的特点，所以各种光学传感器在深空探测中被广泛地采用。光学敏感器在深空探测中具有非常重要的作用，在观测探测器周围天体环境和获得图像信息中都有广泛的应用[10]。

(1) 恒星敏感器

恒星敏感器（简称星敏感器）是以恒星作为观测对象，经过质心提取和图像识别后输出恒星在恒星敏感器测量坐标系中的矢量方向，为深空探测器导航系统提供高精度的测量数据。

①恒星敏感器的系统组成

恒星敏感器主要由敏感系统、外围电路和信号处理系统组成。敏感系统包括遮光罩、光学系统和敏感面阵。外围电路主要包括驱动电路、时序信号发生器和视频信号处理器。信号处理系统主要包括电源及接口电路、微处理器、软件算法和星历表。

②恒星敏感器的工作原理

恒星敏感器的工作原理是以恒星作为参照物，利用敏感器实拍到的星图，经过恒星质心的提取、星图识别、姿态确定等一系列计算，确定出恒星敏感器视轴在天球上的瞬时指向，为深空探测器的导航提供有效信息，具体工作原理如下。

已知恒星在天球坐标系 $OXYZ$ 中的赤经 α 和赤纬 δ，如图 2－5 所示，则恒星在惯性坐标系中的单位矢量 $\boldsymbol{S}_{\mathrm{I}}$ 可以表示为

$$\boldsymbol{S}_{\mathrm{I}}=\begin{bmatrix}\cos\alpha\cos\delta\\ \sin\alpha\cos\delta\\ \sin\delta\end{bmatrix} \tag{2-28}$$

恒星的星光经过光学系统，在恒星敏感器的敏感面阵上成像，星点在敏感器像平面 OXY 中的坐标为 $(x_{\mathrm{c}},\ y_{\mathrm{c}})$，如图 2－6 所示。根据图示几何关系可得

$$\boldsymbol{S}_{\mathrm{s}}=\frac{1}{\sqrt{x_{\mathrm{c}}^2+y_{\mathrm{c}}^2+z_{\mathrm{c}}^2}}\begin{bmatrix}-x_{\mathrm{c}}\\ -y_{\mathrm{c}}\\ f\end{bmatrix} \tag{2-29}$$

式中　$\boldsymbol{S}_s$ ——恒星在敏感器坐标系 $O'X_sY_sZ_s$ 中的位置矢量；

　　f ——光学系统的焦距。

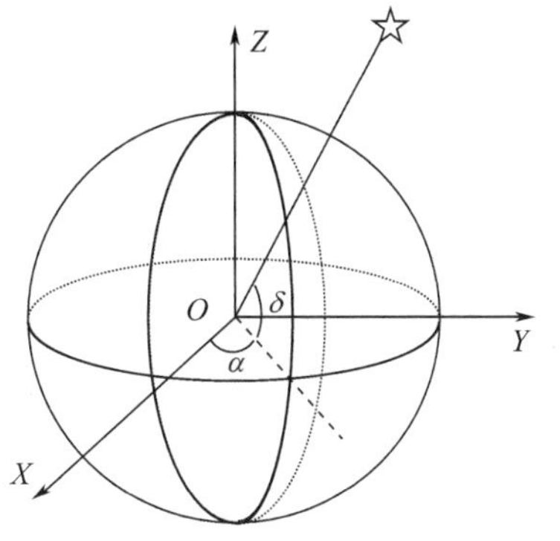

图 2-5　天球坐标系中的恒星

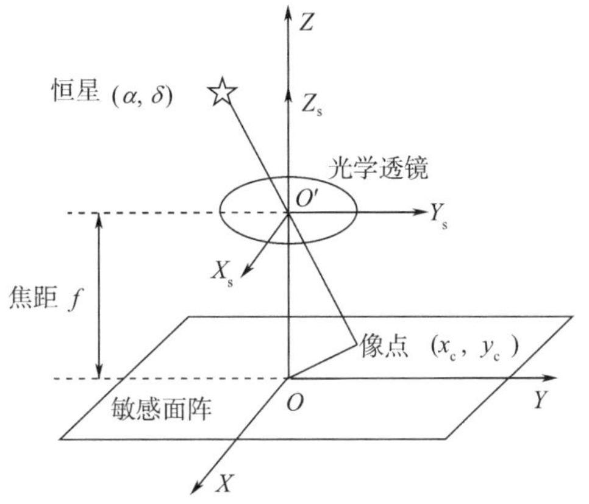

图 2-6　恒星敏感器成像几何关系

$\boldsymbol{S}_\text{I}$ 和 $\boldsymbol{S}_s$ 的关系为

$$\boldsymbol{S}_s = \boldsymbol{T}_s \boldsymbol{T}_b \boldsymbol{T}_\text{I}^\text{o} \boldsymbol{S}_\text{I} \tag{2-30}$$

式中　$\boldsymbol{T}_s$ ——恒星敏感器在探测器本体坐标系中的安装矩阵；

　　$\boldsymbol{T}_b$ ——探测器本体坐标系在轨道坐标系中的姿态矩阵；

　　$\boldsymbol{T}_\text{I}^\text{o}$ ——探测器轨道坐标系到惯性坐标系的转移矩阵，可根据轨道参数获得。

由式（2-30）可以看出，恒星测量信息中含有探测器的位置和姿态信息。

③恒星敏感器的分类

恒星敏感器按工作方式可分为星跟踪器、星扫描器和星图仪。按照探测器的种类可以分为光电倍增管星敏感器、析象管星敏感器、面阵 CCD 星敏感器、面阵 CMOS APS 星敏感器等。

（2）太阳敏感器

①太阳敏感器的系统组成

太阳敏感器结构与恒星敏感器相似，通常由敏感系统、外围电路和信号处理系统组成。光学系统可以采用狭缝、小孔、透镜、棱镜等方式，敏感面阵可采用光电池、码盘、光栅、光电二极管、线阵 CCD、面阵 CCD、面阵 CMOS APS 等。外围电路主要包括敏感系统的驱动电路和时序信号发生器。信号处理部分主要包括噪声滤波器、畸变校正处理器、微处理器和输出设备，可采用单片机、可编程逻辑器件等实现。微处理器通过质心提取等算法，给出太阳的方位信息。

②太阳敏感器的工作原理

由于太阳敏感器所用的敏感元件不同，其工作原理略有区别，这里主要介绍狭缝式太阳敏感器和小孔成像式太阳敏感器的工作原理。

1）狭缝式太阳敏感器的工作原理是：两个敏感单元分别由两个狭缝组件构成，每个敏感单元都有一个入射狭缝和一个与狭缝平行的硅光电池。

狭缝 1 位于探测器的某一子午面内；狭缝 2 位于与子午面成 i 角的一个倾斜平面内，为了信号处理方便，将此倾斜平面绕自转轴反转过角 φ_0（称其为预置角）。

当探测器自旋时，太阳光先后射入狭缝 1 和狭缝 2。由狭缝 1 输出的太阳脉冲基准信号，可以测出探测器的自旋周期 T_s；由狭缝 1 和狭缝 2 输出信号的时间间隔 t，可以由球面三角公式计算出太阳光与自旋轴夹角 θ

$$\cot\theta = \cot i \sin\varphi = \cot i \sin(\omega t - \varphi_0) \tag{2-31}$$

2）小孔成像式太阳敏感器运用光学小孔成像原理，太阳光通过敏感面阵上方的小孔投射，成像光斑投射到敏感面阵上，然后通过信息处理电路提取成像光斑中心位置。由于光斑中心与太阳光矢量的角度有关，因此可以由光斑中心算出太阳入射角，由太阳入射角可以确定太阳矢量方向，如图 2－7 所示。

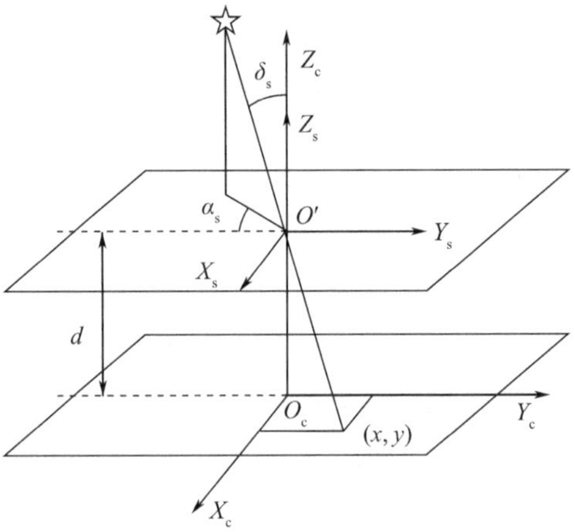

图 2－7　小孔成像式太阳敏感器成像几何关系

图 2－7 中，$O_sX_sY_sZ_s$ 为太阳敏感器测量坐标系，其中 O_s 是小孔所在位置，$O_cX_cY_cZ_c$ 为像平面坐标系，（x，y）为像点在 $O_cX_cY_c$ 平面中的坐标（光斑中心），（α_s，δ_s）为太阳的方位角和仰角，d 为小孔距离敏感面的垂直距离。（x，y）和（α_s，δ_s）的关系为

$$\begin{cases} \tan\alpha_s = \dfrac{x}{y} \\ \tan\delta_s = \dfrac{\sqrt{x^2+y^2}}{d} \end{cases} \tag{2-32}$$

由式（2－32）可以推出太阳在敏感器测量坐标系中的矢量 $\boldsymbol{S}_s$ 为

$$\boldsymbol{S}_s = \begin{bmatrix} \sin\alpha_s \sin\delta_s \\ \cos\alpha_s \sin\delta_s \\ \cos\delta_s \end{bmatrix} \tag{2-33}$$

已知太阳的赤经赤纬 (α, δ) ，可以得出太阳在惯性坐标系中的矢量 $\boldsymbol{S}_I$

$$\boldsymbol{S}_I = \begin{bmatrix} \cos\alpha\cos\delta \\ \sin\alpha\cos\delta \\ \sin\delta \end{bmatrix} \tag{2-34}$$

$\boldsymbol{S}_I$ 和 $\boldsymbol{S}_s$ 的关系为

$$\boldsymbol{S}_s = \boldsymbol{T}_s \boldsymbol{T}_b \boldsymbol{T}_I^o \boldsymbol{S}_I \tag{2-35}$$

式中　$\boldsymbol{T}_s$ ——太阳敏感器在探测器本体坐标系中的安装矩阵；

$\boldsymbol{T}_b$ ——探测器本体坐标系在轨道坐标系中的姿态矩阵；

$\boldsymbol{T}_I^o$ ——探测器轨道坐标系到惯性坐标系的转移矩阵，可根据轨道参数获得。

③太阳敏感器的分类

目前太阳敏感器的种类很多，主要分为模拟式太阳敏感器、数字式太阳敏感器和太阳出现式敏感器 3 种。前两种的主要区别是输出信号不同，一个是模拟信号，一个是离散数字信号。太阳出现式敏感器又称为太阳指示器，当太阳出现在敏感器视场内并且信号超过门限值时，表示敏感到太阳，输出为 1；当信号低于门限值时，表示没有敏感到太阳，输出为 0。太阳出现式敏感器一般用作保护器。

（3）行星敏感器

行星敏感器是一种借助于光学手段获取行星相对于探测器方位信息的敏感器。

①地球敏感器

地球敏感器主要由光学系统、敏感面阵和信号处理系统组成。地球敏感器主要分为动态地平仪和静态地平仪，深空探测器中通常只采用静态面阵式敏感器。静态地平仪的工作方式类似于人的眼睛，它利用典型的焦平面技术，将多个敏感元件安放在光学系统的焦平面上，通过敏感元件对投影在焦平面上地球红外图像的响应来计算地球的方位。静态地平仪具有体积小、质量小、功耗低、寿命长和抗振动等优点，适合用作新一代小型卫星姿态敏感器。静态地平仪的典型代表是辐射热平衡式红外地平仪。

地球敏感器按其敏感光谱波段的不同，又主要分为地球反照敏感器和红外地球敏感器两类。地球反照敏感器敏感的主要光谱波段为可见光，这种类型的敏感器结构简单，但反照信息时间的变化性和地球边缘的不确定性会影响敏感器的精度；并且在可见光波段受日照条件影响，测量精度常随时间变化，这给地平圈的确定带来了困难。相反，地球辐射的红外波段辐亮度变化比可见光小得多，因而地球大气系统在红外波段确定的地平圈比较稳定。

②月球敏感器

月球敏感器同样由敏感系统、外围电路和信号处理系统三大部分组成。敏感系统包括物镜、平面反射镜组件、反射镜支架、电控箱箱体和调焦组件等。外围电路由 CCD 时序信号发生器、驱动电路、视频信号处理器、电源及接口电路等组成。信号处理系统主要包括微处理器及其软件算法。软件算法包括月像边缘检测提取、晨昏分界线鉴别和拟合月心矢量，最后给出导航信息。

月球敏感器是成像式敏感器，如要对整个月球圆盘成像，则其光学系统的视场角应大于月球视场角。但要实现这样的视场角，同时又要保证具有良好的成像质量，光学系统的设计和加工难度都非常大。考虑到仅月球边缘部分对导航有用，而月球中心区域的图像对导航没有贡献，因此月球敏感器的光学系统可采用组合式系统，即在物镜的光路中加入平面反射镜组件，以对敏感器视场进行分割和偏移。在平面反射镜组件的作用下，月球敏感器的方形视场被分解为 8 个互不重叠的子视场，并投射到月球圆盘边缘附近区域。

月球敏感器的工作流程是：先由光学系统获取月球图像，再由图像处理软件提取月球圆盘边缘信息，并利用明亮月球圆盘和黑暗太空背景之间的亮度反差检测出月球圆盘的真实边缘，与晨昏分界线相区分。接着逐一为各边缘点建立对应的空间矢量，最后根据这些空间矢量集合拟合出月心矢量在敏感器测量坐标系中的坐标，进而求解出俯仰角和方位角。

（4）光学成像敏感器

光学成像敏感器主要包括成像相机和结构光成像敏感器。

①成像相机

成像相机是由敏感系统、外围电路和信号处理系统三个基本部分组成的。

成像相机的工作原理是：通过光学系统将景物图像成像在敏感面阵上，敏感面阵将照在每个成像单元上的图像照度信号转变为少数载流子数密度信号，并储存在敏感面阵的成像单元中；然后将信号转移到移位寄存器中，并顺序地移出，成为视频信号；视频信号再由外围电路进行处理或计算，成为检测信号，从而敏感景物图像。利用这些景物图像，通过后期的信号处理技术获取所需的导航信息。

②结构光成像敏感器

结构光成像敏感器系统组成主要包括硬件系统和软件系统两部分，其中硬件系统由摄像机、激光投射器、图像采集卡和计算机构成，主要完成测量过程中的图像采集，并将摄像机获得的光条图像和当前物体测量位置信息输入到计算机中，用于后续的测量计算和轮廓数据整合。

结构光成像敏感器测量原理是：由激光投射器，根据测量需要投射可控制的结构光到物体表面，形成特征光条；由摄像机拍摄图像，通过图像采集卡传送至计算机；计算机中的测量软件通过特征提取，计算出特征点的坐标，利用三角原理求出特征点与摄像机镜头主点之间的距离，即特征点的深度信号；再根据激光投射器和摄像机在世界坐标系中的空间方向、位置参数等信息，求得特征点在世界坐标系中的三维坐标；后通过移动摄像机，获得多视角的物体表面图像，得到物体表面轮廓数据，完成对整个物体表面的扫描。

2.3.2　惯性测量单元

惯性测量单元是利用陀螺、加速度计等惯性敏感元件和电子计算机，实时测量运载体相对于地面的运动加速度，以确定运载体的位置和地球重力场参数的组合仪器。这种系统是在惯性导航系统的基础上发展起来的，按所采用的导航坐标系统分为两大类：当地水平惯性系统和空间稳定系统。一般多采用第一类的当地水平指北惯性系统。

2.3.3　测距测速敏感器

（1）激光雷达

激光雷达（LIDAR，Light Detection and Ranging）是 MUSES－C 任务使用的光学敏感器。LIDAR 是一个脉冲激光雷达，距离为 50 km 时，测量精度为±10 m；距离为 50 m 时，测距精度为±1 m。当探测器距离小行星表面 50 km 时，LIDAR 开始测量探测器与小行星表面的距离。LIDAR 的范围测量功能主要用来测量目标小行星的引力场、形状和表面粗糙度。当探测器距离小天体距离小于 50 m 时，MUSES－C 探测器将利用激光测距仪（LRF，Laser Rangefinder）来测量探测器距离小天体表面的距离。NLR（NEAR Laser Rangefinder）是 NEAR 任务中发展的红外脉冲激光测距仪，用来测量探测器和目标小行星 Eros 之间的相对距离。NLR 数据和其他导航数据相结合可以对目标小行星的体积、质量和地貌特征进行精确建模。罗塞塔任务中也发展了激光扫描测距仪（LSRF，Laser Scanning Rangefinder），用于最终着陆段的地形辅助导航。

（2）激光成像测距仪/激光测距相机

随着各种新型交会任务的提出和发展，需要新一代的高精度、鲁棒性好的导航敏感器与之相适应，激光成像测距仪（LIR，Laser Imaging and Ranging）和激光测距相机（LRC，Laser Range and Camera）在这种背景下应运而生。LIR 和 LRC 综合了光学导航相机和激光测距仪的测量功能，可以同时测量探测器和目标之间的距离信息和图像信息，即可以直接输出探测器到导航信标（特征点）的矢量（视线加距离）信息。Clementine 月球探测任务提出了利用激光成像测距仪 LIR 获得月球地貌的构想；在发现号航天飞机交会、对接国际空间站的飞行任务中，激光成像测距仪得到了初步的应用。

2.3.4　可变辐射信号敏感器

脉冲星是高速自转的中子星，具有极其稳定的周期性，其稳定度优于 10^{-19}，被誉为自然界最精准的天文时钟。因此，脉冲星能够成为人类在宇宙中航行的“灯塔”，为近地轨道、深空和行星际空间飞行的航天器提供自主导航信息服务。X 射线脉冲星导航的过程是：在航天器上安装 X 射线探测器，探测脉冲星辐射的 X 射线光子，测量光子到达时间和提取脉冲星影像信息，经过相应的信号和数据处理，航天器自主确定轨道、时间和姿态等导航参数。其基本原理是：以同一个脉冲信号到达太阳系质心的时间与到达航天器的时间差为观测量，构造 X 射线脉冲星导航测量方程；该方程有 4 个未知数，包括 3 个位置坐标分量和 1 个时钟偏差量；通过同时探测 4 颗脉冲星，或每个弧段观测 1 颗脉冲星并结合航天器轨道动力学模型，求解 4 个未知数，实现航天器自主导航。X 射线探测器包括 X 射线光子计数器和 X 射线成像仪，分别用于提取 X 射线光子和脉冲星影像信息。

2.4 导航几何分析法

2.4.1 导航位置面

轨道确定问题中的一个基本概念是位置面，位置面是当被测参数为常值时探测器的可能位置形成的曲面。以往天文导航中的轨道确定方法可以归结为通过天体的测量获得位置面，再通过位置面的组合进行定位的方法。当然随着观测信息的丰富，有些观测量已经无法简单地通过位置面来描述了。参考文献［11］对于位置面法有着一些研究，它首先进行了三个假设：第一，用来导航的天体在观测时刻对已知坐标系的位置可以由天文年历查到；第二，忽略光速及恒星与探测器之间的距离；第三，认为当探测器运动状态变化时，敏感器能够测量到相应的改变量，同时不考虑观测误差。定义近天体为所有太阳系中的天体，包括太阳、地球、月球、大行星、彗星、小行星等。5 种位置面的定义如下。

（1）近天体—探测器—远天体的夹角测量

其矢量描述为

$$\boldsymbol{r} \cdot \boldsymbol{i} = -r\cos A \tag{2-36}$$

式中 $\boldsymbol{r}$ ——近天体到探测器的位置矢量，为待估计状态；

$\boldsymbol{i}$ ——近天体到恒星的视线的单位矢量，可以由天文年历计算得到；

A ——夹角信息也就是观测量，其几何形状为一圆锥面。

（2）近天体—探测器—近天体夹角测量

其矢量描述为

$$\boldsymbol{r} \cdot \boldsymbol{r}_{\mathrm{p}} = r^2 - r\left|\boldsymbol{r} - \boldsymbol{r}_{\mathrm{p}}\right|\cos A \tag{2-37}$$

式中 $\boldsymbol{r}_{\mathrm{p}}$ ——两近天体之间的距离，其几何形状为一超环面。

（3）探测器对近天体视线角测量

其矢量描述为

$$Z = \frac{D}{2\sin(A/2)};Z = \sqrt{(x - x_{\mathrm{t}})^2 + (y - y_{\mathrm{t}})^2 + (z - z_{\mathrm{t}})^2} \tag{2-38}$$

式中 D ——近天体的直径；

Z ——探测器到近天体的距离；

$[x_{\mathrm{t}}, y_{\mathrm{t}}, z_{\mathrm{t}}]$ ——近天体在日心惯性坐标系内的位置矢量，其几何形状为一圆球面。

（4）掩星测量

其几何形状为一圆柱面。

（5）通过相机得到的视线测量

其可以以方位角和高度角表示，如 2.2.1 节中的近天体视线角测量，其几何形状为直线。

2.4.2　探测器位置确定

定位问题是要计算探测器相对于太阳或者目标天体的位置信息，有三个未知量，所以如果存在三个互不相关的观测方程组成的方程组就可以确定探测器位置。下面结合上述几类位置面的几何描述，分别讨论各飞行阶段观测信息在定位问题上的应用。

在巡航段几种可行的自主方案包括：基于日地月信息的导航方案、基于恒星信息的导航方案（包括脉冲星）、基于小行星信息的导航方案。

（1）日地月信息

日地月信息属于近天体信息，可以观测的内容包括探测器相对三个天体的方向信息、探测器与任意两个天体间的夹角信息、探测器观测地球或者月球的视线角信息、探测器相对于太阳的径向速度信息。

在已知探测器姿态的情况下，如果测量视线矢量能精确指向导航目标，则指向任意两个不同导航目标点的视线必然交于一点（探测器），从而可以确定探测器的位置。由近天体视线角测量方程可以看到，一次测量只能得到两个互不相关的方程，所以最少需要两次测量才能确定探测器位置，方程组如下

$$\begin{cases}\Phi_1=\arctan(\dfrac{y-y_{c1}}{x-x_{c1}})\\ \Theta_1=\arcsin(\dfrac{z-z_{c1}}{r_{rc1}})\\ \Phi_2=\arctan(\dfrac{y-y_{c2}}{x-x_{c2}})\\ \Theta_2=\arcsin(\dfrac{z-z_{c2}}{r_{rc2}})\end{cases}\tag{2-39}$$

探测器与任意两个近天体的夹角测量是指上述的近天体—探测器—近天体夹角测量。日地月三个近天体能够得到三个超环面，通过三个超环面的交界可以确定探测器的位置，可能有多个解。从近天体—探测器—近天体夹角测量的矢量描述方程中也可以看到，一次测量仅仅能够得到一个方程，所以最少三次测量才能确定探测器位置，方程组如下

$$\begin{cases}\boldsymbol{r}\cdot\boldsymbol{r}_{p1}=r^2-r\,|\boldsymbol{r}-\boldsymbol{r}_{p1}|\cos A_1\\ \boldsymbol{r}\cdot\boldsymbol{r}_{p2}=r^2-r\,|\boldsymbol{r}-\boldsymbol{r}_{p2}|\cos A_2\\ \boldsymbol{r}\cdot\boldsymbol{r}_{p3}=r^2-r\,|\boldsymbol{r}-\boldsymbol{r}_{p3}|\cos A_3\end{cases}\tag{2-40}$$

由于地球或者月球的半径已知，所以根据测量得到的地球或者月球的视线角就可以得到以地球或者月球为中心的圆球面，两者的交线为圆形，具有无穷多解，因此，无法仅仅通过测量视线角确定探测器位置，还需加入其他观测信息。由其数学描述也可看出，一次观测仅仅能够确定一个方程，最少三次观测才可以确定位置，通过几何分析可知一般也存

在多个解，方程组如下

$$\begin{cases} Z_1 = \dfrac{D_1}{2\sin(A_1/2)}; Z_1 = \sqrt{(x - x_{p1})^2 + (y - y_{p1})^2 + (z - z_{p1})^2} \\ Z_2 = \dfrac{D_2}{2\sin(A_2/2)}; Z_2 = \sqrt{(x - x_{p2})^2 + (y - y_{p2})^2 + (z - z_{p2})^2} \\ Z_3 = \dfrac{D_3}{2\sin(A_3/2)}; Z_3 = \sqrt{(x - x_{p3})^2 + (y - y_{p3})^2 + (z - z_{p3})^2} \end{cases} \tag{2-41}$$

利用太阳和探测器之间的相对运动产生的多普勒漂移现象，可以计算出探测器相对目标天体的径向速度。从其描述形式可以看到，一次观测仅能够得到一个观测方程，所以必须配合其他观测才能进行轨道确定，比如，加入近天体的视线方向等。

通过上述分析可知，采用单一观测方式时，视线测量需要测量两次，角度测量最少需要测量三次；采用不同种观测方式的组合时，必须保证存在三个互不相关的观测方程。

（2）恒星信息

恒星信息属于远天体信息，可以观测的信息包括近天体—探测器—远天体之间的夹角信息、掩星测量、星光折射、恒星视线方向等。当前较受关注的 X 射线脉冲星导航，观测的就是一类特殊的恒星。近天体—探测器—远天体测量主要是指太阳—探测器—恒星之间的夹角，通过导航相机得到的是导航天体亮心及其背景恒星，从中可以得到恒星视线方向及恒星—探测器—导航天体之间的夹角。掩星测量在地球附近可以执行，在深空探测任务中此方法不适用，因为对导航天体的物理特性了解很少，导致掩星测量中的星体半径无法获取。星光折射导航的关键因素是大气密度模型，然而存在大气的行星较少，即使存在大气，其大气密度模型的精度也无法满足任务要求，所以也不适于在深空探测任务中应用。

由近天体—探测器—远天体的矢量描述可知，观测一次仅能够获取一个方程，如果观测三次，虽然能够获取三个互不相关的方程，但是非线性方程的解是否为有限个还需要进行几何分析。由于近天体—探测器—远天体之间的夹角测量能够提供的是以近天体为顶点的圆锥面，观测两颗恒星后得到的是两条以近天体为顶点的射线。即使观测第三颗恒星，也仅仅可以选定两条射线中的一条，仍然存在无穷多解，所以无论增加多少次测量均无法获取探测器具体位置，故此类观测必须增加其他种类的观测信息。

通过导航相机能够得到恒星视线方向，但是由于恒星为无穷远处，所以仅仅能够用来指示方向，也就是计算探测器姿态，无法进行轨道确定计算。

对 X 射线脉冲星的观测能够获得已知脉冲星所发射脉冲的到达时间。通过其观测方程可以很容易看到，最少需要通过对三颗脉冲星进行观测才可以确定探测器位置，其方程组为

$$\begin{cases} \Delta t_0 = \Delta t_b + \dfrac{\boldsymbol{n}_1 \cdot \boldsymbol{r}_0}{c} + \cdots \\ \Delta t_0 = \Delta t_b + \dfrac{\boldsymbol{n}_2 \cdot \boldsymbol{r}_0}{c} + \cdots \\ \Delta t_0 = \Delta t_b + \dfrac{\boldsymbol{n}_3 \cdot \boldsymbol{r}_0}{c} + \cdots \end{cases} \tag{2-42}$$

(3) 小天体信息

深空中可以用来导航的还包括各大行星、小行星和彗星。大行星和彗星的数目相对较少，探测器能够获取到大行星和彗星信息的概率较低。小行星数目是巨大的，主带小行星、近地小行星等分布得非常广泛，而且获取其信息较为方便，所以巡航段导航依据小行星信息较为可行，深空 1 号任务就采用此类导航策略。对小行星的观测主要是通过导航相机对不同的小行星拍照获取其视线信息，也属于近天体视线角测量，一次观测能够得到两个方程，故最少要观测两颗小行星才能确定位置。如果同时对速度进行估计，则最少需要观测三颗小行星才能得到六个互不相关的方程。

接近段、绕飞段及着陆段导航所能依托的主要是目标天体的信息。由于距离目标天体较近，所以能够得到的观测信息包括目标天体的视线方向、目标天体的轮廓、探测器相对目标天体表面特征点的视线方向等，上述信息均可以通过导航相机获取。通过高度计还可以得到探测器距离目标天体上某点的距离信息。

①观测亮心

观测亮心能够获得目标天体的视线方向，其几何描述为一条直线，仅仅通过一次观测无法得到探测器定位，最少要像式 (2-39) 一样进行两次观测。

②观测轮廓

目标天体的轮廓信息相当于近天体视线角的测量，但是由于小天体的形状很不规则，而且对其形状信息了解很少，所以很难应用。

③特征点观测

特征点观测包括高度计信息的获取和特征点视线信息的获取。不考虑高度计信息时，依据式 (2-39)，最少需要两个特征点方向才能确定探测器相对特征点的位置。如果同时要估计速度，则最少要再有两个方程，也就是必须再加上一个特征点所提供的方向信息；同时，为了方程之间的相互独立，三个特征点不能共线。考虑高度计信息时，由于高度信息的位置面是以特征点为中心的圆球面，再加上特征点方向信息所提供的射线，完全可以确定探测器相对于特征点的位置，所以一个特征点就可以定位。

2.4.3　探测器姿态确定

当前对姿态确定算法的研究较为成熟，星敏感器结合陀螺定姿技术能够使姿态确定达到较高精度。在星敏感器失效或者其他特殊情况下，才会通过其他观测手段进行姿态确定，比如深空 1 号任务中，由导航相机代替星敏感器进行姿态确定。确定姿态的主要观测信息是恒星的分布，通过导航相机对固定区域背景恒星的观测可以得到多颗恒星在天球的分布，再与已知的星图进行星图匹配，从而能够确定导航相机坐标系与惯性坐标系的转换矩阵，进而通过导航相机坐标系与体坐标系间的关系就可以确定姿态并不断地对陀螺漂移进行修正。通过 2.3.2 节可以看到，涉及导航相机的观测信息均需要考虑姿态问题。所以在上述过程中，如果能够得到姿态的变化规律则可以将姿态作为状态变量之一进行估计，比如星尘任务中，通过加装反光镜保证了姿态的固定，从而在轨道确定过程中同时对姿态进行了估计。

2.4.4 天体特性参数确定

对目标天体特性参数，特别是小天体（小行星、彗星）的特性参数的估计是深空导航任务的重要内容，所有特性参数中最主要的就是自转角速度和形状模型。估计小天体特性需要距离目标天体较近，所以首先进行了如下假设：

1）探测器相对于小天体的运动是匀速直线运动；

2）小天体的运动状态是绕自转轴的转动。

美国深度撞击任务中，对于小天体形状特性的分析方式为按照已知的几类小天体模型进行仿真试验，主要包括哈雷彗星类天体、Borrelly 彗星类天体、Accretion 类天体等[12]，但是最常见的还是不存在进动和章动的、绕自转轴转动天体。基于以上假设，可以通过自转平面内两个不同时刻某矢量的点乘和叉乘得到自转角速度的大小和方向。根据此思想，对同一特征点在相同时间间隔进行四次观测，并以此为观测量设计了一种小天体特性参数估计方法。观测变量为探测器和特征点间的距离矢量，该方法能够估计小天体的自转角速度和特征点半径。

为了详细说明特征点信息与待估计状态之间的关系，将观测量与小天体特性参数之间的几何关系进行如下描述：首先建立两个坐标系，小天体惯性坐标系 $O_aX_aY_aZ_a$ 和导航相机坐标系 $O_cX_cY_cZ_c$；在小天体惯性坐标系中，Z_a 轴指向自转角速度方向，坐标原点 O_a 是由初始特征点位置到 Z_a 轴的垂足，X_a 轴垂直 Z_a，且从坐标原点指向初始特征点方向，Y_a 轴符合右手定则；X_c 平行于 Z_a，Z_c 轴为光轴方向，Y_c 轴符合右手定则，如图 2-8 所示。在图 2-8 中，矢量 $\boldsymbol{a}_i$ 从探测器指向特征点，径向矢量 $\boldsymbol{r}_i$ 是从坐标原点指向特征点的矢量，$\boldsymbol{h}$ 代表探测器的速度矢量，$SC1$，$SC2$，$SC3$，$SC4$ 和 A，B，C，D 分别代表了探测器和特征点在相同时间间隔的四个不同时刻的位置。

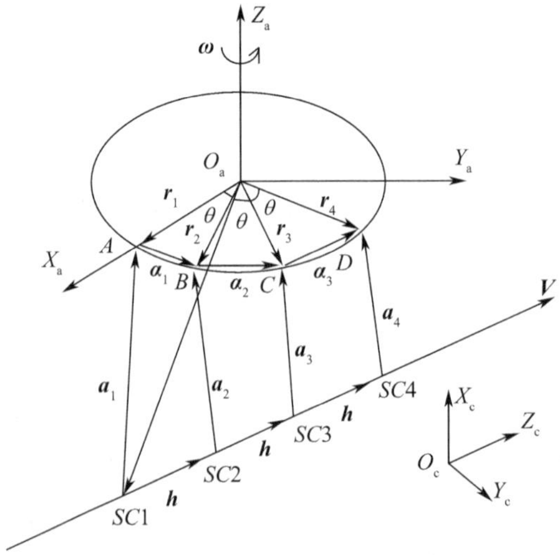

图 2-8 探测器与特征点（小天体）运动和几何关系示意图

导航算法的观测量是惯性系内从探测器指向特征点的矢量 $\boldsymbol{a}_i$，通过导航相机能够提供此矢量在导航相机坐标系的方向信息，通过激光高度计测量可以得到此矢量的长度信息，进而通过姿态转换矩阵 $\boldsymbol{T}_{\mathrm{CI}}$ 得到其在惯性系内的表达式 $\boldsymbol{a}_i$。一次完整的测量包括在相同的时间间隔 Δt 内对同一特征点进行的四次观测 $\boldsymbol{a}_1$，$\boldsymbol{a}_2$，$\boldsymbol{a}_3$，$\boldsymbol{a}_4$。

为了由已知矢量 $\boldsymbol{a}_1$，$\boldsymbol{a}_2$，$\boldsymbol{a}_3$，$\boldsymbol{a}_4$ 得到在特征点自转平面内的两个矢量，首先将四个径向矢量 $\boldsymbol{r}_i$ 相减，可以得到如式（2-43）所示的、在相同纬度平面内的三个矢量 $\boldsymbol{\alpha}_1$，$\boldsymbol{\alpha}_2$，$\boldsymbol{\alpha}_3$。

$$\begin{cases}\boldsymbol{\alpha}_1=\boldsymbol{r}_2-\boldsymbol{r}_1=\boldsymbol{a}_2+\boldsymbol{h}-\boldsymbol{a}_1\\ \boldsymbol{\alpha}_2=\boldsymbol{r}_3-\boldsymbol{r}_2=\boldsymbol{a}_3+\boldsymbol{h}-\boldsymbol{a}_2\\ \boldsymbol{\alpha}_3=\boldsymbol{r}_4-\boldsymbol{r}_3=\boldsymbol{a}_4+\boldsymbol{h}-\boldsymbol{a}_3\end{cases}\tag{2-43}$$

通过 $SC2$ 和 A 点的连线，可以得到 $\boldsymbol{\alpha}_1$ 与 $\boldsymbol{a}_1$，$\boldsymbol{a}_2$ 与 $\boldsymbol{h}$ 的几何关系，同理可以得到 $\boldsymbol{\alpha}_2$，$\boldsymbol{\alpha}_3$ 与观测量的关系，如式（2-43）所示。可以看到，式（2-43）中存在非观测量 $\boldsymbol{h}$，为此将式（2-43）中的三个等式两两相减，得到完全用观测量表示的自转平面内的两个矢量，并用变量 $\boldsymbol{\beta}_1$，$\boldsymbol{\beta}_2$ 表示，如式（2-44）所示

$$\begin{cases}\boldsymbol{\beta}_1=\boldsymbol{\alpha}_2-\boldsymbol{\alpha}_1=\boldsymbol{a}_3-2\boldsymbol{a}_2+\boldsymbol{a}_1\\ \boldsymbol{\beta}_2=\boldsymbol{\alpha}_3-\boldsymbol{\alpha}_2=\boldsymbol{a}_4-2\boldsymbol{a}_3+\boldsymbol{a}_2\end{cases}\tag{2-44}$$

这样，自转角速度的方向 $\boldsymbol{S}$ 和自转角速度 $\boldsymbol{\omega}$ 可以通过在自转平面内的 $\boldsymbol{\beta}_1$，$\boldsymbol{\beta}_2$ 的点乘和叉乘表示，自转角速度的方向为

$$\boldsymbol{S}=\frac{\boldsymbol{\beta}_1\times\boldsymbol{\beta}_2}{\|\boldsymbol{\beta}_1\times\boldsymbol{\beta}_2\|}\tag{2-45}$$

自转角速度的大小为

$$|\boldsymbol{\omega}|=\frac{1}{\Delta t}\arccos\frac{\boldsymbol{\beta}_1\cdot\boldsymbol{\beta}_2}{\|\boldsymbol{\beta}_1\|\ \|\boldsymbol{\beta}_2\|}\tag{2-46}$$

根据匀速直线运动速度的假设前提，相对速度矢量可以写成 $\boldsymbol{v}=\dfrac{\boldsymbol{h}}{\Delta t}$，由式（2-43）中的第二项经过简单变换可以改写成如下形式

$$\boldsymbol{v}=\frac{1}{\Delta t}(\boldsymbol{\alpha}_2-\boldsymbol{a}_3+\boldsymbol{a}_2)\tag{2-47}$$

由于式（2-47）中含有未知矢量 $\boldsymbol{\alpha}_2$，下面根据 $\boldsymbol{\beta}$，$\boldsymbol{\alpha}$，$\boldsymbol{r}$ 的几何关系推导 $\boldsymbol{\alpha}_2$ 的表达式。为了清楚地显示各矢量间的关系，这里将局部放大，三个矢量的关系如图 2-9 所示。

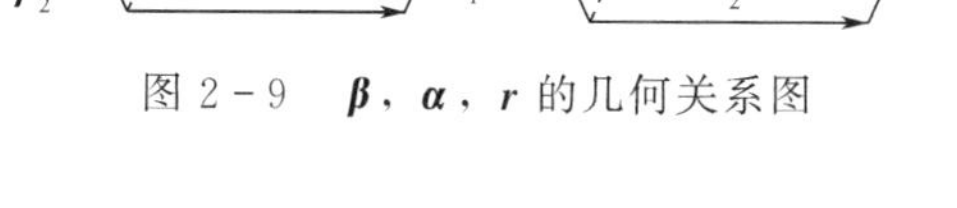

图 2-9　$\boldsymbol{\beta}$，$\boldsymbol{\alpha}$，$\boldsymbol{r}$ 的几何关系图

从图 2-9 中可以清楚地看到，$\boldsymbol{\alpha}_2$ 和 $\boldsymbol{\beta}_1-\boldsymbol{\beta}_2$ 的方向是相同的。知道了方向，接下来计算 $\|\boldsymbol{\alpha}_2\|$。根据相似三角形定理可以得到 $\|\boldsymbol{\alpha}\|$ 和 $\|\boldsymbol{\beta}_1-\boldsymbol{\beta}_2\|$ 的比值，如式（2-48）所示

$$\frac{\|\boldsymbol{r}\|}{\|\boldsymbol{\alpha}\|}=\frac{\|\boldsymbol{\alpha}\|}{\|\boldsymbol{\beta}\|}=\frac{\|\boldsymbol{\beta}\|}{\|\boldsymbol{\beta}_1-\boldsymbol{\beta}_2\|}\Rightarrow\frac{\|\boldsymbol{\alpha}\|}{\|\boldsymbol{\beta}_1-\boldsymbol{\beta}_2\|}=\left(\frac{\|\boldsymbol{r}\|}{\|\boldsymbol{\alpha}\|}\right)^2=2(1-\cos\theta) \tag{2-48}$$

其中

$$\cos\theta=\frac{\boldsymbol{\beta}_1\cdot\boldsymbol{\beta}_2}{\|\boldsymbol{\beta}_1\|\ \|\boldsymbol{\beta}_2\|} \tag{2-49}$$

至此根据已知的 $\boldsymbol{\beta}_1$，$\boldsymbol{\beta}_2$ 得到了未知的 $\boldsymbol{\alpha}_2$ 矢量，如式（2-50）所示

$$\boldsymbol{\alpha}_2=2\left(1-\frac{\boldsymbol{\beta}_1\cdot\boldsymbol{\beta}_2}{\|\boldsymbol{\beta}_1\|\ \|\boldsymbol{\beta}_2\|}\right)(\boldsymbol{\beta}_1-\boldsymbol{\beta}_2) \tag{2-50}$$

由于 $\boldsymbol{a}_1$ 和 $\boldsymbol{\beta}_2$ 的方向相反，所以 $\boldsymbol{\alpha}_1$ 可以表示为

$$\boldsymbol{\alpha}_1=-2\left(1-\frac{\boldsymbol{\beta}_1\cdot\boldsymbol{\beta}_2}{\|\boldsymbol{\beta}_1\|\ \|\boldsymbol{\beta}_2\|}\right)\frac{\|\boldsymbol{\beta}_1-\boldsymbol{\beta}_2\|}{\|\boldsymbol{\beta}_2\|}\boldsymbol{\beta}_2 \tag{2-51}$$

这样式（2-47）中的速度矢量也可以由式（2-52）表示为

$$\boldsymbol{v}=\frac{1}{\Delta t}\left[2\left(1-\frac{\boldsymbol{\beta}_1\cdot\boldsymbol{\beta}_2}{\|\boldsymbol{\beta}_1\|\ \|\boldsymbol{\beta}_2\|}\right)(\boldsymbol{\beta}_1-\boldsymbol{\beta}_2)-\boldsymbol{a}_3+\boldsymbol{a}_2\right] \tag{2-52}$$

探测器相对小天体的位置可以由式（2-53）表示，式中的未知参数为 $\boldsymbol{r}_2$

$$\overline{O_aSC1}=\boldsymbol{r}_2-\boldsymbol{a}_2-\boldsymbol{h} \tag{2-53}$$

由图 2-8 可以看出，$\boldsymbol{r}_2$ 和 $\boldsymbol{\alpha}_1$，$\boldsymbol{\alpha}_2$ 的几何关系与 $\boldsymbol{\alpha}_2$ 和 $\boldsymbol{\beta}_1$，$\boldsymbol{\beta}_2$ 的几何关系相同，所以根据上述推导可以得到 $\boldsymbol{r}_2$ 的表达式如式（2-54）所示，其中的 $\boldsymbol{\alpha}_1$ 由式（2-51）得到

$$\boldsymbol{r}_2=2\left(1-\frac{\boldsymbol{\alpha}_1\cdot\boldsymbol{\alpha}_2}{\|\boldsymbol{\alpha}_1\|\ \|\boldsymbol{\alpha}_2\|}\right)(\boldsymbol{\alpha}_1-\boldsymbol{\alpha}_2) \tag{2-54}$$

到此为止，使用观测量 $\boldsymbol{a}_1$，$\boldsymbol{a}_2$，$\boldsymbol{a}_3$，$\boldsymbol{a}_4$ 得到了所有状态的表达式：惯性系内的自转角速度见式（2-45）及式（2-46），相对速度见式（2-52），相对位置见式（2-53），特征点半径见式（2-54）。从四组公式中可以看出，所有的表达式间互不相关，这证明本系统是可观测的，所有的状态均可以通过观测量估计出来。本文所设计的基于单特征点导航方案具有以下特点：仅仅使用一个特征点，有利于图像处理和特征点的捕获、跟踪；在估计小天体特性时还可以对探测器的相对位置和相对速度进行估算。

2.5 探测器自主轨道确定

2.5.1 自主轨道确定原理

（1）自主轨道确定的过程

轨道确定应利用观测数据来给出探测器在过去、当前和未来一段时间内任意时刻的运动状态。因此，自主轨道确定必然包括四个基本过程：数据预处理、初始轨道确定、轨道改进和轨道预报。

①数据预处理

轨道观测数据的预处理是探测器自主轨道确定的前提和基础。对测量设备所获得的观测数据进行适当的修正和统计处理，以达到消除每一个独立测量元素部分系统误差，

减小随机误差，剔除观测资料中的异常观测值，提高测量数据的精度，提高测量结果的置信度。

②初始轨道确定

如果轨道确定是第一次启动，则选择指定的观测数据，利用最小二乘法确定探测器的初始轨道参数；否则，从探测器星历文件读取该历元的初始轨道参数。

③轨道改进

轨道改进包括以下步骤：

1）递推探测器轨道参数到观测历元；

2）利用观测模型计算观测量及残差；

3）轨道修正：计算与导航滤波器相关的一些量，进而确定该历元精确的轨道参数和其他待定参数。

④轨道预报

为了实时向探测器其他系统提供星历信息，利用该历元的轨道参数和轨道动力学模型积分到规定的时间，并将轨道数据保存到星历文件中。

（2）自主轨道确定的原则

受星载计算机处理速度和内存的限制，自主轨道确定通常比地面导航受到更多的约束。因此，在自主轨道确定算法中，对于观测模型、状态模型和滤波算法的选择提出了更严格的要求。

①观测模型和状态模型的选择

由于自主导航系统很难直接测量到探测器的位置和速度，必须利用轨道动力学模型和一系列的观测量来估算探测器的轨道，因此选择合适的观测模型和状态模型是关键因素。建立模型的第一步就是选择参考坐标系，选择的原则是尽量保持观测模型和状态模型的表达简单。选择一个合适的参考坐标系可以有效地增加整个计算的效率；同时，不同的参考坐标系会影响到轨道确定的性能。状态模型的选择包括状态量的选取，以及状态方程规模的确定。观测模型的选择包括观测参数的选取以及依据观测参数建立观测仿真的计算模型。观测模型和状态模型必须相适应，以免观测或状态模型过于简化或繁琐。状态矢量应明显地影响观测模型矢量，并有一定的实际物理意义。根据同一测量可以建立不同的观测模型，也可以将几个不同敏感器的测量进行组合，构成一个观测量。选择观测模型最基本的原则是要能精确地估计出状态矢量。

②滤波算法的确定

设计导航系统的关键问题之一是滤波算法的选择，只有通过滤波算法处理测量数据，才能得到最小误差的系统状态和参数估计。根据对观测数据处理方式的不同，导航滤波器算法可分为两种：批量处理和递推处理。批量处理是基于在一段时间内获得的一批观测数据进行反复迭代运算，得出在此时间段内某一特定时刻的最优轨道估计。由观测数据组成的观测矢量的维数远大于轨道状态量的维数，故通常应用最小二乘法求解，精度较高，迭代运算过程稳定；但估计过程是阶段性的，不能即时得出结果。递推处理是在确定初轨的基础上，由即时观测数据来更新现有估计，从而得出新的估计。这种估计算法是连续性的，适用于轨道观测实时处理，常用扩展卡尔曼滤波（EKF，Extended Kalman Filter）及其变形。

滤波算法更新轨道参数会涉及数值积分方法问题。考虑到星载计算机的处理速度和内存大小限制，利用高阶和变步长的积分方法是不可能的，已经证实选用低阶定步长龙克库塔法是比较合适的。还有，单位的选取直接影响着积分精度，对不同任务背景的状态模型需要选择不同的单位。例如，巡航段，通常选择正则单位；接近小天体段，则要选择国际单位。

2.5.2 自主轨道确定方法

（1）利用高斯-马尔科夫过程的自主轨道确定方法

没有直接的速度测量是任何完全自主的导航系统都存在的一个问题[10]，这表明探测器的速度矢量必须通过轨道动力学方程和一系列与位置相关的观测量来确定。但由于很难事先确定精确的引力场模型和各种摄动因素的影响，导致很难建立精确的探测器轨道动力学模型，这给基于轨道动力学模型的自主轨道确定带来较大的困难。基于探测器轨道动力学中的无模型加速度可以用一阶高斯-马尔科夫过程来近似的思想，本节提出利用一阶高斯-马尔科夫过程来近似探测器轨道动力学中的无模型加速度，基于 UD 协方差分解的卡尔曼滤波来估计探测器的位置、速度及无模型加速度，以解决无法得到精确轨道动力学模型带来的自主轨道确定困难问题。

①无模型加速度的近似

探测器的轨道动力学方程可以表达为

$$\begin{cases}\dot{\boldsymbol{r}}=\boldsymbol{v}\\ \dot{\boldsymbol{v}}=\boldsymbol{a}_{\mathrm{m}}(\boldsymbol{r},\boldsymbol{v})+\boldsymbol{m}(t)\end{cases} \tag{2-55}$$

式中 $\boldsymbol{r}$，$\boldsymbol{v}$ ——分别为探测器的位置和速度矢量；

$\boldsymbol{a}_{\mathrm{m}}$（$\boldsymbol{r}$，$\boldsymbol{v}$）——作用在探测器上的模型加速度；

$\boldsymbol{m}(t)$ ——作用在探测器上的所有未建模的加速度。

对探测器的轨道动力学模型而言，其运动学模型是严格和精确的，但其动力学模型存在各种不确定性，如模型参数误差、未知的高阶引力场模型、未建模摄动力和推力测量误差等，这些都能归结为无模型加速度。一般可假设无模型加速度包括两部分：与时间相关的部分和纯粹随机的部分，所以，可用一阶高斯-马尔卡夫过程 $\boldsymbol{\varepsilon}(t)$ 来代替无模型加速度 $\boldsymbol{m}(t)$ 。$\boldsymbol{\varepsilon}(t)$ 满足下面矢量微分方程

$$\dot{\boldsymbol{\varepsilon}}(t)=\widetilde{\boldsymbol{F}}\boldsymbol{\varepsilon}(t)+\widetilde{\boldsymbol{G}}\boldsymbol{u}(t) \tag{2-56}$$

式中 $\boldsymbol{\varepsilon}(t)$ ——3 维矢量；

$\boldsymbol{u}(t)$ ——3 维高斯噪声矢量，假设其满足式（2-57）

$$\begin{aligned}&E[\boldsymbol{u}(t)]=0\\ &E[\boldsymbol{u}(t)\boldsymbol{u}^{\mathrm{T}}(t)]=\boldsymbol{I}\delta(t-\tau)\end{aligned} \tag{2-57}$$

式中　$\boldsymbol{I}$ ——三维单位矩阵；

$\widetilde{\boldsymbol{F}}$ 和 $\widetilde{\boldsymbol{G}}$ ——分别由 $\widetilde{F}_{ij}=\beta_i\delta_{ij}$ 和 $\widetilde{G}_{ij}=q_i\delta_{ij}$ 定义的系数矩阵（i，$j=1$，2，3），β_i 是未知的参数，q_i 是常数，δ_{ij} 是克罗内克符号。

②扩展的状态方程

定义状态变量为 $\boldsymbol{x}=[\boldsymbol{r}^{\mathrm{T}}\quad \boldsymbol{v}^{\mathrm{T}}\quad \boldsymbol{\varepsilon}^{\mathrm{T}}\quad \boldsymbol{\beta}^{\mathrm{T}}]^{\mathrm{T}}$，结合式（2-55）和式（2-56），且 $\dot{\boldsymbol{\beta}}=0$，则有

$$\dot{\boldsymbol{x}}=\boldsymbol{F}(\boldsymbol{x},\boldsymbol{u},t) \tag{2-58}$$

其中

$$\boldsymbol{F}^{\mathrm{T}}=[\boldsymbol{v}^{\mathrm{T}}\quad (\boldsymbol{a}_{\mathrm{m}}+\boldsymbol{\varepsilon})^{\mathrm{T}}\quad (\widetilde{\boldsymbol{F}}\boldsymbol{\varepsilon}(t)+\widetilde{\boldsymbol{G}}\boldsymbol{u}(t))^{\mathrm{T}}\quad 0]$$

设 t_i 为某一参考时刻，对于 $t>t_i$，积分式（2-58）可得

$$\begin{cases}\boldsymbol{r}(t)=\boldsymbol{r}_i+\boldsymbol{v}_i\Delta t+\displaystyle\int_{t_i}^{t}\boldsymbol{a}(\boldsymbol{r},\boldsymbol{v},\boldsymbol{\varepsilon},\tau)(t-\tau)\mathrm{d}\tau \\ \boldsymbol{v}(t)=\boldsymbol{v}_i+\displaystyle\int_{t_i}^{t}\boldsymbol{a}(\boldsymbol{r},\boldsymbol{v},\boldsymbol{\varepsilon},\tau)\mathrm{d}\tau \\ \boldsymbol{\varepsilon}(t)=\boldsymbol{E}\boldsymbol{\varepsilon}_i+\boldsymbol{l}_i \\ \boldsymbol{\beta}(t)=\boldsymbol{\beta}_i\end{cases} \tag{2-59}$$

其中

$$\Delta t=t-t_i$$

$$\boldsymbol{a}(\boldsymbol{r},\boldsymbol{v},\boldsymbol{\varepsilon},t)=\boldsymbol{a}_{\mathrm{m}}(\boldsymbol{r},\boldsymbol{v},t)+\boldsymbol{\varepsilon}(t)$$

$$\boldsymbol{E}=\begin{bmatrix}\alpha_1 & 0 & 0\\ 0 & \alpha_2 & 0\\ 0 & 0 & \alpha_3\end{bmatrix}$$

$$\boldsymbol{l}_i=\begin{bmatrix}\sigma_1\sqrt{1-\alpha_1^2}\,u_1\\ \sigma_2\sqrt{1-\alpha_2^2}\,u_2\\ \sigma_3\sqrt{1-\alpha_3^2}\,u_3\end{bmatrix}$$

式中　$\alpha_i=\exp[-\beta_i(t-t_i)]$；$\sigma_j=q_j/2\beta_j$，$j=1$，2，3。

利用状态变量 $\boldsymbol{x}$ 的定义，式（2-59）可表达为

$$\boldsymbol{x}(t)=\boldsymbol{\theta}(\boldsymbol{x}_i,t_i,t)+\boldsymbol{n}_i\quad (t\geqslant t_i) \tag{2-60}$$

其中

$$\boldsymbol{n}^{\mathrm{T}}=[n_r^{\mathrm{T}}\quad n_v^{\mathrm{T}}\quad n_\varepsilon^{\mathrm{T}}\quad 0]$$

式中　$n_r=\displaystyle\int_{t_i}^{t}l_i(t-\tau)\mathrm{d}\tau$；

$n_v=\displaystyle\int_{t_i}^{t}l_i\mathrm{d}\tau$；

$n_\varepsilon=l_i$。

$$E[\boldsymbol{n}_i]=0;E[\boldsymbol{n}_i\boldsymbol{n}_j^{\mathrm{T}}]=\boldsymbol{Q}_i\delta_{ij}=\begin{bmatrix}\boldsymbol{Q}_{rr} & \boldsymbol{Q}_{rv} & \boldsymbol{Q}_{r\varepsilon} & 0\\ \boldsymbol{Q}_{vr} & \boldsymbol{Q}_{vv} & \boldsymbol{Q}_{v\varepsilon} & 0\\ \boldsymbol{Q}_{\varepsilon r} & \boldsymbol{Q}_{\varepsilon v} & \boldsymbol{Q}_{\varepsilon\varepsilon} & 0\\ 0 & 0 & 0 & 0\end{bmatrix}\delta_{ij}$$

其中

$$\boldsymbol{Q}_{rr}=\boldsymbol{S}_i\Delta t^4/4,\boldsymbol{Q}_{rv}=\boldsymbol{Q}_{vr}=\boldsymbol{S}_i\Delta t^3/2,\boldsymbol{Q}_{r\varepsilon}=\boldsymbol{Q}_{\varepsilon r}=\boldsymbol{S}_i\Delta t^2/2,$$
$$\boldsymbol{Q}_{vv}=\boldsymbol{S}_i\Delta t^2,\boldsymbol{Q}_{v\varepsilon}=\boldsymbol{Q}_{\varepsilon v}=\boldsymbol{S}_i\Delta t,\boldsymbol{Q}_{\varepsilon\varepsilon}=\boldsymbol{S}_i$$

式中 $\boldsymbol{S}_i$ ——3×3 对角矩阵，对角线元素分别为 $S_{11}=\sigma_1^2(1-\alpha_1^2)$，$S_{22}=\sigma_2^2(1-\alpha_2^2)$，$S_{33}=\sigma_3^2(1-\alpha_3^2)$ [6]。

③利用高斯-马尔科夫过程的着陆小天体自主轨道确定

为了满足着陆小天体探测器对位置和速度精度严格的要求和限制，针对 MUSES－C 和罗塞塔任务，一些自主着陆小行星和彗星的制导、导航与控制算法被提出[8-10]。但是，参考文献［8，10］的算法要求预先确定精确的小行星自旋状态、小行星形状、引力场模型及精确的推力测量；参考文献［11］对小行星的引力常数和自旋状态进行了估计，但没有考虑小行星引力场模型误差的影响；而参考文献［9］指出动力学模型误差严重地影响着陆精度。事实上，小天体引力场模型和各种摄动因素的影响根本无法精确确定，导致很难建立精确的探测器加速度模型，给基于轨道动力学模型的自主轨道确定带来很大的困难。于是，本节提出利用高斯-马尔科夫过程的着陆小天体自主轨道确定，以解决无法得到精确的轨道动力学模型问题。

本节参考 MUSES－C 任务提出的利用光学敏感器着陆小行星的自主导航与制导方案[12]，给出着陆小行星自主轨道确定算法。利用光学导航相机对可视导航目标进行拍照，得到可视导航目标对应的像元 p 和像线 l ；利用激光雷达或激光测距仪（接近小天体表面时）测量探测器距离小天体表面的距离 L 。如图 2－10 所示，可视导航目标的位置记为 r_{CO} ，其在开始着陆小天体前确定；激光束与小天体表面的交点记为 r_{LO} ，利用探测器的姿态信息和小天体椭球体形状模型可以确定；记探测器相对小天体中心的位置矢量为 $\boldsymbol{r}_{\mathrm{SC}}$ ，探测器的相对小天体的姿态信息由姿态控制系统提供。利用导航相机模型可以计算可视导航目标点对应的像元和像线。于是，导航系统的观测方程可以写为

$$\boldsymbol{Y}_i=\boldsymbol{G}(\boldsymbol{X}_i,t_i)+\boldsymbol{v}_i \tag{2-61}$$

其中

$$\boldsymbol{G}(\boldsymbol{X}_i,t_i)=\begin{bmatrix}\|\boldsymbol{r}_{\mathrm{LO}}-\boldsymbol{r}_{\mathrm{SC}}\|\\ \dfrac{(\boldsymbol{r}_{\mathrm{CO}}-\boldsymbol{r}_{\mathrm{SC}})_x}{(\boldsymbol{r}_{\mathrm{CO}}-\boldsymbol{r}_{\mathrm{SC}})_z}\\ \dfrac{(\boldsymbol{r}_{\mathrm{CO}}-\boldsymbol{r}_{\mathrm{SC}})_y}{(\boldsymbol{r}_{\mathrm{CO}}-\boldsymbol{r}_{\mathrm{SC}})_z}\end{bmatrix}$$

$$E[\boldsymbol{v}_i]=0,\quad E[\boldsymbol{v}_i\boldsymbol{v}_j^{\mathrm{T}}]=\boldsymbol{R}_i\boldsymbol{\delta}_{ij},\quad E[\boldsymbol{v}_i\boldsymbol{X}_j^{\mathrm{T}}]=0$$

取 $\boldsymbol{a}_{\mathrm{m}}(\boldsymbol{r},\ \boldsymbol{v})=\dfrac{\partial U(\boldsymbol{r}_{\mathrm{CO}}+\boldsymbol{r})}{\partial\boldsymbol{r}}-2\boldsymbol{\omega}\times\boldsymbol{v}-\boldsymbol{\omega}\times[\boldsymbol{\omega}\times(\boldsymbol{r}_{\mathrm{CO}}+\boldsymbol{r})]+\boldsymbol{R}_{\mathrm{b}}^{\mathrm{f}}\boldsymbol{u}_{\mathrm{b}}$，$U$ 取小天体的

二阶引力势函数，利用式（2－55）和式（2－59）就可以建立扩展状态的方程。有了导航系统的状态方程和观测方程，就可以利用基于 UD 协方差分解的卡尔曼滤波来估计探测器的位置、速度和无模型加速度。

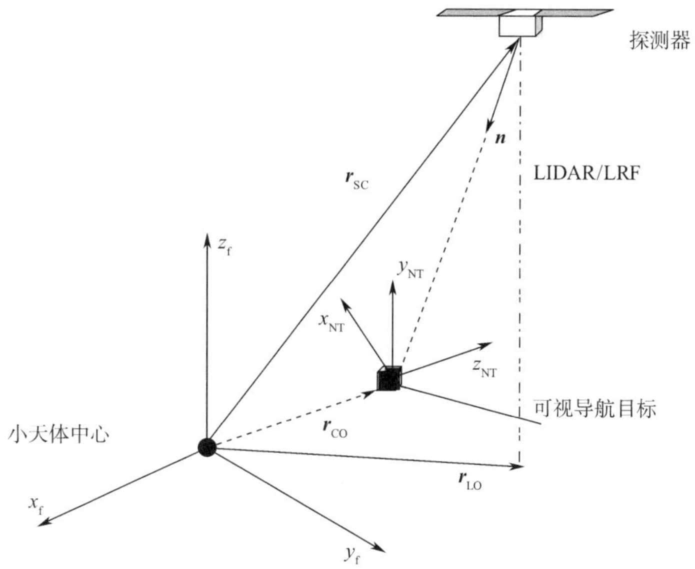

图 2－10　参考坐标系几何关系

（2）基于 Unscented 卡尔曼滤波的自主轨道确定方法

鉴于探测器轨道动力学方程的非线性，扩展卡尔曼滤波（EKF）成为设计探测器导航系统常用的滤波算法[8,13-15]。但是，EKF 算法是通过非线性模型的线性化来实现的，不可避免的轨道模型误差必然会加大线性化带来的误差，这可能导致滤波性能变差，甚至引起滤波器的发散。针对 EKF 的这些问题，Julier 和 Uhlmann 等首次提出 Unscented 卡尔曼滤波（UKF）[16-17]，利用 Unscented 变换和通过非线性系统来捕获真实的预测均值和方差。Wan 和 Van der Merwe 进一步发展了 UKF 算法，证明了在不增加计算复杂度的前提下，UKF 能得到优于 EKF 的精度和鲁棒性[18-19]。深空探测器飞行的环境变化很快，而且探测器轨道动力学模型可能存在较大误差，为了保证导航系统的精度和鲁棒性，本节给出了基于 Unscented 卡尔曼滤波的自主轨道确定算法。

①EKF 算法分析

基于所有概率密度都是高斯分布的假设，贝叶斯估计（最优均方差估计）可写成如下形式[16]

$$\begin{cases} \hat{\boldsymbol{x}}_k = \hat{\boldsymbol{x}}_k^- + \boldsymbol{K}_k(\boldsymbol{y}_k - \hat{\boldsymbol{y}}_k^-) \\ \boldsymbol{P}_{x_k} = \boldsymbol{P}_{x_k}^- - \boldsymbol{K}_k \boldsymbol{P}_{x_k}^- \boldsymbol{K}_k^{\mathrm{T}} \\ \hat{\boldsymbol{x}}_k^- = \boldsymbol{E}\,[\boldsymbol{F}(\hat{\boldsymbol{x}}_{k-1}, \boldsymbol{v}_{k-1})] \\ \boldsymbol{K}_k = \boldsymbol{P}_{x_k y_k} \boldsymbol{P}_{y_k^- y_k^-}^{-1} \\ \hat{\boldsymbol{y}}_k^- = \boldsymbol{E}\,[\boldsymbol{H}(\hat{\boldsymbol{x}}_k^-, \boldsymbol{n}_k)] \end{cases} \tag{2-62}$$

EKF 算法可以表达为

1）预测方程。

$$\begin{cases}\hat{\boldsymbol{x}}_k^- = \boldsymbol{F}(\hat{\boldsymbol{x}}_{k-1}) \\ \boldsymbol{P}_k^- = \boldsymbol{F}_k \boldsymbol{P}_{k-1} \boldsymbol{F}_k + \boldsymbol{R}^v \\ \hat{\boldsymbol{y}}_k^- = \boldsymbol{H}(\hat{\boldsymbol{x}}_{k-1})\end{cases} \tag{2-63}$$

2）修正方程。

$$\begin{cases}\boldsymbol{K}_k = \boldsymbol{P}_k^- \boldsymbol{H}_k^{\mathrm{T}} (\boldsymbol{H}_k \boldsymbol{P}_k^- \boldsymbol{H}_k^{\mathrm{T}} + \boldsymbol{R}^n)^{-1} \\ \hat{\boldsymbol{x}}_k = \hat{\boldsymbol{x}}_k^- + \boldsymbol{K}_k (\boldsymbol{y}_k - \hat{\boldsymbol{y}}_k^-) \\ \boldsymbol{P}_k = \boldsymbol{P}_k^- - \boldsymbol{K}_k \boldsymbol{P}_k^- \boldsymbol{K}_k^{\mathrm{T}}\end{cases} \tag{2-64}$$

其中

$$\boldsymbol{F}_k = \left.\frac{\partial \boldsymbol{F}(\boldsymbol{x}_k, \boldsymbol{v}_k)}{\partial \boldsymbol{x}}\right|_{x_k = \hat{x}_k^-}, \boldsymbol{H}_k = \left.\frac{\partial \boldsymbol{H}(\boldsymbol{x}_k, \boldsymbol{n}_k)}{\partial \boldsymbol{x}}\right|_{x_k = \hat{x}_k^-}$$

可以看出，对于 EKF，状态的预测值是由先验状态均值的函数简单近似得到的，并没有取数学期望，方差的预测和更新是通过非线性动力学模型的一阶线性化得到的。这可能会导致预测的均值和方差存在较大的误差，进而导致滤波性能上的次优，甚至会引起滤波算法的发散[16]。

②Unscented 卡尔曼滤波算法

为说明 UKF 算法，这里给出了 Unscented 变换。Unscented 变换是计算历经非线性变换的随机变量统计量的一种方法[17]，其基本思想是近似高斯分布比近似任意非线性函数容易。

考虑非线性函数 $\boldsymbol{y} = f(\boldsymbol{x})$，$\boldsymbol{x}$ 是一个 L 维随机变量，假设 $\boldsymbol{x}$ 均值为 $\overline{\boldsymbol{x}}$，方差为 $\boldsymbol{P}_x$。为计算 $\boldsymbol{y}$ 的统计量，构建西格马矢量 $\boldsymbol{\chi}_i (i = 0, \cdots, 2L)$

$$\begin{cases}\boldsymbol{\chi}_0 = \overline{\boldsymbol{x}} \\ \boldsymbol{\chi}_i = \overline{\boldsymbol{x}} + \left(\sqrt{(L+\lambda)\boldsymbol{P}_x}\right)_i \quad i = 1, \cdots, L \\ \boldsymbol{\chi}_i = \overline{\boldsymbol{x}} - \left(\sqrt{(L+\lambda)\boldsymbol{P}_x}\right)_{i-L} \quad i = L+1, \cdots, 2L\end{cases} \tag{2-65}$$

式中 λ——一个比例参数，$\lambda = \alpha^2 (L + \kappa) - L$；

α——确定 $\overline{\boldsymbol{x}}$ 周围西格马点的分布的常数，一般设为一小正数（如 $\alpha = 1 \times 10^{-3}$）；

κ——比例参数，一般设为 0 或 $3 - L$（具体可参考文献［16］）；

$\left(\sqrt{(L+\lambda)\boldsymbol{P}_x}\right)_i$——矩阵 $(L+\lambda)\boldsymbol{P}_x$ 第 i 列的平方根。

这些西格马矢量通过非线性函数传播，即

$$\boldsymbol{y}_i = \boldsymbol{f}(\boldsymbol{\chi}_i) \quad i = 0, \cdots, 2L \tag{2-66}$$

然后，用加权的后验西格马点样本均值和方差近似 $\boldsymbol{y}$ 的均值和方差

$$\begin{cases}\overline{\boldsymbol{y}} \approx \sum_i^{2L} W_i^{(\mathrm{m})} \boldsymbol{y}_i \\ \boldsymbol{P}_y \approx \sum_i^{2L} W_i^{(\mathrm{c})} (\boldsymbol{y}_i - \overline{\boldsymbol{y}})(\boldsymbol{y}_i - \overline{\boldsymbol{y}})^{\mathrm{T}}\end{cases} \tag{2-67}$$

权值 W_i 如式（2-68）所示

$$\begin{cases} W_0^{(m)} = \lambda/(L+\lambda) \\ W_0^{(c)} = \lambda/(L+\lambda) + (1-\alpha^2+\beta) \\ W_i^{(m)} = W_i^{(c)} = 1/[2(L+\lambda] \quad i=1,\cdots,2L \end{cases} \tag{2-68}$$

式中　β ——根据 $\boldsymbol{x}$ 分布的先验知识确定（对于高斯分布，$\beta=2$ 是最优的）。

利用 Unscented 变换、探测器的状态方程和观测方程，可得到递推的 UKF 算法如下。

初始化

$$\begin{cases} \hat{\boldsymbol{x}}_0 = E[\boldsymbol{x}_0] \\ \boldsymbol{P}_0 = E[(\boldsymbol{x}_0 - \hat{\boldsymbol{x}}_0)(\boldsymbol{x}_0 - \hat{\boldsymbol{x}}_0)^{\mathrm{T}}] \\ \boldsymbol{x}_0^a = E[\boldsymbol{x}_0] = [\hat{\boldsymbol{x}}_0^{\mathrm{T}} \quad 0 \quad 0]^{\mathrm{T}} \\ \boldsymbol{P}_0^a = E[(\boldsymbol{x}_0^a - \hat{\boldsymbol{x}}_0^a)(\boldsymbol{x}_0^a - \hat{\boldsymbol{x}}_0^a)^{\mathrm{T}}] = \begin{bmatrix} \boldsymbol{P}_0 & 0 & 0 \\ 0 & \boldsymbol{R}^v & 0 \\ 0 & 0 & \boldsymbol{R}^n \end{bmatrix} \end{cases} \tag{2-69}$$

对于 $k=1, 2, \cdots, \infty$，西格马矢量计算和预测方程

$$\begin{cases} \boldsymbol{\chi}_{k-1}^a = [\hat{\boldsymbol{x}}_{k-1}^a \quad \hat{\boldsymbol{x}}_{k-1}^a + \gamma\sqrt{\boldsymbol{P}_{k-1}^a} \quad \hat{\boldsymbol{x}}_{k-1}^a - \gamma\sqrt{\boldsymbol{P}_{k-1}^a}] \\ \boldsymbol{\chi}_{k|k-1}^x = \boldsymbol{F}(\boldsymbol{\chi}_{k|k-1}^x, \boldsymbol{\chi}_{k|k-1}^v) \\ \hat{\boldsymbol{x}}_k^- = \sum_{i=0}^{2L} W_i^{(m)} \boldsymbol{\chi}_{i,k|k-1}^x \\ \boldsymbol{P}_k^- = \sum_{i=0}^{2L} W_i^{(c)} [\boldsymbol{\chi}_{i,k|k-1}^x - \hat{\boldsymbol{x}}_k^-][\boldsymbol{\chi}_{i,k|k-1}^x - \hat{\boldsymbol{x}}_k^-]^{\mathrm{T}} \\ \boldsymbol{y}_{k|k-1} = \boldsymbol{H}(\boldsymbol{\chi}_{k|k-1}^x, \boldsymbol{\chi}_{k-1}^n) \\ \hat{\boldsymbol{y}}_k^- = \sum_{i=0}^{2L} W_i^{(m)} \boldsymbol{y}_{i,k|k-1} \end{cases} \tag{2-70}$$

测量修正方程

$$\begin{cases} \boldsymbol{P}_{\boldsymbol{y}_k^- \boldsymbol{y}_k^-} = \sum_{i=0}^{2L} W_i^{(c)} [\boldsymbol{y}_{i,k|k-1} - \hat{\boldsymbol{y}}_k^-][\boldsymbol{y}_{i,k|k-1} - \hat{\boldsymbol{y}}_k^-]^{\mathrm{T}} \\ \boldsymbol{P}_{\boldsymbol{x}_k \boldsymbol{y}_k} = \sum_{i=0}^{2L} W_i^{(c)} [\boldsymbol{\chi}_{i,k|k-1} - \hat{\boldsymbol{x}}_k^-][\boldsymbol{y}_{i,k|k-1} - \hat{\boldsymbol{y}}_k^-]^{\mathrm{T}} \\ \boldsymbol{K}_k = \boldsymbol{P}_{\boldsymbol{x}_k \boldsymbol{y}_k} \boldsymbol{P}_{\boldsymbol{y}_k^- \boldsymbol{y}_k^-}^{-1} \\ \hat{\boldsymbol{x}}_k = \hat{\boldsymbol{x}}_k^- + \boldsymbol{K}_k(\boldsymbol{y}_k - \hat{\boldsymbol{y}}_k^-) \\ \boldsymbol{P}_k = \boldsymbol{P}_k^- - \boldsymbol{K}_k \boldsymbol{P}_{\boldsymbol{y}_k^- \boldsymbol{y}_k^-} K_k^{\mathrm{T}} \\ \boldsymbol{P}_k^a = \begin{bmatrix} \boldsymbol{P}_k & 0 & 0 \\ 0 & \boldsymbol{R}^v & 0 \\ 0 & 0 & \boldsymbol{R}^n \end{bmatrix} \end{cases} \tag{2-71}$$

其中

$$\boldsymbol{x}^{a} = [\boldsymbol{x}^{T} \quad \boldsymbol{v}^{T} \quad \boldsymbol{n}^{T}]^{T}, \boldsymbol{\chi}^{a} = [(\boldsymbol{\chi}^{x})^{T}, (\boldsymbol{\chi}^{v})^{T}, (\boldsymbol{\chi}^{n})^{T}]^{T}$$

式中　$\gamma = \sqrt{(L+\lambda)}$，$\lambda$ 为一个比例参数，L 为增广的状态维数，这里 $L=12$。

可以看出，UKF 是用高斯随机变量来近似状态分布，但是挑选一个最小样本点集合来表达。这些样本点能完全捕获高斯随机变量的真实均值和方差，然后通过真实的非线性系统来捕获预测的均值和方差。Wan 和 Van der Merwe 证明了 UKF 任何非线性系统精度都能达到二阶，而 EKF 仅能达到一阶精度。

为了保证算法数值计算的稳定性，避免矩阵的求逆运算，对增益矩阵的计算作如下处理。

由于 $\boldsymbol{P}_{y_k^- y_k^-}$ 是对称正定矩阵，所以可以对 $\boldsymbol{P}_{y_k^- y_k^-}$ 进行 UD 分解。令 $\boldsymbol{P}_{y_k^- y_k^-} = \boldsymbol{UDU}^{T}$，则有

$$\begin{cases} \boldsymbol{K}_k = \boldsymbol{P}_{x_k y_k} \boldsymbol{P}_{y_k^- y_k^-}^{-1} = \boldsymbol{P}_{x_k y_k} (\boldsymbol{UDU}^{T})^{-1} \\ \boldsymbol{K}_k \boldsymbol{UDU}^{T} = \boldsymbol{P}_{x_k y_k} \\ \boldsymbol{UDU}^{T} \boldsymbol{K}_k^{T} = \boldsymbol{P}_{x_k y_k}^{T} \end{cases} \tag{2-72}$$

令

$$\boldsymbol{UDU}^{T} \boldsymbol{X} = \boldsymbol{P}_{x_k y_k}^{T} \tag{2-73}$$

则可以通过解式（2-74）的三个方程给出 $\boldsymbol{X}$ 的解

$$\begin{cases} \boldsymbol{U} \boldsymbol{X}_{[1]} = \boldsymbol{P}_{x_k y_k}^{T} \\ \boldsymbol{D} \boldsymbol{X}_{[2]} = \boldsymbol{X}_{[1]} \\ \boldsymbol{U}^{T} \boldsymbol{X} = \boldsymbol{X}_{[2]} \end{cases} \tag{2-74}$$

于是可得到 $\boldsymbol{K}_k = \boldsymbol{X}^{T}$。

③基于 Unscented 卡尔曼滤波的绕飞小天体自主轨道确定

由小天体形状不规则、质量分布不均匀及太阳辐射压力和其他天体等引起的摄动，绕飞小天体探测器的飞行环境变化很快，而且探测器轨道动力学模型不易确定，这些对导航系统的精度和鲁棒性提出了更高的要求。所以这里给出了一种基于 UKF 的绕飞小天体自主轨道确定算法。首先，利用导航相机观测到的小天体图像和小天体参考图像模型，确定探测器相对小天体的方位和小天体边缘特征点的方位信息，再组合小天体形状模型和探测器姿态信息，确定探测器的位置矢量；然后把位置矢量输入到 UKF 算法，自主确定绕飞小天体探测器的轨道。

1）导航系统测量：导航系统利用宽视场导航相机对小天体拍照，由姿态控制系统来保证导航相机对小天体的定向。由于小天体尺寸小，探测器绕飞小天体期间，宽视场导航相机仍能得到整个小天体的图像。如图 2-11 所示，利用宽视场导航相机观测到的小天体图像与探测器上存储的小天体参考图像模型进行匹配，可确定探测器相对小天体中心的方位在探测器本体坐标系的表示 $\boldsymbol{R}_{c/sb0}$ 和导航相机照到的小天体边缘特征点在固连坐标系的经、纬度 λ，ϕ。由特征点的图像坐标（p，l）可得到特征点在探测器本体坐标系的视线方向 $\boldsymbol{R}_{vb0} = [p \quad l \quad f] / \sqrt{p^2 + l^2 + f^2}$，$f$ 为导航相机的焦距。

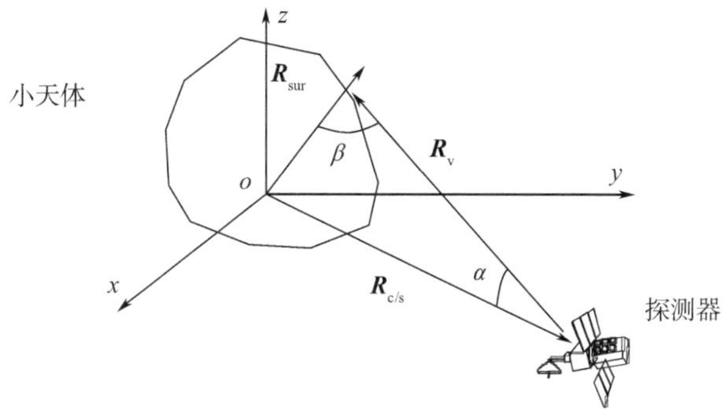

图 2-11　探测器和小天体视线几何关系

2）探测器的位置确定：如图 2-11 所示，记 $\boldsymbol{R}_{c/s}$ 为探测器相对小天体中心的位置矢量，$\boldsymbol{R}_{sur}$ 为边缘特征点相对小天体中心的位置矢量，$\boldsymbol{R}_v$ 为特征点相对探测器的视线矢量。由特征点的经、纬度 λ，ϕ，可计算出边缘特征点相对小天体中心的方向矢量 $\boldsymbol{R}_{sur0}=[\cos\phi\cos\lambda，\cos\phi\sin\lambda，\sin\phi]^{\mathrm{T}}$，利用小天体的形状模型可以计算出 $\|\boldsymbol{R}_{sur}\|=r(\phi,\lambda)$。

定义姿态控制系统提供的探测器本体坐标系到小天体惯性坐标系转换矩阵为 $\boldsymbol{T}_{ib}$，利用小天体旋转轴和本初子午线在惯性系的指向，可得从小天体惯性系到固连坐标系的转换矩阵 $\boldsymbol{T}_{fi}$，则从本体坐标系到固连坐标系的转换矩阵为 $\boldsymbol{T}_{fb}$。所以 $\boldsymbol{R}_{sur}$ 在探测器本体坐标系的方向可以表示为 $\boldsymbol{R}_{surb0}=\boldsymbol{T}_{fb}^{\mathrm{T}}\boldsymbol{R}_{sur0}$。于是，$\cos\alpha=-\boldsymbol{R}_{c/sb0}^{\mathrm{T}}\boldsymbol{R}_{vb0}$，$\cos\beta=\boldsymbol{R}_{surb0}^{\mathrm{T}}\boldsymbol{R}_{vb0}$。因为 $0<\alpha,\beta<\pi$，则 $\sin\alpha=\sqrt{1-\cos^2\alpha}$，$\sin\beta=\sqrt{1-\cos^2\beta}$。利用三角形正弦定理，有 $\|\boldsymbol{R}_{sur}\|\sin\beta=\|\boldsymbol{R}_{c/s}\|\sin\alpha$，由此可得探测器到小天体中心的距离 $\|\boldsymbol{R}_{c/s}\|$。于是，可确定探测器在小天体固连坐标系的位置矢量为 $\boldsymbol{R}_{c/s}=\|\boldsymbol{R}_{c/s}\|\boldsymbol{T}_{fb}\boldsymbol{R}_{c/sb0}$。

3）自主轨道确定：

a）状态方程　取探测器在小天体固连坐标系的位置和速度为状态 $\boldsymbol{x}=[x_1,x_2,x_3,x_4,x_5,x_6]^{\mathrm{T}}$，$r=\sqrt{x_1^2+x_2^2+x_3^2}$，$\boldsymbol{v}_k$ 为摄动模型误差矢量，$\boldsymbol{E}[\boldsymbol{v}_k\boldsymbol{v}_k^{\mathrm{T}}]=\boldsymbol{R}^v$。由于利用地面和飞越期间的测量数据仅能获得小天体的旋转信息和低阶引力场模型，所以这里取二阶引力场模型，则状态方程为

$$
\dot{\boldsymbol{x}}=\boldsymbol{F}(x)+\begin{bmatrix}\boldsymbol{0}_{3\times1}\\ \boldsymbol{v}_k\end{bmatrix}=
$$

$$
\begin{bmatrix}[x_4x_5x_6]^{\mathrm{T}}\\
\begin{bmatrix}
-\frac{\mu}{r^3}x_1\left\{1-\left(\frac{a}{r}\right)^2\left[\frac{3}{2}C_{20}\left(1-\frac{5x_3^2}{r^2}\right)+3C_{22}\left(2-\frac{5(x_1^2-x_2^2)}{r^2}\right)\right]\right\}+2\omega x_5+\omega^2x_1\\
-\frac{\mu}{r^3}x_2\left\{1-\left(\frac{a}{r}\right)^2\left[\frac{3}{2}C_{20}\left(1-\frac{5x_3^2}{r^2}\right)-3C_{22}\left(2+\frac{5(x_1^2-x_2^2)}{r^2}\right)\right]\right\}-2\omega x_4+\omega^2x_2\\
-\frac{\mu}{r^3}x_3\left\{1-\left(\frac{a}{r}\right)^2\left[\frac{3}{2}C_{20}\left(3-\frac{5x_3^2}{r^2}\right)-\frac{15C_{22}(x_1^2-x_2^2)}{r^2}\right]\right\}
\end{bmatrix}+\boldsymbol{v}_k
\end{bmatrix}
\tag{2-75}
$$

式中　$\boldsymbol{v}_k$ ——模型误差矢量；

$E[\boldsymbol{v}_k \boldsymbol{v}_k^{\mathrm{T}}] = \boldsymbol{R}^v$ 。

b）观测方程

$$\boldsymbol{y} = \boldsymbol{H}(\boldsymbol{x}) + \boldsymbol{n}_k = [x_1, x_2, x_3]^{\mathrm{T}} + \boldsymbol{n}_k \tag{2-76}$$

式中　$\boldsymbol{n}_k$ ——观测误差矢量；

$E[\boldsymbol{n}_k \boldsymbol{n}_k^{\mathrm{T}}] = \boldsymbol{R}^n$ 。

注意，这里不假设模型和观测误差为高斯噪声，这样就可以利用 UKF 来估计探测器的轨道。

参 考 文 献

[1] 刘良栋，等．卫星控制系统仿真技术．北京：中国宇航出版社，2003.

[2] Sushanta S. Autonomous stationkeeping system for the Lincoln Experimental Satellites (LES) 8 and 9. 17th Fluid Dynamics, Plasma Dynamics, and Lasers Conference. Snowmass, Colorado, USA, 1984: AIAA 1984 - 1861.

[3] Tuckness D G, Young S Y. Autonomous navigation for lunar transfer. Journal of Spacecraft and Rockets, 1995, 32 (2): 279 - 285.

[4] Guo Y P. Self - contained autonomous navigation system for deep space missions. Advances in the Astronautical Sciences, 1999, 102 (2): 1099 - 1113.

[5] Yim J R, Crassidis J L, Junkins J L. Autonomous orbit navigation of interplanetary spacecraft. AIAA/AAS Astrodynamics Specialist Conference. Denver, Colorado, USA, 2000: 53 - 61.

[6] Pines D J, X - ray source - based navigation for autonomous position determination program. Defense Advanced Research Projects Agency/Tactical Technology Office. USA, 2004: 1 - 15.

[7] Urruela S J, Villares A, et al. Feasibility study for a spacecraft navigation relying on pulsar timing information. Ariadna Study, 2004, 3 (4202. 2003): 6.

[8] 费保俊，孙维瑾，肖昱，等．X射线脉冲星自主导航的基本测量原理．装甲兵工程学院学报，2006，20 (3)：59 - 63.

[9] 帅平，陈绍龙，吴一帆，等．X射线脉冲星导航技术研究进展．空间科学学报，2007，27 (2)：169 -176.

[10] Yim J R. Autonomous spacecraft orbit navigation [Ph. D Thesis]. Texas: Texas A&M University, 2002.

[11] Mastrodenmos N, Kubitschek D G, Synnott S P. Autonomous navigation for the deep impact mission encounter with comet Tempel 1. Space Science Reviews, 2005, 117: 95 - 121.

[12] Bhaskaran S, Mastrodemos N, Riedel J E, et al. Optical navigation for the Stardust Wild 2 Encounter//proceedings of the 18th International Symposium on Space Flight Dynamics. Munich, Germany, 2004: 455 - 460.

[13] Jacobson R A. The orbit of Phoebe from earth - based and Voyager observations. Astronomy & Astrophysics Supplement Series, Astronomy and Astrophysics supplement Series, 1998, 128 (1): 7 - 17.

[14] Ham F M, Brown R G. Observability, eigenvalues and Kalman filtering. IEEE Transactions on Aerospace and Electronic Systems, 1983, 19 (2): 269 - 273.

[15] Liu Y, Cui P. Observability analysis of deep space autonomous navigation system//Proceedings of the 25th Chinese Control Conference. Harbin, China, 2006: 279 - 282.

[16] Julier S J, Uhlmann J K. A Consistent, Debiased Method for Converting between Polar and Cartesian Coordinate Systems. Proceedings of AeroSense: Acquisition, Tracking and Pointing. 1997,

3086：110 -121.

［17］ Julier S J，Uhlmann J K，and Durrant - Whyte H F. A New Method for the Nolinear Transformation of Means and Covariance in Filters and Estimators. IEEE Transactions on Automatic Control. 2000，45（3）：477 - 482.

［18］ Van der Merwe R，Wan E A. The Square - Root Unscented Kalman Filter for State and Parameter - Estimation. International Conference on Acoustics，Speech and Signal Processing，Salt Lake City，UT. 2001：3461 - 3464.

［19］ Wan E A，Van der Merwe R. The Unscented Kalman Filter for Nonlinear Estimation. The IEEE of Adaptive System for Signal Processing，Communications and Control Symposium，2000：153 - 158.

第3章 自主导航系统性能分析

完全自主的深空导航系统不依赖地面测控站的测量信息，一般很难直接测得探测器与中心天体或导航目标天体之间的距离。因此，通常利用非线性估计理论来处理图像、角度和视线方向等测量信息，解算出探测器的状态参数。然而，求解探测器状态时存在两个问题：第一是系统方程为非线性代数方程组，求解过程复杂；第二是存在解模糊问题，也就是方程组的解不唯一。对于第一个问题，需要注意的是非线性方程的线性化问题；对于第二个问题，在仅考虑观测量时需要结合实际任务对方程组的解进行选择，如果同时考虑探测器的状态方程，则此问题不再存在。当状态个数较少时，对其进行估计需要综合考虑几何关系、观测次数及观测组合等因素；当待估计状态个数较多时，对所有状态进行估计需要寻找更好的办法进行系统性能分析。

综上，在设计导航方案与算法之前必须首先对导航系统性能进行分析，深空导航系统为非线性随机系统，当前存在的理论主要包括非线性系统局部弱可观性定理、非线性系统非线性强度定理等[1-3]。本章根据上述理论对自主导航系统性能进行分析，从而为导航方法的设计提供一定的约束和理论支持。

3.1 自主导航系统的可观性分析

3.1.1 自主导航系统可观性判别

当前存在的可观性判据包括线性和非线性系统的判别定理。其中线性系统的可观性判别定理通过判断 Gramer 矩阵（也称为观测矩阵）的正定性来判别系统的可观性，且可以得到系统是否完全可观测的结论。对于非线性系统，其完全可观测的判别方法如下。

对于如下非线性系统 $\sum$

$$\begin{cases}\dot{\boldsymbol{x}}=\boldsymbol{f}(\boldsymbol{x},t),\boldsymbol{x}(t_0)=\boldsymbol{x}_0\\ y=\boldsymbol{h}(\boldsymbol{x},t)\end{cases}\tag{3-1}$$

令

$$\boldsymbol{M}(\boldsymbol{x}_0)=\int_{t_0}^{t_1}\boldsymbol{\Phi}^{\mathrm{T}}(\tau,t_0)\boldsymbol{H}^{\mathrm{T}}(\tau)\boldsymbol{H}(\tau)\boldsymbol{\Phi}^{\mathrm{T}}(\tau,t_0)\mathrm{d}\tau\tag{3-2}$$

其中

$$\begin{cases}\boldsymbol{H}(t)=\dfrac{\partial\boldsymbol{h}(\boldsymbol{x},t)}{\partial\boldsymbol{x}}\\ \boldsymbol{\Phi}=\dfrac{\partial\boldsymbol{f}(\boldsymbol{x},t)}{\partial\boldsymbol{x}}\end{cases}\tag{3-3}$$

如果对于凸集 $S \subset \mathbb{R}^n$ 上的所有 $\boldsymbol{x}_0$ 都有 $\boldsymbol{M}(\boldsymbol{x}_0)$ 正定，则系统在 S 上是完全可观测的。但是式（3－2）要求取值范围内的 $\boldsymbol{x}_0$ 均满足正定约束，不适合工程应用。

当前，适合工程应用的非线性系统可观性判别方法可以分为三类：几何法、解析法和数值法。

（1）传统分析方法

①几何法

以第 2 章中提到的位置面分析方法为代表，此方法的优势在于几何关系和物理意义清晰，在状态变量与观测数据间建立了固定的几何关系。不考虑观测误差的前提下，通过位置面的交叉，形成了一个或多个可能的探测器位置点，进而可以根据空间的动力学演化所得到的探测器大概位置确定出最终解。此方式在第 2 章中有着详细介绍，其存在的缺陷就是只能针对探测器的位置进行判断，范围狭窄。另一种几何法是利用轨道六根数来描述探测器轨道，并判断观测量与轨道六根数之间的关系。

②解析法

参考文献［4］中提到 Guo 证明了如下定理：求取观测方程相对于所有状态的偏导数，如果所形成的方程组相互之间线性独立，则说明各个状态的改变对于观测数据的影响是独立的。从而保证了通过观测数据能够对状态进行某种统计意义下的估计。

③数值法

对于线性系统，通过考察 Gramer 矩阵是否正定来判别系统的可观性。对于非线性系统，工程中常用的方法分为两种：一种是可以通过线性化手段将非线性系统转化为线性系统，从而可以用相应的 Jacobian 矩阵来代替 Gramer 矩阵中的状态转移矩阵和测量矩阵，并据此讨论系统是否完全可观测；另一种方法是直接通过非线性可观性判据进行局部弱可观测的判别。由于数值法更适于计算机计算，因此是当前导航系统可观性分析中最常用的手段。此方法的缺点是：线性化方法可能导致系统特性的改变，在使用之前必须考虑系统在所选取范围内能否线性化；非线性可观性判据无法得到系统完全可观的结论，在所有的离散点均要进行判别。这里引入非线性系统局部弱可观的概念[5]。首先定义如式（3－1）所示的非线性系统 $\sum$，记系统 $\sum$ 的观测矩阵为

$$\boldsymbol{O}(\boldsymbol{x})=\begin{bmatrix} \mathrm{d}L_f^0\boldsymbol{h}(\boldsymbol{x}) \\ \mathrm{d}L_f^1\boldsymbol{h}(\boldsymbol{x}) \\ \vdots \\ \mathrm{d}L_f^{n-2}\boldsymbol{h}(\boldsymbol{x}) \\ \mathrm{d}L_f^{n-1}\boldsymbol{h}(\boldsymbol{x}) \end{bmatrix} \tag{3-4}$$

这里 n 为状态矢量 $\boldsymbol{x}$ 的维数，$L_f^k\boldsymbol{h}(\boldsymbol{x})$ 是如下定义的 k 阶李导数

$$\begin{cases} L_f^0\boldsymbol{h}(\boldsymbol{x})=\boldsymbol{h}(\boldsymbol{x}) \\ L_f^k\boldsymbol{h}(\boldsymbol{x})=\dfrac{\partial(L_f^{k-1}\boldsymbol{h})}{\partial\boldsymbol{x}}f(\boldsymbol{x}),k=1,2,\cdots,n-1 \end{cases} \tag{3-5}$$

$\mathrm{d}L_f^k h(\boldsymbol{x})$ 定义如下

$$\mathrm{d}L_f^k \boldsymbol{h}(\boldsymbol{x})=\frac{\partial(L_f^k \boldsymbol{h})}{\partial \boldsymbol{x}}, k=0,1,\cdots n-1 \tag{3-6}$$

如果 $\mathrm{rank}[\boldsymbol{O}(\boldsymbol{x}_0)]=n$ [$\mathrm{rank}(\cdot)$ 表示矩阵的秩]，那么称系统 $\sum$ 在 $\boldsymbol{x}_0$ 点满足可观性秩条件。如果对于定义区间内的每个 $\boldsymbol{x}$ 系统 $\sum$ 都满足可观性秩条件，那么称系统 $\sum$ 满足可观性秩条件，此时称系统 $\sum$ 局部弱可观。

下面举例说明上述分析方法：导航系统的状态变量取为探测器在日心惯性坐标系内的位置和速度、目标天体在日心惯性坐标系内的位置和速度共 12 个变量 $\boldsymbol{x}=[x_s, y_s, z_s, \dot{x}_s, \dot{y}_s, \dot{z}_s, x_o, y_o, z_o, \dot{x}_o, \dot{y}_o, \dot{z}_o]^{\mathrm{T}}$，下标 s 代表探测器，下标 o 代表目标天体。

采用二体动力学，导航系统的状态方程可以描述为

$$\begin{cases}\dot{\boldsymbol{r}}_s=\boldsymbol{v}_s \\ \dot{\boldsymbol{v}}_s=-\dfrac{\mu}{r_s^3}\boldsymbol{r}_s+\boldsymbol{a} \\ \dot{\boldsymbol{r}}_o=\boldsymbol{v}_o \\ \dot{\boldsymbol{v}}_o=-\dfrac{\mu}{r_o^3}\boldsymbol{r}_o+\boldsymbol{a}\end{cases} \tag{3-7}$$

式中　$\boldsymbol{r}_s=[x_s, y_s, z_s]_s^{\mathrm{T}}$，$\boldsymbol{v}_s=[\dot{x}_s, \dot{y}_s, \dot{z}_s]^{\mathrm{T}}$ ——分别表示探测器的位置和速度；

$\boldsymbol{r}_o=[x_o, y_o, z_o]_o^{\mathrm{T}}$，$\boldsymbol{v}_o=[\dot{x}_o, \dot{y}_o, \dot{z}_o]^{\mathrm{T}}$ ——分别表示目标天体的位置和速度；

$\boldsymbol{a}$ ——摄动力，由于探测器距离目标天体较近，可以认为两者所受的摄动力相同；

μ ——太阳引力常数。

导航系统观测信息为探测器相对于目标天体的视线方向，其几何方程为

$$y=\begin{bmatrix}\Phi \\ \Theta\end{bmatrix}=\begin{bmatrix}\arctan(\dfrac{y_o-y_s}{x_o-x_s}) \\ \arcsin(\dfrac{z_o-z_s}{r_{os}})\end{bmatrix} \tag{3-8}$$

采用光学相机进行观测，其观测方程为

$$\begin{cases}p=K_x f\dfrac{\boldsymbol{T}_C^I(1,1)(x_o-x_s)+\boldsymbol{T}_C^I(1,2)(y_o-y_s)+\boldsymbol{T}_C^I(1,3)(z_o-z_s)}{\boldsymbol{T}_C^I(3,1)(x_o-x_s)+\boldsymbol{T}_C^I(3,2)(y_o-y_s)+\boldsymbol{T}_C^I(3,3)(z_o-z_s)} \\ l=K_y f\dfrac{\boldsymbol{T}_C^I(2,1)(x_o-x_s)+\boldsymbol{T}_C^I(2,2)(y_o-y_s)+\boldsymbol{T}_C^I(2,3)(z_o-z_s)}{\boldsymbol{T}_C^I(3,1)(x_o-x_s)+\boldsymbol{T}_C^I(3,2)(y_o-y_s)+\boldsymbol{T}_C^I(3,3)(z_o-z_s)}\end{cases} \tag{3-9}$$

式中　f ——相机焦距；

$\boldsymbol{T}_C^I$ ——惯性坐标系到导航相机坐标系的旋转矩阵。

首先使用几何法对系统的可观性进行分析，由于位置面使用的前提是导航天体的位置已知，而且仅仅能够判断探测器位置，因此在此导航系统中位置面分析法无法使用。这里

将探测器和目标天体的位置考虑为轨道六根数形式，在观测多次获取到一组仰角和方位角之后，能够满足动力学方程的探测器和目标天体的轨道形状就可以得到确定，但是两者的轨道倾角还有无限多种可能，此时无法确定所有的状态。由式（3-9）可以知道，在光学导航中很重要的一个方面是探测器的姿态，姿态信息对轨道倾角进行了约束，它保证了在日心惯性坐标系中探测器和目标天体共 12 个状态变量的可观性。总的来说，此类几何分析法由于有了动力学方程的约束，因此仅仅需要讨论满足一系列观测数据的轨道是否唯一：如果是唯一的，则此导航系统可观测，否则此导航系统不可观。

然后使用解析法对系统的可观性进行分析。为了清晰地表示探测器和目标天体在空间中的几何关系，此处也采用轨道根数描述两者的空间定位。本书中轨道六根数采用如下形式 $\sigma=[a, e, i, \Omega, \omega, E]^{\mathrm{T}}$，其中 a 表示轨道半长轴，e 表示轨道偏心率，i 表示轨道倾角，Ω 表示升交点赤经，ω 表示近地点角矩，E 为平近点角。二体问题表达式如下

$$\frac{\mathrm{d}a_{\mathrm{s}}}{\mathrm{d}t}=0;\frac{\mathrm{d}e_{\mathrm{s}}}{\mathrm{d}t}=0;\frac{\mathrm{d}i_{\mathrm{s}}}{\mathrm{d}t}=0;\frac{\mathrm{d}\omega_{\mathrm{s}}}{\mathrm{d}t}=0;\frac{\mathrm{d}\Omega_{\mathrm{s}}}{\mathrm{d}t}=0;\frac{\mathrm{d}E_{\mathrm{s}}}{\mathrm{d}t}=\frac{1}{r_{\mathrm{s}}}\sqrt{\frac{\mu}{a_{\mathrm{s}}}} \tag{3-10}$$

$$\frac{\mathrm{d}a_{\mathrm{o}}}{\mathrm{d}t}=0;\ \frac{\mathrm{d}e_{\mathrm{o}}}{\mathrm{d}t}=0;\ \frac{\mathrm{d}i_{\mathrm{o}}}{\mathrm{d}t}=0;\ \frac{\mathrm{d}\omega_{\mathrm{o}}}{\mathrm{d}t}=0;\ \frac{\mathrm{d}\Omega_{\mathrm{o}}}{\mathrm{d}t}=0;\ \frac{\mathrm{d}E_{\mathrm{o}}}{\mathrm{d}t}=\frac{1}{r_{\mathrm{o}}}\sqrt{\frac{\mu}{a_{\mathrm{o}}}} \tag{3-11}$$

下面分别求取观测量相对于 12 个轨道根数的偏导数。为了使求取过程更清晰，本书中采用位置速度作为中间变量，最终的形式如式（3-12）所示

$$\begin{aligned}\frac{\partial p}{\partial \sigma}&=\left.\frac{\partial p}{\partial x}\right|_{1\times12}\times\left.\frac{\partial x}{\partial \sigma}\right|_{12\times12}\\ \frac{\partial l}{\partial \sigma}&=\left.\frac{\partial l}{\partial x}\right|_{1\times12}\times\left.\frac{\partial x}{\partial \sigma}\right|_{12\times12}\end{aligned} \tag{3-12}$$

由于式（3-9）中观测量对速度的偏导数为零，因此仅需要求观测量相对于位置的偏导数

$$\begin{cases}\dfrac{\partial p}{\partial x_{\mathrm{s}}}=\dfrac{\boldsymbol{T}_{\mathrm{C}}^{\mathrm{I}}(3,1)-\boldsymbol{T}_{\mathrm{C}}^{\mathrm{I}}(1,1)V_{\mathrm{c3}}}{V_{\mathrm{c3}}^{2}};\dfrac{\partial p}{\partial \dot{x}_{\mathrm{s}}}=0\\ \dfrac{\partial p}{\partial y_{\mathrm{s}}}=\dfrac{\boldsymbol{T}_{\mathrm{C}}^{\mathrm{I}}(3,2)-\boldsymbol{T}_{\mathrm{C}}^{\mathrm{I}}(1,2)V_{\mathrm{c3}}}{V_{\mathrm{c3}}^{2}};\dfrac{\partial p}{\partial \dot{y}_{\mathrm{s}}}=0\\ \dfrac{\partial p}{\partial z_{\mathrm{s}}}=\dfrac{\boldsymbol{T}_{\mathrm{C}}^{\mathrm{I}}(3,3)-\boldsymbol{T}_{\mathrm{C}}^{\mathrm{I}}(1,3)V_{\mathrm{c3}}}{V_{\mathrm{c3}}^{2}};\dfrac{\partial p}{\partial \dot{z}_{\mathrm{s}}}=0\end{cases} \tag{3-13}$$

$$\begin{cases}\dfrac{\partial p}{\partial x_{\mathrm{o}}}=-\dfrac{\partial p}{\partial x_{\mathrm{s}}};\dfrac{\partial p}{\partial \dot{x}_{\mathrm{o}}}=0\\ \dfrac{\partial p}{\partial y_{\mathrm{o}}}=-\dfrac{\partial p}{\partial y_{\mathrm{s}}};\dfrac{\partial p}{\partial \dot{y}_{\mathrm{o}}}=0\\ \dfrac{\partial p}{\partial z_{\mathrm{o}}}=-\dfrac{\partial p}{\partial z_{\mathrm{s}}};\dfrac{\partial p}{\partial \dot{z}_{\mathrm{o}}}=0\end{cases} \tag{3-14}$$

$$\begin{cases}\dfrac{\partial l}{\partial x_s}=\dfrac{\boldsymbol{T}_C^I(3,1)-\boldsymbol{T}_C^I(2,1)V_{c3}}{V_{c3}^2};\dfrac{\partial l}{\partial \dot{x}_s}=0\\ \dfrac{\partial l}{\partial y_s}=\dfrac{\boldsymbol{T}_C^I(3,2)-\boldsymbol{T}_C^I(2,2)V_{c3}}{V_{c3}^2};\dfrac{\partial l}{\partial \dot{y}_s}=0\\ \dfrac{\partial l}{\partial z_s}=\dfrac{\boldsymbol{T}_C^I(3,3)-\boldsymbol{T}_C^I(2,3)V_{c3}}{V_{c3}^2};\dfrac{\partial l}{\partial \dot{z}_s}=0\end{cases} \tag{3-15}$$

$$\begin{cases}\dfrac{\partial l}{\partial x_o}=-\dfrac{\partial l}{\partial x_s};\dfrac{\partial l}{\partial \dot{x}_o}=0\\ \dfrac{\partial l}{\partial y_o}=-\dfrac{\partial l}{\partial y_s};\dfrac{\partial l}{\partial \dot{y}_o}=0\\ \dfrac{\partial l}{\partial z_o}=-\dfrac{\partial l}{\partial z_s};\dfrac{\partial l}{\partial \dot{z}_o}=0\end{cases} \tag{3-16}$$

式中　V_{c3}——导航相机坐标系中视线矢量在 Z 轴方向的分量。

下面求取状态中位置矢量对轨道根数的偏导数即可。惯性坐标系内的位置可利用轨道六根数表示为式（3-17）所示形式

$$\boldsymbol{r}_j=\begin{bmatrix}x_j\\ y_j\\ z_j\end{bmatrix}=\begin{bmatrix}r_j(\cos\Omega_j\cos\theta_j-\sin\Omega_j\sin\theta_j\cos i_j)\\ r_j(\sin\Omega_j\cos\theta_j+\cos\Omega_j\sin\theta_j\cos i_j)\\ r_j\sin\theta_j\sin i_j\end{bmatrix}=\begin{bmatrix}r_jl_{1,j}\\ r_jl_{1,j}\\ r_jl_{1,j}\end{bmatrix}\quad j=\mathrm{s,o} \tag{3-17}$$

其中

$$r_j=a_j(1-e_j\cos E_j) \tag{3-18}$$

$$\theta_j=\omega_j+f_j \tag{3-19}$$

式中　f——真近点角。

于是可以得到

$$\begin{cases}\dfrac{\partial x_j}{\partial \boldsymbol{\sigma}}=\dfrac{\partial r_j}{\partial \boldsymbol{\sigma}}l_{1,j}+r_j\dfrac{\partial l_{1,j}}{\partial \boldsymbol{\sigma}}\\ \dfrac{\partial y_j}{\partial \boldsymbol{\sigma}}=\dfrac{\partial r_j}{\partial \boldsymbol{\sigma}}l_{2,j}+r_j\dfrac{\partial l_{2,j}}{\partial \boldsymbol{\sigma}}\\ \dfrac{\partial z_j}{\partial \boldsymbol{\sigma}}=\dfrac{\partial r_j}{\partial \boldsymbol{\sigma}}l_{3,j}+r_j\dfrac{\partial l_{3,j}}{\partial \boldsymbol{\sigma}}\end{cases} \tag{3-20}$$

需要注意的是，$\dfrac{\partial r_j}{\partial \boldsymbol{\sigma}}$ 中

$$\begin{cases}\dfrac{\partial r_j}{\partial a_j}=1-e_j\cos E_j+a_je_j\sin E_j\dfrac{\partial E_j}{\partial a_j}\\ \dfrac{\partial r_j}{\partial e_j}=-a_j\cos E_j+a_je_j\sin E_j\dfrac{\partial E_j}{\partial e_j}\end{cases} \tag{3-21}$$

根据参考文献［4］中的结论：如果观测量相对于每一个状态的偏导数均线性独立，则说明观测数据能够反映每一个状态的改变，也就是导航系统的每一个状态均可观测。由于式（3-12）的各项均线性独立，因此以此导航系统可观测。

最后使用数值法对系统的可观性进行分析。对于此导航方案，通过上述非线性判别准则计算时，由于状态个数多，Matlab 软件符号运算功能因内存溢出无法进行使用，这也正是数值法的缺点。当目标天体的位置和速度当作已知量时，系统状态减少一半，此时利用式（3－4）计算系统的观测矩阵。为了更清晰地体现矩阵的维数，通常对某 $\boldsymbol{x}_0$ 点的观测矩阵 $\boldsymbol{O}$ 进行奇异值分解，如式（3－22）所示

$$\boldsymbol{O}=\boldsymbol{U}\boldsymbol{D}\boldsymbol{V}^{\mathrm{T}} \tag{3-22}$$

式中 $\boldsymbol{D}$ ——矩阵 $\boldsymbol{O}$ 的奇异值 $\sigma_i(i=1, 2, \cdots, n)$ 组成的对角阵；

$\boldsymbol{U}$, $\boldsymbol{V}$ ——分别为酉矩阵。

可以得出下述结论：当 $\mathrm{rank}(\boldsymbol{D})=n$ 时，系统在 $\boldsymbol{x}_0$ 点局部弱可观测。

在减少系统的状态个数后，以深度撞击任务中的飞越任务计算系统观测矩阵的奇异值。在 J2000 坐标系下探测器和目标天体的位置和速度见表 3－1，计算得到的观测矩阵奇异值如表 3－2 所示。可以看到，所有的奇异值均不为零，所以在当前状态下导航系统弱可观测。

表 3－1 初始参数表

$\boldsymbol{r}_s$	$10^{11}\times$ [−0.877 676 900 927 75；−2.074 880 342 379 25；0.012 656 155 900 77] m
$\boldsymbol{r}_o$	$10^{11}\times$ [−0.877 676 900 927 75；−2.074 880 342 379 25；0.012 656 155 900 77] m
$\boldsymbol{v}_s$	$10^{4}\times$ [1.616 557 350 535 20；−1.105 554 073 348 67；1.039 836 249 563 36] m/s
$\boldsymbol{v}_o$	$10^{4}\times$ [2.710 736 135 923 57；−1.136 659 081 989 60；−0.546 119 068 275 99] m/s

表 3－2 可观性分析奇异值表

奇异值	1.352 2	1.352 2	1.352 0	1.352 0	1.02e−4	2.05e−6

（2）基于线性化的可观性分析方法

考虑到在所有可观性分析方法中，线性化是最原始也是实际工程中最为常见的方法，为此本节首先从线性系统出发，将线性近似所带来的偏差看作是系统方程所受到的摄动来研究可观性的鲁棒性问题，进而严格论证基于线性化方法的可观性判定问题。

①问题描述

能否利用线性系统理论对可观性问题进行一定程度的分析，其实质是回答在什么条件下所研究的系统对象能用线性模型近似而不改变其可观特性。进一步讲，如果从线性系统出发，将模型近似所带来的偏差看作是系统结构或参数所受到的摄动，则线性系统与原系统的可观性能否在一定条件下保持一致可以归结为可观性的鲁棒性问题。基于这种思想，从最一般的情况出发，考虑状态方程和输出方程整体所受到的非线性摄动，定义所谓的强一致可观性，并在摄动项满足全局 Lipschitz 条件的假设下，用 Lipschitz 常数给出了线性时变系统可观性能够全局保持的充分条件。下面基于 Sastry 和 Desoer 的思想，在状态方程和输出方程存在非线性摄动项的情况下，对线性系统可观性的鲁棒性进行研究。

为此考虑式（3-23）所示非线性系统

$$\sum\nolimits_{nl}:\begin{cases}\dot{\boldsymbol{x}}=\boldsymbol{f}(\boldsymbol{x},t)\\ \dot{\boldsymbol{y}}=\boldsymbol{h}(\boldsymbol{x},t)\end{cases} \tag{3-23}$$

其中 $\boldsymbol{x}\in\mathbb{R}^n$，$\boldsymbol{y}\in\mathbb{R}^m$，$t\in[t_0,\ t_1]$。初始状态

$$\boldsymbol{x}^0=\boldsymbol{x}(t_0) \tag{3-24}$$

取值于有界凸集 $S_0\subset\mathbb{R}^n$。$\boldsymbol{f}$ 和 $\boldsymbol{h}$ 均为 C^1 函数且满足全局 Lipschitz 条件，即 $\exists L>0$ 使得对 $\forall\boldsymbol{x}^1$，$\boldsymbol{x}^2\in\mathbb{R}^n$ 和 $\forall t\in[t_0,\ t_1]$ 有

$$|\boldsymbol{f}(\boldsymbol{x}^1,t)-\boldsymbol{f}(\boldsymbol{x}^2,t)|\leqslant L\,|\boldsymbol{x}^1-\boldsymbol{x}^2| \tag{3-25}$$

由可观性定义，给定 t_0 时刻状态 $\boldsymbol{x}^0\in S_0$，如果对 $\forall\boldsymbol{x}^1\in S_0$ 有式（3-26）蕴含关系成立

$$\boldsymbol{y}(t,t_0,\boldsymbol{x}^0)\equiv\boldsymbol{y}(t,t_0,\boldsymbol{x}^1)\Rightarrow\boldsymbol{x}^0=\boldsymbol{x}^1 \tag{3-26}$$

则系统 $\sum_{nl}$ 对 $\boldsymbol{x}^0$ 可观。如果对 $\forall\boldsymbol{x}^0\in S_0$，$\sum_{nl}$ 对 $\boldsymbol{x}^0$ 可观。则 $\sum_{nl}$ 在 S_0 上可观。其中 $\boldsymbol{y}(t,t_0,\boldsymbol{x}^0)$ 和 $\boldsymbol{y}(t,t_0,\boldsymbol{x}^1)$ 分别对应 $\sum_{nl}$ 的以 $\boldsymbol{x}^0$ 和 $\boldsymbol{x}^1$ 为初始状态的输出。

特别地，对于如式（3-27）所示线性时变系统

$$\sum\nolimits_{l}:\begin{cases}\dot{\boldsymbol{x}}=\boldsymbol{A}(t)\boldsymbol{x}\\ \boldsymbol{y}=\boldsymbol{C}(t)\boldsymbol{x}\end{cases} \tag{3-27}$$

记 $\boldsymbol{\Phi}(t,\tau)$ 为状态转移矩阵，可观性 Gramer 矩阵为

$$\boldsymbol{W}_o=\int_{t_0}^{t_1}\boldsymbol{\Phi}^{\mathrm{T}}(\tau,\ t_0)\boldsymbol{C}^{\mathrm{T}}(\tau)\boldsymbol{C}(\tau)\boldsymbol{\Phi}(\tau,\ t_0)\mathrm{d}\tau \tag{3-28}$$

则系统 $\sum_{l}$ 在全空间 $\mathbb{R}^n$ 上完全可观。当且仅当 $\boldsymbol{W}_o$ 非奇异，此时存在 $\upsilon>0$ 使得

$$\boldsymbol{W}_o\geqslant\upsilon^2\boldsymbol{I} \tag{3-29}$$

记

$$\tilde{\upsilon}=\sup_{\upsilon>0}\{\upsilon:\boldsymbol{W}_o\geqslant\upsilon^2\boldsymbol{I}\} \tag{3-30}$$

并令

$$\boldsymbol{W}=\int_{t_0}^{t_1}\boldsymbol{\Phi}(t_1,\ \tau)\boldsymbol{\Phi}^{\mathrm{T}}(t_1,\ \tau)\mathrm{d}\tau \tag{3-31}$$

$$\mu\triangleq[\lambda_{\max}(\boldsymbol{W})]^{1/2} \tag{3-32}$$

②线性系统可观性的鲁棒性

对于式（3-33）所示非线性系统

$$\sum\nolimits_{nl}:\begin{cases}\dot{\boldsymbol{x}}=\boldsymbol{f}(\boldsymbol{x})\\ \boldsymbol{y}=\boldsymbol{h}(\boldsymbol{x})\end{cases} \tag{3-33}$$

令 $\boldsymbol{x}^*\in\mathbb{R}^n$ 满足

$$\boldsymbol{f}(\boldsymbol{x}^*)=\boldsymbol{0}_n,\quad \boldsymbol{h}(\boldsymbol{x}^*)=\boldsymbol{0}_m \tag{3-34}$$

则 $\boldsymbol{x}^*$ 为 $\boldsymbol{f}$ 的平衡点。其中 $\boldsymbol{0}_n$ 和 $\boldsymbol{0}_m$ 分别表示 n 维和 m 维零矢量。考虑在 $\boldsymbol{x}^*$ 附近的线性化系统

$$\sum\nolimits_1 : \begin{cases} \dot{\boldsymbol{x}} = \boldsymbol{A}\boldsymbol{x} \\ \boldsymbol{y} = \boldsymbol{C}\boldsymbol{x} \end{cases} \tag{3-35}$$

其中

$$\boldsymbol{A} = \left.\frac{\partial \boldsymbol{f}(\boldsymbol{x})}{\partial \boldsymbol{x}}\right|_{x=x^*}$$

$$\boldsymbol{C} = \left.\frac{\partial \boldsymbol{h}(\boldsymbol{x})}{\partial \boldsymbol{x}}\right|_{x=x^*} \tag{3-36}$$

据此，有如下引理：

引理 3.1　若式（3-35）所示系统完全可观，则 $\exists \sigma > 0$ 使得式（3-33）所示系统在 $B(\boldsymbol{x}^*,\sigma)$ 上可观，其中

$$B(\boldsymbol{x}^*,\sigma) = \{\boldsymbol{x} \in \mathbb{R}^n \mid |\boldsymbol{x} - \boldsymbol{x}^*| \leqslant \sigma\} \tag{3-37}$$

引理 3.1 在给出非线性系统局部可观性结果的同时，也揭示了线性定常系统可观性在平衡点附近所具有的鲁棒性。基于此，本节给出如下定理。

定理 3.1　考虑式（3-38）所示受摄线性系统

$$\sum\nolimits_1 : \begin{cases} \dot{\boldsymbol{x}} = \boldsymbol{A}\boldsymbol{x} + \boldsymbol{\varphi}(\boldsymbol{x}) \\ \boldsymbol{y} = \boldsymbol{C}\boldsymbol{x} + \boldsymbol{\psi}(\boldsymbol{x}) \end{cases} \tag{3-38}$$

令 $\boldsymbol{x}^* \in \mathbb{R}^n$ 满足 $\boldsymbol{A}\boldsymbol{x}^* = \boldsymbol{0}_n$，$\boldsymbol{C}\boldsymbol{x}^* = \boldsymbol{0}_m$，$\boldsymbol{\varphi}$ 和 $\boldsymbol{\psi}$ 均为 C^1 函数。记

$$\boldsymbol{\varphi}(\boldsymbol{x}) = [\varphi_1(\boldsymbol{x}),\cdots,\varphi_n(\boldsymbol{x})]^{\mathrm{T}}$$

$$\boldsymbol{\psi}(\boldsymbol{x}) = [\psi_1(\boldsymbol{x}),\cdots,\psi_m(\boldsymbol{x})]^{\mathrm{T}} \tag{3-39}$$

若对 $i=1$，…，n 及 $j=1$，…，m 有

$$\varphi_i(\boldsymbol{x}) = o(|\boldsymbol{x} - \boldsymbol{x}^*|)$$

$$\psi_j(\boldsymbol{x}) = o(|\boldsymbol{x} - \boldsymbol{x}^*|) \tag{3-40}$$

则 $\exists \sigma > 0$，使得当 $(\boldsymbol{A}, \boldsymbol{C})$ 完全可观时，式（3-38）所示系统在 $B(\boldsymbol{x}^*,\sigma)$ 上完全可观。

无穷小摄动一般不改变定常系统特性，因此定理 3.1 的物理意义是很自然的。下面将对更一般的时变情况加以论证。

首先考虑关于 $\sum_1$ 的状态方程受摄系统

$$\sum\nolimits_{\text{state}} : \begin{cases} \dot{\boldsymbol{x}} = \boldsymbol{A}(t)\boldsymbol{x} + \boldsymbol{\varphi}(\boldsymbol{x},t) \\ \boldsymbol{y} = \boldsymbol{C}(t)\boldsymbol{x} \end{cases} \tag{3-41}$$

设 $\boldsymbol{\varphi}$ 为 C^0 函数，满足

$$\boldsymbol{\varphi}(\boldsymbol{0}_n,t) = \boldsymbol{0}_n,\quad \forall t \in [t_0,t_1] \tag{3-42}$$

因 S_0 有界，所以 $\exists S \subset \mathbb{R}^n$，$S$ 为有界闭集，使得

$$\boldsymbol{x}(\boldsymbol{x}^0,t) \in S, \forall t \in [t_0,t_1], \forall \boldsymbol{x}^0 \in S_0 \tag{3-43}$$

其中 $\boldsymbol{x}(\boldsymbol{x}^0, t)$ 表示以 $\boldsymbol{x}^0$ 为初始状态的 $\sum_{\text{state}}$ 轨迹。假设 $\exists \gamma(\boldsymbol{\varphi})$ 有界使得对 $\forall t \in [t_0, t_1]$ 及 $\forall \boldsymbol{x}^1$，$\boldsymbol{x}^2 \in S$ 有

$$|\boldsymbol{\varphi}(\boldsymbol{x}^1,t)-\boldsymbol{\varphi}(\boldsymbol{x}^2,t)|\leqslant\gamma(\boldsymbol{\varphi})\,|\boldsymbol{x}^1-\boldsymbol{x}^2|\tag{3-44}$$

于是，有如下可观性引理：

引理 3.2　假设系统 $\sum_1$ 完全可观且 S_0 为闭集，则系统 $\sum_{\text{state}}$ 在 S_0 上可观，如果

$$\gamma(\boldsymbol{\varphi})<\frac{\tilde{v}}{2\mu(t_1-t_0)\gamma(\boldsymbol{C})\gamma(\boldsymbol{\Phi})}\tag{3-45}$$

其中

$$\gamma(\boldsymbol{\Phi})=\sup_{t\in[t_0,t_1]}\|\boldsymbol{\Phi}(t,t_0)\|$$
$$\gamma(\boldsymbol{C})\triangleq\sup_{t\in[t_0,t_1]}\|\boldsymbol{C}(t)\|<\infty\tag{3-46}$$

基于引理 3.2 本节给出如下定理。

定理 3.2　给定系统 $\sum_1$ 及其受摄系统

$$\sum_{\text{p}}:\begin{cases}\dot{\boldsymbol{x}}=\boldsymbol{A}(t)\boldsymbol{x}+\boldsymbol{p}(\boldsymbol{x},t)\\ \boldsymbol{y}=\boldsymbol{C}(t)\boldsymbol{x}\end{cases}\tag{3-47}$$

其中 $t\in[t_0,\ t_1]$，$\boldsymbol{0}_n$ 为 S_0 的内点，$\boldsymbol{p}$ 为 C^1 函数。记

$$\boldsymbol{p}(\boldsymbol{x},t)=[p_1(\boldsymbol{x},t),\cdots,p_n(\boldsymbol{x},t)]^{\mathrm{T}}\tag{3-48}$$

并假设对 $i=1,\ \cdots,\ n$ 有

$$p_i(\boldsymbol{x},t)=o(|\boldsymbol{x}(t)|)\tag{3-49}$$

则 $\exists\sigma>0$，使得

$$B(\boldsymbol{0}_n,\sigma)=\{\boldsymbol{x}\in\mathbb{R}^n\ \big|\ |\boldsymbol{x}|\leqslant\sigma\}\subset S_0\tag{3-50}$$

且当 $\sum_1$ 完全可观时，$\sum_{\text{p}}$ 在 $B(\boldsymbol{0}_n,\ \sigma)$ 上可观。

下面考虑关于 $\sum_1$ 的输出方程受摄系统

$$\sum_{\text{output}}:\begin{cases}\dot{\boldsymbol{x}}=\boldsymbol{A}(t)\boldsymbol{x}\\ \boldsymbol{y}=\boldsymbol{C}(t)\boldsymbol{x}+\boldsymbol{\psi}(\boldsymbol{x},t)\end{cases}\tag{3-51}$$

其中

$$\boldsymbol{\psi}(\boldsymbol{0}_n,t)=\boldsymbol{0}_m\tag{3-52}$$

式中　$\boldsymbol{\psi}$ —— C^0 函数。

因 S_0 有界，所以 $\exists S\subset\mathbb{R}^n$，$S$ 为有界闭集，使得

$$\boldsymbol{x}(\boldsymbol{x}^0,t)\in S,\quad\forall t\in[t_0,t_1],\quad\forall\boldsymbol{x}^0\in S_0\tag{3-53}$$

其中 $\boldsymbol{x}(\boldsymbol{x}^0,\ t)$ 表示以 $\boldsymbol{x}^0$ 为初始状态的 $\sum_{\text{output}}$ 的轨迹。假设 $\gamma'(\boldsymbol{\psi})$ 有界，且

$$\gamma(\boldsymbol{\psi})\triangleq\sup_{t\in[t_0,\ t_1]}\sup_{x\in S}\frac{|\boldsymbol{\psi}(\boldsymbol{x},\ t)|}{|\boldsymbol{x}|}\tag{3-54}$$

与引理 3.2 类似，有如下引理：

引理 3.3　假设系统 $\sum_1$ 完全可观，且 S_0 为闭集，则系统 $\sum_{\text{output}}$ 在 S_0 上可观，如果

$$\gamma(\boldsymbol{\psi})<\frac{\tilde{v}}{(t_1-t_0)^{1/2}\gamma(\boldsymbol{\varphi})}\tag{3-55}$$

基于引理 3.3 本节给出如下定理。

定理 3.3　给定系统 $\sum_{l}$ 及其受摄系统

$$\sum\nolimits_{q}:\begin{cases}\dot{\boldsymbol{x}}=\boldsymbol{A}(t)\boldsymbol{x}\\ \boldsymbol{y}=\boldsymbol{C}(t)\boldsymbol{x}+\boldsymbol{q}(\boldsymbol{x},t)\end{cases} \tag{3-56}$$

其中 $t\in[t_0,t_1]$ ，$\boldsymbol{0}_m$ 为 S_0 的内点，$\boldsymbol{q}$ 为 C^1 函数。记

$$\boldsymbol{q}(\boldsymbol{x},t)=[q_1(\boldsymbol{x},t),\cdots,q_m(\boldsymbol{x},t)]^{\mathrm{T}} \tag{3-57}$$

假设对 $j=1$，…，m 有

$$q_j(\boldsymbol{x},t)=o(|\boldsymbol{x}|) \tag{3-58}$$

则 $\exists\sigma>0,B(\boldsymbol{0}_n,\sigma)\subset S_0$，使得当 $\sum_{l}$ 完全可观时，$\sum_{q}$ 在 $B(\boldsymbol{0}_n,\sigma)$ 可观。

引理 3.2 和引理 3.3 可以联合，给出线性时变系统在状态方程和输出方程同时存在的非线性摄动情况下，系统可观性所具有的鲁棒性，基于此可得如下推论：

推论 3.1　给定如下状态方程和输出方程都存在受摄线性系统

$$\sum\nolimits_{pq}:\begin{cases}\dot{\boldsymbol{x}}=\boldsymbol{A}(t)\boldsymbol{x}+\boldsymbol{p}(\boldsymbol{x},t)\\ \boldsymbol{y}=\boldsymbol{C}(t)\boldsymbol{x}+\boldsymbol{q}(\boldsymbol{x},t)\end{cases} \tag{3-59}$$

在定理 3.2 和定理 3.3 的假设下，$\exists\sigma>0,B(\boldsymbol{0}_n,\sigma)\subset S_0$，当 $\sum_{l}$ 完全可观时 $\sum_{pq}$ 在 $B(\boldsymbol{0}_n,\sigma)$ 上可观。

③基于线性化的局部可观性判据

利用前面得到的可观性鲁棒性的结论，本节给出如下关于非线性系统 $\sum_{nl}$ 局部可观性的引理：

引理 3.4　如果线性系统 $\sum_{l}$ 完全可观，则对 $\forall\boldsymbol{x}^0\in\mathrm{int}(\boldsymbol{S}_0)$ ，$\exists\sigma>0$ 使得 $B(\boldsymbol{x}^0,\sigma)\subset S_0$ 且 $\sum_{nl}$ 在 $B(\boldsymbol{x}^0,\sigma)$ 上可观，其中 $\mathrm{int}(S_0)$ 表示 S_0 的内部。

④基于矢量测量的自主导航可观性分析

本节将利用以上的基于线性化的非线性系统局部可观性判据，分析基于视线矢量测量的自主导航系统可观性，并以飞越小天体自主导航为例进行仿真验证。

根据探测技术的难度和对目标天体数据掌握的丰富程度，飞越任务通常是对特定目标探测的第一步，其通过与目标天体交会进而在飞越过程中获取目标特征数据，并获取更精确的目标星历信息，以保证后续的绕飞和着陆等探测任务得以成功实施。然而由于距离地球远使得通信延迟大，自主导航成为飞越任务的关键技术之一。考虑到在飞越过程中，一方面，探测器和小天体受到的外力主要是以太阳引力为主，太阳光压及大行星引力等摄动力的量级很小；另一方面，可利用导航相机跟踪目标天体，通过目标的图像坐标计算出探测器到目标天体的视线方向信息，同时在高度允许的情况下可利用激光高度计获得探测器到小天体表面的距离信息[6]。于是很自然地可以尝试将绕地编队探测器的导航方案引入小天体飞越导航任务中。下面就对此导航方案进行可观性分析。

由于探测器距离目标天体较近，在不影响定性分析的基础上，可以认为两者所受的摄

动力相同，探测器与目标天体的动力学模型如式（3－7）所示。导航系统观测信息为探测器相对目标天体的视线矢量 $\boldsymbol{r}=\boldsymbol{r}_o-\boldsymbol{r}_s$，相应几何关系如图 3－1 所示。

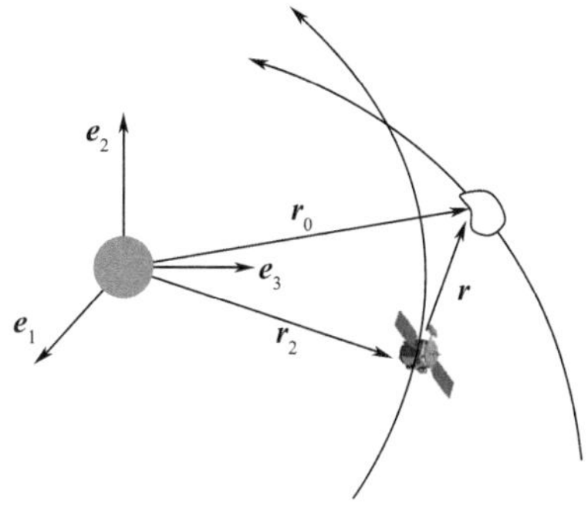

图 3－1　视线矢量几何示意图

首先选取导航状态为探测器相对于小天体的位置和速度

$$\boldsymbol{x}_{os}=[\boldsymbol{r}_s^{\mathrm{T}}-\boldsymbol{r}_o^{\mathrm{T}},\boldsymbol{v}_s^{\mathrm{T}}-\boldsymbol{v}_o^{\mathrm{T}}]^{\mathrm{T}}=[x_{os},y_{os},z_{os},\dot{x}_{os},\dot{y}_{os},\dot{z}_{os}]^{\mathrm{T}} \tag{3-60}$$

其中

$$\begin{cases}x_{os}=x_s-x_o,y_{os}=y_s-y_o,z_{os}=z_s-z_o\\ \dot{x}_{os}=\dot{x}_s-\dot{x}_o,\dot{y}_{os}=\dot{y}_s-\dot{y}_o,\dot{z}_{os}=\dot{z}_s-\dot{z}_o\end{cases}$$

状态方程为

$$\dot{\boldsymbol{x}}_{os}=\boldsymbol{f}_{os}(\boldsymbol{x}_{os})=\left[\dot{x}_{os},\dot{y}_{os},\dot{z}_{os},\mu\frac{x_o}{r_o^3}-\mu\frac{x_s}{r_s^3},\mu\frac{y_o}{r_o^3}-\mu\frac{y_s}{r_s^3},\mu\frac{z_o}{r_o^3}-\mu\frac{z_s}{r_s^3}\right]^{\mathrm{T}} \tag{3-61}$$

观测方程为

$$\boldsymbol{y}_{os}=\boldsymbol{h}_{os}(\boldsymbol{x}_{os})=[-x_{os},-y_{os},-z_{os}]^{\mathrm{T}} \tag{3-62}$$

给定标称轨迹 $\xi(\boldsymbol{x}^0,t)$ 可将系统沿 ξ 线性化为

$$\begin{cases}\dot{\boldsymbol{x}}=\boldsymbol{F}_{os}(\boldsymbol{x}^0,t)\boldsymbol{x}\\ \boldsymbol{y}=\boldsymbol{H}_{os}(\boldsymbol{x}^0,t)\boldsymbol{x}\end{cases} \tag{3-63}$$

其中

$$\begin{cases}\boldsymbol{F}_{os}(\boldsymbol{x}^0,t)\triangleq\left.\dfrac{\partial\boldsymbol{f}_{os}}{\partial\boldsymbol{x}}\right|_{\boldsymbol{x}=\xi(\boldsymbol{x}^0,t)}\\ \boldsymbol{H}_{os}(\boldsymbol{x}^0,t)\triangleq\left.\dfrac{\partial\boldsymbol{h}_{os}}{\partial\boldsymbol{x}}\right|_{\boldsymbol{x}=\xi(\boldsymbol{x}^0,t)}\end{cases} \tag{3-64}$$

其中

$$\begin{cases}\dfrac{\partial\boldsymbol{f}_{os}}{\partial\boldsymbol{x}}=\begin{bmatrix}\boldsymbol{0}_{3\times3} & \boldsymbol{I}_{3\times3}\\ \widetilde{\boldsymbol{F}}_{os} & \boldsymbol{0}_{3\times3}\end{bmatrix}\\ \dfrac{\partial\boldsymbol{h}_{os}}{\partial\boldsymbol{x}}=[-\boldsymbol{I}_{3\times3}\quad\boldsymbol{0}_{3\times3}]\end{cases} \tag{3-65}$$

式中　$\boldsymbol{0}_{3\times3}$ ——表示3×3零矩阵；

$\boldsymbol{I}_{3\times3}$ ——表示3×3单位矩阵。

$\widetilde{\boldsymbol{F}}_{os}$ 如式（3－66）所示

$$\widetilde{\boldsymbol{F}}_{os}=\frac{\mu}{|\boldsymbol{r}_s|^5}(|\boldsymbol{r}_s|^2\boldsymbol{I}_{3\times3}-3\boldsymbol{r}_s\boldsymbol{r}_s^{\mathrm{T}})+\frac{\mu}{|\boldsymbol{r}_o|^5}(|\boldsymbol{r}_o|^2\boldsymbol{I}_{3\times3}-3\boldsymbol{r}_o\boldsymbol{r}_o^{\mathrm{T}}] \tag{3-66}$$

简记 $\widetilde{\boldsymbol{F}}_{os}(\boldsymbol{x}^0,t)$ 和 $\widetilde{\boldsymbol{H}}_{os}(\boldsymbol{x}^0,t)$ 为 $\widetilde{\boldsymbol{F}}_{os}$ 和 $\widetilde{\boldsymbol{H}}_{os}$ 。现令

$$\boldsymbol{C}_1=\widetilde{\boldsymbol{H}}_{os}$$

$$\boldsymbol{C}_i=\boldsymbol{C}_{i-1}\widetilde{\boldsymbol{F}}_{os}+\frac{\mathrm{d}}{\mathrm{d}t}\boldsymbol{C}_{i-1}\ ,\ i=2,\cdots,6$$

并记 $\boldsymbol{Q}(t)=[\boldsymbol{C}_1^{\mathrm{T}},\ \boldsymbol{C}_2^{\mathrm{T}},\ \cdots,\ \boldsymbol{C}_6^{\mathrm{T}}]^{\mathrm{T}}$ 。根据线性系统可观性判据，存在某时刻 t_1，使得 $\mathrm{rank}\,[\boldsymbol{Q}(t)]=6$ 系统可观。由上式可知

$$\begin{aligned}\boldsymbol{C}_1&=[\boldsymbol{I}_{3\times3},\boldsymbol{0}_{3\times3}]\\ \boldsymbol{C}_2&=[\boldsymbol{0}_{3\times3},-\boldsymbol{I}_{3\times3}]\end{aligned} \tag{3-67}$$

记 $\boldsymbol{Q}_{\mathrm{p}}(t)=[\boldsymbol{C}_1^{\mathrm{T}},\ \boldsymbol{C}_2^{\mathrm{T}}]^{\mathrm{T}}$ ，则 $\mathrm{rank}\,[\boldsymbol{Q}_{\mathrm{p}}(t)]=6$，而显然对任意 t 有

$$\mathrm{rank}\,[\boldsymbol{Q}_{\mathrm{p}}(t)]\leqslant\mathrm{rank}\,[\boldsymbol{Q}(t)]\leqslant 6$$

于是 $\mathrm{rank}\,[\boldsymbol{Q}(t)]=6$。这说明对以探测器相对目标天体的位置和速度为状态的系统，基于视线矢量的观测能够使得该系统可观，从而实现探测器的自主导航。

现假设导航系统所要确定的状态变量取为探测器与目标天体在日心惯性坐标系内的位置和速度。由于摄动力的量级很小，同时小天体探测接近段导航的时间很短暂，因此将探测器和小天体相对日心的运动视为二体问题不影响可观性分析的结果。此时的系统状态变量可表示为

$$\boldsymbol{x}=[x_s,y_s,z_s,\dot{x}_s,\dot{y}_s,\dot{z}_s,x_o,y_o,z_o,\dot{x}_o,\dot{y}_o,\dot{z}_o]^{\mathrm{T}}$$

相关导航系统可描述为

$$\begin{aligned}\dot{\boldsymbol{x}}&=\boldsymbol{f}(\boldsymbol{x})=\left[\boldsymbol{v}_s^{\mathrm{T}},-\frac{\mu}{r_s^3}\boldsymbol{r}_s^{\mathrm{T}},\boldsymbol{v}_o^{\mathrm{T}},-\frac{\mu}{r_o^3}\boldsymbol{r}_o^{\mathrm{T}}\right]^{\mathrm{T}}\\ \boldsymbol{y}&=\boldsymbol{h}(\boldsymbol{x})=[x_o-x_s,y_o-y_s,z_o-z_s]^{\mathrm{T}}\end{aligned} \tag{3-68}$$

下面将利用本节给出的结论分析系统（3－68）的可观特性。

给定标称轨迹 $\xi(\boldsymbol{x}^0,t)$，可将系统（3－68）沿 ξ 线性化为

$$\begin{cases}\dot{\boldsymbol{x}}=\boldsymbol{F}(\boldsymbol{x}^0,t)\boldsymbol{x}\\ \boldsymbol{y}=\boldsymbol{H}(\boldsymbol{x}^0,t)\boldsymbol{x}\end{cases} \tag{3-69}$$

其中

$$\begin{cases}\boldsymbol{F}(\boldsymbol{x}^0,t)\triangleq\left.\dfrac{\partial\boldsymbol{f}_{os}}{\partial\boldsymbol{x}}\right|_{\boldsymbol{x}=\xi(\boldsymbol{x}^0,t)}\\ \boldsymbol{H}(\boldsymbol{x}^0,t)\triangleq\left.\dfrac{\partial\boldsymbol{h}_{os}}{\partial\boldsymbol{x}}\right|_{\boldsymbol{x}=\xi(\boldsymbol{x}^0,t)}\end{cases} \tag{3-70}$$

具体有

$$\frac{\partial\boldsymbol{f}}{\partial\boldsymbol{x}}=\begin{bmatrix}\boldsymbol{0}_{3\times3}&\boldsymbol{I}_{3\times3}&\boldsymbol{0}_{3\times3}&\boldsymbol{0}_{3\times3}\\ \boldsymbol{F}_1&\boldsymbol{0}_{3\times3}&\boldsymbol{0}_{3\times3}&\boldsymbol{0}_{3\times3}\\ \boldsymbol{0}_{3\times3}&\boldsymbol{0}_{3\times3}&\boldsymbol{0}_{3\times3}&\boldsymbol{I}_{3\times3}\\ \boldsymbol{0}_{3\times3}&\boldsymbol{0}_{3\times3}&\boldsymbol{F}_2&\boldsymbol{0}_{3\times3}\end{bmatrix}$$

$$\frac{\partial \boldsymbol{h}}{\partial \boldsymbol{x}} = [-\boldsymbol{I}_{3\times3} \quad \boldsymbol{0}_{3\times3} \quad \boldsymbol{I}_{3\times3} \quad \boldsymbol{0}_{3\times3}] \tag{3-71}$$

式中　$\boldsymbol{0}_{3\times3}$ ——表示 3×3 零矩阵；

$\boldsymbol{I}_{3\times3}$ ——表示3×3单位矩阵。

对 $\boldsymbol{F}_1$ 和 $\boldsymbol{F}_2$ 有如式（3-72）的表达

$$\begin{cases} \boldsymbol{F}_1 = \dfrac{\mu}{|\boldsymbol{r}_s|^5}(3\boldsymbol{r}_s\boldsymbol{r}_s^T - |\boldsymbol{r}_s|^2\boldsymbol{I}_{3\times3}) \\ \boldsymbol{F}_2 = \dfrac{\mu}{|\boldsymbol{r}_o|^5}(3\boldsymbol{r}_o\boldsymbol{r}_o^T - |\boldsymbol{r}_o|^2\boldsymbol{I}_{3\times3}) \end{cases} \tag{3-72}$$

简记 $\boldsymbol{F}(\boldsymbol{x}^0, t)$ 和 $\boldsymbol{H}(\boldsymbol{x}^0, t)$ 为 $\boldsymbol{F}$ 和 $\boldsymbol{H}$，且令 $\boldsymbol{Q} = [\boldsymbol{C}_1^T, \boldsymbol{C}_2^T, \cdots, \boldsymbol{C}_{12}^T]$ ，其中

$$\boldsymbol{C}_1 = \boldsymbol{H}$$

$$\boldsymbol{C}_i = \boldsymbol{C}_{i-1}\boldsymbol{F} + \frac{\mathrm{d}}{\mathrm{d}t}\boldsymbol{C}_{i-1}, i = 2, \cdots, 12$$

根据线性系统可观性判据，若存在某时刻 t ，使得 $\mathrm{rank}[\boldsymbol{Q}(t)] = 12$，则式（3-68）所示系统可观。

由式（3-71）和式（3-72）可知

$$\begin{cases} \boldsymbol{C}_1 = [-\boldsymbol{I}_{3\times3} \quad \boldsymbol{0}_{3\times3} \quad \boldsymbol{I}_{3\times3} \quad \boldsymbol{0}_{3\times3}] \\ \boldsymbol{C}_2 = [\boldsymbol{0}_{3\times3} \quad -\boldsymbol{I}_{3\times3} \quad \boldsymbol{0}_{3\times3} \quad \boldsymbol{I}_{3\times3}] \\ \boldsymbol{C}_3 = [-\boldsymbol{F}_1 \quad \boldsymbol{0}_{3\times3} \quad \boldsymbol{F}_2 \quad \boldsymbol{0}_{3\times3}] \\ \boldsymbol{C}_4 = [-\dot{\boldsymbol{F}}_1 \quad -\boldsymbol{F}_1 \quad \dot{\boldsymbol{F}}_2 \quad \boldsymbol{F}_2] \end{cases} \tag{3-73}$$

记 $\boldsymbol{Q} = [\boldsymbol{C}_1^T, \boldsymbol{C}_2^T, \cdots, \boldsymbol{C}_{12}^T]$ ，显然对任意 t 有

$$\mathrm{rank}[\boldsymbol{Q}_p(t)] \leqslant \mathrm{rank}[\boldsymbol{Q}(t)] \tag{3-74}$$

下面考察矩阵 $\boldsymbol{Q}_p(t)$ 。

注意到 $\boldsymbol{F}_1$ 和 $\boldsymbol{F}_2$ 均为对称矩阵，由式（3-73）可知 $\boldsymbol{Q}_p(t)$ 具有如式（3-75）所示形式

$$\boldsymbol{Q}_p(t) = \begin{bmatrix} -\boldsymbol{I}_{3\times3} & \boldsymbol{0}_{3\times3} & -\boldsymbol{F}_1 & -\dot{\boldsymbol{F}}_1 \\ \boldsymbol{0}_{3\times3} & -\boldsymbol{I}_{3\times3} & \boldsymbol{0}_{3\times3} & -\boldsymbol{F}_1 \\ \boldsymbol{I}_{3\times3} & \boldsymbol{0}_{3\times3} & \boldsymbol{F}_2 & \dot{F}_2 \\ \boldsymbol{0}_{3\times3} & \boldsymbol{I}_{3\times3} & \boldsymbol{0}_{3\times3} & \boldsymbol{F}_2 \end{bmatrix} \tag{3-75}$$

经初等变换有

$$\widetilde{\boldsymbol{Q}}_p(t) = \begin{bmatrix} \boldsymbol{I}_{3\times3} & \boldsymbol{0}_{3\times3} & \boldsymbol{0}_{3\times3} & \boldsymbol{0}_{3\times3} \\ \boldsymbol{0}_{3\times3} & \boldsymbol{I}_{3\times3} & \boldsymbol{0}_{3\times3} & \boldsymbol{0}_{3\times3} \\ \boldsymbol{0}_{3\times3} & \boldsymbol{0}_{3\times3} & \boldsymbol{F}_2 - \boldsymbol{F}_1 & \dot{\boldsymbol{F}}_2 - \dot{\boldsymbol{F}}_1 \\ \boldsymbol{0}_{3\times3} & \boldsymbol{0}_{3\times3} & \boldsymbol{0}_{3\times3} & \boldsymbol{F}_2 - \boldsymbol{F}_1 \end{bmatrix} \tag{3-76}$$

为了讨论 $\mathrm{rank}[\widetilde{\boldsymbol{Q}}_p(t)]$ ，本节引入如下关于分块矩阵秩的引理。

引理 3.5　设 $\boldsymbol{A}$ 为 $n \times m$ 矩阵，$\boldsymbol{B}$ 为 $p \times q$ 矩阵，$\boldsymbol{C}$ 为 $n \times q$ 矩阵，则有

$$\operatorname{rank}\left(\begin{bmatrix} \boldsymbol{A} & \boldsymbol{C} \\ \boldsymbol{0} & \boldsymbol{B} \end{bmatrix}\right) \geqslant \operatorname{rank}\left(\begin{bmatrix} \boldsymbol{A} & \boldsymbol{0} \\ \boldsymbol{0} & \boldsymbol{B} \end{bmatrix}\right) = \operatorname{rank}(\boldsymbol{A}) + \operatorname{rank}(\boldsymbol{B}) \tag{3-77}$$

令 $\boldsymbol{G}=\boldsymbol{F}_2-\boldsymbol{F}_1$，根据引理 3.5，如果 $\operatorname{rank}(\boldsymbol{G})=3$，则 $\operatorname{rank}[\boldsymbol{Q}_{\mathrm{p}}(t)]=12$，进一步根据式（3-74）有 $\operatorname{rank}[\boldsymbol{Q}(t)]=12$。而 $\boldsymbol{G}$ 为 3×3 矩阵，可以根据 $\boldsymbol{G}$ 的行列式 $\det(\boldsymbol{G})$ 来判断 $\operatorname{rank}(\boldsymbol{G})$ 。经计算可知，只要 $\boldsymbol{r}_s \neq \boldsymbol{r}_o$ 就有 $\det(\boldsymbol{G}) \neq 0$，而条件 $\boldsymbol{r}_s \neq \boldsymbol{r}_o$ 是显然成立的。图 3-2 给出了深度撞击飞越任务中 $\det(\boldsymbol{G})$ 随时间变化情况，这里为描述方便，称飞越器与目标距离最短时刻为飞越时刻。如图 3-2 所示，$\det(\boldsymbol{G})$ 始终大于零，因此，基于视线矢量的测量方案能够对探测器及探测目标在日心惯性坐标系下的位置和速度给出有效的估计。

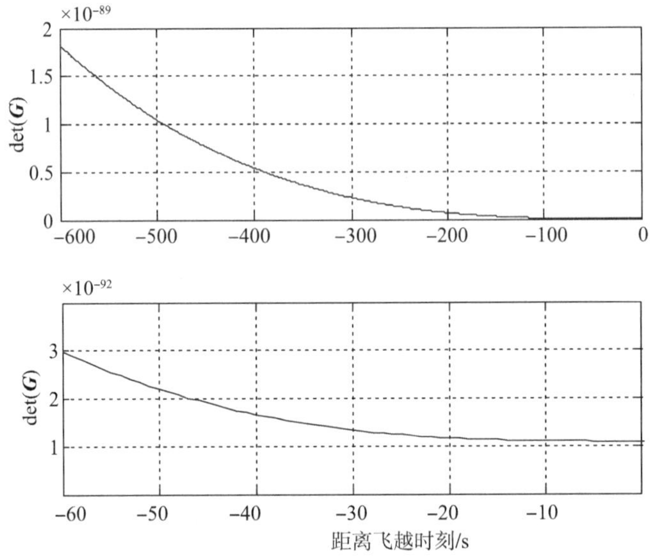

图 3-2　深度撞击飞越任务中 $\det(\boldsymbol{G})$ 变化曲线

（3）基于反函数定理的可观性分析方法

对以微分方程描述的非线性动力学系统，通过对微分方程本身的相关处理与推导，可以建立系统输出与初始状态之间的映射关系，从而系统可观性问题便转化为映射是否为单射的判定问题。进而借助于泛函分析中的反函数定理，可以得到利用矩阵的秩所描述的可观性判据。

①相关记号及引理

考虑式（3-23）定义的系统 $\sum_{\mathrm{nl}}$ ，并记 $\boldsymbol{x}=(x_1,x_2,\cdots,x_n)^{\mathrm{T}}$ ，$\boldsymbol{y}=(y_1,y_2,\cdots,y_m)^{\mathrm{T}}$ ，将 $\sum_{\mathrm{nl}}$ 的动力学行为直接以微分方程的解的形式描述为

$$\boldsymbol{x}=\boldsymbol{\varphi}(\boldsymbol{x}^0,t), t\in[t_0,t_1]=T$$

其中 $\boldsymbol{x}\in\mathbb{R}^n$ ，$\boldsymbol{x}^0\in X\subset\mathbb{R}^n$ ，X 代表所有可能初始状态的集合。显然地，$\boldsymbol{\varphi}(\boldsymbol{x}^0,t)$ 对应了系统 $\sum$ 以 $\boldsymbol{x}^0$ 为初始状态的轨迹。相应地，观测方程形式不变，描述为 $\boldsymbol{y}=\boldsymbol{h}(\boldsymbol{x},t)$，其中 $\boldsymbol{y}\in Y\subset\mathbb{R}^m$ ，Y 代表与系统所有可能运行状态对应的 m 维量测信号的集合。于是可观

性可以等价为如下定义：

定义 3.1 如果集合 X 和集合 Y 一一对应，则称系统 $\sum_{\mathrm{nl}}$ 在 X 上完全可观。

由定义 3.1 可知，系统是否具有可观性取决于初始状态与输出集合之间的函数是否为双射，或者说是否可逆。而在非线性泛函分析中，判断函数是否可逆的一个重要工具是反函数定理。

引理 3.6（反函数定理）假设 $U \subset \mathbb{R}^n$ 为开集，$\boldsymbol{w}: U \to \mathbb{R}^n$ 连续可微，$\boldsymbol{x}^0 \in X$ 且 $\left[\dfrac{\partial \boldsymbol{w}}{\partial \boldsymbol{x}}\right]_{\boldsymbol{x}^0}$ 可逆，则存在 U 中 $\boldsymbol{x}^0$ 的邻域 V 及 $\mathbb{R}^n$ 中 $\boldsymbol{w}(\boldsymbol{x})^0$ 的邻域 W，使得 $\boldsymbol{w}$ 有连续可微的逆 $\boldsymbol{w}^{-1}: W \to V$。

②基于反函数定理的局部可观性判据

对于初始状态集合 $U \subset \mathbb{R}^n$，为应用反函数定理解决可观性问题，首先要构造一个 $U \to \mathbb{R}^n$ 的反映状态-输出关系的函数 $\boldsymbol{w}$。

对 $\forall \boldsymbol{x}^0 \in X$，给定观测时间序列 $\{t_j\}_{j=1}^n$，考察输出函数 $\boldsymbol{y}(t)$ 的第 k 个分量 $y_k(t) = h_k[\boldsymbol{\varphi}(t_j,\boldsymbol{x}),t_j]$。根据系统解析的假设，函数 $h_k[\boldsymbol{\varphi}(t_j,\boldsymbol{x}),t_j](j=1,\cdots,n)$ 关于变量 $\boldsymbol{x}$ 在 $\boldsymbol{x}^0$ 的邻域内连续可微，记 $w_j^k = h_k(\boldsymbol{x},t_j)$，$(j=1, \cdots, n)$。于是，系统 $\sum_{\mathrm{t}}$ 局部可观的一个充分条件就是函数 $\boldsymbol{w}^k = (w_1^k, w_2^k, \cdots, w_n^k)^{\mathrm{T}}$ 在 $\boldsymbol{x}^0$ 邻域内可逆，而由引理 3.6 可知，其等价于如式（3-78）所示的 $n \times n$ 矩阵的行列式非零

$$\boldsymbol{I}_k = \left[\frac{\mathrm{d}w_1^k}{\mathrm{d}\boldsymbol{x}^0}, \frac{\mathrm{d}w_2^k}{\mathrm{d}\boldsymbol{x}^0}, \cdots, \frac{\mathrm{d}w_n^k}{\mathrm{d}\boldsymbol{x}^0}\right] \tag{3-78}$$

即 $\mathrm{rank}(\boldsymbol{I}_k) = n$。

对 $k=1, \cdots, n$ 进行组合可得到 n 行 m 列的矩阵 $\boldsymbol{I} = [\boldsymbol{I}_1, \boldsymbol{I}_2, \cdots, \boldsymbol{I}_m]$。于是可以得到一个系统 $\sum_{\mathrm{t}}$ 局部可观的更一般的充分条件

$$\mathrm{rank}(\boldsymbol{I}) = n \tag{3-79}$$

然而由于 $\boldsymbol{I}$ 依赖于观测时间序列 $\{t_j\}_{j=1}^n$ 的选取，该条件在实际验证过程中是非常困难的。

鉴于以上问题，先不考虑时间序列 $\{t_j\}_{j=1}^n$，直接考察观测分量 $y_k(t) = h_k(\boldsymbol{x},t)$，将函数 h_k 在点 $(\boldsymbol{x}^0,t_0)$ 的邻域按 t 的幂级数展开可以得到

$$h_k = \sum_{r=0}^{\infty} F_k^{(r)} \frac{(t-t_0)^r}{r!} \tag{3-80}$$

式中 $F_k^{(r)}$ ——利用状态方程 $\dot{\boldsymbol{x}} = \boldsymbol{f}(\boldsymbol{x}, t)$ 对函数 h_k 逐次求导并在点 $(\boldsymbol{x}^0,t_0)$ 计算得到的系数。

对该级数逐项关于初值矢量 $\boldsymbol{x}^0$ 求导得到

$$\frac{\mathrm{d}h_k}{\mathrm{d}\boldsymbol{x}^0} = \sum_{r=0}^{\infty} \frac{\mathrm{d}F_k^{(r)}}{\mathrm{d}\boldsymbol{x}^0} \frac{(t-t_0)^r}{r!} \tag{3-81}$$

令

$$\widetilde{\boldsymbol{M}}_k = \left[\frac{\mathrm{d}F_k^{(0)}}{\mathrm{d}\boldsymbol{x}^0}, \frac{\mathrm{d}F_k^{(1)}}{\mathrm{d}\boldsymbol{x}^0}, \cdots, \frac{\mathrm{d}F_k^{(r)}}{\mathrm{d}\boldsymbol{x}^0}, \cdots\right] \tag{3-82}$$

对 $k=1$，…，n 进行联合得到

$$\widetilde{\boldsymbol{M}}=[\widetilde{\boldsymbol{M}}_1,\widetilde{\boldsymbol{M}}_2,\cdots,\widetilde{\boldsymbol{M}}_m] \tag{3-83}$$

于是有如下关于系统 $\sum_{\rm t}$ 的局部可观性的定理：

定理 3.4 如果 $\mathrm{rank}(\widetilde{\boldsymbol{M}})=n$，系统 $\sum_{\rm nl}$ 在 $\boldsymbol{x}^0$ 的邻域内基于 T 内某个观测序列局部可观。

③可观性判据的有限形式

考虑到 $\widetilde{\boldsymbol{M}}$ 对初始状态 $\boldsymbol{x}^0\in X$ 的依赖，定理 3.4 的一个直接推论是：

推论 3.2 如果对 $\forall\boldsymbol{x}^0\in X$ 有 $\mathrm{rank}(\widetilde{\boldsymbol{M}})<n$，系统 $\sum_{\rm t}$ 在 $\boldsymbol{X}$ 上完全不可观。

定理 3.4 建立在系统状态方程的解完全不确定的情况下。而在实际工程当中，人们或多或少会掌握一些相关系统的状态轨迹信息，特别地，如果能够得到系统轨迹的解析表达式，h_k 关于初始状态 $\boldsymbol{x}^0$ 的导数可按式（3-84）所示形式表示

$$\frac{\mathrm{d}h_k}{\mathrm{d}\boldsymbol{x}^0}=\sum_{i=0}^{P_k}\frac{\mathrm{d}\Phi_k^i}{\mathrm{d}\boldsymbol{x}^0}\psi_k^i(t),k=1,\cdots,m \tag{3-84}$$

式中 $\psi_k^0(t)$，…，$\psi_k^{P_k}(t)$ ——表示在时间段 T 上线性无关的函数系；

Φ_k^i 在 $(\boldsymbol{x}^0,t_0)$ 处取值。

利用式（3-84）中的列向量 $\frac{\mathrm{d}\Phi_k^i}{\mathrm{d}\boldsymbol{x}^0}$ 可得矩阵 $\boldsymbol{M}_k$

$$\boldsymbol{M}_k=\left[\frac{\mathrm{d}\Phi_k^1}{\mathrm{d}\boldsymbol{x}^0},\frac{\mathrm{d}\Phi_k^2}{\mathrm{d}\boldsymbol{x}^0},\cdots,\frac{\mathrm{d}\Phi_k^{P_k}}{\mathrm{d}\boldsymbol{x}^0}\right],k=1,2,\cdots,m \tag{3-85}$$

及合成矩阵

$$\boldsymbol{M}=[\boldsymbol{M}_1,\boldsymbol{M}_2,\cdots,\boldsymbol{M}_m] \tag{3-86}$$

于是，利用定理 3.4 可得到下面关于 $\sum_{\rm t}$ 局部可观的充分条件：

定理 3.5 如果 $\mathrm{rank}(\widetilde{\boldsymbol{M}})=n$，$\sum_{\rm nl}$ 在 $\boldsymbol{x}^0$ 某邻域内可观。

类似于推论 3.2，基于定理 3.5 有如下推论：

推论 3.3 如果对 $\forall\boldsymbol{x}^0\in X$ 有 $\mathrm{rank}(\widetilde{\boldsymbol{M}})<n$，$\sum_{\rm nl}$ 在 X 上完全不可观。

④基于距离与角度测量的自主导航可观性分析

本节进一步考虑中心引力场下运行的探测器与参考星，将所得的可观性结论用于自主导航系统的量测方案选择问题。

考虑探测器与参考星组成的系统，其中参考星可以是人造卫星或者自然天体。人造卫星一般如编队探测器或导航卫星，自然天体一般对应于探测目标。首先由探测器的运动方程和观测模型建立探测器状态与观测量之间的非线性映射，然后利用基于反函数定理的可观性判据，针对基本的角度与距离测量信息，以估计探测器和参考星的轨道根数为目的讨论观测量的选取问题。

记探测器与参考星质心分别为 O_1 和 O_2，并假设在惯性坐标系 $OXYZ$ 中，O_1 和 O_2 沿开普勒轨道运行，相应位置参数可以用式（3-87）来刻画

$$\begin{bmatrix} x_j \\ y_j \\ z_j \end{bmatrix} = a_j(\cos E_j - e_j)\boldsymbol{P}_j + a_j\sqrt{1-e_j^2}\sin E_j\boldsymbol{Q}_j, j=1,2 \tag{3-87}$$

其中

$$\boldsymbol{P}_j = \begin{bmatrix} \cos\Omega_j\cos\omega_j - \sin\Omega_j\sin\omega_j\cos i_j \\ \sin\Omega_j\cos\omega_j + \cos\Omega_j\sin\omega_j\cos i_j \\ \sin\omega_j\sin i_j \end{bmatrix} \tag{3-88}$$

$$\boldsymbol{Q}_j = \begin{bmatrix} -\cos\Omega_j\sin\omega_j - \sin\Omega_j\cos\omega_j\cos i_j \\ -\sin\Omega_j\sin\omega_j + \cos\Omega_j\cos\omega_j\cos i_j \\ \cos\omega_j\sin i_j \end{bmatrix} \tag{3-89}$$

式中　a_j ——轨道半长轴；

e_j ——偏心率；

i_j ——轨道倾角；

ω_j ——近地点角距；

Ω_j ——升交点赤经；

E_j ——偏近点角；

t ——时间。

相应 Kepler 方程为

$$E_j - e_j\sin E_j = \sqrt{\frac{\mu}{a_j^3}}(t-t_0) + M_{0j} = M_j \tag{3-90}$$

式中　M_j ——平近点角；

M_{0j} —— t_0 时刻的平近点角数值；

μ ——引力常数与中心重力体质量之积。

假设探测器与参考星的轨道参数完全未知，系统状态为 12 维矢量

$$[a_1, e_1, M_{01}, \omega_1, \Omega_1, i_1, a_2, e_2, M_{02}, \omega_2, \Omega_2, i_2]^{\mathrm{T}}$$

记

$$\begin{cases} \boldsymbol{r}_j = (x_j, y_j, z_j)^{\mathrm{T}} \\ \boldsymbol{R} = \boldsymbol{r}_2 - \boldsymbol{r}_1 \end{cases} \tag{3-91}$$

将探测器到参考星的距离作为基本观测量，将参考星视线方向与其他两个已知星光方向的夹角 $\theta_i(i=1,2)$ 作为可选观测量，具体有

$$\begin{cases} R = |\boldsymbol{R}| \\ \theta_i = \arccos\left(\dfrac{\boldsymbol{R}\cdot\boldsymbol{D}_i}{R}\right) \end{cases} \tag{3-92}$$

式中　$\boldsymbol{D}_i(i=1, 2)$ ——已知恒星星光方向的单位矢量。

下面分别以距离信息 R 、R 联合 θ_1，以及 R 联合 θ_1 与 θ_2 作为三种观测模式讨论量测系统的可观性，进而寻找合理的观测手段使得系统状态能够被唯一确定。

为后面相关矩阵计算处理上的方便，将初始状态各分量的顺序调整为

$$\boldsymbol{x}^0=[a_1,e_1,M_{01},a_2,e_2,M_{02},\omega_1,\Omega_1,i_1,\omega_2,\Omega_2,i_2]^{\mathrm{T}}$$

参照式（3－92），可以得到观测量的表达式式（3－93）

$$\boldsymbol{y}=R=|\boldsymbol{r}_2-\boldsymbol{r}_1|=\left(\sum_{i=1}^{11}\Phi_i\Psi_i\right)^{1/2} \tag{3-93}$$

其中

$$\begin{cases}\Psi_1=1,\Psi_2=\cos^2E_1,\Psi_3=\cos^2E_2\\ \Psi_4=-2\cos E_1,\Psi_5=-2\cos E_2\\ \Psi_6=2\sin E_1,\Psi_7=2\sin E_2\\ \Psi_8=-2\cos E_1\cos E_2,\Psi_9=-2\cos E_1\sin E_2\\ \Psi_{10}=-2\cos E_1\cos E_2,\Psi_{11}=-2\sin E_1\sin E_2\end{cases} \tag{3-94}$$

$$\begin{cases}\Phi_1=a_1^2+a_2^2-2a_1a_2e_1e_2\boldsymbol{P}_1\cdot\boldsymbol{P}_2,\Phi_2=a_1^2e_1^2\\ \Phi_3=a_2^2e_2^2,\Phi_4=a_1^2e_1-a_1a_2e_2\boldsymbol{P}_1\cdot\boldsymbol{P}_2\\ \Phi_5=a_2^2e_2-a_1a_2e_1\boldsymbol{P}_1\cdot\boldsymbol{P}_2,\Phi_6=a_1a_2e_2\sqrt{1-e_1^2}\boldsymbol{P}_2\cdot\boldsymbol{Q}_1\\ \Phi_7=a_1a_2e_1\sqrt{1-e_2^2}\boldsymbol{P}_1\cdot\boldsymbol{Q}_2,\Phi_8=a_1a_2\boldsymbol{P}_1\cdot\boldsymbol{P}_2\\ \Phi_9=a_1a_2\sqrt{1-e_2^2}\boldsymbol{P}_1\cdot\boldsymbol{Q}_2,\Phi_{10}=a_1a_2\sqrt{1-e_1^2}\boldsymbol{P}_1\cdot\boldsymbol{Q}_1\\ \Phi_{11}=a_1a_2\sqrt{1-e_1^2}\sqrt{1-e_2^2}\boldsymbol{Q}_1\cdot\boldsymbol{Q}_2\end{cases} \tag{3-95}$$

且 R 关于初值 $\boldsymbol{x}^0$ 的导数为

$$\frac{\mathrm{d}R}{\mathrm{d}\boldsymbol{x}^0}=\frac{1}{2R}\left(\sum_{i=1}^{11}\frac{\mathrm{d}\Phi_i}{\mathrm{d}\boldsymbol{x}^0}\Psi_i+\frac{\mathrm{d}R^2}{\mathrm{d}E_1}\frac{\mathrm{d}E_1}{\mathrm{d}\boldsymbol{x}^0}+\frac{\mathrm{d}R^2}{\mathrm{d}E_2}\frac{\mathrm{d}E_2}{\mathrm{d}\boldsymbol{x}^0}\right) \tag{3-96}$$

其中

$$\frac{\mathrm{d}E_1}{\mathrm{d}\boldsymbol{x}^0}=\left[\frac{3}{2}\sqrt{\frac{\mu}{a_1^5}}\frac{t_0-t}{1-e_1\cos E_1},\frac{\sin E_1}{1-e_1\cos E_1},\frac{1}{1-e_1\cos E_1},0,\cdots,0\right]^{\mathrm{T}} \tag{3-97}$$

$$\frac{\mathrm{d}E_2}{\mathrm{d}\boldsymbol{x}^0}=\left[0,0,0,\frac{3}{2}\sqrt{\frac{\mu}{a_2^5}}\frac{t_0-t}{1-e_2\cos E_2},\frac{\sin E_2}{1-e_2\cos E_2},\frac{1}{1-e_2\cos E_2},0,\cdots,0\right]^{\mathrm{T}} \tag{3-98}$$

将式（3－97）和式（3－98）两矢量中非零函数依次记为 $\widetilde{\Psi}_{12}$，…，$\widetilde{\Psi}_{17}$，于是式（3－97）可以写成

$$\frac{\mathrm{d}R}{\mathrm{d}\boldsymbol{x}^0}=\frac{1}{2R}\left(\sum_{i=1}^{11}\frac{\mathrm{d}\Phi_i}{\mathrm{d}\boldsymbol{x}^0}\Psi_i+\sum_{j=1}^{3}\boldsymbol{e}^j\cdot\widetilde{\Psi}_{11+j}\frac{\mathrm{d}R^2}{\mathrm{d}E_1}+\sum_{j=4}^{6}\boldsymbol{e}^j\cdot\widetilde{\Psi}_{11+j}\frac{\mathrm{d}R^2}{\mathrm{d}E_2}\right) \tag{3-99}$$

式中　$\boldsymbol{e}^j$ ——表示第 j 个分量为 1 的 12 维单位矢量。

令

$$\begin{cases}\Psi_{12}=\widetilde{\Psi}_{12}\dfrac{\mathrm{d}R^2}{\mathrm{d}E_1},\Psi_{13}=\widetilde{\Psi}_{13}\dfrac{\mathrm{d}R^2}{\mathrm{d}E_1},\Psi_{14}=\widetilde{\Psi}_{14}\dfrac{\mathrm{d}R^2}{\mathrm{d}E_1}\\ \Psi_{15}=\widetilde{\Psi}_{15}\dfrac{\mathrm{d}R^2}{\mathrm{d}E_2},\Psi_{16}=\widetilde{\Psi}_{16}\dfrac{\mathrm{d}R^2}{\mathrm{d}E_2},\Psi_{17}=\widetilde{\Psi}_{17}\dfrac{\mathrm{d}R^2}{\mathrm{d}E_2}\end{cases} \tag{3-100}$$

容易验证 Ψ_{12}，…，Ψ_{17} 的线性无关性。于是根据式（3－86），矩阵 $\boldsymbol{M}$ 可以写成式

(3-101) 所示形式

$$\boldsymbol{M}=\boldsymbol{M}_1=\begin{bmatrix}\widetilde{\boldsymbol{F}} & \boldsymbol{I}\\ \boldsymbol{F} & \boldsymbol{0}\end{bmatrix} \tag{3-101}$$

其中 $\boldsymbol{I}$ 是 6 维单位矩阵。显然子矩阵 $\widetilde{\boldsymbol{F}}$ 并不影响 $\boldsymbol{M}_1$ 的秩，不妨将其假设为零矩阵。此时只需考查如下矩阵

$$\boldsymbol{M}_1=\begin{bmatrix}\boldsymbol{0} & \boldsymbol{I}\\ \boldsymbol{F} & \boldsymbol{0}\end{bmatrix} \tag{3-102}$$

记

$$\boldsymbol{z}^0=[\omega_1,\Omega_1,i_1,\omega_2,\Omega_2,i_2]^{\mathrm{T}}$$

容易验证子矩阵 $\boldsymbol{F}$ 对应于 Ψ_2 和 Ψ_3 的两列为零，其余四列均是式 (3-103) 所示四个矢量的线性组合

$$\begin{cases}\dfrac{\mathrm{d}}{\mathrm{d}\boldsymbol{z}^0}\boldsymbol{P}_1\cdot\boldsymbol{P}_2,\dfrac{\mathrm{d}}{\mathrm{d}\boldsymbol{z}^0}\boldsymbol{P}_2\cdot\boldsymbol{Q}_1\\ \dfrac{\mathrm{d}}{\mathrm{d}\boldsymbol{z}^0}\boldsymbol{P}_1\cdot\boldsymbol{Q}_2,\dfrac{\mathrm{d}}{\mathrm{d}\boldsymbol{z}^0}\boldsymbol{Q}_1\cdot\boldsymbol{Q}_2\end{cases} \tag{3-103}$$

于是立刻有

$$\mathrm{rank}(\boldsymbol{M}_1)<11$$

由推论 3.3 可知，基于距离信息的导航系统是完全不可观的。这从实际情况来看也是显然的，即探测器与参考星距离一定时，探测器与参考星的轨道参数不能唯一确定。

联合距离与角度信息 θ_1，即

$$\boldsymbol{y}=(R,\theta_1)^{\mathrm{T}} \tag{3-104}$$

此时有

$$\boldsymbol{M}=[\boldsymbol{M}_1,\boldsymbol{M}_2]$$

由式 (3-92) 可知，令 $\tilde{\theta}=\boldsymbol{R}\cdot\boldsymbol{D}_1$ 并重新定义观测量 $\boldsymbol{y}=(R,\ \theta_1)^{\mathrm{T}}$ 并不改变系统的可观性。参照式 (3-93) ～式 (3-95)，可以得到表达式 (3-105)

$$\tilde{\theta}=\sum_{i=1}^{11}\Phi_i\Psi_i \tag{3-105}$$

其中

$$\begin{cases}\Psi_1=1,\Psi_2=\cos E_1,\Psi_3=\cos E_2\\ \Psi_4=\sin E_1,\Psi_5=\sin E_2\end{cases} \tag{3-106}$$

$$\begin{cases}\Phi_1=a_2e_2\boldsymbol{P}_2\cdot\boldsymbol{D}_1-a_1e_1\boldsymbol{P}_1\cdot\boldsymbol{D}_1\\ \Phi_2=a_1\boldsymbol{P}_1\cdot\boldsymbol{D}_1,\Phi_3=-a_2\boldsymbol{P}_2\cdot\boldsymbol{D}_1\\ \Phi_4=a_1\sqrt{1-e_1^2}\boldsymbol{Q}_1\cdot\boldsymbol{D}_1,\Phi_5=a_2\sqrt{1-e_2^2}\boldsymbol{Q}_2\cdot\boldsymbol{D}_1\end{cases} \tag{3-107}$$

对式 (3-105) 关于 $\boldsymbol{x}^0$ 求导可得

$$\frac{\mathrm{d}\tilde{\theta}_1}{\mathrm{d}\boldsymbol{x}^0}=\left(\sum_{i=1}^{5}\frac{\mathrm{d}\Phi_i}{\mathrm{d}\boldsymbol{x}^0}\Psi_i+\frac{\mathrm{d}\tilde{\theta}_1}{\mathrm{d}E_1}\frac{\mathrm{d}E_1}{\mathrm{d}\boldsymbol{x}^0}+\frac{\mathrm{d}\tilde{\theta}_1}{\mathrm{d}E_2}\frac{\mathrm{d}E_2}{\mathrm{d}\boldsymbol{x}^0}\right) \tag{3-108}$$

不难计算，为得到相关矩阵 $\boldsymbol{M}$，只需在式 (3-102) 基础上增加由式 (3-109) 四个矢量

描述的四列

$$\begin{cases}\dfrac{\mathrm{d}}{\mathrm{d}\boldsymbol{x}^0}\boldsymbol{P}_i\cdot\boldsymbol{D}_1\\ \dfrac{\mathrm{d}}{\mathrm{d}\boldsymbol{x}^0}\boldsymbol{Q}_i\cdot\boldsymbol{D}_1\end{cases}\quad(i=1,2)\tag{3-109}$$

于是，为分析该量测系统的可观性，只需考察式（3－110）所示矩阵的秩

$$\boldsymbol{M}=\begin{bmatrix}\boldsymbol{I} & \boldsymbol{0} & \boldsymbol{0}\\ \boldsymbol{0} & \boldsymbol{F} & \boldsymbol{G}\end{bmatrix}\tag{3-110}$$

其中 $\boldsymbol{I}$ 和 $\boldsymbol{F}$ 同上定义，子矩阵 $\boldsymbol{G}$ 由式（3－111）所示四列矢量组成

$$\begin{cases}\dfrac{\mathrm{d}}{\mathrm{d}\boldsymbol{z}^0}\boldsymbol{P}_i\cdot\boldsymbol{D}_1\\ \dfrac{\mathrm{d}}{\mathrm{d}\boldsymbol{z}^0}\boldsymbol{Q}_i\cdot\boldsymbol{D}_1\end{cases}\quad(i=1,2)\tag{3-111}$$

容易验证 $\mathrm{rank}(\boldsymbol{M})<12$，即系统完全不可观。

事实上，该量测方案获得的信息从几何意义来讲，是由探测器和参考星组成的整体系统在惯性坐标系下表现出的绕单位矢量 $\boldsymbol{D}_1$ 进行的某种旋转，旋转过程中对应的每一组状态均不改变距离 R 和角度 θ_1 的量测，从而无法唯一确定探测器与参考星的轨道参数。

联合距离与两个角度信息 θ_1 和 θ_2，即

$$\boldsymbol{y}=[R,\theta_1,\theta_2]\tag{3-112}$$

利用与上面完全相同的计算过程可知，判断该量测系统可观性只需考查式（3－113）所示矩阵的秩

$$\boldsymbol{M}=\begin{bmatrix}\boldsymbol{I} & \boldsymbol{0} & \boldsymbol{0} & \boldsymbol{0}\\ \boldsymbol{0} & \boldsymbol{F} & \boldsymbol{G} & \boldsymbol{H}\end{bmatrix}\tag{3-113}$$

其中 $\boldsymbol{I}$ 和 $\boldsymbol{F}$ 及 $\boldsymbol{G}$ 同上定义，$\boldsymbol{H}$ 由式（3－114）所示四列矢量组成

$$\begin{cases}\dfrac{\mathrm{d}}{\mathrm{d}\boldsymbol{z}^0}\boldsymbol{P}_i\cdot\boldsymbol{D}_2\\ \dfrac{\mathrm{d}}{\mathrm{d}\boldsymbol{z}^0}\boldsymbol{Q}_i\cdot\boldsymbol{D}_2\end{cases}\quad(i=1,2)\tag{3-114}$$

容易验证，$\mathrm{rank}(\boldsymbol{M})<12$ 当且仅当

$$i_1=i_2$$

$$\Omega_1=\Omega_2$$

$$\boldsymbol{P}_i\cdot\boldsymbol{D}_j=\boldsymbol{Q}_i\cdot\boldsymbol{D}_j=0(i,j=1,2)$$

即探测器与参考星的轨道平面重合且包含两个星光方向矢量 $\boldsymbol{D}_1$ 和 $\boldsymbol{D}_2$，这种情况在实际飞行任务中很少出现。因此，在硬件条件允许的情况下，基于距离信息 R 和两个角度信息 θ_1，θ_2 的量测方案可以用作探测器的自主导航。

3.1.2　自主导航系统可观性度量

可观性的结论仅仅以“是”或“否”来回答系统的可观性，然而却无法反映出确定状态

时所受到的测量噪声干扰的影响程度，为此应该有一个判别系统可观性强弱的量来进行定量的描述，也就是导航系统的可观测度问题。可观测度的计算依据可以分为两类：观测矩阵的非奇异程度，导航系统的误差协方差矩阵。下面分析各类可观测度定义之间的内部联系。

（1）传统分析方法

①基于观测矩阵非奇异程度的可观测度判据

首先讨论依据观测矩阵的非奇异程度来确定导航系统可观测度的方法，对于式（3-1）所示系统来说，可以得到如式（3-115）所示的一组非线性观测方程

$$\boldsymbol{y}=\begin{bmatrix} y_{k_0} \\ y_{k_0+1} \\ \vdots \\ y_{k_0+N-1} \end{bmatrix}=\begin{bmatrix} h_{k_0}(\boldsymbol{x}_{k_0}) \\ h_{k_0+1}(\boldsymbol{x}_{k_0+1}) \\ \vdots \\ h_{k_0+N-1}(\boldsymbol{x}_{k_0+N-1}) \end{bmatrix} \tag{3-115}$$

式（3-115）利用牛顿迭代解法进行迭代求解时，其前提条件是非线性方程组的 Jacobian 矩阵可逆，利用式（3-3）将可以得到此时的 Jacobian 矩阵为式（3-116）。如果存在正整数 N，使得 $\mathrm{rank}(\boldsymbol{\Gamma})=n$，$n$ 为状态维数，则状态 $\boldsymbol{x}_{k_0}$ 和测量量间存在一一对应的关系。

$$\boldsymbol{\Gamma}(k_0,k_0+N-1)=\begin{bmatrix} \boldsymbol{H}_{k_0} \\ \boldsymbol{H}_{k_0+1}\boldsymbol{\Phi}_{k_0+1,k_0} \\ \vdots \\ \boldsymbol{H}_{k_0+N-1}\boldsymbol{\Phi}_{k_0+N-1,k_0} \end{bmatrix} \tag{3-116}$$

如果假设此组观测数据的维数为 n，记

$$\boldsymbol{h}(\boldsymbol{x}_{k_0})=[h_{k_0}^{\mathrm{T}}(\boldsymbol{x}_{k_0}),\cdots,h_{k_0+N-1}^{\mathrm{T}}(\boldsymbol{x}_{k_0+N-1})]^{\mathrm{T}}$$

则由牛顿迭代解法可以得出其一阶近似解为

$$\boldsymbol{x}_{k_0}=\boldsymbol{x}_{k_0}^{*}+\boldsymbol{\Gamma}^{-1}(k_0,k_0+N-1)[\boldsymbol{y}-\boldsymbol{h}(\boldsymbol{x}_{k_0}^{*})] \tag{3-117}$$

式中　$\boldsymbol{x}_{k_0}^{*}$ ——初始状态。

所以系统的可观性的强弱反映为矩阵 $\boldsymbol{\Gamma}$ 是否接近奇异或者是否病态，据此对矩阵 $\boldsymbol{\Gamma}$ 按照式（3-22）进行奇异值分解，并求取矩阵的条件数，根据条件数的大小来判断导航系统的可观测度。在非线性系统弱可观测的判据中，矩阵 $\boldsymbol{\Gamma}$ 为式（3-4），通过求取其条件数来判断非线性导航系统可观测度。

线性系统 Gramer 矩阵 $\boldsymbol{\Gamma}^{\mathrm{T}}\boldsymbol{\Gamma}$ 的特征值和特征矢量是对系统可观性的完整描述，其对于非线性系统也是同样的。事实上，矩阵 $\boldsymbol{\Gamma}$ 的奇异值与 $\boldsymbol{\Gamma}^{\mathrm{T}}\boldsymbol{\Gamma}$ 的特征值是一致的。所以也有方法以正定对称矩阵 $\boldsymbol{\Gamma}^{\mathrm{T}}\boldsymbol{\Gamma}$ 的行列式值或者其最小特征值作为可观测度的度量，但是它不能建立特征值和状态矢量之间的关系。为此将式（3-117）改写成如下形式

$$\boldsymbol{x}_{k_0}-\boldsymbol{x}_{k_0}^{*}=(\boldsymbol{\Gamma}^{\mathrm{T}}\boldsymbol{\Gamma})^{-1}\boldsymbol{\Gamma}^{\mathrm{T}}[\boldsymbol{y}-\boldsymbol{h}(\boldsymbol{x}_{k_0}^{*})] \tag{3-118}$$

此时令 $\boldsymbol{\Gamma}^{\mathrm{T}}[\boldsymbol{y}-\boldsymbol{h}(\boldsymbol{x}_{k_0}^{*})]=\tilde{\boldsymbol{y}}$，则式（3-118）可以写成

$$\boldsymbol{x}_{k_0}-\boldsymbol{x}_{k_0}^{*}=(\boldsymbol{\Gamma}^{\mathrm{T}}\boldsymbol{\Gamma})^{-1}\tilde{\boldsymbol{y}} \tag{3-119}$$

这样就可以使状态矢量和 $(\boldsymbol{\Gamma}^{\mathrm{T}}\boldsymbol{\Gamma})^{-1}$ 的特征值和特征矢量相对应，并可以认为特征值越小，其特征矢量所对应的状态偏差矢量或者状态偏差矢量的线性组合所对应的误差就越小。

在上述判别标准中，当存在观测噪声时，导航系统为

$$\begin{cases}\dot{\boldsymbol{x}}=\boldsymbol{f}(\boldsymbol{x},t)+\boldsymbol{g}(\boldsymbol{x},t)\boldsymbol{\omega} \quad \boldsymbol{x}(t_0)=\boldsymbol{x}_0\\ \boldsymbol{y}=\boldsymbol{h}(\boldsymbol{x},t)+\boldsymbol{v}\end{cases} \tag{3-120}$$

其中

$$E\{\boldsymbol{v}_k\boldsymbol{v}_j^{\mathrm{T}}\}=\boldsymbol{R}_k\boldsymbol{\delta}_{kj}\ ,E\{\boldsymbol{\omega}_k\boldsymbol{\omega}_j^{\mathrm{T}}\}=\boldsymbol{Q}_k\boldsymbol{\delta}_{kj}$$

此时系统的观测矩阵的计算公式为

$$\boldsymbol{W}=\sum_{i=1}^{k}\boldsymbol{\Phi}_{i,k}^{\mathrm{T}}\boldsymbol{H}_i^{\mathrm{T}}\boldsymbol{R}_i^{-1}\boldsymbol{H}_i\boldsymbol{\Phi}_{i,k} \tag{3-121}$$

可以看到其中包含了观测噪声信息。

②基于误差协方差矩阵的可观测度判据

可直接反映系统精度信息的矩阵是误差协方差矩阵，因此很多可观测度判别标准直接依据的是对误差协方差矩阵的分析。F. M. Ham 提出了一种基于卡尔曼滤波协方差矩阵的观测度，其缺点是只能在使用卡尔曼滤波器的过程中判别滤波效果。由式（3-118）可以得到状态协方差矩阵为

$$\boldsymbol{P}=\mathrm{cov}(\boldsymbol{x}_{k_0}-\boldsymbol{x}_{k_0}^{*})=(\boldsymbol{\Gamma}^{\mathrm{T}}\boldsymbol{R}^{-1}\boldsymbol{\Gamma})^{-1}=\boldsymbol{W}^{-1} \tag{3-122}$$

其中 $\boldsymbol{W}$ 取自式（3-121），也称为 Fisher 信息阵。由于 $\det(\boldsymbol{W}^{-1})$ 是状态不确定超椭球的体积的度量，因此可以认为 $|\det(\boldsymbol{\Gamma})|$ 也具有准确性量度的性质，故非线性系统的可观测度可以定义为

$$\rho=|\det(\boldsymbol{\Gamma})| \tag{3-123}$$

由于状态估计的精度特别反映在随机矢量 $\boldsymbol{x}_k$ 的估计误差方差，也就是误差协方差矩阵的对角线元素上，同时又由于误差协方差矩阵为实对称矩阵，因此其对角线元素之和也代表着所有特征值之和。利用上述性质，参考文献［7］中的可观测度定义为

$$\rho=\frac{n}{\mathrm{tr}(\boldsymbol{W}^{-1})} \tag{3-124}$$

式中 $\mathrm{tr}(\cdot)$ ——代表矩阵求迹运算。

式（3-124）所得参数相当于所有状态误差方差的平均数的倒数，如果所有状态误差方差的平均数越小，其倒数也就是可观测度就越大，导航精度就越高。通过此可观测度的定义，能够解释观测次数越多、观测变量越多，导航系统的精度就越高的现象。

综上所述，式（3-122）将两种不同思路的可观测度判据联系起来。由于基于误差协方差矩阵的可观测度判据直接对应着导航系统的导航精度，因此在此意义下可观测度可以作为一种判别依据来比较不同系统间的优劣。但是由于误差协方差矩阵的计算是不精确的，所以它仅仅可以成为粗略判据。

（2）基于条件数的确定性系统可观性度量

①条件数与线性系统可观性度量

利用矩阵的条件数定义线性系统的可观性指数，可以用于衡量系统可观的程度。一般

地，矩阵 $\boldsymbol{M}$ 的条件数定义为

$$\operatorname{cond}(\boldsymbol{M})=\frac{\sigma_{\max}(\boldsymbol{M})}{\sigma_{\min}(\boldsymbol{M})} \tag{3-125}$$

式中　$\sigma_{\max}$，$\sigma_{\min}$——分别为 $\boldsymbol{M}$ 的最大奇异值和最小奇异值。

显然有 $\operatorname{cond}(\boldsymbol{M})\geqslant 1$，且条件数越大的矩阵越接近奇异。而对式（3－126）所示线性时不变系统

$$\begin{cases}\dot{\boldsymbol{x}}=\boldsymbol{A}\boldsymbol{x}\\ \boldsymbol{y}=\boldsymbol{C}\boldsymbol{x}\end{cases} \tag{3-126}$$

其可观性矩阵为 $\boldsymbol{Q}=[\boldsymbol{C},\boldsymbol{C}\boldsymbol{A},\cdots,\boldsymbol{C}\boldsymbol{A}^{n-1}]$。$\boldsymbol{Q}$ 的条件数越大，其可观度越差，因此 Friedland 将其可观性指数定义为

$$\eta=[\operatorname{cond}(\boldsymbol{Q})]^{-1}=\frac{\sigma_{\min}(\boldsymbol{Q})}{\sigma_{\max}(\boldsymbol{Q})} \tag{3-127}$$

下面从状态估计的角度对该定义的合理性进行探讨。

引理 3.7　令 $\boldsymbol{M}$ 为可逆矩阵，$\boldsymbol{x}$ 和 $\boldsymbol{x}+\Delta\boldsymbol{x}$ 分别是 $\boldsymbol{M}\boldsymbol{x}=\boldsymbol{b}$，$(\boldsymbol{M}+\Delta\boldsymbol{M})(\boldsymbol{x}+\Delta\boldsymbol{x})=\boldsymbol{b}$ 的精确解，则解的相对误差都可以通过不等式（3－128）来界定

$$\frac{\|\Delta\boldsymbol{x}\|}{\|\boldsymbol{x}+\Delta\boldsymbol{x}\|}\leqslant\operatorname{cond}(\boldsymbol{M})\frac{\|\Delta\boldsymbol{M}\|}{\|\boldsymbol{M}\|} \tag{3-128}$$

其中对于矢量 $\boldsymbol{x}$ 和矩阵 $\boldsymbol{M}$，$\|\boldsymbol{x}\|$ 和 $\|\boldsymbol{M}\|$ 分别表示 $\boldsymbol{x}$ 和 $\boldsymbol{M}$ 的 2 范数。

引理 3.8　当考虑方程 $\boldsymbol{M}\boldsymbol{x}=\boldsymbol{b}$ 右边项存在扰动 $\Delta\boldsymbol{b}$ 时有

$$\frac{\|\Delta\boldsymbol{x}\|}{\|\boldsymbol{x}\|}\leqslant\operatorname{cond}(\boldsymbol{M})\frac{\|\Delta\boldsymbol{b}\|}{\|\boldsymbol{b}\|} \tag{3-129}$$

注 3.1　传统意义上的条件数主要是针对方阵而定义的，但式（3－125）在定义矩阵 $\boldsymbol{M}$ 的条件数时利用了 $\boldsymbol{M}$ 的奇异值，因此不要求 $\boldsymbol{M}$ 为方阵。在引理 3.7 和引理 3.8 中 $\boldsymbol{M}$ 均假设为方阵，且利用了式（3－130）所示关系式

$$\|\boldsymbol{M}\|\cdot\|\boldsymbol{M}^{-1}\|=\operatorname{cond}(\boldsymbol{M}) \tag{3-130}$$

该假设并不与定义式（3－125）相矛盾。事实上，对于矩阵的 2 范数有

$$\|\boldsymbol{M}\|=[\lambda_{\max}(\boldsymbol{M}^{\mathrm{T}}\boldsymbol{M})]^{1/2} \tag{3-131}$$

式中　$\lambda_{\max}(\cdot)$——表示最大特征值。

进一步由奇异值定义可知 $\|\boldsymbol{M}\|=\sigma_{\max}(\boldsymbol{M})$，简单计算则有 $\|\boldsymbol{M}^{-1}\|=\sigma_{\max}(\boldsymbol{M}^{-1})=\sigma_{\min}^{-1}(\boldsymbol{M})$，于是式（3－130）对定义式（3－125）仍然成立。

引理 3.7 和引理 3.8 说明无论是系数矩阵还是方程 $\boldsymbol{M}\boldsymbol{x}=\boldsymbol{b}$ 右端项存在扰动，解存在的相对误差都可以由扰动对应参数的相对误差来界定，且界定的精度完全取决于系数矩阵的条件数：条件数越大，估计的精度越低。

下面考察线性式（3－126）所示系统。其输出可表示为

$$\boldsymbol{y}(t)=\boldsymbol{C}e^{\boldsymbol{A}(t-t_0)}\boldsymbol{x}(t_0) \tag{3-132}$$

又

$$\begin{cases} e^{\boldsymbol{A}t} = \boldsymbol{I} + \boldsymbol{A}t + \dfrac{1}{2!}\boldsymbol{A}^2t^2 + \cdots \\ \boldsymbol{A}^m = a_{m0}\boldsymbol{I} + a_{m1}\boldsymbol{A} + \cdots + a_{m(n-1)}\boldsymbol{A}^{n-1}(a_{mi} \in \mathbb{R}, i = 0,1,\cdots,n-1, m \geqslant n) \end{cases} \tag{3-133}$$

于是

$$e^{\boldsymbol{A}t} = f_0(t)\boldsymbol{I} + f_1(t)\boldsymbol{A} + \cdots + f_{n-1}(t)\boldsymbol{A}^{n-1} \tag{3-134}$$

即 $\boldsymbol{C}e^{\boldsymbol{A}t} = \boldsymbol{QH}(t)$。令 $\boldsymbol{z} = \boldsymbol{H}(t-t_0)\boldsymbol{x}(t_0)$，则系统状态的确定归结为方程组 $\boldsymbol{Qz} = \boldsymbol{y}$ 的求解问题。因此，从状态估计的角度来讲，$\boldsymbol{Q}$ 的条件数反映了式（3－126）所示线性系统可观的程度。

注 3.2　式（3－125）在定义矩阵 $\boldsymbol{M}$ 的条件数时利用了 $\boldsymbol{M}$ 的奇异值，因此不要求 $\boldsymbol{M}$ 为方阵。

②单输出非线性系统的可观性度量

考虑式（3－135）所示单输出非线性系统

$$\sum : \begin{cases} \dot{\boldsymbol{x}} = \boldsymbol{f}(\boldsymbol{x}) \\ s = h(\boldsymbol{x}) \end{cases} \tag{3-135}$$

其中 $\boldsymbol{x} \in X \subset \mathbb{R}^n$，$s \in \mathbb{R}$，矢量场 $\boldsymbol{f}$ 和输出函数 h 假定为光滑（或解析）的。对 s 关于 t 求导得

$$\dot{s}(t) = \frac{\partial h}{\partial \boldsymbol{x}}\boldsymbol{f}(\boldsymbol{x}) = L_f h(\boldsymbol{x}) \tag{3-136}$$

式中　$L_f h(\boldsymbol{x})$——h 沿 $\boldsymbol{f}$ 的李导数。

且 $L_f h(\boldsymbol{x})$ 满足如下关系式

$$L_f^0 h(\boldsymbol{x}) = h(\boldsymbol{x}) \tag{3-137}$$

$$L_f^k h(\boldsymbol{x}) = \frac{\partial(L_f^{k-1}h)}{\partial \boldsymbol{x}}\boldsymbol{f}(\boldsymbol{x})(k = 1,2,\cdots,n-1) \tag{3-138}$$

于是 s 关于 t 的各阶导数可表示为

$$s^{(j)} = L_f^j h(\boldsymbol{x}) \tag{3-139}$$

基于这些关系，可以得到研究非线性系统可观性的一个常用工具——观测空间。$\sum$ 的观测空间 $\mathcal{H}$ 是由 $\{h, L_f h, \cdots, L_f^k h, \cdots\}$ 生成的实数域上的线性函数空间，该空间按式（3－140）方式定义了 $\sum$ 的可观性分布

$$\mathrm{d}\mathcal{H}(\boldsymbol{x}) = \mathrm{span}\{\mathrm{d}H(\boldsymbol{x}) \mid H \in \mathcal{H}\}, \boldsymbol{x} \in X \tag{3-140}$$

对 $\boldsymbol{x}^0 \in X$，如果

$$\dim \mathcal{H}(\boldsymbol{x}^0) = \boldsymbol{n} \tag{3-141}$$

则称 $\sum$ 在 $\boldsymbol{x}^0$ 点满足可观性秩条件。若对 $\forall \boldsymbol{x} \in X$，$\sum$ 都满足可观性秩条件，则称 $\sum$ 满足可观性秩条件。一个著名的定理就是系统在某点的可观性秩条件是系统在该点局部弱可观的充分条件。当 $\sum$ 为解析系统时，标量输出 $y(t)$ 可表示为式（3－142）

$$y(t)=h[\boldsymbol{x}(t)]=h(\boldsymbol{x}^0,t)=\sum_{k=0}^{\infty}L_f^k h(\boldsymbol{x}^0)t^k/k! \tag{3-142}$$

于是当且仅当 $\forall \boldsymbol{x}^1,\boldsymbol{x}^2\in X,\boldsymbol{x}^1\neq\boldsymbol{x}^2,\exists\varphi\in\mathcal{H}$，使得 $\varphi(\boldsymbol{x}^1)\neq\varphi(\boldsymbol{x}^2)$，$\sum$ 在 X 上可观。然而这一结果很难用在具体的验证过程中，事实上在实际研究中人们比较关注式（3－143）所示矩阵

$$\boldsymbol{O}(\boldsymbol{x})=\begin{bmatrix}\mathrm{d}L_f^0 h(\boldsymbol{x})\\ \mathrm{d}L_f^1 h(\boldsymbol{x})\\ \vdots\\ \mathrm{d}L_f^{n-2} h(\boldsymbol{x})\\ \mathrm{d}L_f^{n-1} h(\boldsymbol{x})\end{bmatrix} \tag{3-143}$$

其中

$$\mathrm{d}L_f^k h(\boldsymbol{x})=\frac{\partial(L_f^k h)}{\partial\boldsymbol{x}},k=0,1,\cdots,n-1 \tag{3-144}$$

显然 $\mathrm{rank}[\boldsymbol{O}(\boldsymbol{x})]=n$ 蕴含可观性秩条件。对于单输出系统 $\sum$，如果 $\sum$ 局部弱可观，则在 X 上几乎处处成立

$$\mathrm{rank}[\boldsymbol{O}(\boldsymbol{x})]=n,\boldsymbol{x}\in X \tag{3-145}$$

也因此 $\boldsymbol{O}(\boldsymbol{x})$ 常常被称为系统 $\sum$ 的可观性矩阵。

弱可观的定义本身带有局部性限制，而局部弱可观更是在数学上强调了状态的局部可区分性，应该说这两个定义的提出主要是出于数学论证的需要。但在实际的状态估计问题中，需要确定的状态对象往往是带有局部区域限制的，在可观性上强调局部这个限制似无必要。因此，尽管 $\boldsymbol{O}(\boldsymbol{x})$ 满秩不是 $\sum$ 完全可观的等价条件，然而 $\boldsymbol{O}(\boldsymbol{x})$ 满秩与否仍能够对系统 $\sum$ 的可观性给出满足一定实际需要的说明。为此，本节利用 $\boldsymbol{O}(\boldsymbol{x})$ 的秩判据研究系统 $\sum$ 可观性度量的方法。特别地，将系统 $\sum$ 关于某点 $\boldsymbol{x}\in X$ 的可观性指数定义为

$$\eta(\boldsymbol{x})=\left.\frac{\sigma_{\min}(\boldsymbol{Q})}{\sigma_{\max}(\boldsymbol{Q})}\right|_{\boldsymbol{x}} \tag{3-146}$$

显然对 $\forall\boldsymbol{x}\in X$ 有 $0\leqslant\eta(\boldsymbol{x})\leqslant1$，可观性指数越大代表系统可观度越好。并且，当 $\eta(\boldsymbol{x}^0)=0$ 时有 $\mathrm{rank}[\boldsymbol{O}(\boldsymbol{x}^0)]<n$，即 $\sum$ 在 $\boldsymbol{x}^0$ 点非局部弱可观，当然也是不可观的[8]。

③可观性矩阵与可观度的计算

对系统 $\sum$，其输出 $s(t)=h[\boldsymbol{x}(t)]$ 及其导数定义了一个从原始变量 $\boldsymbol{x}\in\mathbb{R}^n$ 到导数坐标 $\tilde{\boldsymbol{x}}\in\mathbb{R}^n$ 的坐标变换

$$\Phi_s:\tilde{\boldsymbol{x}}=(s,s^{(1)},\cdots,s^{(n-1)})^{\mathrm{T}}=(h,L_f h,L_f^2 h,\cdots,L_f^{n-1}h)^{\mathrm{T}} \tag{3-147}$$

在连续观测的假设下，系统的相空间结构在该变换前后是否拓扑等价，主要取决于标量输出 s 的选择。

基于前面所给出的可观性分析过程可知，s 是否含有足够的状态信息可以通过计算所

谓的可观性矩阵的秩来判断。而通过计算和比较，基于 s 的可观性矩阵恰恰是变换 Φ_s 的 Jacobian 矩阵 $\boldsymbol{J}(\Phi_s)$，因此有关可观性的判定与可观度的计算可以通过 $\boldsymbol{J}(\Phi_s)$ 来实现。

（3）基于 FIM 的随机系统可观性度量

Fisher 信息是衡量随机观测变量所携带的关于待估状态信息量大小的重要指标，从其物理概念本身可以看出，Fisher 信息与衡量确定性系统观测变量蕴含状态轨迹信息量大小的可观度之间关系密切。在多维状态估计理论中，Fisher 信息表现为矩阵形式，简称为 FIM（Fisher Information Matrix），下面本节就来分析 FIM 与系统可观性之间关系，进而研究基于 FIM 的随机系统可观性度量方法。

①FIM 与系统的可观性

对于具体的系统，在状态方程满足解的存在唯一性条件下，状态初值唯一决定系统状态轨迹，依赖于状态的观测函数可以视为状态初值的函数。而在探测器着陆等对状态估计实时性要求较高的任务中，往往要求某一时刻的观测信息足够丰富，以便能够通过解算直接确定系统状态。为此下面首先直接从系统的观测方程出发研究状态估计中的可观性问题。

一般来说，在确定性条件下，针对未知状态 $\boldsymbol{x}$ 的观测方程描述为

$$\boldsymbol{y}=\boldsymbol{h}(\boldsymbol{x})\quad \boldsymbol{x}\in\mathbb{R}^n,\boldsymbol{y}\in\mathbb{R}^m \tag{3-148}$$

称观测式（3-148）所示系统对状态 $\boldsymbol{x}_0$ 局部可观。如果存在包含 $\boldsymbol{x}_0$ 的开邻域 $U_{\boldsymbol{x}_0}\subset\mathbb{R}^n$ 使得 $\forall\boldsymbol{x}\in U_{\boldsymbol{x}_0}$ 有

$$\{\boldsymbol{x}\neq\boldsymbol{x}_0\}\Rightarrow\{\boldsymbol{h}(\boldsymbol{x})\neq\boldsymbol{h}(\boldsymbol{x}_0)\}$$

则带有随机噪声的观测方程描述为

$$\boldsymbol{z}=\boldsymbol{h}(\boldsymbol{x})+\boldsymbol{\varepsilon} \tag{3-149}$$

记 ε 的概率密度为 p_{ε}，假设其支集为 $\mathbb{R}^m$，观测矢量 $\boldsymbol{z}$ 的概率密度表示为 p_z，显然 p_z 依赖于 $\boldsymbol{x}$。这里为计算方便假设 p_z 的支集与 $\boldsymbol{x}$ 无关，此时有如式（3-150）所示关系式

$$p_z(\boldsymbol{\nu}\mid\boldsymbol{x})=p_{\boldsymbol{\varepsilon}}[\boldsymbol{\nu}-\boldsymbol{h}(\boldsymbol{x})] \tag{3-150}$$

$\boldsymbol{x}$ 的似然函数则定义为

$$L_x(\boldsymbol{z})\triangleq p_z(\boldsymbol{z}\mid\boldsymbol{x}) \tag{3-151}$$

令 $\boldsymbol{x}=(x_1,\cdots,x_n)^{\mathrm{T}}$，于是 FIM 的第 (i,j) 个元素可表示为

$$F_x^{ij}(\boldsymbol{z})\triangleq E\left[\frac{\partial\ln L_x(\boldsymbol{z})}{\partial x_i}\cdot\frac{\partial\ln L_x(\boldsymbol{z})}{\partial x_j}\right]=-E\left[\frac{\partial^2\ln L_x(\boldsymbol{z})}{\partial x_i\partial x_j}\right] \tag{3-152}$$

或者直接以矩阵形式描述为

$$\boldsymbol{F}_x(\boldsymbol{z})=E_x\{\nabla_x\ln[L_x(\boldsymbol{z})]\,\nabla_x^{\mathrm{T}}\ln[L_x(\boldsymbol{z})]\} \tag{3-153}$$

引理 3.9　式（3-153）所定义的 FIM 可以表示为（3-154）

$$\boldsymbol{F}_x(\boldsymbol{z})=\nabla_x\boldsymbol{h}(\boldsymbol{x})\boldsymbol{W}_{\varepsilon}\,\nabla_x^{\mathrm{T}}\boldsymbol{h}(\boldsymbol{x}) \tag{3-154}$$

其中

$$\boldsymbol{W}_{\boldsymbol{\varepsilon}}\triangleq E\{\nabla_{\boldsymbol{\nu}}\ln[p_{\boldsymbol{\varepsilon}}(\boldsymbol{\nu})]_{\boldsymbol{\nu}=\boldsymbol{\varepsilon}}\,\nabla_{\boldsymbol{\nu}}^{\mathrm{T}}\ln[p_{\boldsymbol{\varepsilon}}(\boldsymbol{\nu})]_{\boldsymbol{\nu}=\boldsymbol{\varepsilon}}\} \tag{3-155}$$

由引理 3.9 可知，若 $\boldsymbol{\varepsilon}$ 为 0 均值且协方差矩阵为可逆阵 $\boldsymbol{R}$ 的 Gauss 白噪声矢量，则 FIM

可简单表示为

$$\boldsymbol{F}_x(z) = \nabla_x \boldsymbol{h}(\boldsymbol{x})\boldsymbol{R}^{-1} \nabla_x^{\mathrm{T}} \boldsymbol{h}(\boldsymbol{x}) \tag{3-156}$$

由于 z 对 $\boldsymbol{x}$ 的依赖关系，下文将 FIM 直接记为 $\boldsymbol{F}_x$，以表示关于待估状态 $\boldsymbol{x}$ 的 FIM。

现假设 $\boldsymbol{h}$：$\mathbb{R}^n \rightarrow \mathbb{R}^m$ 为C^r 映射，若 $\nabla_x h(\boldsymbol{x}_0)$ 的秩为 n，则称 $\boldsymbol{h}$ 在 $\boldsymbol{x}_0$ 处是一个浸入映射，进一步有如下引理：

引理 3.10　假设 $\boldsymbol{h}$：$\mathbb{R}^n \rightarrow \mathbb{R}^m$ 在 $\boldsymbol{x}_0$ 处是一个浸入映射，则存在包含 $\boldsymbol{x}_0$ 的开集 $U_{x_0} \subset \mathbb{R}^n$，使得 $\boldsymbol{h}$：$U_{x_0} \rightarrow \boldsymbol{h}(U_{x_0})$ 是 C^r 局部微分同胚。

根据引理 3.10 可以得到如下关于 FIM 与系统可观性关系的定理：

定理 3.6　对于式（3-149）所示随机系统，假设 $\boldsymbol{\varepsilon}$ 为 0 均值且协方差矩阵为可逆阵 $\boldsymbol{R}$ 的 Gauss 白噪声随机矢量。若对 $\boldsymbol{x}_0 \in \mathbb{R}^n$ 有 $\boldsymbol{F}_{x_0}$ 可逆，则式（3-149）对应的式（3-148）所示的确定性观测系统在 $\boldsymbol{x}_0$ 处局部可观。

定理 3.6 说明了式（3-149）所示随机系统的 FIM 可逆是式（3-148）所示的确定性观测系统可观的充分条件，同时也说明了 FIM 可逆是比可观性更能保证估计效果的判定条件。因此在明确随机系统噪声分布的情况下，可以尝试利用 FIM 的性质研究可观性及其度量准则。

②基于 FIM 的可观性度量

既然 Fisher 信息代表了观测变量所携带的待估状态的信息，则该信息量的大小自然与状态估计的精度关系密切，从而可以将其用于随机系统的可观性度量。

事实上，如果以估计误差方差阵来刻画状态估计的精度，则 FIM 与状态估计精度的关系可以由著名的 Cramér - Rao 不等式来描述。给定具体的随机系统和针对未知状态变量 $\boldsymbol{x}$ 的无偏估计 $\hat{\boldsymbol{x}}$，将其误差协方差阵记为 $\boldsymbol{P}$，则该不等式可表示为

$$\boldsymbol{P} \geqslant \boldsymbol{P}^* = \boldsymbol{F}_x^{-1} \tag{3-157}$$

其中 $\boldsymbol{F}_x$ 便是关于状态变量 $\boldsymbol{x}$ 的 FIM，而式中的 $\boldsymbol{P}^* = \boldsymbol{F}_x^{-1}$ 便代表了状态估计所能够达到的最高精度。这里有个重要的前提是 $\boldsymbol{F}_x$ 的非奇异性，而由前面的论述可知，$\boldsymbol{F}_x$ 非奇异蕴含着随机系统对应的确定性系统是局部可观的，这也是状态估计问题可解的最基本的前提条件，因此关于可观度的讨论主要针对 $\boldsymbol{F}_x$ 非奇异的情况。

当给定系统状态估计 $\hat{\boldsymbol{x}}$ 的误差方差阵$\boldsymbol{P}$ 时，利用 $\boldsymbol{P}$ 并不能直接定量地反映出估计的精度。注意到 $\boldsymbol{P}$ 的对角线元素分别代表了状态 $\boldsymbol{x}$ 各分量的估计误差方差，因此 $\boldsymbol{P}$ 的迹 $\mathrm{tr}(\boldsymbol{P})$ 表示 $\boldsymbol{x}$ 各分量的估计误差方差之和，从而在总体上反映了状态 $\boldsymbol{x}$ 估计的精度：$\mathrm{tr}(\boldsymbol{P})$ 越大代表估计的精度越差。于是可以考虑将 $\mathrm{tr}(\boldsymbol{P})$ 引入到可观度的定义中。

进一步，注意到 $\boldsymbol{F}_x^{-1}$ 代表无偏估计所能够达到的最优误差方差阵，于是很自然地可以将 $\mathrm{tr}(\boldsymbol{F}_x^{-1})$ 作为系统可观度的衡量标准。为更好地体现其内在的物理含义，可将 $\mathrm{tr}(\boldsymbol{F}_x^{-1})$ 对状态变量的维数 n 取平均值。同时为保证可观度与状态估计精度在量值大小方面保持一致，将随机系统的可观度 η_x 定义如下

$$\eta_x = \frac{n}{\mathrm{tr}(\boldsymbol{F}_x^{-1})} \tag{3-158}$$

经过如此定义之后可以看出，可观度 η_x 越大则 $\mathrm{tr}(\boldsymbol{F}_x^{-1})$ 越小，即表示状态估计的精度越高，符合可观度的物理含义。

③视线测量自主导航系统的可观度分析

本节将基于FIM的迹定义的系统可观度用于视线测量自主导航系统的可观度分析。已知参考系（着陆点固连坐标系）下 $n(n \geqslant 4)$ 个信标的位置 $\boldsymbol{F}_i(X_i, Y_i, Z_i)$ $(i=1, \cdots, n)$，基于视线测量的自主导航任务是利用探测器到信标的视线方向信息来确定探测器的位置参数 (X_c, Y_c, Z_c) 和姿态参数 $(\sigma_1, \sigma_2, \sigma_3)^{\mathrm{T}}$。

定义相机坐标系 $oxyz$，原点 o 位于透视成像的中心，z 轴沿着光轴方向指向信标。为了简单起见，假设相机坐标系和探测器本体坐标系重合，光心在像平面上的位置为 $\boldsymbol{c}(x_0, y_0)$。参考系下相机成像中心坐标为 $o(X_c, Y_c, Z_c)$，第 i 个信标坐标为 $\boldsymbol{F}_i(X_i, Y_i, Z_i)$，透视投影几何如图 3-3 所示。于是信标在像平面投影的位置可表示为

$$\begin{cases} x_i = -f\dfrac{T_{11}(X_i - X_c) + T_{12}(Y_i - Y_c) + T_{13}(Z_i - Z_c)}{T_{31}(X_i - X_c) + T_{32}(Y_i - Y_c) + T_{33}(Z_i - Z_c)} \\ y_i = -f\dfrac{T_{21}(X_i - X_c) + T_{22}(Y_i - Y_c) + T_{23}(Z_i - Z_c)}{T_{31}(X_i - X_c) + T_{32}(Y_i - Y_c) + T_{33}(Z_i - Z_c)} \end{cases} \tag{3-159}$$

令 $\boldsymbol{T}=(T_{ij})$ 为参考系到相机坐标系的转换矩阵，$\boldsymbol{b}_i$ 是第 i 个信标像点到相机成像中心在相机坐标系下的方向矢量，$\boldsymbol{r}_i$ 是成像中心到第 i 个信标在参考坐标系下的方向矢量，则可以将式（3-159）更加简洁地表达为 $\boldsymbol{b}_i = \boldsymbol{A}\boldsymbol{r}_i$，其中

$$\boldsymbol{b}_i = \frac{1}{\sqrt{\bar{x}_i^2 + \bar{y}_i^2 + f^2}}\begin{pmatrix} -\bar{x}_i \\ -\bar{y}_i \\ f \end{pmatrix}$$

$$\boldsymbol{r}_i = \frac{1}{\sqrt{(X_i - X_c)^2 + (Y_i - Y_c)^2 + (Z_i - Z_c)^2}}\begin{pmatrix} X_i - X_c \\ Y_i - Y_c \\ Z_i - Z_c \end{pmatrix} \tag{3-160}$$

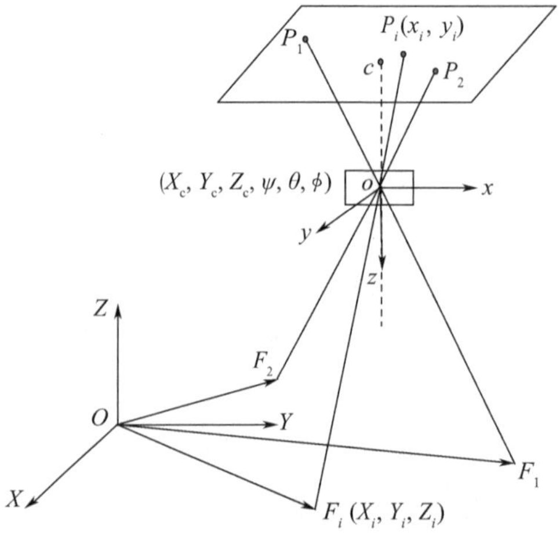

图 3-3　透视投影几何示意图

有测量噪声存在的情况下，测量方程可以写成

$$\tilde{\boldsymbol{b}}_i = \boldsymbol{A}\boldsymbol{r}_i + \boldsymbol{\upsilon}_i$$
$$\boldsymbol{\upsilon}_i^{\mathrm{T}}\boldsymbol{A}\boldsymbol{r}_i = 0 \tag{3-161}$$

式中　$\tilde{\boldsymbol{b}}_i$ ——第 i 个视线测量；

$\boldsymbol{\upsilon}_i$ ——导航敏感器测量误差，近似为高斯白噪声。

$\boldsymbol{\upsilon}_i$ 满足

$$E[\boldsymbol{\upsilon}_i]=0\ ,\ E[\boldsymbol{\upsilon}_i\boldsymbol{\upsilon}_i^{\mathrm{T}}]=\sigma_i^2[\boldsymbol{I}-(\boldsymbol{A}\boldsymbol{r}_i)(\boldsymbol{A}\boldsymbol{r}_i)^{\mathrm{T}}] \tag{3-162}$$

真实姿态阵可以通过其估计值和小角误差来近似

$$\boldsymbol{A}=e^{-[\delta\boldsymbol{\alpha}\times]}\hat{\boldsymbol{A}} \approx (\boldsymbol{I}_{3\times3}-[\mathcal{G}(\delta\boldsymbol{\alpha})])\hat{\boldsymbol{A}} \tag{3-163}$$

式中　$\delta\boldsymbol{\alpha}=(\delta\phi,\ \delta\theta,\ \delta\psi)^{\mathrm{T}}$ —— $\boldsymbol{A}$ 的三个欧拉角的估计误差。

算子 $\mathcal{G}:\mathbb{R}^3 \mapsto \mathbb{R}^{3\times3}$ 定义为

$$\mathcal{G}(\boldsymbol{w})=\begin{bmatrix} 0 & w_3 & -w_2 \\ -w_3 & 0 & w_1 \\ w_2 & -w_1 & 0 \end{bmatrix},\forall\,\boldsymbol{w}=[w_1,w_2,w_3]^{\mathrm{T}}\in\mathbb{R}^3 \tag{3-164}$$

则对于 $\mathbb{R}^3$ 中的任意两个矢量 $\boldsymbol{w}$ 和 $\boldsymbol{v}$ ，$\boldsymbol{w}\times\boldsymbol{v}=-\mathcal{G}(\boldsymbol{w})\boldsymbol{v}$ 。

记状态估计变量 $\boldsymbol{x}=[\delta\boldsymbol{\alpha}^{\mathrm{T}},\ \boldsymbol{p}^{\mathrm{T}}]^{\mathrm{T}}$ ，其中 $\boldsymbol{p}=[X_c,\ Y_c,\ Z_c]^{\mathrm{T}}$ ，则关于 $\boldsymbol{x}$ 的极大似然函数定义为

$$L(\tilde{\boldsymbol{b}};\boldsymbol{x})=\frac{1}{(2\pi)^{\frac{n}{2}}[\det(\boldsymbol{R})]^{\frac{1}{2}}}\exp\left\{-\frac{1}{2}[\tilde{\boldsymbol{b}}-\boldsymbol{A}\boldsymbol{r}]^{\mathrm{T}}\boldsymbol{R}^{-1}[\tilde{\boldsymbol{b}}-\boldsymbol{A}\boldsymbol{r}]\right\} \tag{3-165}$$

进而可得其对数似然函数

$$\ln[L(\tilde{\boldsymbol{b}};\boldsymbol{x})]=-\frac{1}{2}[\tilde{\boldsymbol{b}}-\boldsymbol{A}\boldsymbol{r}]^{\mathrm{T}}\boldsymbol{R}^{-1}[\tilde{\boldsymbol{b}}-\boldsymbol{A}\boldsymbol{r}]-\frac{n}{2}\ln(2\pi)-\frac{1}{2}\ln[\det(\boldsymbol{R})] \tag{3-166}$$

相应的 FIM 可表示为

$$\boldsymbol{F}=\begin{bmatrix} -\sum_{i=1}^{N}\sigma_i^{-2}[\mathcal{G}(\boldsymbol{A}\boldsymbol{r}_i)]^2 & \sum_{i=1}^{N}\sigma_i^{-2}\zeta_i^{-\frac{1}{2}}\boldsymbol{A}\mathcal{G}(\boldsymbol{r}_i) \\ \sum_{i=1}^{N}\sigma_i^{-2}\zeta_i^{-\frac{1}{2}}\mathcal{G}(\boldsymbol{r}_i)^{\mathrm{T}}\boldsymbol{A}^{\mathrm{T}} & -\sum_{i=1}^{N}\sigma_i^{-2}\zeta_i^{-1}[\mathcal{G}(\boldsymbol{r}_i)]^2 \end{bmatrix} \tag{3-167}$$

其中

$$\zeta_i=(X_i-X_c)^2+(Y_i-Y_c)^2+(Z_i-Z_c)^2$$

令

$$\boldsymbol{M}=\begin{bmatrix} \boldsymbol{A} & \boldsymbol{0}_{3\times3} \\ \boldsymbol{0}_{3\times3} & \boldsymbol{I}_{3\times3} \end{bmatrix} \tag{3-168}$$

对 $\boldsymbol{F}$ 进行如式（3-169）所示变换

$$Q = M^{\mathrm{T}} F M = \begin{bmatrix} -\sum_{i=1}^{N} \sigma_i^{-2} [\mathcal{G}(\boldsymbol{r}_i)]^2 & \sum_{i=1}^{N} \sigma_i^{-2} \zeta_i^{-\frac{1}{2}} \mathcal{G}(\boldsymbol{r}_i) \\ \sum_{i=1}^{N} \sigma_i^{-2} \zeta_i^{-\frac{1}{2}} \mathcal{G}(\boldsymbol{r}_i)^{\mathrm{T}} & -\sum_{i=1}^{N} \sigma_i^{-2} \zeta_i^{-1} [\mathcal{G}(\boldsymbol{r}_i)]^2 \end{bmatrix} \tag{3-169}$$

$$= \sum_{i=1}^{N} \sigma_i^{-2} \begin{bmatrix} -[\mathcal{G}(\boldsymbol{r}_i)]^2 & \zeta_i^{-\frac{1}{2}} \mathcal{G}(\boldsymbol{r}_i) \\ \zeta_i^{-\frac{1}{2}} \mathcal{G}(\boldsymbol{r}_i)^{\mathrm{T}} & -\zeta_i^{-1} [\mathcal{G}(\boldsymbol{r}_i)]^2 \end{bmatrix}$$

因 $\mathrm{rank}(\boldsymbol{M}) = 6$，所以 $\mathrm{rank}(\boldsymbol{F}) = \mathrm{rank}(\boldsymbol{Q})$ 。

首先分析不同视线测量个数对应的导航系统的可观性情况。

当只有一个视线矢量被观测时，则有

$$\boldsymbol{Q} = \sigma^{-2} \begin{bmatrix} -[\mathcal{G}(\boldsymbol{r})]^2 & \zeta^{-\frac{1}{2}} \mathcal{G}(\boldsymbol{r}) \\ \zeta^{-\frac{1}{2}} [\mathcal{G}(\boldsymbol{r})]^{\mathrm{T}} & -\zeta^{-1} [\mathcal{G}(\boldsymbol{r})]^2 \end{bmatrix} \triangleq \sigma^{-2} \boldsymbol{\Lambda} \tag{3-170}$$

令

$$\boldsymbol{N} = \begin{bmatrix} \zeta^{-\frac{1}{2}} \mathcal{G}(\boldsymbol{r})^{\mathrm{T}} & \boldsymbol{I}_{3\times3} \\ \boldsymbol{I}_{3\times3} & \boldsymbol{0}_{3\times3} \end{bmatrix} \tag{3-171}$$

则有

$$\boldsymbol{N}^{\mathrm{T}} \boldsymbol{\Lambda} \boldsymbol{N} = \begin{bmatrix} \boldsymbol{0}_{3\times3} & \boldsymbol{0}_{3\times3} \\ \boldsymbol{0}_{3\times3} & -[\mathcal{G}(\boldsymbol{r})]^2 \end{bmatrix} \tag{3-172}$$

因 $\mathrm{rank}(\boldsymbol{N}) = 6$，所以 $\mathrm{rank}(\boldsymbol{Q}) = \mathrm{rank}(\boldsymbol{\Lambda}) = \mathrm{rank}(-[\mathcal{G}(\boldsymbol{r})]^2) = 2$。

假设可以观测到不共线的两个视线矢量 $\boldsymbol{r}_1$ 和 $\boldsymbol{r}_2$，则 $\boldsymbol{Q}$ 可以构建为 $\boldsymbol{Q} = \boldsymbol{L}_2 \boldsymbol{L}_2^{\mathrm{T}}$ ，其中

$$\boldsymbol{L}_2 = \begin{bmatrix} -\sigma_1^{-1} \mathcal{G}(\boldsymbol{r}_1) & -\sigma_2^{-1} \mathcal{G}(\boldsymbol{r}_2) \\ \sigma_1^{-1} \zeta_1^{-\frac{1}{2}} [\mathcal{G}(\boldsymbol{r}_1)]^2 & \sigma_2^{-1} \zeta_2^{-\frac{1}{2}} [\mathcal{G}(\boldsymbol{r}_2)]^2 \end{bmatrix} \tag{3-173}$$

显然 $\mathrm{rank}(\boldsymbol{Q}) = \mathrm{rank}(\boldsymbol{L}_2)$ ，进一步经过简单计算可知 $\mathrm{rank}(\boldsymbol{L}_2) = 4$。

假设可观测到不共面的三个视线矢量 $\boldsymbol{r}_1$、$\boldsymbol{r}_2$ 和 $\boldsymbol{r}_3$，则 $\boldsymbol{Q}$ 可以构建为 $\boldsymbol{Q} = \boldsymbol{L}_3 \boldsymbol{L}_3^{\mathrm{T}}$ ，其中

$$\boldsymbol{L}_3 = \begin{bmatrix} -\sigma_1^{-1} \mathcal{G}(\boldsymbol{r}_1) & -\sigma_2^{-1} \mathcal{G}(\boldsymbol{r}_2) & -\sigma_3^{-1} \mathcal{G}(\boldsymbol{r}_3) \\ \sigma_1^{-1} \zeta_1^{-\frac{1}{2}} [\mathcal{G}(\boldsymbol{r}_1)]^2 & \sigma_2^{-1} \zeta_2^{-\frac{1}{2}} [\mathcal{G}(\boldsymbol{r}_2)]^2 & \sigma_3^{-1} \zeta_3^{-\frac{1}{2}} [\mathcal{G}(\boldsymbol{r}_3)]^2 \end{bmatrix} \tag{3-174}$$

则 $\mathrm{rank}(\boldsymbol{Q}) = \mathrm{rank}(\boldsymbol{L}_3)$ 。

下面考察方程 $\boldsymbol{L}_3^{\mathrm{T}} \boldsymbol{y} = 0 (\boldsymbol{y} \neq 0)$ ，将 $\boldsymbol{L}_3$ 的表达式分别代入可得

$$\boldsymbol{D}\boldsymbol{y} = \boldsymbol{b} \tag{3-175}$$

其中

$$\boldsymbol{D} = \begin{bmatrix} \boldsymbol{I}_{3\times3} & \zeta_1^{-\frac{1}{2}} [\boldsymbol{r}_1 \times] \\ \boldsymbol{I}_{3\times3} & \zeta_2^{-\frac{1}{2}} [\boldsymbol{r}_2 \times] \\ \boldsymbol{I}_{3\times3} & \zeta_3^{-\frac{1}{2}} [\boldsymbol{r}_3 \times] \end{bmatrix}$$

$$b=\begin{bmatrix} c_1\boldsymbol{r}_1 \\ c_2\boldsymbol{r}_2 \\ c_3\boldsymbol{r}_3 \end{bmatrix}$$

式中 c_1,c_2,c_3——任意常数。

如果 $\text{rank}(\boldsymbol{D})=6$ 且 $\text{rank}(\boldsymbol{D})=\text{rank}(\boldsymbol{D}\boldsymbol{b})$ ，$\boldsymbol{b}\neq 0$，则存在 $\boldsymbol{y}\neq 0$ 使得 $\boldsymbol{L}^{\text{T}}\boldsymbol{y}=0$，从而 $\text{rank}(\boldsymbol{Q})<6$；如果 $\text{rank}(\boldsymbol{D})=6$，$\text{rank}(\boldsymbol{D})\neq\text{rank}(\boldsymbol{D}\boldsymbol{b})$ ，$\boldsymbol{b}\neq 0$，则不存在 $\boldsymbol{y}\neq 0$ 使得 $\boldsymbol{L}^{\text{T}}\boldsymbol{y}=0$ 成立，从而 $\text{rank}(\boldsymbol{Q})=6$；如果 $\text{rank}(\boldsymbol{D})<6$，则一定存在 $\boldsymbol{y}\neq 0$，使得 $\boldsymbol{L}^{\text{T}}\boldsymbol{y}=0$，从而 $\text{rank}(\boldsymbol{Q})<6$。

其次来分析导航系统的可观度分布规律。

令

$$\boldsymbol{Q}_i=\sigma_i^{-2}\begin{bmatrix} -[\mathcal{G}(\boldsymbol{r}_i)]^2 & \zeta_i^{-\frac{1}{2}}\mathcal{G}(\boldsymbol{r}_i) \\ \zeta_i^{-\frac{1}{2}}\mathcal{G}(\boldsymbol{r}_i)^{\text{T}} & -\zeta_i^{-1}[\mathcal{G}(\boldsymbol{r}_i)]^2 \end{bmatrix} \tag{3-176}$$

则 $\boldsymbol{Q}=\sum_{i=1}^{N}\boldsymbol{Q}_i$ ，易知 $\boldsymbol{Q}_i$ 对应的特征值为

$$\lambda_1=\lambda_2=\lambda_3=\lambda_4=0\ ,\ \lambda_5=\lambda_6=\sigma_i^{-2}(1+\zeta_i^{-1}) \tag{3-177}$$

于是 $\boldsymbol{Q}$ 阵的迹为

$$\text{tr}(\boldsymbol{Q})=\sum_{i=1}^{N}\text{tr}(\boldsymbol{Q}_i)=2\sum_{i=1}^{N}\sigma_i^{-2}(1+\zeta_i^{-1}) \tag{3-178}$$

由于相似变换不改变矩阵的迹，因此

$$\text{tr}(\boldsymbol{F})=\text{tr}(\boldsymbol{Q})=2\sum_{i=1}^{N}\sigma_i^{-2}(1+\zeta_i^{-1}) \tag{3-179}$$

现假设 $\boldsymbol{F}$ 可逆，可得最优误差方差阵 $\boldsymbol{P}=\boldsymbol{F}^{-1}$ ，记

$$\begin{cases} \boldsymbol{Q}_i^{\Sigma}=\sum_{j=1}^{i}\boldsymbol{Q}_j \\ \boldsymbol{Q}_{i+1}^{\Sigma}=\sum_{j=1}^{i+1}\boldsymbol{Q}_j=\boldsymbol{Q}_i^{\Sigma}+\boldsymbol{Q}_{i+1} \end{cases} \tag{3-180}$$

由矩阵求逆展开公式

$$(\boldsymbol{A}+\boldsymbol{B})^{-1}=\boldsymbol{A}^{-1}-\boldsymbol{A}^{-1}(\boldsymbol{B}^{-1}+\boldsymbol{A}^{-1})^{-1}\boldsymbol{A}^{-1} \tag{3-181}$$

可得

$$(\boldsymbol{Q}_{i+1}^{\Sigma})^{-1}=(\boldsymbol{Q}_i^{\Sigma}+\boldsymbol{Q}_{i+1})^{-1}=(\boldsymbol{Q}_i^{\Sigma})^{-1}-\Delta\boldsymbol{Q} \tag{3-182}$$

其中

$$\Delta\boldsymbol{Q}=(\boldsymbol{Q}_i^{\Sigma})^{-1}[\boldsymbol{Q}_{i+1}^{-1}+(\boldsymbol{Q}_i^{\Sigma})^{-1}]^{-1}(\boldsymbol{Q}_i^{\Sigma})^{-1} \tag{3-183}$$

由于 $\boldsymbol{Q}_i^{\Sigma}$ 和 $\boldsymbol{Q}_j$ 分别是正定和半正定矩阵，因此 $\Delta\boldsymbol{Q}$ 是半正定矩阵。所以有 $\text{tr}(\Delta\boldsymbol{Q})>0$，于是

$$\text{tr}[(\boldsymbol{Q}_{i+1}^{\Sigma})^{-1}]=\text{tr}[(\boldsymbol{Q}_i^{\Sigma})^{-1}]-\text{tr}[\Delta\boldsymbol{Q}]<\text{tr}[(\boldsymbol{Q}_i^{\Sigma})^{-1}] \tag{3-184}$$

由于相似变换不改变矩阵的迹，因此有

$$\operatorname{tr}(\boldsymbol{P}_i^{-1})=\operatorname{tr}(\boldsymbol{F}_i)=\operatorname{tr}(\boldsymbol{Q}_i^{\Sigma}) \tag{3-185}$$

$$\operatorname{tr}(\boldsymbol{P}_i)=\operatorname{tr}(\boldsymbol{F}_i^{-1})=\operatorname{tr}[(\boldsymbol{Q}_i^{\Sigma})^{-1}] \tag{3-186}$$

$$\operatorname{tr}(\boldsymbol{P}_{i+1})<\operatorname{tr}(\boldsymbol{P}_i) \tag{3-187}$$

这意味着基于 $i+1$ 个视线矢量观测的状态估计误差方差阵 $\boldsymbol{P}_{i+1}$ 的迹小于 i 个视线矢量观测的情况，于是有

$$\begin{cases}\eta_{i+1}=\dfrac{n}{\operatorname{tr}(\boldsymbol{P}_{i+1})}\\ \eta_i=\dfrac{n}{\operatorname{tr}(\boldsymbol{P}_i)}\\ \eta_{i+1}>\eta_i\end{cases} \tag{3-188}$$

即导航系统的可观度随着视线矢量观测数量的增加而增加。

④自主导航算法的性能评价准则

为对自主导航算法的性能进行合理的评价，一个自然的想法是从一般的非线性系统模型出发，确定出最优状态估计的误差协方差阵及其所遵循的规律，并在相同的模型和假设条件下将其与给定导航算法进行比较，从而对自主导航性能给出相应的刻画。然而在一般情况下想获得 $\boldsymbol{P}^*$ 是非常困难的，为此本节针对一般非线性系统 $\sum_{\mathrm{nl}}$，在带有随机噪声的离散观测条件下，深入研究 $\boldsymbol{P}^*$ 的传播规律，以此作为自主导航算法的性能评价准则。

在满足解的唯一性条件下，系统待估计的状态轨迹可表示为 $\boldsymbol{x}(\boldsymbol{t},\boldsymbol{x}^0)$，其中初始状态 $\boldsymbol{x}^0$ 未知。假设观测过程中采样周期为 T，则在每个采样点 $t=kT$ 处的状态和带有随机噪声的观测可分别表示为

$$\begin{cases}\boldsymbol{x}_k=\boldsymbol{x}(kT,\boldsymbol{x}^0),k=1,2,\cdots\\ \boldsymbol{z}_k=\boldsymbol{h}(\boldsymbol{x}_k,k)+\upsilon_k\triangleq\boldsymbol{h}_k+\upsilon_k,\upsilon_k\sim N(0,\boldsymbol{R}_k)\end{cases} \tag{3-189}$$

作为算法的初始化，一般假设初始状态 $\boldsymbol{x}^0$ 的估计 $\hat{\boldsymbol{x}}^0$ 满足一些先验的统计信息，例如 $\hat{\boldsymbol{x}}^0\sim N(\boldsymbol{x}^0,\ \boldsymbol{Q}_0)$。事实上该信息可以看作是初始时刻（$t=0$）的一个附加量测信息

$$\boldsymbol{z}_0=\boldsymbol{x}_0+\upsilon_0,\upsilon_0\sim N(0,\boldsymbol{Q}_0) \tag{3-190}$$

其只是在维数上与观测序列 $\boldsymbol{z}_k(k=1,\ 2,\ \cdots)$ 有所不同。于是状态估计算法的性能评价问题便可以描述为在给定如下观测序列 $\boldsymbol{Z}_K$ 条件下，所能够达到的关于状态 $\boldsymbol{x}_K$ 的估计精度

$$\boldsymbol{Z}_K=\{\boldsymbol{z}_0,\boldsymbol{z}_1,\cdots,\boldsymbol{z}_K\}$$

记 $t=KT$ 时刻关于未知状态 $\boldsymbol{x}_K$ 观测的 FIM 为 $\boldsymbol{F}_K$，则有

$$\boldsymbol{F}_K=-E\left(\frac{\partial^2\ln p_K}{\partial\boldsymbol{x}_K^2}\middle|\boldsymbol{X}_K\right) \tag{3-191}$$

其中 p_K 表示 $\boldsymbol{Z}_K$ 的条件概率密度，即 $p_K=p_{\boldsymbol{Y}_K|\boldsymbol{X}_K}$，$\boldsymbol{X}_K=\{\boldsymbol{x}_0,\ \boldsymbol{x}_1,\ \cdots,\ \boldsymbol{x}_K\}$。给定 $\boldsymbol{F}_K$ 则根据式（3-157）有无偏估计的 Cramér - Rao 下界，特别地对于 $\boldsymbol{x}_K$ 的每一个分量 $x_{Ki}(i=1,\ 2,\ \cdots,\ n)$ 都有

$$\operatorname{var}(x_{Ki}-\hat{x}_{Ki})\triangleq E[[x_{Ki}-\hat{x}_{Ki}(\boldsymbol{Y}_K)]^2]\geqslant\boldsymbol{P}_{Kii}^*=\boldsymbol{F}_{Kii}^{-1} \tag{3-192}$$

式中 $\boldsymbol{P}_{Kii}^*$ ——矩阵 $\boldsymbol{P}_K^*$ 在（i，i）位置上的元素。

同时根据假设可知

$$p_{\boldsymbol{Y}_K|\boldsymbol{X}_K}=\frac{1}{(2\pi)^{n/2}\,|\,\boldsymbol{Q}_0\,|^{1/2}}e^{-1/2(\boldsymbol{x}_0-\hat{\boldsymbol{x}}_0)^{\mathrm{T}}\boldsymbol{Q}_0^{-1}(\boldsymbol{x}_0-\hat{\boldsymbol{x}}_0)}\cdot$$

$$\prod_{k=1}^{K}\frac{1}{(2\pi)^{m/2}\,|\,\boldsymbol{R}_k\,|^{1/2}}e^{-1/2(\boldsymbol{y}_k-\boldsymbol{h}_k)^{\mathrm{T}}\boldsymbol{R}_k^{-1}(\boldsymbol{y}_k-\boldsymbol{h}_k)}\tag{3-193}$$

于是

$$\ln p_K=\frac{1}{2}(\boldsymbol{x}_0-\hat{\boldsymbol{x}}_0)^{\mathrm{T}}\boldsymbol{Q}_0^{-1}(\boldsymbol{x}_0-\hat{\boldsymbol{x}}_0)+\frac{1}{2}\sum_{k=1}^{K}(\boldsymbol{y}_k-\boldsymbol{h}_k)^{\mathrm{T}}\boldsymbol{R}_k^{-1}(\boldsymbol{y}_k-\boldsymbol{h}_k)+$$

$$\ln\frac{1}{(2\pi)^{n/2}\,|\,\boldsymbol{Q}_0\,|^{1/2}}+\ln\prod_{k=1}^{K}\frac{1}{(2\pi)^{m/2}\,|\,\boldsymbol{R}_k\,|^{1/2}}\tag{3-194}$$

令

$$C_K=\ln\frac{1}{(2\pi)^{n/2}\,|\,\boldsymbol{Q}_0\,|^{1/2}}+\ln\prod_{k=1}^{K}\frac{1}{(2\pi)^{m/2}\,|\,\boldsymbol{R}_k\,|^{1/2}}\tag{3-195}$$

显然 C_K 为常数。进一步注意到 $\dfrac{\partial\boldsymbol{x}_0}{\partial\boldsymbol{x}_K}$ 和 $\dfrac{\partial\boldsymbol{h}_k}{\partial\boldsymbol{x}_K}$ 均为确定性变量，通过计算可得

$$\boldsymbol{F}_K=\left(\frac{\partial\boldsymbol{x}_0}{\partial\boldsymbol{x}_K}\right)^{\mathrm{T}}\boldsymbol{Q}_0^{-1}\left(\frac{\partial\boldsymbol{x}_0}{\partial\boldsymbol{x}_K}\right)+\sum_{k=1}^{K}\left(\frac{\partial\boldsymbol{h}_k}{\partial\boldsymbol{x}_K}\right)^{\mathrm{T}}\boldsymbol{R}_k^{-1}\left(\frac{\partial\boldsymbol{h}_k}{\partial\boldsymbol{x}_K}\right)\tag{3-196}$$

定义 $\boldsymbol{H}(t)\triangleq\dfrac{\partial\boldsymbol{h}(\boldsymbol{x},t)}{\partial\boldsymbol{x}}$ 和 $\boldsymbol{H}_k\triangleq\dfrac{\partial\boldsymbol{h}_k}{\partial\boldsymbol{x}_k}$，则有

$$\boldsymbol{F}_K=\left(\frac{\partial\boldsymbol{x}_0}{\partial\boldsymbol{x}_K}\right)^{\mathrm{T}}\boldsymbol{Q}_0^{-1}\left(\frac{\partial\boldsymbol{x}_0}{\partial\boldsymbol{x}_K}\right)+\sum_{k=1}^{K}\left(\frac{\partial\boldsymbol{x}_k}{\partial\boldsymbol{x}_K}\right)^{\mathrm{T}}\boldsymbol{H}_k^{\mathrm{T}}\boldsymbol{R}_k^{-1}\boldsymbol{H}_k\left(\frac{\partial\boldsymbol{x}_k}{\partial\boldsymbol{x}_K}\right)\tag{3-197}$$

定义 $\boldsymbol{F}(t)\triangleq\dfrac{\partial\boldsymbol{f}(\boldsymbol{x},t)}{\partial\boldsymbol{x}}$，假设其对状态 $\boldsymbol{x}$ 和时间 t 是连续的，并记 $\boldsymbol{F}(t)$ 对应的状态转移矩阵为 $\boldsymbol{\Phi}$，则有 $\dot{\boldsymbol{\Phi}}=\boldsymbol{F}(t)\boldsymbol{\Phi}$；且对 $k=1,2,\cdots,K$ 有 $\boldsymbol{\Phi}(kT,kT)=\boldsymbol{I}$，$\boldsymbol{I}$ 为单位矩阵。现记从时刻 $t=kT$ 到时刻 $t=KT$ 的转移矩阵为 $\boldsymbol{\Phi}_{K,k}=\boldsymbol{\Phi}(KT,kT)$，则有

$$\frac{\partial\boldsymbol{x}_k}{\partial\boldsymbol{x}_K}=\left(\frac{\partial\boldsymbol{x}_K}{\partial\boldsymbol{x}_k}\right)^{-1}=\boldsymbol{\Phi}_{K,k}^{-1}\tag{3-198}$$

于是

$$\boldsymbol{F}_K=(\boldsymbol{\Phi}_{K,0}^{-1})^{\mathrm{T}}\boldsymbol{Q}_0^{-1}(\boldsymbol{\Phi}_{K,0}^{-1})+\sum_{k=1}^{K}(\boldsymbol{\Phi}_{K,k}^{-1})^{\mathrm{T}}\boldsymbol{H}_k^{\mathrm{T}}\boldsymbol{R}_k^{-1}\boldsymbol{H}_k(\boldsymbol{\Phi}_{K,k}^{-1})\tag{3-199}$$

注意到 $\boldsymbol{\Phi}_{K,k}=\boldsymbol{\Phi}_{K,K-1}\boldsymbol{\Phi}_{K-1,k}$，令 $\boldsymbol{\Phi}_{K-1}=\boldsymbol{\Phi}_{K,K-1}$，则

$$\boldsymbol{F}_K=(\boldsymbol{\Phi}_{K-1}^{-1})^{\mathrm{T}}\boldsymbol{F}_{K-1}(\boldsymbol{\Phi}_{K-1}^{-1})+\boldsymbol{H}_K^{\mathrm{T}}\boldsymbol{R}_K^{-1}\boldsymbol{H}_K\tag{3-200}$$

因 $(\boldsymbol{P}_k^*)^{-1}=\boldsymbol{F}_k$，$k=1,2,\cdots,K$，于是

$$\boldsymbol{P}_K^*=(\boldsymbol{\Phi}_{K-1}\boldsymbol{P}_{K-1}^*\boldsymbol{\Phi}_{K-1}^{\mathrm{T}})^{-1}+\boldsymbol{H}_K^{\mathrm{T}}\boldsymbol{R}_K^{-1}\boldsymbol{H}_K\tag{3-201}$$

这与 EKF 的误差方差阵的传播律完全一样。于是可以得到如下结论：

对非线性时变系统 $\sum_{\mathrm{nl}}$，假设观测方程受到加性 Gauss 白噪声干扰，则最优状态估计误差方差阵 $\boldsymbol{P}^*$ 的传播律与在真值（实际中是未知的）附近线性化的 EKF 误差方差阵的传播律相同。

考虑到在自主导航系统仿真验证过程中，用于验证导航算法的探测器状态轨迹（模拟的真实轨迹）可以获得，因此单纯从算法验证的角度来讲，可以将非线性系统模型在模拟的真实轨迹附近线性化，将相应的 EKF 误差方差阵作为自主导航算法性能评价准则。该评价方法物理意义明确且操作简单，能够为实际导航算法的设计与比较分析提供理论依据。

3.2 自主导航系统的非线性强度分析

3.2.1 非线性强度定义

不同的非线性模型近似时会引起不同的模型误差，这是因为不同的非线性模型的“非线性”程度不一样。“非线性”程度越强，线性近似时产生的模型误差就越大。非线性模型的“非线性”程度称为非线性强度（Non-linearity）。显然，非线性强度越强，线性近似时产生的模型误差就越大。因此，一个非线性模型在采用线性近似的方法进行参数估计时，参数估值的精度很大程度上取决于该模型的非线性强度。不同的非线性模型具有不同的非线性强度，而非线性强度直接影响了线性近似的效果。为了评价线性近似的优劣程度，就需要定义一个度量指标来度量非线性强度。

3.2.2 非线性强度判别

在工程上，一般认为非线性强度低，则线性近似引起的模型误差小于观测误差，线性化误差可以忽略不计；否则线性化引起的误差与观测误差相当甚至大于观测误差，此时线性化会带来无法预测的影响。当前关于非线性估计问题的研究都是对非线性模型展开后取至二阶项，然后对其加以分析。基于以上思路，本节给出了一种以泰勒展开的二阶项和观测误差的比值来判断非线性模型非线性强度的方法。

设系统的模型

$$\boldsymbol{L}=\boldsymbol{f}(\boldsymbol{x})+\boldsymbol{\Delta} \tag{3-202}$$

式中 $\boldsymbol{\Delta}$ ——随机噪声。

式（3-202）在 $\boldsymbol{x}_0$ 处泰勒展开后得到的线性近似为

$$\boldsymbol{L}\approx\boldsymbol{f}(\boldsymbol{x}_0)+\boldsymbol{B}\mathrm{d}\boldsymbol{x}+\boldsymbol{\Delta}+\boldsymbol{\varepsilon} \tag{3-203}$$

式中 $\boldsymbol{\varepsilon}$ ——高阶小量。

相应的线性化误差方程为

$$\boldsymbol{V}=\boldsymbol{L}-[\boldsymbol{f}(\boldsymbol{x}_0)+\boldsymbol{B}\mathrm{d}\boldsymbol{x}] \tag{3-204}$$

接下来将 $\boldsymbol{f}(\boldsymbol{x})$ 展开为泰勒级数，取至二阶项得

$$\boldsymbol{f}(\boldsymbol{x})=\boldsymbol{f}(\boldsymbol{x}_0)+\boldsymbol{B}\mathrm{d}\boldsymbol{x}+\frac{1}{2}\boldsymbol{C}\mathrm{d}\boldsymbol{x}^2+\boldsymbol{e} \tag{3-205}$$

式中 $\boldsymbol{e}$ ——略去三次及三次以上各项后引起的误差矢量。

为了比较线性化误差与随机误差的关系，将式（3-205）代入式（3-204）并对其求范数

$$\| \boldsymbol{V} \| = \left\| \frac{1}{2}\boldsymbol{C}\mathrm{d}\boldsymbol{x}^2 + \boldsymbol{e} + \boldsymbol{\Delta} \right\| \leqslant \left\| \frac{1}{2}\boldsymbol{C}\mathrm{d}\boldsymbol{x}^2 \right\| + \| \boldsymbol{e} + \boldsymbol{\Delta} \| \tag{3-206}$$

假设模型随机误差小于线性化误差，则式（3－207）必然成立

$$\| \boldsymbol{e} + \boldsymbol{\Delta} \| < \left\| \frac{1}{2}\boldsymbol{C}\mathrm{d}\boldsymbol{x}^2 \right\| \tag{3-207}$$

将式（3－207）代入式（3－206）中可以得到如式（3－208）所示结果

$$\| V \| < \left\| \frac{1}{2}\boldsymbol{C}\mathrm{d}\boldsymbol{x}^2 \right\| + \left\| \frac{1}{2}\boldsymbol{C}\mathrm{d}\boldsymbol{x}^2 \right\| = \| \boldsymbol{C}\mathrm{d}\boldsymbol{x}^2 \| \tag{3-208}$$

由于 $\boldsymbol{V}$ 是矢量，因此其范数可以表示为

$$\| \boldsymbol{V} \|^2 = \boldsymbol{V}^{\mathrm{T}}\boldsymbol{V} \tag{3-209}$$

于是式（3－208）可以表示为

$$\boldsymbol{V}^{\mathrm{T}}\boldsymbol{V} < \| \boldsymbol{C}\mathrm{d}\boldsymbol{x}^2 \|^2 \tag{3-210}$$

由于是非线性系统，也就是 $\| \boldsymbol{V} \| \neq 0$，因此对式（3－210）两边同时除以 $\boldsymbol{V}^{\mathrm{T}}\boldsymbol{V}$ 可以得到

$$\frac{\| \boldsymbol{C}\mathrm{d}\boldsymbol{x}^2 \|^2}{\boldsymbol{V}^{\mathrm{T}}\boldsymbol{V}} > 1 \tag{3-211}$$

由于式（3－211）在随机观测噪声小于泰勒展开的二阶项时成立，因此此时模型不适于线性化，而且比值越大，非线性强度越强。为此，如果要使模型适于线性化则必须使式（3－212）成立

$$\frac{\| \boldsymbol{C}\mathrm{d}\boldsymbol{x}^2 \|^2}{\boldsymbol{V}^{\mathrm{T}}\boldsymbol{V}} \leqslant 1 \tag{3-212}$$

式（3－212）中，等号成立的条件为线性化的二阶项与观测噪声相当。所得到的式（3－212）与参考文献［9］中的结论相同，其含义是线性近似后的残差平方和大于或等于略去二阶项所产生的误差矢量的平方和。

3.3　自主导航系统的稳定性分析

稳定性对任何系统而言都是最基本的概念，同时也是系统能够正常工作的前提。滤波的稳定性问题主要考察随着滤波时间的增长，估计值和估计误差方差阵是否逐渐不受其初值的影响，如果不受影响则说明滤波器是稳定的。工程实践中，由于状态初值和估计误差方差矩阵的初值往往不能确切知道或者根本不知道，噪声的统计信息也无法精确获取，一切只能假定，尤其是在 EKF 中还包含着对系统的线性化问题，因此对导航系统来说，分析 EKF 的稳定性非常重要。稳定性限定着状态初值的选取范围和噪声强度，在设计导航系统的过程中必须对其进行分析。

首先介绍离散时间系统的 EKF 随机稳定性定义。考虑如式（3－213）所示的非线性随机系统

$$\begin{cases} \boldsymbol{x}_{n+1} = \boldsymbol{f}(\boldsymbol{x}_n, t) + \boldsymbol{G}_n\boldsymbol{w}_n \\ \boldsymbol{y}_n = \boldsymbol{h}(\boldsymbol{x}_n) + \boldsymbol{D}_n\boldsymbol{v}_n \end{cases} \tag{3-213}$$

并定义如下矩阵

$$\begin{cases}\boldsymbol{A}_n=\dfrac{\partial \boldsymbol{f}}{\partial \boldsymbol{x}_n}\\[2ex]\boldsymbol{C}_n=\dfrac{\partial \boldsymbol{h}}{\partial \boldsymbol{x}_n}\end{cases} \tag{3-214}$$

$$\begin{cases}\boldsymbol{Q}_n=\boldsymbol{G}_n\boldsymbol{G}_n^{\mathrm{T}}\\ \boldsymbol{R}_n=\boldsymbol{D}_n\boldsymbol{D}_n^{\mathrm{T}}\end{cases} \tag{3-215}$$

引理 3.11：对于式（3-214）所示非线性系统和参考文献［10］中所示的 EKF，在确保以下假设成立的前提下，对式（3-214）所示系统的状态估计偏差式（3-216）有界[2]

$$\zeta_n=\boldsymbol{x}_n-\hat{\boldsymbol{x}}_n \tag{3-216}$$

假设条件包括：

1）存在正实数 $\bar{a}$，$\bar{c}$，$\bar{p}$，$\underline{p}$，$\underline{r}$ 对于任意 $n>0$，下列各不等式均成立

$$\|\boldsymbol{A}_n\|\leqslant\bar{a};\|\boldsymbol{C}_n\|\leqslant\bar{c};\underline{p}\boldsymbol{I}\leqslant\boldsymbol{P}_n\leqslant\bar{p}\boldsymbol{I};\boldsymbol{Q}_n\leqslant\underline{q}\boldsymbol{I};\boldsymbol{R}_n\geqslant\underline{r}\boldsymbol{I} \tag{3-217}$$

2）$\boldsymbol{A}_n$ 非奇异。

3）存在正实数 ε_φ，ε_χ，κ_φ，κ_χ，使得非线性函数 $\boldsymbol{\varphi}$ 和 $\boldsymbol{\chi}$ 有界

$$\begin{cases}\|\boldsymbol{\varphi}(\boldsymbol{x},\hat{\boldsymbol{x}})\|\leqslant\kappa_\varphi\|\boldsymbol{x}-\hat{\boldsymbol{x}}\|^2\\ \|\boldsymbol{\chi}(\boldsymbol{x},\hat{\boldsymbol{x}})\|\leqslant\kappa_\chi\|\boldsymbol{x}-\hat{\boldsymbol{x}}\|^2\end{cases} \tag{3-218}$$

式中，$\boldsymbol{x},\hat{\boldsymbol{x}}\in\mathbb{R}^q$，并且式（3-218）分别对应着 $\|\boldsymbol{x}-\hat{\boldsymbol{x}}\|\leqslant\varepsilon_\varphi$ 和 $\|\boldsymbol{x}-\hat{\boldsymbol{x}}\|\leqslant\varepsilon_\chi$，$\boldsymbol{\varphi}$ 和 $\boldsymbol{\chi}$ 由式（3-219）获取

$$\begin{cases}\boldsymbol{f}(\boldsymbol{x})-\boldsymbol{f}(\hat{\boldsymbol{x}})=\boldsymbol{A}(\boldsymbol{x}-\hat{\boldsymbol{x}})+\boldsymbol{\varphi}(\boldsymbol{x},\hat{\boldsymbol{x}})\\ \boldsymbol{h}(\boldsymbol{x})-\boldsymbol{h}(\hat{\boldsymbol{x}})=\boldsymbol{C}(\boldsymbol{x}-\hat{\boldsymbol{x}})+\boldsymbol{\chi}(\boldsymbol{x},\hat{\boldsymbol{x}})\end{cases} \tag{3-219}$$

4）初始偏差满足如下条件

$$\|\zeta_0\|\leqslant\varepsilon \tag{3-220}$$

5）噪声协方差矩阵满足如下条件

$$\boldsymbol{Q}_n\leqslant\delta\boldsymbol{I};\boldsymbol{R}_n\leqslant\delta\boldsymbol{I} \tag{3-221}$$

式中的 δ，ε 虽然具有明确的计算方法，但是非常保守。

需要注意的是，稳定性与非线性系统的可观性密切相关。对于 $\boldsymbol{G}_n=0$ 的非线性随机系统来说，假如存在正实数 $\underline{r}$，使得式（3-222）成立

$$\boldsymbol{R}_n\geqslant\underline{r}\boldsymbol{I} \tag{3-222}$$

并且存在紧密子集 $\boldsymbol{\kappa}\subset\mathbb{R}^q$，使得如下条件成立：

1）对任何 $\boldsymbol{x}\in\boldsymbol{\kappa}$，非线性系统满足可观性秩条件；

2）非线性函数 $\boldsymbol{f}$，$\boldsymbol{h}$ 是二阶连续可微的，而且对任何 $\boldsymbol{x}\in\boldsymbol{\kappa}$ 均要保证 $\partial\boldsymbol{f}/\partial\boldsymbol{x}\neq0$。

如果初始估计误差满足 $\|\zeta_0\|\leqslant\varepsilon$，且噪声方差矩阵满足 $\boldsymbol{D}_n\boldsymbol{D}_n^{\mathrm{T}}\leqslant\delta\boldsymbol{I}$，则状态估计偏差有界。其中 δ，$\varepsilon>0$，同样的这两个数值可能也是非常保守的。

从引理 3.11 中可以看到，在理论上，如果导航系统满足可观性要求，同时状态方程

和观测方程均能二阶连续可微且状态转移矩阵不能为零，则只要初始偏差和观测噪声在一定范围内，导航系统的滤波偏差就是有界的。由于导航系统为非线性系统，而且在分析稳定性之前已经分析过可观性，因此系统很容易满足上述两条要求。于是根据上述结论，既然导航结果必然有界，那么就可以根据导航结果的收敛性来得到初始偏差和观测噪声的最大范围，为轨道调整和上一阶段导航精度及导航敏感器提供约束。

3.4　自主导航系统的精度分析

3.4.1　状态误差椭圆

在深空接近任务中，B 平面坐标系是导航和任务设计中常采用的坐标系统，探测器相对于目标天体的位置及其相应的协方差和目标点均可以很容易地表示在 B 平面上。B 平面定义为通过目标天体的质心且垂直探测器进入渐近线的平面。由于进入轨迹的渐近线方向与无穷远处的速度 $\boldsymbol{V}_{\infty}$ 方向一致，因此 B 平面垂直于 $\boldsymbol{V}_{\infty}$ ，如图 3－4 所示。B 平面坐标系的原点在目标天体的质心上，其 S 轴垂直 B 平面并沿探测器进入渐近线方向为正，T 轴在目标天体公转轨道平面与 B 平面的交线上，R 轴与 S 轴、T 轴构成右手坐标系。

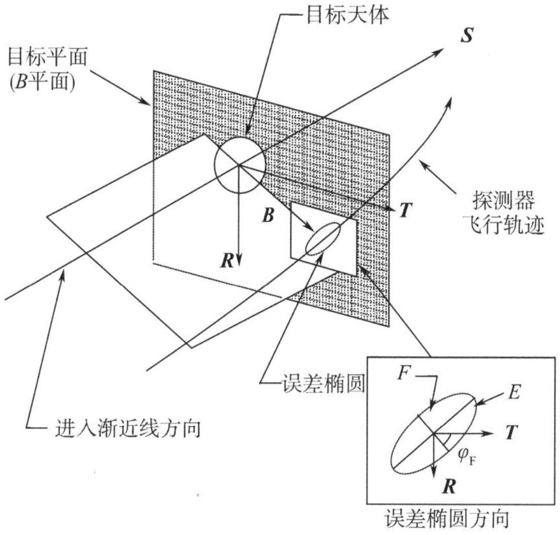

图 3－4　B 平面坐标系示意图

由 B 平面坐标系定义可以得到 B 平面坐标系三轴在 J2000 惯性坐标系下的指向表示

$$\begin{cases}\boldsymbol{S}=\boldsymbol{V}_{\infty}/\left|\boldsymbol{V}_{\infty}\right| \\ \boldsymbol{T}=\boldsymbol{S}\times\boldsymbol{h} \\ \boldsymbol{R}=\boldsymbol{S}\times\boldsymbol{T}\end{cases} \tag{3-223}$$

式中　$\boldsymbol{h}$ ——目标天体的公转轨道角动量矢量方向。

由以上定义可知，B 平面坐标系三轴指向不变，其相对惯性坐标系的坐标转换矩阵为

$$\boldsymbol{C}_{BI}=[\boldsymbol{S},\boldsymbol{T},\boldsymbol{R}]^{\mathrm{T}} \tag{3-224}$$

B 平面中的 $\boldsymbol{B}$ 矢量是待估计量，它可以通过 B 平面与 $\boldsymbol{V}_\infty$ 的交点也就是 B 点坐标来表示，导航精度也就是 B 点的定位精度。为了衡量待定点的定位精度，一般是求出其点位中误差。它的缺点是不能代表该点在某一任意方向上的位差大小。实际工程中往往需要研究点位在某些特殊方向上的点位误差，还要了解点位在哪个方向上的位差最大、在哪个方向上的位差最小。为此本节引入了测绘学中的误差椭圆来描述最终结果，通过误差椭圆可以方便地获取待定点在任意方向上的位差，这样可以精确、形象、全面地反映待定点的点位在各个方向上的误差分布情况。

待定点 B 在 B 平面内的横纵坐标的估计方差和协方差可以由滤波计算的状态估计误差协方差矩阵中的相关元素得到，表示如下

$$\boldsymbol{D}=\begin{bmatrix}\sigma_{BT}^2 & \rho\sigma_{BT}\sigma_{BR}\\ \rho\sigma_{BT}\sigma_{BR} & \sigma_{BR}^2\end{bmatrix} \tag{3-225}$$

式中 σ_{BT}，σ_{BR} ——分别代表 BT，BR 轴的中误差；

ρ ——协方差系数。

待定点的中误差可以由式（3－226）计算

$$\sigma_B=\sqrt{\sigma_{BT}^2+\sigma_{BR}^2} \tag{3-226}$$

误差椭圆的长半轴 E 和短半轴 F，也就是待定点中误差，沿任意方向进行正交分解的两个极值，可以利用误差协方差阵所构成的特征多项式计算

$$|\boldsymbol{D}-\lambda\boldsymbol{E}|=\begin{vmatrix}\sigma_{BT}^2-\lambda & \rho\sigma_{BT}\sigma_{BR}\\ \rho\sigma_{BT}\sigma_{BR} & \sigma_{BR}^2-\lambda\end{vmatrix}=0 \tag{3-227}$$

设式（3－227）计算得到的特征值为 λ_1，λ_2，则误差椭圆的长短半轴分别为

$$E^2=\lambda_1, F^2=\lambda_2$$

下面计算极值所处的位置，即极值与 $\hat{T}$ 轴正向的夹角 θ，它等价于特征根对应的特征矢量所在的方向。计算公式如式（3－228）所示

$$\tan(2\theta)=\frac{2\rho\sigma_{BT}\sigma_{BR}}{\sigma_{BT}^2-\sigma_{BR}^2} \tag{3-228}$$

如果 $\rho\sigma_{BT}\sigma_{BR}>0$，则极大值方向在一、三象限，极小值方向在二、四象限；如果 $\rho\sigma_{BT}\sigma_{BR}<0$，则极大值方向在二、四象限，极小值方向在一、三象限。

下面考虑点位落入误差椭圆内的概率。一般认为观测误差服从正态分布，所以得到的 B 平面内的随机点的分布是二维正态分布，其联合分布密度为

$$f(B_T,B_R)=\frac{1}{2\pi\sigma_{BT}\sigma_{BR}\sqrt{1-\rho^2}}\exp\left\{-\left[\left(\frac{B_T}{\sigma_{BT}}\right)^2-2\rho\left(\frac{B_T}{\sigma_{BT}}\right)\left(\frac{B_R}{\sigma_{BR}}\right)+\left(\frac{B_R}{\sigma_{BR}}\right)^2\right]/[2/(1-\rho^2)]\right\} \tag{3-229}$$

以垂直于 B 平面的方向作为函数 $f(B_T, B_R)$ 的方向建立三维坐标系，则此分布函数曲面用平行于 B 平面的平面截取后将截线投影到 B 平面上，得到一簇同心椭圆。同一个椭圆上的所有的点的分布密度是相同的，且反映了待定点的点位分布情况，该椭圆称为误差椭圆。可以表示为式（3－230）

$$f(B_T, B_R) = \text{const} \tag{3-230}$$

也就算意味着

$$\left(\frac{B_T}{\sigma_{BT}}\right)^2 - 2\rho\left(\frac{B_T}{\sigma_{BT}}\right)\left(\frac{B_R}{\sigma_{BR}}\right) + \left(\frac{B_R}{\sigma_{BR}}\right)^2 = \lambda^2 \tag{3-231}$$

通过坐标旋转，将其轴旋转至 E，F 轴，此时式（3-231）可以简化为

$$\left(\frac{B_T}{E}\right)^2 + \left(\frac{B_R}{F}\right)^2 = k^2 \tag{3-232}$$

不同的 k 值对应着不同的误差椭圆 B_k，当 $k=1$ 时的误差椭圆称为标准误差椭圆。通过简化后的概率密度函数可推得待定点落入椭圆内的概率为

$$P[(B_T, B_R) \subset B_k] = 1 - \exp(-k^2/2) \tag{3-233}$$

给予 k 不同的值，能够得到表 3-3 内相应的概率 P。从表 3-3 中可见，点出现在 $k=3$ 椭圆以外的概率很小，实际上一般 $k=3$ 椭圆可视为最大的误差椭圆。

表 3-3　概率 P 与参数 k 的对应关系

k	P	k	P
0	0	2.5	0.956 1
0.5	0.117 5	3.0	0.978 0
1.0	0.393 5	3.5	0.988 9
1.5	0.675 2	4.0	0.999 7
2.0	0.864 7	4.5	0.999 9

3.4.2　状态误差传递

为了能够预先判断导航系统的误差界，此处引入误差传递公式的概念，并假设由观测量得到状态的表达式为

$$N = f(x_1, x_2, x_3) \tag{3-234}$$

式中　N ——状态。

x_1，x_2，x_3 均为彼此相互独立的直接观测量，并假设每一直接观测量为等精度多次测量且只含随机误差，那么状态 N 的最可信赖值（用平均值 $\overline{N}$ 表示）为

$$\overline{N} = f(\overline{x}_1, \overline{x}_2, \overline{x}_3) \tag{3-235}$$

下面是由式（3-234）所得的几类误差传递公式：

1）绝对误差传递公式

$$\Delta N = \left|\frac{\partial f}{\partial x_1}\right| \Delta x_1 + \left|\frac{\partial f}{\partial x_2}\right| \Delta x_2 + \left|\frac{\partial f}{\partial x_3}\right| \Delta x_3 \tag{3-236}$$

2）相对误差传递公式

$$\frac{\Delta N}{N} = \left|\frac{\partial \ln f}{\partial x_1}\right| \Delta x_1 + \left|\frac{\partial \ln f}{\partial x_2}\right| \Delta x_2 + \left|\frac{\partial \ln f}{\partial x_3}\right| \Delta x_3 \tag{3-237}$$

3）标准偏差传递公式

$$S_N = \sqrt{\left(\frac{\partial f}{\partial x_1}\right)^2 S_{x_1}^2 + \left(\frac{\partial f}{\partial x_2}\right)^2 S_{x_2}^2 + \left(\frac{\partial f}{\partial x_3}\right)^2 S_{x_3}^2} \tag{3-238}$$

式中　S_N，S_{x_1}，S_{x_2}，S_{x_3} ——分别代表变量 N，x_1，x_2，x_3 的标准偏差。

4）相对偏差传递公式

$$\frac{S_N}{N} = \sqrt{\left(\frac{\partial \ln f}{\partial x_1}\right)^2 S_{x_1}^2 + \left(\frac{\partial \ln f}{\partial x_2}\right)^2 S_{x_2}^2 + \left(\frac{\partial \ln f}{\partial x_3}\right)^2 S_{x_3}^2} \tag{3-239}$$

通过上述误差传递公式可以方便地获取观测误差对待估计状态的影响，以及状态估计误差的预估值，从而为分析观测信息的合理性提供依据。

3.4.3　导航系统的误差界

评估观测噪声的影响是设计导航系统的重要组成部分。在很多深空导航任务中，利用多个特征点的距离信息或者角度信息对探测器进行导航定位是常用的方案。在接近目标天体阶段、着陆阶段及月球车等着陆器在目标天体表面的导航方法中均有所体现[11-12]，当前较新颖的基于脉冲星的导航方案也相当于将脉冲星当作空间固定的特征点来考虑。本节的研究针对的是特征点和导航目标在同一平面内的导航方案。深空探测任务中，考虑到信号传输、系统故障、敏感器本身的漂移等，观测噪声可以分为偏移噪声和随机噪声两类，并很难得到其准确的密度函数等统计特性[13]。本节分别推导了偏移噪声和随机噪声这两种情况下状态估计误差界的计算公式，接着根据状态估计误差界的计算，得到了两种噪声源下的最优特征点分布，进而在最优特征点分布的基础上对上一步的状态估计误差界的计算式进行简化，最后根据状态估计误差界对采用直接观测的系统和采用间接观测的系统在相同噪声情况下的优劣进行了比较。

（1）导航系统描述

这里所研究的导航系统描述如下：在同一个平面内，有三个已知位置的特征点 A，B，C，它们可以是月球表面的三个标示物，也可以是小天体表面的三个陨石坑（在深空导航中此类例子非常普遍）；导航目标为 R，可以是探测器或者月球车；导航系统的状态为 R 的位置；观测量为导航目标与特征点的距离，分别表示为 r_1，r_2，r_3。其几何描述如图 3－5 所示，图中 (x_A, y_A)，(x_B, y_B)，(x_C, y_C) 分别为三个特征点的坐标。根据图 3－5中的几何关系，导航系统的观测方程为式（3－240）

$$\boldsymbol{obs} = \begin{bmatrix} r_1 \\ r_2 \\ r_3 \end{bmatrix} = \begin{bmatrix} \sqrt{(x_R - x_A)^2 + (y_R - y_A)^2} \\ \sqrt{(x_R - x_B)^2 + (y_R - y_B)^2} \\ \sqrt{(x_R - x_C)^2 + (y_R - y_C)^2} \end{bmatrix} \tag{3-240}$$

式中　r_i ——特征点和探测器间的距离的测量值；

x_R，y_R ——探测器的位置坐标。

为了能够将式（3－240）表示的非线性观测方程转化为线性的观测方程，这里假设坐标系的原点取在三个特征点外接圆的圆心上，并且三个特征点不在一条直线上，下面会说

明此情况在导航过程中必须满足。于是三个距离的平方两两相减后得

$$\begin{bmatrix} r_{01}^2 - r_{02}^2 \\ r_{02}^2 - r_{03}^2 \end{bmatrix} = \boldsymbol{C} \begin{bmatrix} x_R \\ y_R \end{bmatrix} \tag{3-241}$$

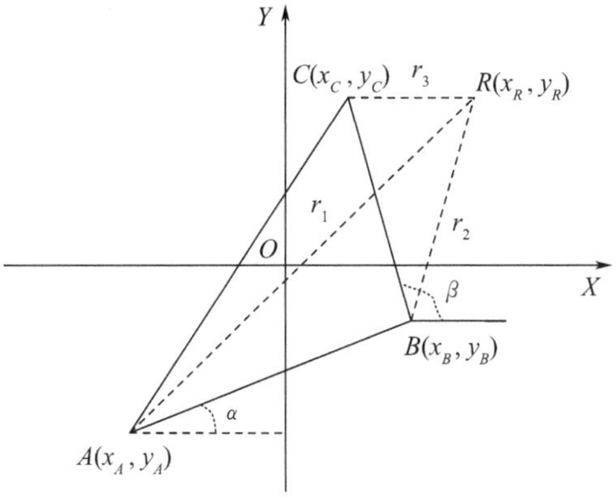

图 3-5　导航系统几何示意图

其中

$$\boldsymbol{C} = \begin{bmatrix} c_{11} & c_{12} \\ c_{21} & c_{22} \end{bmatrix} = \begin{bmatrix} -2(x_A - x_B) & -2(y_A - y_B) \\ -2(x_B - x_C) & -2(y_B - y_C) \end{bmatrix}$$

由式（3-241）可以得到关于状态和观测量的线性表达式，于是当观测数据为两个特征点间的距离的平方差时，线性的观测方程可以表示为式（3-242）

$$\boldsymbol{obs}_0 = \begin{bmatrix} obs_{01} \\ obs_{02} \end{bmatrix} = \begin{bmatrix} r_{01}^2 - r_{02}^2 \\ r_{02}^2 - r_{03}^2 \end{bmatrix} \tag{3-242}$$

由于测量值与真实值的几何关系相同，在不考虑观测误差时，原来以距离为观测量的非线性方程就转化为了以距离的平方差为观测量的线性观测方程，导航系统中新的观测方程为式（3-243）。下面对式（3-243）进行分析，假设测量值与真实值间的关系如下

$$\boldsymbol{obs} = (\boldsymbol{I} + \boldsymbol{\Lambda})\boldsymbol{obs}_0 \tag{3-243}$$

$$\boldsymbol{\Lambda} = \mathrm{diag}(\xi_1, \xi_2) \tag{3-244}$$

式中　ξ_i ——单位测量误差，这符合实际情况，并能够更好地比较状态估计的误差；

　　$\boldsymbol{I}$ ——单位矩阵。

此时式（3-244）中的误差是未知量。这里采用中间变量 $\boldsymbol{Z}$，它代表原来三个观测量 r_1，r_2，r_3 的和与差，其描述形式为

$$\boldsymbol{Z} = \begin{bmatrix} Z_1 \\ Z_2 \\ Z_3 \\ Z_4 \end{bmatrix} = \begin{bmatrix} r_1 - r_2 \\ r_2 - r_3 \\ r_1 + r_2 \\ r_2 + r_3 \end{bmatrix}, \boldsymbol{Z}_0 = \begin{bmatrix} Z_{01} \\ Z_{02} \\ Z_{03} \\ Z_{04} \end{bmatrix} = \begin{bmatrix} r_{01} - r_{02} \\ r_{02} - r_{03} \\ r_{01} + r_{02} \\ r_{02} + r_{03} \end{bmatrix} \tag{3-245}$$

式中　r_{0i} ——代表特征点和探测器之间的真实距离。

观测值与真实值间的关系为

$$\boldsymbol{Z}=\boldsymbol{Z}_0(\boldsymbol{I}+\boldsymbol{\upsilon}) \tag{3-246}$$

式中　$\boldsymbol{\upsilon}=[\upsilon_1,\ \upsilon_2,\ \upsilon_3,\ \upsilon_4]^{\mathrm{T}}$ ——代表测量值和真实值间的单位测量误差。

将式（3－245）代入式（3－246）后可以得到

$$\boldsymbol{obs}=\begin{bmatrix} obs_1 \\ obs_2 \end{bmatrix}=\begin{bmatrix} Z_1 Z_3 \\ Z_2 Z_4 \end{bmatrix},\boldsymbol{obs}_0=\begin{bmatrix} obs_{01} \\ obs_{02} \end{bmatrix}=\begin{bmatrix} Z_{01} Z_{03} \\ Z_{02} Z_{04} \end{bmatrix} \tag{3-247}$$

再将式（3－240）代入式（3－247），并舍去高阶误差项，可以得到直接测量与间接测量的关系为

$$\begin{cases} obs_1 \approx Z_{01} Z_{03}(1+\upsilon_1+\upsilon_3) \\ obs_2 \approx Z_{02} Z_{04}(1+\upsilon_2+\upsilon_4) \end{cases} \tag{3-248}$$

$$\begin{cases} obs_1 \approx obs_{01}(1+\upsilon_1+\upsilon_3) \\ obs_2 \approx obs_{02}(1+\upsilon_2+\upsilon_4) \end{cases} \tag{3-249}$$

于是式（3－244）中的两个单位测量误差可以得到如式（3－250）所示的表达示

$$\begin{cases} \xi_1=\upsilon_1+\upsilon_3 \\ \xi_2=\upsilon_2+\upsilon_4 \end{cases} \tag{3-250}$$

通过以上假设，可以得到通过三个特征点信息进行定位的线性导航系统形式为

$$\begin{cases} \boldsymbol{x}(k+1)=\boldsymbol{x}(k)+\boldsymbol{w}(k) \\ \boldsymbol{y}(k)=\boldsymbol{Cx}(k)+\boldsymbol{v}(k) \\ \boldsymbol{v}(k)=\boldsymbol{\Lambda Cx}(k) \end{cases} \tag{3-251}$$

式中　$\boldsymbol{x}$ ——代表系统状态；

$\boldsymbol{y}$ ——观测量；

$\boldsymbol{v}$ ——观测噪声；

$\boldsymbol{w}$ ——模型噪声。

对于上述导航系统，首先需要进行系统的可观性分析。根据线性系统的可观测秩条件，导航系统必须满足式（3－252）的要求

$$(x_A-x_B)(y_B-y_C)\neq(x_B-x_C)(y_A-y_B) \tag{3-252}$$

这就代表着如果系统可观测，则在导航过程中三个特征点不能共线或重合。此结论同时说明了式（3－241）中假设的合理性。

（2）导航系统误差界的推导

对导航系统的误差界进行分析的目的是研究不同的测量误差对最终的导航精度的影响，通过预先的分析估计导航精度的范围，以利于观测方式的选取和任务的设计。计算误差界，首先必须得到状态的估计值，结合系统的模型式（3－251），由测量方程可以得到状态的估计值 $\hat{\boldsymbol{x}}$ 为

$$\hat{\boldsymbol{x}}(k)=\boldsymbol{C}^{+}\boldsymbol{y}(k)=\boldsymbol{x}(k)+\boldsymbol{C}^{+}\boldsymbol{v}(k) \tag{3-253}$$

式中　$\boldsymbol{C}^{+}$——代表的是观测矩阵的广义逆矩阵。

将式（3-251）中的误差表达式代入式（3-253）中，可以得到本系统中状态估计的误差表示形式为

$$\hat{\boldsymbol{x}}(k)-\boldsymbol{x}(k)=\boldsymbol{C}^{+}\boldsymbol{\Lambda}\boldsymbol{C}\boldsymbol{x}(k) \tag{3-254}$$

①偏差噪声源的导航误差界

由于数据漂移、通信延迟等问题会产生偏差噪声，对此类噪声源本节假设仅知道噪声的最大值，测量噪声的统计特性表示如下

$$|\xi_i|\leqslant 2\bar{\upsilon}\quad \bar{\upsilon}=\max(\upsilon_i)\quad i=1,2,3,4 \tag{3-255}$$

基于测量噪声具有上下界的统计特性，只需要计算噪声上下界对状态估计的影响。由于状态估计偏差受噪声影响会出现有正有负的情况，因此使用偏差的绝对值来表示误差界。将式（3-241）中的 $\boldsymbol{C}$ 和式（3-244）代入式（3-254）中可以得到测量误差为偏差误差时状态估计误差界的表示形式为

$$|\boldsymbol{x}-\hat{\boldsymbol{x}}|=|\boldsymbol{C}^{+}\boldsymbol{\Lambda}\boldsymbol{C}\boldsymbol{x}|=1/|c_{11}c_{22}-c_{12}c_{21}|\times\begin{bmatrix}|(c_{11}c_{22}\xi_1-c_{12}c_{21}\xi_2)x_R+[c_{12}c_{22}(\xi_1-\xi_2)]y_R|\\|[c_{21}c_{11}(\xi_2-\xi_1)]x_R+(c_{11}c_{22}\xi_2-c_{12}c_{21}\xi_1)y_R|\end{bmatrix} \tag{3-256}$$

②随机噪声源的导航误差界

敏感器自身的误差和大部分的未知微小噪声均可以理解为随机噪声。对此类随机噪声源，本节假设已知的噪声统计特性为均值为零，互不相关，且均方差的界已知，统计特性表示如下

$$\begin{cases}E(\upsilon_i)=0\\E(\upsilon_i\upsilon_j)\leqslant\bar{\upsilon}^2\quad \text{if } i=j;E(\upsilon_i\upsilon_j)=0\quad \text{if } i\neq j\end{cases} \tag{3-257}$$

对于随机噪声，误差界应该通过均值形式表示。由于随机矢量的范数可以表示为如下形式

$$\|\boldsymbol{x}\|=\sqrt{E[\boldsymbol{x}^{\mathrm{T}}\boldsymbol{x}]}$$

且此形式同时避免了状态偏差有正有负的情况，所以选用此范数形式来表示状态估计误差界，其中 $E[\cdot]$ 表示平均值。

下面对状态偏差求取范数，根据式（3-251）的形式，取范数后可以得到

$$\|\boldsymbol{x}-\hat{\boldsymbol{x}}\|=\|\boldsymbol{C}^{+}\boldsymbol{v}\|\leqslant\|\boldsymbol{C}^{+}\|\|\boldsymbol{v}\| \tag{3-258}$$

将式（3-250）中的单位测量误差表达式代入到式（3-256）后可以得到

$$\|\boldsymbol{x}-\hat{\boldsymbol{x}}\|\leqslant 2\bar{\upsilon}\|\boldsymbol{C}^{+}\|\|\boldsymbol{C}\|\|\boldsymbol{x}\| \tag{3-259}$$

也可以表示为如下形式

$$\|\boldsymbol{x}-\hat{\boldsymbol{x}}\|\leqslant 2\bar{\upsilon}\|\boldsymbol{x}\|\frac{\sigma_{\max}}{\sigma_{\min}} \tag{3-260}$$

式中　$\sigma_{\max}$，$\sigma_{\min}$——分别代表矩阵 $\boldsymbol{C}$ 的最大奇异值和最小奇异值。

（3）特征点的最优分布

从上文得到的导航系统状态估计误差界的计算式（3-256）和式（3-258）中可以看

出，状态估计误差的大小取决于两个方面：1）观测噪声的大小；2）观测矩阵 $\boldsymbol{C}$ 。观测噪声的大小取决于噪声统计特性，而观测矩阵 $\boldsymbol{C}$ 的各个元素则分别与导航系统中的三个特征点的坐标信息相关联。从此特殊的联系可以看出，通过设计最优的导航特征点的分布来进一步地使导航方法得到更好的状态估计结果是可行的。在数学上，如果使用 $J(\xi, c_{ij}, x)$ 来表示状态估计误差界，则最优特征点分布要保证式（3-261）成立。

$$\frac{\partial J(\xi_i, c_{ij}, x)}{\partial \xi_i}=0 \tag{3-261}$$

下面分别对两种噪声源下的导航误差界进行分析。

①测量噪声为偏移噪声源时的最优特征点分布

首先通过对式（3-256）分别求关于误差 ξ_1，ξ_2 的导数，可以得到两种情况：$c_{12}=c_{21}=0$ 或者 $c_{11}=c_{22}=0$。通过下面的分析过程可知两种情况没有分别，仅仅是三个特征点换个位置，所以这里只给出第一种情况的描述。由 c_{12} 和 c_{21} 对应的特征点坐标信息可以得到式（3-262）所示的坐标关系

$$\begin{cases} c_{12}=-2(y_A-y_B)=0 \\ c_{21}=-2(x_B-x_A)=0 \end{cases} \Rightarrow \begin{cases} y_A=y_B \\ x_B=x_C \end{cases} \tag{3-262}$$

式（3-262）说明最优的特征点分布为：线段 AB 与 X 轴平行，线段 BC 与 Y 轴平行；也就是 AB，BC 相互垂直，$\triangle ABC$ 为直角三角形。

②测量误差为随机噪声源时的最优特征点分布

考虑到式（3-260）中最小和最大奇异值相同的时候才能使误差界最小，通过计算矩阵 $\boldsymbol{C}$ 的奇异值，可以得到如下方程组

$$\begin{cases} (x_A-x_B)^2+(x_B-x_C)^2=(y_A-y_B)^2+(y_B-y_C)^2 \\ (x_A-x_B)(y_A-y_B)=-(x_B-x_C)(y_B-y_C) \end{cases} \tag{3-263}$$

由图 3-5 的几何关系，可以得到如下关系

$$\begin{cases} x_A-x_B=AB\cos(\alpha) \\ y_A-y_B=AB\sin(\alpha) \\ x_B-x_C=BC\cos(\beta) \\ y_B-y_C=BC\sin(\beta) \end{cases} \tag{3-264}$$

由式（3-264）可以很容易得到方程组的一个解为

$$\begin{cases} AB=BC \\ \beta=\pi/2+\alpha \end{cases} \tag{3-265}$$

于是可知特征点分布于等腰三角形的三个顶点上。由于状态估计偏差的表示形式是一致的，所以式（3-262）的结论对于随机噪声的情况一样适用。因此可以得到

$$\begin{cases} y_A-y_B=0 \\ x_B-x_C=0 \end{cases} \Rightarrow \begin{cases} AB\sin(\alpha)=0 \\ BC\cos(\beta)=0 \end{cases} \Rightarrow \begin{cases} \alpha=0^\circ \\ \beta=90^\circ \end{cases} \tag{3-266}$$

从而最终确定特征点的分布为等腰直角三角形的三个顶点，同时线段 AB 与 X 轴平行，线段 BC 与 Y 轴平行。

（4）特征点最优分布基础上的导航误差界

下面基于上文得到的最优特征点分布情况，研究最优特征点分布对导航误差界的影响。

首先将式（3-262）代入到式（3-256）中，可以得到在最优特征点分布情况下的导航状态估计误差界的表示形式为

$$\begin{cases}|x_R-\hat{x}_R|\leqslant 2\bar{v}|x_R|\\ |y_R-\hat{y}_R|\leqslant 2\bar{v}|y_R|\end{cases}\Rightarrow|\boldsymbol{x}-\hat{\boldsymbol{x}}|\leqslant 2\bar{v}|\boldsymbol{x}| \tag{3-267}$$

然后将式（3-259），式（3-260）的表示形式在等腰直角三角形的特征点最优分布下简化为

$$\|\boldsymbol{x}-\hat{\boldsymbol{x}}\|\leqslant 2\bar{v}\|\boldsymbol{x}\| \tag{3-268}$$

接下来研究最常用来表示导航误差的误差协方差阵

$$E[(\boldsymbol{x}-\hat{\boldsymbol{x}})(\boldsymbol{x}-\hat{\boldsymbol{x}})^{\mathrm{T}}]=\begin{bmatrix}E[\xi_1^2]x_R^2 & E[\xi_1\xi_2]x_Ry_R\\ E[\xi_1\xi_2]x_Ry_R & E[\xi_2^2]y_R^2\end{bmatrix} \tag{3-269}$$

由于偏差噪声的统计特性中均值未知，所以仅考虑随机噪声情况下的简化。将式（3-257）代入式（3-269）得到如下结果

$$\begin{cases}E[(x_R-\hat{x}_R)^2]\leqslant 4\bar{v}^2x_R^2\\ E[(y_R-\hat{y}_R)^2]\leqslant 4\bar{v}^2y_R^2\end{cases} \tag{3-270}$$

综合考虑特征点定位、导航位置、噪声特性后，由式（3-267）、式（3-268）和式（3-270）可以得到最优特征点分布基础上的导航误差

$$\begin{cases}|\boldsymbol{x}-\hat{\boldsymbol{x}}|\leqslant 2\bar{v}|\boldsymbol{x}|\\ \|\boldsymbol{x}-\hat{\boldsymbol{x}}\|\leqslant 2\bar{v}\|\boldsymbol{x}\|\\ E[(\boldsymbol{x}-\hat{\boldsymbol{x}})(\boldsymbol{x}-\hat{\boldsymbol{x}})^{\mathrm{T}}]\leqslant 4\bar{v}^2\mathrm{diag}(x_R^2,y_R^2)\end{cases} \tag{3-271}$$

（5）导航系统误差界的应用

确定了导航系统误差界的计算公式（3-256）和特征点最优分布下的误差界计算公式（3-271）后，可以方便地计算导航系统的误差界，从而可以判定导航系统的设计是否合理、导航结果是否满足任务要求，以及特征点选取是否合理等问题。上述结论是在观测量为距离的和与差的情况下得到的，下面分析此种情况的优势。设定以特征点和探测器间的距离为观测量的系统为系统 1，以距离的和与差为观测量的系统为系统 2，系统 1 和系统 2 之间的优劣可以通过比较两系统的导航误差界来说明。

首先考虑采用直接观测量的系统 1，其真实值与测量值间的关系为

$$r_i=r_{0i}(1+\mu_i)\quad i=1,2,3 \tag{3-272}$$

式中　r_{0i}——探测器与特征点之间距离的真实值；

　　r_i——探测器与特征点之间距离的测量值；

　　μ_i——单位测量误差。

将式（3-272）代入式（3-242）后，忽略高阶误差项可以得到

$$\begin{bmatrix} y_1 \\ y_2 \end{bmatrix} \approx \begin{bmatrix} y_{01} \\ y_{02} \end{bmatrix} + \begin{bmatrix} r_{01}^2\mu_1 - r_{02}^2\mu_2 \\ r_{02}^2\mu_2 - r_{03}^2\mu_3 \end{bmatrix} \tag{3-273}$$

为了能够使用式（3-271）的结论，必须将式（3-273）表示为式（3-243）的形式，于是此系统的观测方程和测量误差表达式为

$$\begin{bmatrix} y_1 \\ y_2 \end{bmatrix} \approx \begin{bmatrix} y_{01}(1+\xi_1) \\ y_{02}(1+\xi_2) \end{bmatrix} \tag{3-274}$$

$$\begin{cases} \xi_1 = 2\dfrac{r_{01}^2\mu_1 - r_{02}^2\mu_2}{r_{01}^2 - r_{02}^2} \\ \xi_2 = 2\dfrac{r_{02}^2\mu_2 - r_{03}^2\mu_3}{r_{02}^2 - r_{03}^2} \end{cases} \tag{3-275}$$

在特征点最优分布的基础上，还需要知道单位观测噪声的最大值，根据式（3-275）的观测噪声表达式，其范围可以表示为

$$\begin{cases} |\xi_1| \leqslant 2\overline{\mu}\left|\dfrac{r_{01}^2 + r_{02}^2}{r_{01}^2 - r_{02}^2}\right| \\ |\xi_2| \leqslant 2\overline{\mu}\left|\dfrac{r_{02}^2 + r_{03}^2}{r_{02}^2 - r_{03}^2}\right| \end{cases} \tag{3-276}$$

其中

$$\overline{\mu} = \max(|\mu_1|, |\mu_2|)$$

此处设定

$$l_1 = 2\left|\frac{r_{01}^2 + r_{02}^2}{r_{01}^2 - r_{02}^2}\right|, l_2 = 2\left|\frac{r_{02}^2 + r_{03}^2}{r_{02}^2 - r_{03}^2}\right|$$

可以很容易得到下述结论

$$l = \max(l_1, l_2) \geqslant 2$$

于是式（3-276）可以表示为

$$|\xi_i| \leqslant l_i \overline{\mu} \tag{3-277}$$

这样就得到了观测噪声的最大范围。代入式（3-271），可以得到直接以特征点与目标间的距离为观测量时的导航误差界

$$\begin{cases} |\boldsymbol{x} - \hat{\boldsymbol{x}}| \leqslant l\overline{\mu}|\boldsymbol{x}| \\ \|\boldsymbol{x} - \hat{\boldsymbol{x}}\| \leqslant l\overline{\mu}\|\boldsymbol{x}\| \\ E[(\boldsymbol{x} - \hat{\boldsymbol{x}})(\boldsymbol{x} - \hat{\boldsymbol{x}})^{\mathrm{T}}] \leqslant l^2\overline{\mu}^2\mathrm{diag}(x_R^2, y_R^2) \end{cases} \tag{3-278}$$

从式（3-278）可以看到由于 $l \geqslant 2$，式（3-278）所示的导航误差界要比式（3-271）的误差界大，这也说明系统 2 比系统 1 的导航精度高。

结果表明，在导航系统不变、滤波方法不变、观测数据有所改变的情况下，导航误差界的计算式能够很好地反映系统的收敛性和导航精度，为工程实际中导航系统的设计提供了帮助。

参考文献

[1] Reif K, Günther S, Yaz E. Stochastic stability of the discrete - time extended Kalman Filter. IEEE Transactions on Automatic Control, 1999, 44 (4): 714 - 728.

[2] Reif K, Günther S, Yaz E. Stochastic stability of the continuous - time extended Kalman Filter. IEE Proceedings—Control Theory and Applications, 2000, 147 (1): 45 - 52.

[3] Wang Xiaoming, Cui Pingyuan, Cui Hutao. A note on Poisson stability and controllability. Nonlinear Dynamics. 2011, 66 (4): 789 - 793.

[4] Yim J R, Crassidis J L, Junkins J L. Autonomous orbit navigation of interplanetary spacecraft. AIAA/AAS Astrodynamics Specialist Conference. Denver, Colorado USA, 2000: 53 - 61.

[5] Hermann R, Arthur J K. Nonlinear controllability and observability. IEEE Transactions on Automatic Control, 1977, 22 (5): 728 - 740.

[6] 王晓明，崔平远，崔祜涛．基于矢量测量和 UKBF 的飞越小天体自主导航方法研究．宇航学报. 2010, 31 (12): 2665 - 2670.

[7] Bhaskaran S, Mastrodemos N, Riedel J E, Synnott S P. Optical navigation for the stardust Wild 2 encounter//proceedings of the 18th International Symposium on Space Flight Dynamics. Munich, Germany, 2004: 455 - 460.

[8] 王晓明，崔平远，崔祜涛．单输出系统的可观性度量方法及其应用研究．宇航学报．2010, 31 (4): 1088 - 1092.

[9] 王新洲．非线性模型能否线性化的实用判据．武汉测绘科技大学学报，1998, 24 (2): 145 - 148.

[10] Thornton C L, Border J S. Radiometric tracking techniques for deep space navigation. New York: John Wiley& sons, Inc. 2003: 44 - 46.

[11] Talluri R, Aggarwal J K. A positional estimation technique for an autonomous land vehicle in an unstructured environment//Proceedings of the International Symposium on Artificial Intelligence, Robotics and Automation in Space. Kobe, Japan, 1990: 135 - 138.

[12] Doraiswami R. A novel Kalman Filter - based navigation using beacons. IEEE Transactions on Aerospace and Electronic Systems, 1996, 32 (2): 830 - 840.

[13] 程代展，秦化淑．非线性系统的几何方法（下）．控制理论与应用，1987, 14 (2): 1 - 9.

第4章　自主导航信息处理

导航图像的处理是深空探测自主导航的基础和关键，图像处理方法的关键是提取出高质量的导航信息以提高自主导航系统的性能。导航光学图像数据的精度依赖于以下几个因素：导航目标亮度、到导航小行星的距离、太阳角、照相机分辨率、背景恒星数，以及小行星星历信息。由于在各个任务阶段光学敏感器所跟踪的目标在大小、距离、亮度和背景杂光等方面都存在较大的差异，因此本章根据这些差别将光学导航的应用阶段分为星际巡航段、接近交会段、环绕伴飞段、下降着陆段等四个阶段，并针对它们的特点分别进行分析。

4.1　星际巡航段信息处理

4.1.1　星际巡航段导航信息特点

在星际巡航段，由于探测器在此阶段无法获取目标天体的有效观测信息，因此通常该阶段采用的是连续观测一些星历已知的天体，如小行星、大行星及其卫星等参考星来获取观测量，再结合导航滤波技术进行深空探测器的轨道姿态的状态估计与修正。在此阶段，导航天体比较暗，背景杂光的影响较大。导航测量目标图像的处理技术难点在于：由于探测器的姿态抖动、探测器相对导航天体的运动和曝光时间的影响，导航天体成像不再是单个星点，而变成了随着扰动变化的轨迹线。由于曝光过程中无法记录每个时刻对应的星点图像位置，图像处理只能针对最终形成的复杂轨迹图像进行，对天体中心的确定带来了困难；另一方面，由于导航天体的亮度可能较弱，由光学敏感器的光缺陷、电子设备的噪声和自身固有缺陷等引入的噪声点，可能会改变微弱的目标天体之间的对比，从而影响后续处理。

4.1.2　星际巡航段导航信息处理

根据巡航段光学成像图像的特点，图像处理方法一般采用多重交互相关的方法，即利用同一时刻不同的星体具有相同图像轨迹的特点来确定所有轨迹图像的一个精确的中心位置。具体过程如下：

1）通过滤波去除图像的干扰噪声，根据导航的预测信息获得天体轨迹的初始位置，在图像中保留该位置的图像，以去除伪星图像，获得真实的轨迹图像。

2）在轨迹图像上选取系列特征点，在特征点周围按照一定大小选取图像区域作为初始的滤波模板。

3）求取滤波模板的零均矩阵，并对其进行归一化处理，在其他目标轨迹图像的对应位置处使用该模板进行相关运算，计算每个特征点距离真值的偏差矢量。

4）修正偏差矢量，并将新得到的位置点作为新的特征点建立新的模板，重复交叉相关的过程（步骤 3），修正特征点的位置，直到位置偏差小于设定的残差时，将每条轨迹图像上该处特征点的位置作为图像处理结果输出。

5）由于轨迹图像上有多个特征点，因此需要对输出的多组结果进行加权平均，最后得到一组高精度的轨迹图像相对位置的数据，再通过同星历表的星图进行匹配，即可得到光轴方向。

4.1.3 暗弱星点拖曳图像中心特征提取

巡航段视场中观测天体数目较多，得到的图像是长曝光的模糊图像，可以采用多互相关算法[1]处理得到的图像，该算法也在深空 1 号及伽利略探测任务中得到应用。多互相关算法（Multiple Cross Correlation）的基本原理公式如下

$$c_{ij} = F \otimes \boldsymbol{S}_{ij} = \sum_{k=1}^{m} \sum_{l=1}^{n} F^{kl} \boldsymbol{S}_{ij}^{kl} \tag{4-1}$$

式中 F ——模板；

$\boldsymbol{S}$ ——图像信号区。

当 c_{ij} 最大时，表示 F 与采样区匹配最佳，即该区是导航星的图像。

利用图像形心确定方法来处理得到的图像。导航小行星图像形心确定方法可简述如下。

1）计算导航小行星图像的亮心

$$\begin{cases} p_{\text{cb}} = \dfrac{\sum\limits_{i=1}^{m} \sum\limits_{j=1}^{n} i p_{ij}}{\sum\limits_{i=1}^{m} \sum\limits_{j=1}^{n} p_{ij}} \\[2ex] l_{\text{cb}} = \dfrac{\sum\limits_{i=1}^{m} \sum\limits_{j=1}^{n} j p_{ij}}{\sum\limits_{i=1}^{m} \sum\limits_{j=1}^{n} p_{ij}} \end{cases} \tag{4-2}$$

式中 p_{ij} ——对应像素（像元 i ，像线 j ）的亮度值；

p_{cb}，l_{cb} ——计算的导航小行星图像亮心，$m \times n = 1024 \times 1024$ 是相机的分辨率。

2）计算导航小行星图像形心

$$\begin{cases} p_0 = p_{\text{cb}} - \gamma R_{\text{c}} \cos\varphi \\ l_0 = l_{\text{cb}} - \gamma R_{\text{c}} \sin\varphi \end{cases} \tag{4-3}$$

其中

$$\varphi = \arctan\left(\frac{\mathbf{A}_{\text{cy}}}{\mathbf{A}_{\text{cx}}}\right)$$

式中　$\bar{\boldsymbol{A}}_c$ ——相机坐标系太阳的方向，可由指向太阳的惯性视线矢量 $\bar{\boldsymbol{A}}_I$ 经过坐标转换得到 $\bar{\boldsymbol{A}}_c=\boldsymbol{T}_{CI}\bar{\boldsymbol{A}}_I$ ，其中 $\boldsymbol{T}_{CI}$ 为惯性坐标系到相机坐标系的转换矩阵；

$\boldsymbol{R}_c$ ——小行星半径对应的像素，$\boldsymbol{R}_c=\dfrac{R\boldsymbol{K}_x f}{\rho}$ ；

R ——小行星的半径；

ρ ——探测器与小行星的距离；

f ——相机的焦距；

$\boldsymbol{K}_x$ ——从长度单位到像素的转换矩阵；

γ ——偏差因子，取值在（0，1）之间，表示目标半径误差 ΔR 引起的形心偏差，其具体表达式为

$$\gamma=\frac{3\pi\Delta R}{16}\left[\frac{\sin\alpha\,(1+\cos\alpha)}{(\pi-\alpha)\cos\alpha+\sin\alpha}\right] \tag{4-4}$$

式中　α ——太阳相位角。

这样就得到了小行星中心点对应的像素，利用背景恒星可以确定探测器姿态，然后就能够进行自主探测器轨道确定。

4.2　接近交会段信息处理

4.2.1　接近交会段导航信息特点

在该阶段，由于距离目标天体的距离足够近（一般为几千千米），其大小和亮度足以保证在导航敏感器的焦平面上进行成像，因而可将其作为导航天体。由于导航天体一直处于视场内，故视轴变化不大、导航天体区域比较稳定。因此，在接近交会段的光学图像处理方法类似于星敏感器的星点中心提取算法，但其对象是小天体图像而不是恒星图像，即对光学导航图像进行滤波，从星图中提取需要的天体图像。在此阶段，为了捕捉目标，相机的视场角一般较宽，因而导航天体成像较小、分辨率较低，所以图像处理的技术难点在于滤波，即滤除多余的伪星和噪声。

4.2.2　接近交会段导航信息处理

1）根据其他的测量信息预测得到天体的大致成像区域，再精确提取完整的天体图像。

2）经过滤波处理后的导航图像根据天体图像的灰度分布进行能量中心的提取，在亚像素的精度下表示代表天体位置的中心坐标。

3）通过天体中心坐标和图像中心坐标的关系换算得到相机视线方向与导航天体的相对夹角。

4.2.3　不规则目标天体几何形心获取

在对目标天体的跟踪测量中，提取的目标天体的形心受到多种因素的干扰，测量所得

到的目标状态参量的测量值与目标的真实状态往往不尽相同。同时，目标天体大小只占整个图像面积的一小部分，若能估计出目标天体出现的位置，则无须在整幅图像中进行搜索。本节采用卡尔曼滤波算法来预测下帧图像小天体的出现位置，以减小图像搜索范围，并抑制随机误差的影响。

若 $\boldsymbol{x}$ 表示状态矢量，$[x, y]^{\mathrm{T}}$ 和 $[v_x, v_y]^{\mathrm{T}}$ 分别为目标天体形心在图像中的坐标位置和运动速度，则 $\boldsymbol{x}=[x, y, v_x, v_y]^{\mathrm{T}}$；若 $\boldsymbol{y}=[x, y]^{\mathrm{T}}$ 表示观测矢量，则根据卡尔曼滤波理论，建立如下系统状态估计滤波模型：

状态方程

$$\boldsymbol{x}(k)=\boldsymbol{A}(k \mid k-1)\boldsymbol{x}(k-1)+\boldsymbol{w}(k-1) \tag{4-5}$$

观测方程

$$\boldsymbol{y}(k)=\boldsymbol{C}(k)\boldsymbol{x}(k)+\boldsymbol{v}(k) \tag{4-6}$$

式中　$\boldsymbol{A}$——状态转移矩阵；

$\boldsymbol{C}$——观测矩阵；

$\boldsymbol{w}$，$\boldsymbol{v}$——分别为系统噪声矢量和观测噪声矢量。

由于探测器的姿态受扰动等因素的干扰，精确建立目标运动模型非常困难，这里采用近似的状态模型，令

$$\begin{cases} \boldsymbol{A}(k \mid k-1)=\begin{bmatrix} 1 & 0 & T & 0 \\ 0 & 1 & 0 & T \\ 0 & 0 & 1 & 0 \\ 0 & 0 & 0 & 1 \end{bmatrix} \\ \boldsymbol{C}(k)=\begin{bmatrix} 1 & 0 & 0 & 0 \\ 0 & 1 & 0 & 0 \end{bmatrix} \end{cases} \tag{4-7}$$

式中　T——采样时间间隔。

采用前面内容所述形心提取算法所进行的卡尔曼滤波的算法如下：

1）滤波器初始化：设置系统方差 $\boldsymbol{Q}$、观测噪声方差 $\boldsymbol{R}$，以及协方差 $\boldsymbol{P}$ 的初始值。由于采用近似状态模型来对目标天体的运动进行估计，因此一般取 $\boldsymbol{Q}/\boldsymbol{R}$ 的值较大，$\boldsymbol{R}$ 的值取为拟合椭圆平均轴长的 1/10 左右。

2）状态预测：利用目标状态 $\boldsymbol{x}(k)$ 以及协方差矩阵 $\boldsymbol{P}(k)$ 做一步预测，得到新的状态估计矢量 $\hat{\boldsymbol{x}}(k)$ 及状态协方差估计矩阵 $\hat{\boldsymbol{P}}(k)$ 。

3）观测预测：利用上一步结果，计算得到当前目标状态的预测观测矢量 $\hat{z}(k)$ 及观测协方差估计矩阵 $\hat{\boldsymbol{S}}(k)$ 。

4）实际观测：将状态预测值的位置分量作为搜索窗的中心位置坐标，从而获得实际观测值，搜索窗的宽度一般取椭圆长轴的 2 倍。

5）计算滤波器增益。

6）进行状态更新。

对 500 km 序列图像小天体目标的跟踪效果如图 4－1 所示，其中红色点代表一步预测

目标形心的位置，绿色⊕表示滤波更新后预测目标形心。可以看出，通过卡尔曼滤波可以稳定地对目标天体的形心进行跟踪。并且，对目标的位置估计仅在搜索窗范围内进行搜索，减少了计算量。

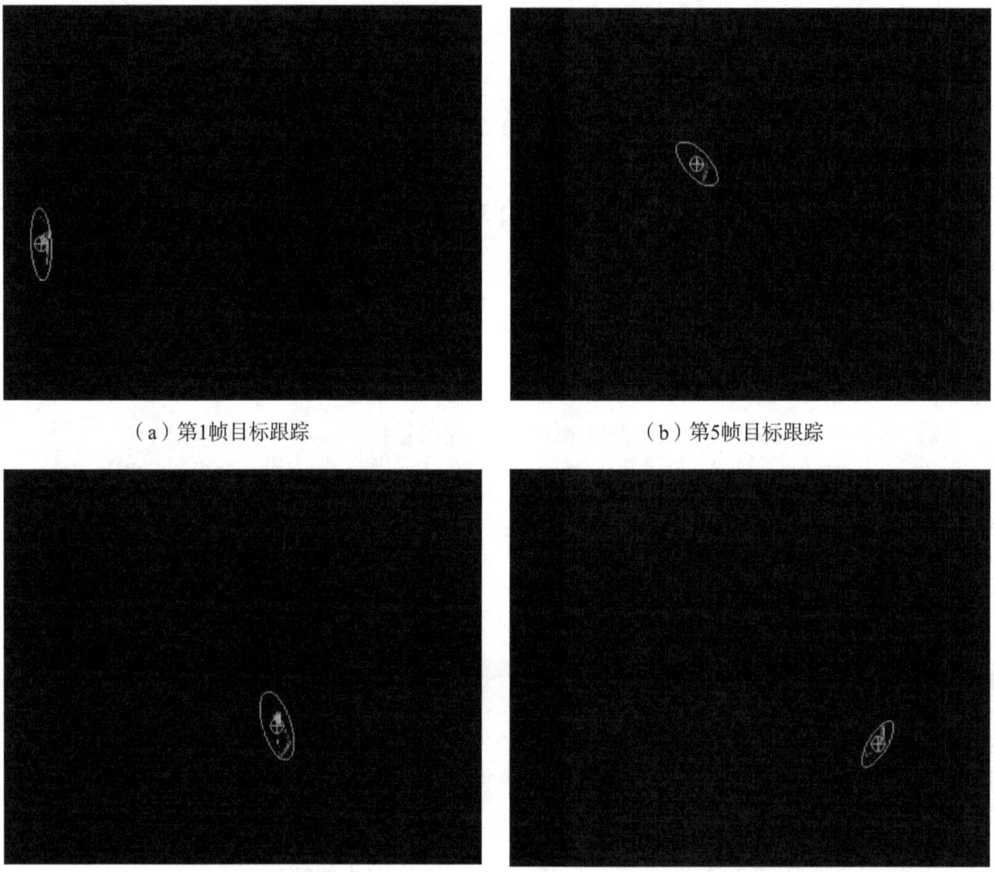

（a）第1帧目标跟踪　（b）第5帧目标跟踪

（c）第10帧目标跟踪　（d）第15帧目标跟踪

图 4-1　目标天体跟踪过程

4.3　环绕伴飞段信息处理

4.3.1　环绕伴飞段导航信息特点

在该阶段，航天器距离目标天体很近，目标天体的成像变大，表面和形状信息逐渐清晰，需要进行形状和轮廓的匹配才能确定中心。但是因为存在扫描视场的问题，有可能仅仅获得天体的一日段边缘图像，因而需要建立精确的导航天体图像信息模型进行匹配定位。

4.3.2 环绕伴飞段导航信息处理

在环绕伴飞段的光学成像导航图像的处理过程如下：

1）通过相应的滤波算法来平滑图像，滤出图像中的噪声。

2）采用图像的分割算法对图像进行边缘提取，计算得到天体成像的轮廓边缘。

3）由于这个轮廓边缘可能存在不完整性，所以只能利用提前建立的精确天体形状模型与提取的轮廓边缘进行匹配，确定该段边缘位于完整形状模型的哪一部分，从而确定出天体中心点的像素位置。

4）确定出的中心点像素的精度与导航天体的光学特征和先验的导航天体图像信息有关，模型的准确程度直接决定中心位置求取的精度。

4.3.3 复杂形貌特征鲁棒识别匹配

由于目标天体本身具有自旋的特性，同时探测器在绕飞段受到多种摄动力的干扰，位置姿态变化较大，因此拍摄的图像可能具有明显旋转、平移、缩放等特性。特征点的提取、匹配是三维模型重建首先要完成的工作，其直接关系到整个重建的精度。经典的 Harris 角点检测算法[2]以及 Kanade - Lucas - Tomasi（KLT）跟踪算法[3]只适用于基线较小、图像间相对变化不大的情况。另一方面，利用角点检测算法提取的特征点分布集中于灰度值变化较大的角点及其边缘处，可能造成只在某些局部区域提取出特征点，从而影响三维重建的精度。

局部不变特征描述符（Local Invariant Descriptor）的利用在目标识别和匹配方面应用十分广泛，其中最有代表性的是 SIFT 算法[4]。该算法提取的特征点对图像的仿射变化、光照强度变化、噪声等都具有鲁棒性，适用于图像间变化较大的绕飞段特征点的跟踪过程。同时，利用 SIFT 算法检测的特征点是在图像金字塔基础上进行提取的，相比传统的角点检测算法分布更为均匀。PCA - SIFT 是 SIFT 的改进算法，它利用主元素分析法将 SIFT 的描述符降为 20 维，因此比 SIFT 的运行速度有了较大的提高；并且减少了存储空间，更利于对探测器的运动进行实时估计。PCA - SIFT 的主要计算过程如下。

（1）尺度空间极值的求取

定义一幅二维灰度图像 $I(x,y)$ 的尺度空间函数为 $L(x,y,\sigma)$ ，不同尺度下的尺度空间可以由图像与高斯核卷积得到

$$L(x,y,\sigma)=G(x,y,\sigma)\otimes I(x,y) \tag{4-8}$$

然后采用不同的尺度空间因子 σ 对图像进行卷积，并对相邻尺度的高斯核做差分运算，形成 DOG 算子，其表达式为

$$\begin{aligned} D(x,y,\sigma) &= [G(x,y,k\sigma)-G(x,y,\sigma)]\otimes I(x,y) \\ &= L(x,y,k\sigma)-L(x,y,\sigma) \end{aligned} \tag{4-9}$$

对图像用不同的采样因子进行采样，形成金字塔结构；并在不同的组（octave）中，将每个像素与它相邻尺度的 9×2 个点及它周围邻域的 8 个元素进行比较，求出候选特征点。

（2）特征点位置的确定

通过拟合三维二次函数精确确定特征点的位置和尺度，同时去掉低对比度的特征点和边缘处的特征点。

（3）特征点方向的确定

在特征点周围的一个区域内，利用加权高斯窗口进行梯度计算，并用直方图统计邻域像素的梯度方向，从而确定主方向作为该特征点的方向。

（4）PCA－SIFT 的特征点描述符

确定尺度空间特征点的位置和方向后，在每个特征点周围提取一个 41×41 的窗口，并旋转到该特征点的主方向，再计算 39×39（不包括边缘）窗口中水平和垂直方向上的梯度，形成一个大小为 3042 的矢量。用预先计算好的大小为 $n \times 3042$（一般取 $n=20$）的投影矩阵与此矢量相乘，形成一个大小为 n 的 PCA－SIFT 描述符。PCA－SIFT 有效地降低了 SIFT 的维数，提高了特征点的匹配速度。

（5）利用特征描述符进行匹配

采用最近邻（Nearest Neighbor）方法对特征点进行匹配。两两计算特征点描述符间的最近距离和次近距离，若它们间的比值大于某个值则认为其是匹配的特征点。本节采用 PCA－SIFT 算法的主要参数如表 4－1 所示。

表 4－1　PCA－SIFT 参数表

参数	取值
尺度空间坐标 σ	1.6
octave 的层数	3
特征点阈值控制因子	0.04
主曲率阈值控制参数	10
采样窗口大小	8×8
边缘阈值控制参数	5
PCA 选取的主元素维数	20
搜寻的最大匹配点个数	200
主、次近邻的比值阈值	0.6

采用 NEAR 任务在距离 Eros 小行星 200 km 的绕飞轨道拍摄的小行星序列图像[5]进行特征点的提取，其中图像的拍摄间隔为 30 s。图 4－2 是原始图像（分辨率：500×360），其中图 4－2（a）与图 4－2（b）的拍摄间隔是 5 min，图 4－2（b）与图 4－2（c）的拍摄间隔是 15 min。小天体自旋及探测器的绕飞运动使图像间存在较为明显的位移和旋转变化，图像的亮度特别是弹坑周围的变化比较明显。图 4－3 是利用 PCA－SIFT 进行特征点匹配的结果，其中图 4－3（a）与图 4－3（c）是进行初步特征点匹配后的结果，图 4－3（b）与图 4－3（d）是利用 RANSAC[6]算法消除误匹配的结果，匹配精度可以达到亚像素级。从图 4－3 中可以看出，虽然正确匹配的特征点个数随着图像间变化尺度的增大而减少，但采用 PCA－SFIT 结合 RANSAC 算法进行特征点匹配依然可以得到正确匹

配的特征点，为进一步的运动估计奠定了基础。

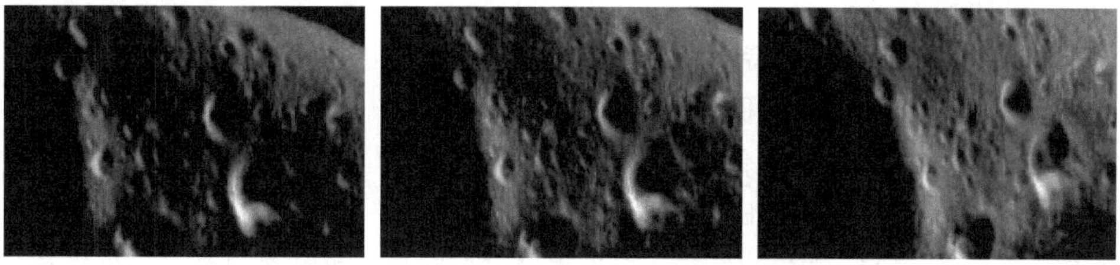

(a)　(b)　(c)

图 4-2　距离 Eros 小行星 200 km 处拍摄的图像

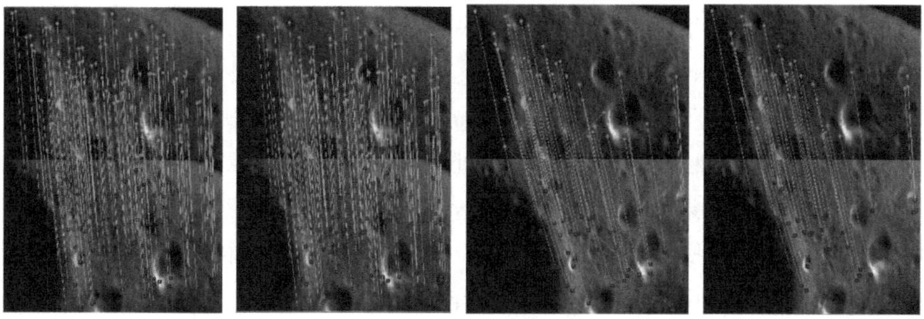

(a)　(b)　(c)　(d)

图 4-3　进行特征匹配及消除误匹配的结果

4.4　下降着陆段信息处理

4.4.1　下降着陆段导航信息特点

在该阶段，航天器距离星体表面只有几千米到几米，因而对于目标天体的地表情况可以进行详细的观测，所以在此阶段导航方式采取光学成像导航和主动测量的组合方式。光学导航的目的在于在星体表面以接近实时的处理速度确定导航特征信息和安全着陆点。为了利用深空天体表面图像进行导航，需要使用图像匹配、图像特征点的提取和跟踪等处理方法。

图像匹配是指利用匹配算法在两幅或多幅图像之间识别同名点，如二维图像匹配中，通过比较目标区和搜索区中相同大小窗口的相关系数，取搜索区中相关系数最大所对应的窗口中心点作为同名点。其实质是在基元相似性的条件下，运用匹配准则的最佳搜索问题。图像匹配主要可以分为以灰度为基础的匹配和以特征为基础的匹配，两者的区别在于：灰度匹配是基于像素的，特征匹配是基于区域的。特征匹配在考虑像素灰度的同时还应考虑诸如空间整体特征、空间关系等因素。

4.4.2 下降着陆段导航信息处理

特征提取是提取出图像的特征点。特征点是具有以下特征的像素点：

1）强度和周围区域明显不同；

2）照明条件和视线稍有变化的时候，特征点图像信息没有太大的变化。

简而言之，是一个好的特征点是指质地、结构在各个方向上都有很强变化的图像窗口。考虑星载机的运算能力及探测器下降过程中对控制指令实时性的要求，可以选择Shi－Ttomasi－Kanade 方法。

特征跟踪是确定从前一幅图像中提取的特征点在后一幅图像中的位置的方法。特征跟踪的方法可分为两大类：基于相关性和基于光流。基于相关性的特征跟踪算法比较适合于图像特征点运动比较大的情况，基于光流的特征跟踪算法比较适合于特征点运动幅度较小的情况，一般来说后者的计算量要比前者小。考虑到精确着陆过程中不同图像帧之间的相对运动较小，可以采用基于光流的 Shi－Tomasi－Kanade 特征跟踪方法。

安全着陆点的确定可以采用如下的图像处理方法：先对图像进行滤波来剔除噪声，再进行分割，根据分割的结果进行分类，从而区分平面、阴影和障碍。图像分割的方法采用 k 阶平均聚类算法，以寻找合适的分割阈值。分割时只对小范围内的区域进行处理而不是整幅图像，所以可以容许图像中的平面存在着亮度的缓慢变化。对阴影而言，由于需要确定产生阴影的障碍，因此需要知道太阳的高度角。通过阴影厚度的最高点和最低点可以评估阴影所代表的障碍尺寸，阴影的曲率可以用来区分判断突起和凹陷的物体，如石块和凹坑。障碍的识别分类与阴影类似。对于无明显纹理的坡面高度采用阴影恢复形状的算法，该方法需要提前知道光度测定的模型、倾斜的光照条件和相机的位置，从一幅图像的灰度分布中获得三维的形状。但该方法需要求解多个非线性偏微分方程，故对实时处理的要求来讲计算量较大。

4.4.3 星表形貌识别与着陆点确定

最终着陆段，即探测器离开绕飞轨道或停泊位置向天体表面下降的过程。随着探测器与目标的接近，目标天体成为主要观测对象，也就成为自主导航的主要信息来源。基于视觉的自主导航算法能够根据相应的特征点或路标位置确定探测器相对天体表面或天体固连坐标系的位置及姿态，因而其受到广泛关注。本节将首先研究导航算法的基本问题——特征的检测与跟踪。为了克服天体自旋造成的光照条件变化及图像噪声干扰等不利因素的影响，同时根据着陆段对导航方法实时性要求较高的特点，发展了点特征的跟踪算法。其次，本文对绝对导航参照物自然路标的识别方法进行了重点研究。自然路标是指能够作为导航参照物的天体特征，如天体边缘、陨石坑及大块岩石等。如何从复杂的场景当中识别出这些路标是本节研究的重点，同时还要估计这些路标的参数，以便与数据库中的路标进行匹配。

(1) 特征点的检测与跟踪

在深空探测任务中的着陆段，目标天体的表面将充满整个导航相机的视场，这时可以利用图像处理算法在获得的序列导航图像中提取出易于跟踪的特征，作为自主光学导航算法的观测数据[7-9]。同时这些特征应该在旋转及尺度变化的条件下具有一定的不变性，以保证在后续的图像中易于匹配。SIFT 算法是近年来发展起来的基于尺度不变性的特征点检测匹配算法[10]，因具有良好的特征提取与跟踪性能受到广泛关注，但是其算法的实时性无法满足着陆段的要求。因此这里仍然发展角点检测算法提取特征，通常天体表面分布的岩石边角或陨石坑边缘等图像灰度变化剧烈的区域就可满足角点特征的要求。图 4-4 展示了在 Eros 小行星的表面分布着大量的岩石，在一定光照条件下造成图像灰度强烈的变化，虽然角点特征对于光照条件改变、平移及旋转等几何变换具有一定的不变性，但是在匹配过程中仍要重点考虑实际拍摄环境中天体自旋、相机自动增益等因素对图像灰度的影响，所以在研究特征匹配算法时重点考虑了这些问题。

图 4-4　Eros 小行星表面岩石

①特征点的检测

特征点可以直接在空间中提取，也可以在变换域内提取。考虑星载计算机的运算能力及探测器下降过程中对控制指令实时性的要求，采用 Shi-Tomasi-Kanade 特征提取算法[11,12]。该算法通过考察特征附近区域的像素灰度变化的特点，选出符合设定阈值条件的点作为特征点。

假定图像上的特征窗口（特征点及其周围的像素点）亮度在较短时间内不变。设连续函数 $I(x,y,t)$ 为图像的亮度。I_x,I_y,I_t 分别为 $I(x,y,t)$ 关于 x,y,t 的偏导数，则有

$$\frac{\mathrm{d}I}{\mathrm{d}t}=[I_x,I_y]\begin{bmatrix}\frac{\mathrm{d}x}{\mathrm{d}t}\\ \frac{\mathrm{d}y}{\mathrm{d}t}\end{bmatrix}+I_t=0 \tag{4-10}$$

将式（4－10）记为 $\boldsymbol{g}\boldsymbol{v}=b$，其中 $\boldsymbol{g}=[I_x \quad I_y]$，$\boldsymbol{v}=\begin{bmatrix}\frac{\mathrm{d}x}{\mathrm{d}t}, & \frac{\mathrm{d}y}{\mathrm{d}t}\end{bmatrix}^{\mathrm{T}}$，$b=-I_t$。左乘 $\boldsymbol{g}^{\mathrm{T}}$，即 $\boldsymbol{g}^{\mathrm{T}}\boldsymbol{g}\boldsymbol{v}=\boldsymbol{g}^{\mathrm{T}}b$，如果令

$$\boldsymbol{G}=\boldsymbol{g}^{\mathrm{T}}\boldsymbol{g}=\begin{bmatrix}\sum_{k=1}^{N}(I_x^k)^2 & \sum_{k=1}^{N}I_x^kI_y^k \\ \sum_{k=1}^{N}I_x^kI_y^k & \sum_{k=1}^{N}(I_y^k)^2\end{bmatrix} \tag{4-11}$$

以及等式右边为

$$\boldsymbol{e}=\boldsymbol{g}^{\mathrm{T}}b=\begin{bmatrix}\sum_{k=1}^{N}[I^k(p)-J^k(p+d)]I_x^k(p) \\ \sum_{k=1}^{N}[I^k(p)-J^k(p+d)]I_y^k(p)\end{bmatrix} \tag{4-12}$$

式中　N ——特征窗口（特征点及其周围的像素点）所包含的像素数；

I_x^k，I_y^k ——图像灰度值关于像素位置的导数。

对于导航图像有

$$\begin{cases}I_x^k=\dfrac{I(x+1,y)-I(x-1,y)}{2} \\ I_y^k=\dfrac{I(x,y+1)-I(x,y-1)}{2}\end{cases} \tag{4-13}$$

得到 $\boldsymbol{G}\boldsymbol{v}=\boldsymbol{e}$，显然对称阵 $\boldsymbol{G}$ 的特征值 λ_1、λ_2 关系到像素速度矢量 $\boldsymbol{v}$ 的求取。如果该矩阵的一个特征值为 0 而另一个远大于 0，则矩阵 $\boldsymbol{G}$ 的秩为 1，因此特征点速度矢量 $\boldsymbol{v}$ 在一个方向上不可求（如直线边缘）。若两个特征值均不为 0，但其中一个特征值远大于另一个，这意味着该特征点在某一方向的位移不易求取。若两特征值在数量级上相差不多但数值均较小，说明特征窗口亮度变化不明显，则特征在各方向上的位移均不易确定。所以，只有当矩阵 $\boldsymbol{G}$ 的两个特征值 λ_1、λ_2 都大于预先设定的阈值时，才认为该像素点是符合要求的特征点。

②特征点跟踪

由于在拍照过程中环境的光照强度、角度等会难以避免地发生变化，相机的自动增益也会有所不同，因此在前后两帧图像中对应像素的灰度值必然发生变化，可以由式（4－14）进行描述

$$I(\boldsymbol{p})=\lambda J(\boldsymbol{A}\boldsymbol{p}+\boldsymbol{d})+\delta \tag{4-14}$$

式中　$I(\boldsymbol{p})$，$J(\boldsymbol{p})$ ——分别为前后两幅图像中像素坐标 $\boldsymbol{p}$ 对应的灰度值；

λ ——两次拍照间光照条件变化引入的像素灰度变化系数；

δ ——表示相机自动增益带来的灰度差异；

$\boldsymbol{A}\boldsymbol{p}+\boldsymbol{d}$ ——描述特征窗口内图像的变化；

$\boldsymbol{A}$ ——2×2 的变形矩阵；

$\boldsymbol{d}$ ——特征点的位移。

考虑到图像中存在的噪声影响，式（4－14）不能精确成立，因此通过使匹配误差 ε 最小获得特征点的位移[13]

$$\boldsymbol{\varepsilon} = \sum_{k=1}^{N} [\lambda J^{k}(\boldsymbol{Ap} + \boldsymbol{d}) + \delta - I^{k}(\boldsymbol{p})]^{2} \tag{4-15}$$

式中　N ——特征窗口所包含的像素数。

由于图像的变化及特征位移 $\boldsymbol{d}$ 很小，可以利用一阶泰勒展开近似第二帧图像中的灰度值

$$\lambda J(\boldsymbol{Ap} + \boldsymbol{d}) + \delta = J(\boldsymbol{p}) + \left[\lambda \nabla J \frac{\partial \boldsymbol{Y}}{\partial \boldsymbol{X}},\quad J(\boldsymbol{Ap} + \boldsymbol{d}),\quad 1\right] \begin{bmatrix} \boldsymbol{X} - \boldsymbol{X}_{0} \\ \lambda - \lambda_{0} \\ \delta - \delta_{0} \end{bmatrix} \tag{4-16}$$

其中

$$\boldsymbol{Y} = \boldsymbol{Ap} + \boldsymbol{d}$$

$$\boldsymbol{X} = [A_{11},\quad A_{12},\quad A_{21},\quad A_{22},\quad d_{x},\quad d_{y}]^{\mathrm{T}}$$

根据之前的定义，泰勒展开将在 $\boldsymbol{X}_{0} = [1,0,0,1,0,0]^{\mathrm{T}}$，$\lambda_{0} = 1$ 和 $\delta_{0} = 0$ 附近进行；$\nabla J = [J_{x}, J_{y}]$ 与前述定义相同，为 $J(\boldsymbol{p})$ 在 x，y 方向上的偏导数。经过整理式（4－16）最终得到

$$\lambda J(\boldsymbol{Ap} + \boldsymbol{d}) + \delta = \boldsymbol{F}^{\mathrm{T}} \boldsymbol{z} \tag{4-17}$$

其中

$$\boldsymbol{F} = [xJ_{x}, yJ_{x}, xJ_{y}, yJ_{y}, J_{x}, J_{y}, J, 1]^{\mathrm{T}}$$

同时所有影响像素灰度值的变量写成

$$\boldsymbol{z} = [A_{11} - 1, A_{12}, A_{21}, A_{22} - 1, d_{x}, d_{y}, \lambda, \delta]^{\mathrm{T}}$$

将式（4－17）代入到式（4－15）中，则匹配误差近似为

$$\boldsymbol{\varepsilon} = \sum_{k=1}^{N} [\boldsymbol{F}^{\mathrm{T}} \boldsymbol{z} - I^{k}(\boldsymbol{p})]^{2} \tag{4-18}$$

将式（4－18）关于 $\boldsymbol{z}$ 求导，为了获得匹配误差的极小值令该导数为 0，得到

$$2\sum_{k=1}^{N} [\boldsymbol{F}^{\mathrm{T}} \boldsymbol{z} - I^{k}(\boldsymbol{p})] \boldsymbol{F} = 0 \tag{4-19}$$

即

$$\boldsymbol{Tz} = \boldsymbol{a} \tag{4-20}$$

其中

$$\boldsymbol{T} = \sum_{k=1}^{N} \boldsymbol{F}\boldsymbol{F}^{\mathrm{T}}$$

$$\boldsymbol{a} = \sum_{k=1}^{N} \boldsymbol{F} I^{k}(\boldsymbol{p})$$

所以若 $\boldsymbol{T}$ 可逆，则可以简单地通过

$$\boldsymbol{z} = \boldsymbol{T}^{-1} \boldsymbol{a} \tag{4-21}$$

得到特征点的位移矢量 **d** 及其他参数。由于只采用了一阶泰勒展开近似，由该等式求解的 **d** 不能精确地满足式（4-18），因此采用牛顿法迭代求解 **d** 。迭代开始假设 **d**=**0**，直到相邻两次迭代值之差 Δ**d** 小于设定值迭代停止。考虑到跟踪实时性的要求，并且对于一般正确的匹配过程几次迭代就可以收敛到真值附近，所以在算法中规定迭代 10 次即停止该点的匹配。这里采用 NEAR 任务着陆时拍摄的导航图像对算法进行了验证，并且考查在不同图像噪声水平下检测与跟踪的结果，分析光照条件的改变对算法的影响。图 4-5 展示了理想情况下特征跟踪的结果。

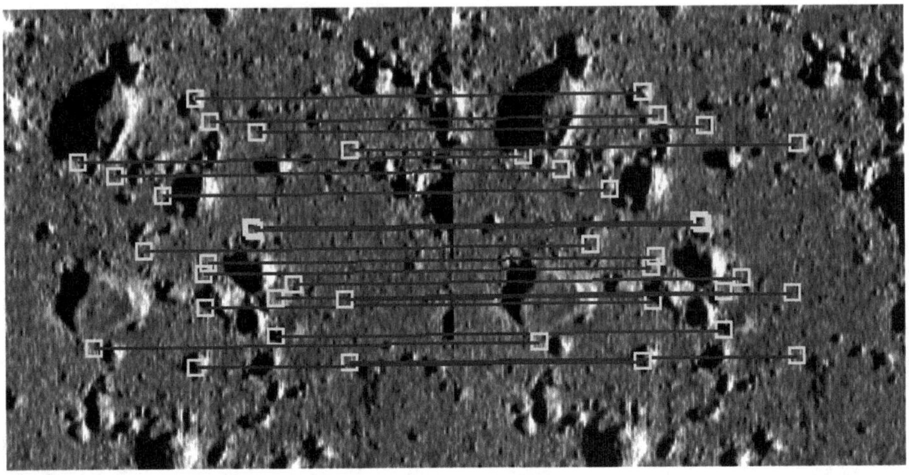

图 4-5　特征点检测与跟踪

图 4-5 为 20 个特征点的跟踪情况，设定特征窗口大小为 11×11，特征检测阈值为 4 000。图像在进行检测与跟踪前都采用中值滤波法预处理，以降低图像噪声的影响。表 4-2 列出了特征点坐标具体的情况。

表 4-2　特征点跟踪结果

特征点	检测坐标	跟踪坐标	特征点	检测坐标	跟踪坐标
1	(174，135)	(171，132.98)	11	(181，195)	(177.99，192.98)
2	(123，108)	(120，106)	12	(196，136)	(192.97，133.97)
3	(60，130)	(56.95，127.97)	13	(101，51)	(97.99，48.97)
4	(232，232)	(228.94，229.96)	14	(190，183)	(186.93，180.95)
5	(159，95)	(155.95，92.96)	15	(191，229)	(187.99，227)
6	(167，138)	(164，136)	16	(75，140)	(72，138)
7	(144，167)	(140.99，164.98)	17	(146，169)	(142.95，166.98)
8	(215，183)	(212，181)	18	(222，61)	(218.93，58.91)
9	(82，171)	(78.97，168.92)	19	(235，129)	(231.99，127)
10	(110，76)	(106.98，73.94)	20	(94，233)	(90.98，231)

20 个特征点都获得了很好的跟踪结果，误差在 0.1 pixel 之内。由于像素位移较大，因此设定了较大的特征窗口。这不仅增加了计算负担，而且增大了误匹配的概率。对于特征位移大的情况，可以采用金字塔重采样的方法缩减图像分辨率，从低分辨率图像开始跟踪过程，并将匹配结果作为下一层迭代的初值。在上述参数设定下，考虑对应像素灰度变化及噪声的影响，利用上述算法对图 4 - 5 进行特征跟踪，仍随机选择 20 个特征点，特征点跟踪结果如图 4 - 6 所示。

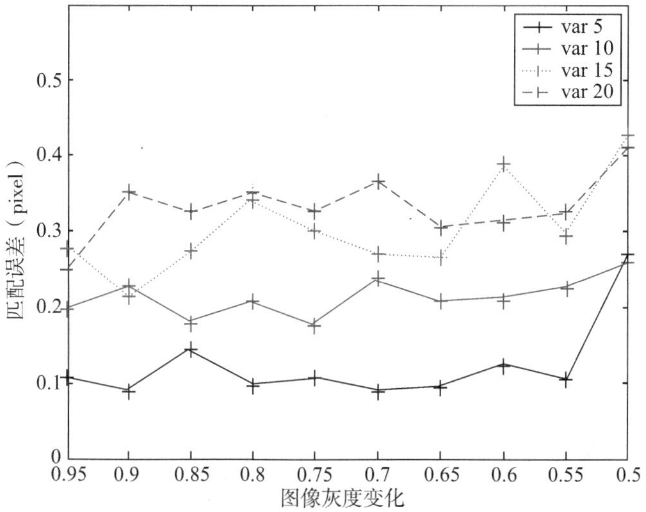

图 4 - 6　特征点跟踪误差

跟踪过程中，图像灰度在 95％～50％范围内变化（参照第一帧），且叠加了方差分别为 5、10、15 和 20（像素灰度值）的高斯噪声。各个噪声水平下跟踪误差均方差受到像素灰度变化影响较小，在 65％以上的范围内比较稳定，这说明该算法对光照强度变化具有一定鲁棒性。但随着图像噪声的加大，跟踪结果变差：当噪声方差为 5 时，匹配误差约为 0.1 pixel，与理想情况下的跟踪结果相差不大；当噪声方差达到 20 时，匹配误差接近 0.4 pixel。

另一方面，特征点匹配的成功率也与灰度变化及图像噪声相关，表 4 - 3 列出各种条件下历次跟踪过程中成功匹配的特征点数，其中规定跟踪误差大于 1 个 pixel 时为误匹配。当图像噪声的水平达到 20、像素灰度变化超过 30％时，已经出现最低 9 个成功匹配、误匹配率接近 50％的情况，此时该特征跟踪方法已经不可用。

表 4 - 3　特征点匹配统计

像素灰度变化	正确匹配特征点数			
	$\sigma=5$	$\sigma=10$	$\sigma=15$	$\sigma=20$
95％	20	19	18	17
90％	19	19	19	19
85％	19	18	19	16

续表

像素灰度变化	正确匹配特征点数			
	$\sigma=5$	$\sigma=10$	$\sigma=15$	$\sigma=20$
80%	20	20	18	17
75%	18	18	18	17
70%	19	18	19	13
65%	20	19	19	12
60%	19	18	18	11
55%	20	17	15	9
50%	17	19	14	11
平均误匹配率	4.5%	7.5%	11.5%	29%

图 4-7（a）展示了图像噪声为 15，灰度变化 60%时匹配的结果；图 4-7（b）为 NEAR 任务下降阶段的实际图像。由于拍摄位置及角度的改变，图像中特征点不但发生了位移，而且其形状也产生了扭曲。随着天体的自旋，光照角度与第一帧也并不相同，可见上述算法能够有效地跟踪深空探测目标天体表面的特征点。

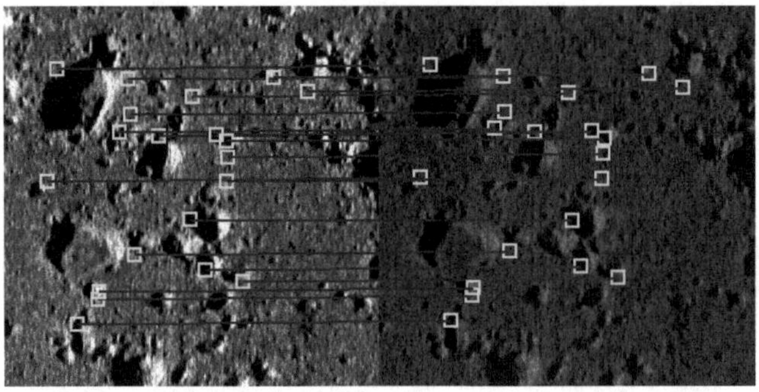

(a)

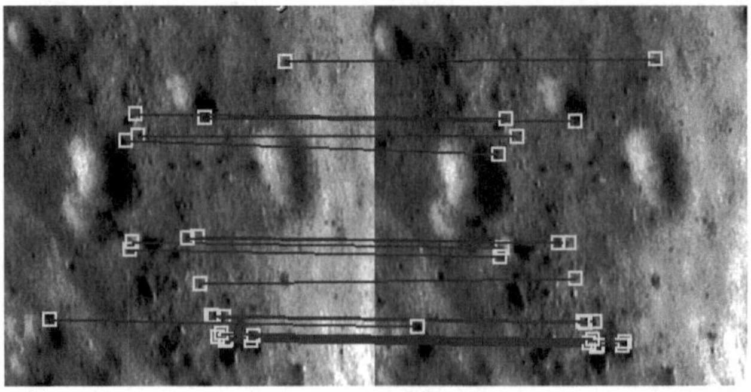

(b)

图 4-7　特征点跟踪

（2）自然路标识别

选择参照物是所有导航算法的第一步，针对深空探测的特点提取和识别导航参考路标是这一部分的研究重点。随着探测器的接近，导航相机视场将逐渐被目标天体充满，这时只能利用天体表面的信息作为导航观测量。陨石坑是深空探测任务目标天体表面比较明显的特征之一。它的边缘形状比较规则，一般为圆形或椭圆形，而且在不同的光照条件下不会发生变化。月球等无大气的大行星表面分布着大量的陨石撞击形成的陨石坑。图 4－8 是一幅 NEAR 探测器拍摄的 Eros 小行星表面拼接图，其上同样分布着一定数量的陨石坑，这些都为导航应用奠定了基础。

图 4－8　Eros 小行星表面拼接图

如果在着陆前将部分容易识别的陨石坑在天体三维模型中标定出来，则在着陆过程中就能以它们作为导航参照物来确定探测器的位置和姿态。但是如何将陨石坑从背景中识别出来，以及确定其半长轴等特征信息仍然存在很多困难。首先，陨石坑的形状受拍照角度和天体表面地形的影响可能成为椭圆；其次，在很多大的陨石坑当中很有可能还夹杂着小的陨石坑，且还可能由于这个原因破坏大陨石坑的形状；光照条件的变化也会影响陨石坑的图像。因此，需要一种能够克服以上问题，在复杂的场景中准确识别陨石坑的算子[14]作为自主导航算法的基础。这里提出一种陨石坑识别算法，借助改进的 Canny 边缘检测算法检测可能的陨石坑边缘，并对提取出的边缘投票进行筛选，最后利用随机采样一致算法拟合其参数。

①陨石坑边缘提取

图像边缘提取算法在计算机视觉领域已经被广泛地研究，其基本原理是考察图像灰度的梯度，找到大于设定阈值的像素点作为图像边缘。陨石坑是陨石撞击天体表面形成的凹坑，虽然由于各种因素凹坑的形状可能遭到破坏，但是仍可以用高出地表的环形来近似其边缘形状，Bertrand Leroy 就给出了天体表面陨石坑的数学模型。在良好的光照条件下，这些陨石坑边缘有着明显的明暗界限，边缘曲线近似于圆。如图 4－9 左图所示，这是一张月球表面的图像。

因此针对深空探测任务的特点，在 Canny 边缘检测算子[14]的基础上发展稳定快速的边缘检测算法。Canny 边缘检测算子首先借助高斯平滑滤波器将导航图像中的噪声滤掉，并检验像素点的灰度梯度。如果只是将灰度梯度幅值满足阈值要求的点作为边缘，那么在一个边缘过渡上就有可能有多个点满足这一条件，检测出的边缘并不是真正的边缘。Canny 边缘检测算子采用了非极大值抑制（NMS，Non - maxima Suppression）的方法解决该问题。在计算像素点灰度梯度幅值的同时，还保留其方向信息，并在这个方向上考察临近像素的灰度梯度。如果临近像素点的梯度大于当前点的值，说明当前的像素点并不是真正的边缘；相反的，如果当前像素点梯度值在其方向上是局部的最大值，那么这个点就是边缘。检测的结果如图 4 - 9 所示。从图 4 - 9 可以看到，对于一个比较理想的陨石坑，Canny 边缘检测算子检测出三条边缘曲线：上下两条是陨石坑的边缘，但是中间一条是由于阴影造成的，显然这并不是真正的边缘，必然会给以后的陨石坑检测带来困难。

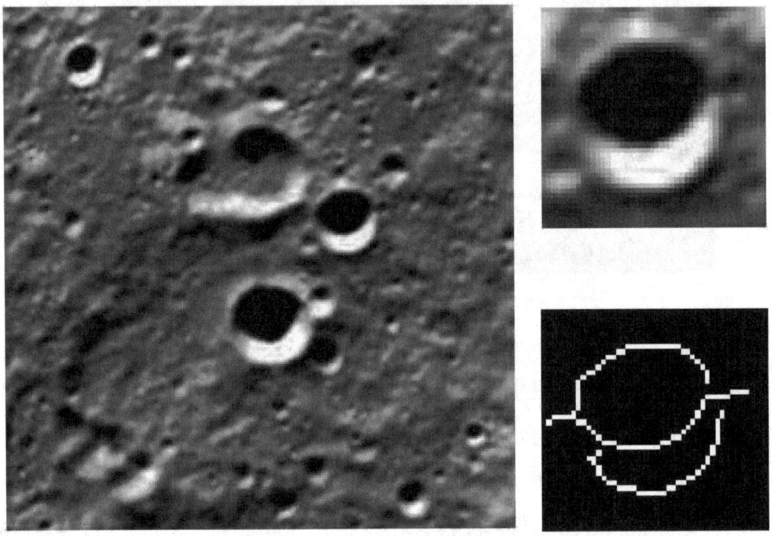

图 4 - 9　月球表面及陨石坑边缘检测

图 4 - 10 显示了陨石坑在光照方向上的剖面图，前后两个凸起代表陨石坑的边缘，并且以边缘和阴影为分界线将图像分成四部分。通过分析可以发现陨石坑在光线的照射下，真正的边缘曲线上的像素点灰度都是从亮变暗，而阴影边缘的灰度是从暗变亮。也就是陨石坑边缘像素点的灰度梯度方向是沿着光照方向的，而阴影边缘的灰度梯度与光照方向相反，这就为剔除阴影边缘提供了依据。在着陆段，探测器可以借助惯导系统给出探测器姿态的估计，再依照目标天体的星历信息就可以确定当时的太阳光在导航图像中的方向。这个方向不必非常精确，一定的偏差也只能影响边缘的个别像素点，这说明利用这种方法提高边缘检测结果的准确性是可行的。图 4 - 11 所示的就是利用该方法检测的陨石坑边缘。与图 4 - 9 中的边缘检测结果对比可以发现，该方法有效地区分了陨石坑边缘和阴影的交

界线，去除了错误的边缘信息。这为后面的陨石坑拟合算法提供了很大的方便，使其不必再为区分边缘和阴影耗费计算时间。

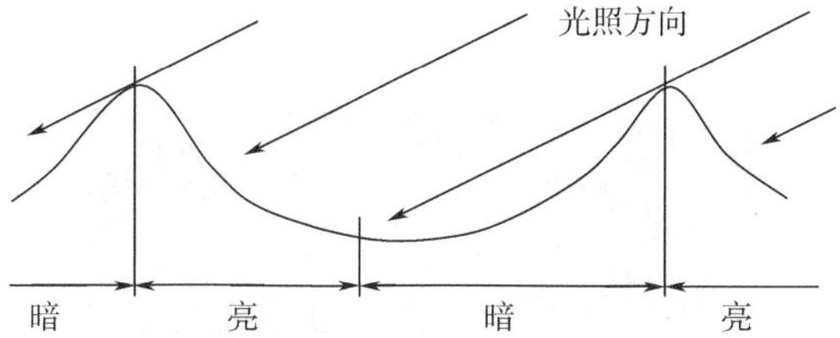

图4-10　陨石坑光照

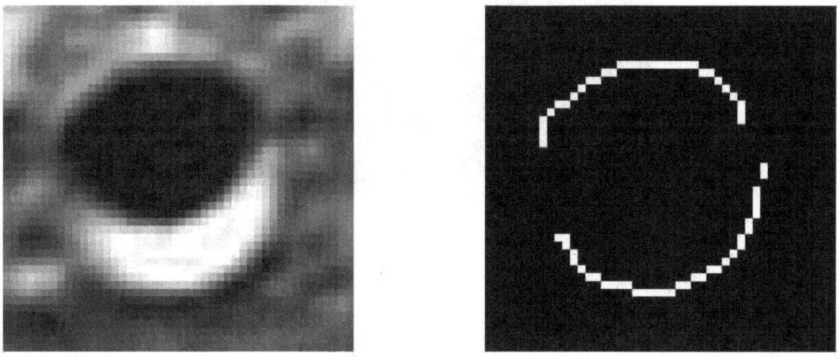

图4-11　修改的边缘检测结果

综合以上的分析，给出以下陨石坑边缘检测算法的算法流程：

1）高斯平滑图像。

2）计算像素点灰度梯度。

3）考察梯度方向上相邻像素点的梯度。如果梯度不大于相邻像素点梯度，将当前梯度置零（采用NMS）。

4）去掉梯度与光照方向相反的像素点。

5）使用高阈值检测像素点梯度。

6）使用低阈值检测像素点梯度。

7）借助低阈值像素点连接高阈值边缘。

利用高阈值算法检测图像边缘的好处是能够去掉大量的假边缘，但是太高的阈值也使部分边缘像素丢失。所以这时利用较低的阈值得到连接性比较好的边缘，在低阈值边缘上搜索高阈值边缘缺失的地方，将高阈值边缘连接起来。如图4-9所示的月面导航图像，其边缘检测结果如图4-12所示。

②投票张量

通过边缘检测得到了一系列被认为是陨石坑边缘的曲线，虽然采用光照方向信息对边缘进行了筛选，但是这其中仍包含许多假边缘像素点和通过边缘信息难以解释的不规则曲线。同时还有一些曲线是两条或是多条边缘相交形成的，如果直接利用曲线拟合的方法势必增加算法的复杂程度和计算量。根据算法的需要，陨石坑的边缘应该是近似地分布在椭圆曲线上，因此利用投票张量（Tensor Voting）算法来判断像素点是否在曲线上，以减少后面曲线拟合的误差。

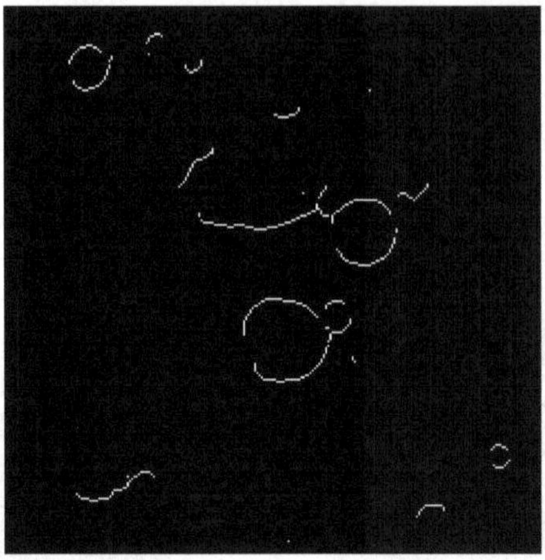

图 4 - 12　陨石坑边缘检测结果

投票张量算法被广泛地应用于图像特征结构的识别[15-17]，它的基本思想就是利用张量表示图像中某一点对于某种结构的显著性（Saliency），并将这一性质作为该点是否属于这种结构的判据。而某个点的显著性来源于与它邻近的点对它的投票，每张选票都表明了由投票点和接收点最有可能构成的几何结构[18]。

对于导航图像的二维情形，二阶张量就可以表示带有法线方向的边缘点的全部信息。如果一个边缘点的法线方向为 $\boldsymbol{n}=[n_x, n_y]^{\mathrm{T}}$，那么代表它的张量可以写成

$$\boldsymbol{T}=\boldsymbol{n}\boldsymbol{n}^{\mathrm{T}}=\begin{bmatrix} n_x^2 & n_x n_y \\ n_x n_y & n_y^2 \end{bmatrix} \tag{4-22}$$

接下来就由投票张量过程将这些信息传播给邻近的点，如图 4 - 13 所示。P 点是一段法线方向为 $\boldsymbol{n}$ 的曲线上的点，与它邻近的点 Q 根据显著性原则最有可能位于连接 P 点和 Q 点的圆弧上。这是符合人们视觉习惯的推论，因为人类在连接这样两个结构时也是尽量使连接的曲线平滑，并且保持曲率不变。

所以根据上面的分析，在图 4 - 13 中 Q 点受到 P 点和其法线的约束位于圆弧 PQ 上。这样 Q 点的法线方向就由 P 点法线方向 $\boldsymbol{n}$ 和 P 点与 Q 点之间的直线距离 l 确定，并且这两个信息是可以在导航图像中直接获得的。

显然直线 PQ 与 P 点的切线方向夹角为其对应圆周角 θ 的一半，在图像中可根据 P 和 Q 的位置关系求出角 θ。这样，Q 点对应法线方向为 $\boldsymbol{n}_q=[-\sin\theta,\ \cos\theta]^{\mathrm{T}}$，其张量为

$$\boldsymbol{T}_q=\begin{bmatrix} -\sin^2\theta & -\sin\theta\cos\theta \\ -\sin\theta\cos\theta & \cos^2\theta \end{bmatrix} \tag{4-23}$$

式（4 - 23）也就是 P 点对 Q 点的投票张量，表明了在已知投票点 P 点位置和法线方

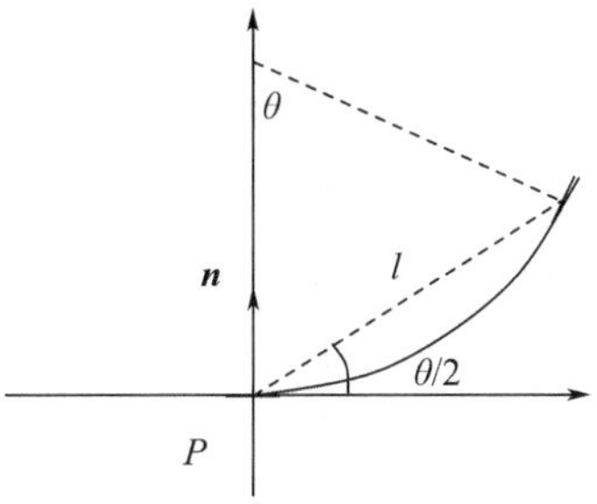

图 4 - 13　二维投票

向 $\boldsymbol{n}$ 的前提下，Q 点最可能的结构信息。当然，如果所有边缘点的投票都仅由式（4 - 23）确定显然是不合理的，因为距离投票点越远的接收点理应受到越小的影响。所以应该给投票限定一个作用范围，并且规定和相对距离有关的投票幅值。定义投票函数

$$DF(s,k,\sigma)=\mathrm{e}^{\frac{s^2+ck^2}{\sigma^2}} \tag{4-24}$$

式中　s ——圆弧 PQ 的长度；

k ——圆弧 PQ 的曲率；

σ ——投票尺度，决定了投票作用区域；

c ——表示曲线曲率的退化程度。

根据图 4 - 13 中所示的几何关系，圆弧 PQ 的半径为

$$r=\frac{l}{2\sin(\theta/2)} \tag{4-25}$$

这样就有 $k=1/r$ 及 $s=r\theta$ 。并且定义系数

$$c=\frac{-16(\sigma-1)\lg 0.1}{\pi^2} \tag{4-26}$$

可见整个投票幅值函数仅和投票尺度 σ 有关，它决定了投票的作用范围。较大的作用范围可以更好地保证曲线的平滑性，对假边缘的去除作用更明显；较小的范围则保留更多的细节。同时还规定，若 θ 超过 $\pi/2$，则投票对接收点没有作用。

根据以上的分析可以定义曲线上的点对其他临近点可能结构的投票，根据式（4 - 23）和式（4 - 24）改写带有幅值的投票张量为

$$\boldsymbol{S}=DF(s,k,\sigma)\boldsymbol{T}_q \tag{4-27}$$

式（4 - 27）完整地表示了一个带有法线方向的点对其临近点的投票。如果将接收者附近所有的点对其投票全部累计起来，就构成了接收者结构的一个可能的估计。这里的累计就是简单的投票张量相加，下面分析如何解释这样获得的接收点张量。

上面定义的投票张量是一个二阶对称矩阵，其不同特征值对应的特征矢量正交，同时式（4 - 22）矩阵可以分解成

$$\boldsymbol{T}=\lambda_1\boldsymbol{v}_1\boldsymbol{v}_1^{\mathrm{T}}+\lambda_2\boldsymbol{v}_2\boldsymbol{v}_2^{\mathrm{T}} \tag{4-28}$$

式中　λ_1 和 λ_2——矩阵的两个特征值；

$\boldsymbol{v}_1$，$\boldsymbol{v}_2$——对应的特征矢量。

根据式（4 - 22）对带有法线方向的点的张量定义，可以说明式（4 - 28）代表的点具有两

个可能的法线方向 $\boldsymbol{v}_1$ 和 $\boldsymbol{v}_2$，其可能性由特征值 λ_1 和 λ_2 的大小来表示。

且 2×2 的对称矩阵可以表示平面内的椭圆

$$[x,y]\boldsymbol{T}[x,y]^{\mathrm{T}}=T_{11}x^2+(T_{12}+T_{21})xy+T_{22}y^2=0 \tag{4-29}$$

矩阵的两个特征值 λ_1 和 λ_2 分别代表椭圆的半长轴和半短轴，特征矢量 $\boldsymbol{v}_1$ 和 $\boldsymbol{v}_2$ 分别为长轴和短轴的方向。这个椭圆形象地说明了某一个张量代表的点在结构上的显著性。如果该椭圆为一个细长的椭圆，即 λ_1 远大于 λ_2，说明这个点极有可能位于 $\boldsymbol{v}_1$ 为法线的曲线上；若 $\lambda_2=0$，则该点具有明确的法线，也就是式（4－22）定义的情况；如果 $\lambda_1=\lambda_2$，椭圆变成圆形，说明该点的法线方向不确定，在 $\boldsymbol{v}_1$ 和 $\boldsymbol{v}_2$ 两个方向上的可能性是一致的。将式（4－28）作如下变形

$$\boldsymbol{T}=(\lambda_1-\lambda_2)\boldsymbol{v}_1\boldsymbol{v}_1^{\mathrm{T}}+\lambda_2(\boldsymbol{v}_1\boldsymbol{v}_1^{\mathrm{T}}+\boldsymbol{v}_2\boldsymbol{v}_2^{\mathrm{T}}) \tag{4-30}$$

将式（4－30）前面的一项称作棒张量，后面一项称作球张量。棒张量说明了该点在以 $\boldsymbol{v}_1$ 为法线的曲线上的可能性，球张量表示其不确定性。显然，之前定义的一个有法线方向的边缘点对应的张量为一个棒张量，一个孤立的点对应着球张量。

通过以上的分析，说明可以借助投票张量来明确一个点是属于一条曲线，还是不确定性非常高的边缘交叉点或孤立点，这也有助于过滤掉导航图像的噪声。考虑到着陆段对算法实时性的要求，投票张量的过程设计如下：计算边缘检测算法得到的像素点法线方向；设定投票尺度 σ 值，对所有投票范围内的边缘点进行投票；投票结束后，设定 λ_1/λ_2 的阈值，将显著性不明显和不确定性太高的点去掉。

像素点的法线方向可以通过所在曲线上与之相邻的像素点位置得到。与一般的投票张量进行特征结构提取的思路不同，这里投票的目的是消除对曲线拟合不利的点，即没有显著意义的线段、多条边缘曲线相交的点和孤立的噪声点等。这些点如果不经过筛选直接进行曲线拟合，就会导致计算量增加，并且由于无意义的点和噪声点的影响还可能使拟合结果出现错误。所以投票尺度应设定较大，进行大范围的平滑，以选出明显位于曲线上的像素点。同时算法也没有采用两次投票来形成稠密的张量图，这也是出于减少计算量的考虑。另外，通过拟合的方法更加直接有效。

图 4－14 展示了经过投票张量筛选之后具有较高显著性的边缘。与图 4－12 相比，一些曲线外的点和多条曲线的相交点被删除了，但是陨石坑边缘上的点基本被保留了下来，这将大大提高曲线拟合的效率和拟合结果的正确率。

③陨石坑参数估计

1）边缘曲线拟合：经过投票张量得到的曲线在理论上应该就是陨石坑的边缘，但是由于实际导航图像的复杂场景，这些边缘仍不可能完全符合椭圆拟合的要求。因为它们可能根本不是陨石坑的边缘，但由于符合其他形式的曲线而被保留。直接由最小二乘方法进行椭圆方程估计存在较大偏差，如果估计过程中包含假边缘，甚至会使结果不可理解。

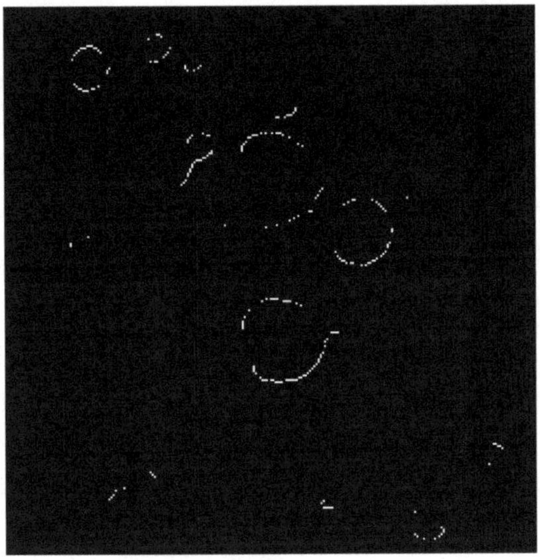

图 4-14　显著性较高的边缘

HT（Hough Translation）是一种常用的拟合方法[19-22]，该方法也采用了投票的思想，对每一组像素点，根据其位置等信息列举出全部可能的曲线参数，所有像素点投票后，采用得票最多的参数作为拟合结果。这种方法对拟合直线非常有效，椭圆曲线待定的参数有 5 个，这大大增加了投票参数空间和计算量、影响了效率。

因此采用随机采样一致 RANSAC（Random Sample Consensus）的方法拟合椭圆边缘[23-26]获得陨石坑边缘曲线。该算法的思想是通过随机采样的方法避开错误数据的影响，在保证正确拟合的前提下，采用拟合误差最小的参数作为结果。首先给出边缘拟合算法的流程。

a）确定：所需要迭代的次数 k ，点到曲线距离的阈值 d_{max} ，判断拟合结果的点的数目 m 。

b）迭代 k 次：从每条曲线中随机地挑选出 5 个点，利用这组数据估计边缘的椭圆方程；对于每个不在该椭圆上的点。用阈值 d_{max} 比较点到椭圆的距离；如果满足条件认为该点靠近椭圆；如果有 m 个或更多的点靠近椭圆，本次拟合成功。

c）重新利用这 m 个点拟合椭圆，计算拟合误差。

d）在所有成功的拟合中挑选误差最小的作为拟合结果。

要确定一个椭圆这样的二次曲线需要至少 5 个像素点，因此每次采样都需要从每条曲线中随机地抽取 5 个像素点并拟合出对应的曲线；计算该条曲线上所有剩余的点与该椭圆的距离，如果距离在一个可以接受的范围内，则判定该点近似地在该条曲线上，并考察有多少个这样在曲线上的点，多于设定的最少数目才认为由这 5 个点拟合的椭圆是正确的；并用全部在椭圆曲线上的点重新计算椭圆方程，计算新获得的椭圆与全部点距离的平方和，以此作为拟合误差；最后在正确的拟合中挑选拟合误差最小的一组参数作为曲线参数的估计结果。

在每次采样中，都有一定的概率抽到错误数据，这就需要确定多少次采样才能在一定概率下保证有一个正确的拟合。假设对于所有的像素点属于曲线的概率为 w ，那么如果进行 k 次采样，所有的采样样本都至少包含一个错误像素点，即全部的采样样本都是坏的，其发生的概率 b 为

$$b = (1 - w^n)^k \tag{4-31}$$

这里取 $n=5$ 表示每次采样所需的样本个数。如果令概率 b 充分小，那么就有理由认为在 k 次采样后总会有一个符合要求的采样。由式（4-31）可以得到 k 的表达式

$$k = \frac{\lg(b)}{\lg(1 - w^n)} \tag{4-32}$$

其中概率 b 是事先设定的，例如1%或更低。借助 w 就可以得到迭代次数 k 的估计。如设定 $b=0.01$，若 $w=0.7$ 则至少需要迭代26次才能保证有一次的采样点全部在椭圆上。实际计算过程中 w 的取值事先并不知道，这里采用前面投票张量筛选出的边缘点数目与边缘检测获得的全部像素点的数目之比来近似。

算法中还要通过计算点到椭圆曲线的距离来确定像素点是否在曲线上，并且利用其平方和表示本次拟合的误差。假设通过采样拟合的椭圆方程具有式（4-33）所示的一般二次曲线形式

$$\phi(x, y) = f_1 x^2 + f_2 xy + f_3 y^2 + f_4 x + f_5 y + 1 = 0 \tag{4-33}$$

通过曲线外的一点 (u, v) 到曲线最近的距离 d 在椭圆上寻找点 (x_0, y_0)，并使这两个点的连线垂直于过 (x_0, y_0) 的椭圆切线，则有

$$\left.\frac{\partial \phi}{\partial y}\right|_{(u,v)} (x_0 - u) - \left.\frac{\partial \phi}{\partial x}\right|_{(u,v)} (y_0 - v) = 0 \tag{4-34}$$

由式（4-34）可直接解得点 (x_0, y_0) 的位置，进而确定点到曲线的距离。不过该方法最多可能存在4个解，计算起来并不方便。实际算法中利用代数距离近似点到椭圆的几何距离

$$d \approx \phi(u, v) \tag{4-35}$$

当点比较接近曲线时，这种近似是可以接受的。

最后还要考虑需要多少个点在曲线上才能认定本次拟合是正确的，与之前的思路相同，m 个点都在曲线外的概率为 $(1 - w)^m$ ，通过选择 m 使该概率很小。

对于投票张量筛选过的每一条曲线都进行椭圆拟合，认为每一条曲线都符合式（4-33）的形式。当然，实际场景中必然存在陨石坑之外的曲线通过了投票张量。这些曲线也都可以用二次曲线拟合，包括直线、圆、双曲线和抛物线等，但是这里只关注满足 $f_2^2 - 4f_1 f_3 < 0$ 的椭圆和圆曲线。所以，如果拟合的曲线结果不符合上述条件即被删除。

利用上述算法对每一条陨石坑边缘曲线进行拟合，得到如图4-15所示的结果。

2）椭圆参数估计：观察图4-15的结果，对于一个如图4-11所示的典型的陨石坑边缘，由于其在光照方向上，陨石坑的边缘比较明显；但其中与光线平行的一小段像素灰度变化不明显，不易被边缘检测算法提取出来。这就导致本来属于同一陨石坑的曲线被分割成两段，曲线拟合算法就会得出两段椭圆曲线。下面就利用椭圆参数拼合这些曲线，得到

最终的陨石坑检测结果。

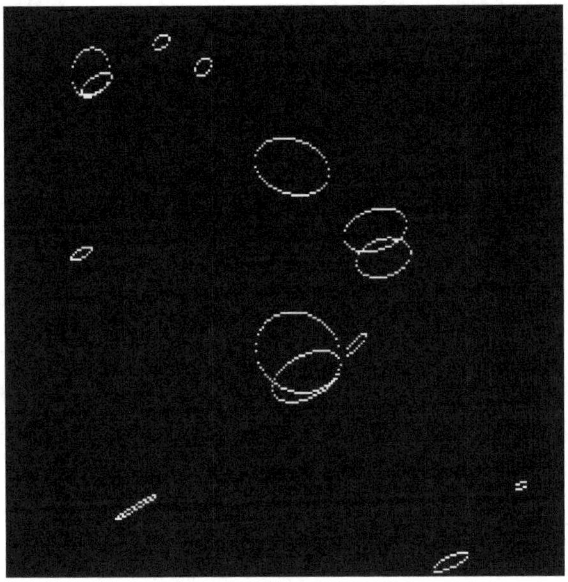

图 4-15　曲线拟合结果

借助前面的随机采样一致方法得到的曲线方程式（4-33）是最一般的椭圆曲线形式。首先考虑通过一般形式的椭圆方程获得椭圆参数。一个中心在坐标原点，标准的椭圆方程为

$$\frac{x^2}{a^2}+\frac{y^2}{b^2}=1 \tag{4-36}$$

式中　a，b——分别为半长轴和半短轴。

经过平移和旋转后形成新的任意椭圆方程，满足该方程的点与标准椭圆方程有以下关系

$$[x',y']^{\mathrm{T}}=\boldsymbol{R}([x,y]^{\mathrm{T}}-\boldsymbol{m}) \tag{4-37}$$

其中 $\boldsymbol{m}=[m_1,\ m_2]^{\mathrm{T}}$ 和 ϕ 分别为任意椭圆中心坐标和半长轴与 x 轴夹角，$\boldsymbol{R}=\begin{bmatrix}\cos\phi & \sin\phi\\ -\sin\phi & \cos\phi\end{bmatrix}$，这样就得到了一般方程与标准椭圆参数的关系，具体的表达式这里不再列出。通过这一转换关系估计每一条曲线对应的相关参数，主要是半长轴及半短轴参数。

表 4-4 列出了图 4-15 中检测出的 14 个椭圆形的半长轴和半短轴参数，长度单位为 pixel。

表 4-4　椭圆参数

椭圆	半长轴/pixel	半短轴/pixel	椭圆	半长轴/pixel	半短轴/pixel
1	15.278	13.032	8	6.162 2	0.008 1
2	9.347 4	4.251 1	9	4.772 7	0.769 82

续表

椭圆	半长轴/pixel	半短轴/pixel	椭圆	半长轴/pixel	半短轴/pixel
3	20.845	12.802	10	5.975 9	3.647
4	11.487	8.128 8	11	5.785 4	4.223 4
5	11.886	5.603	12	3.497 2	2.272 7
6	5.899 1	4.376	13	3.309 8	4.273
7	5.016 2	3.299 4	14	5.321 3	4.082

对于同一个陨石坑边缘的不同椭圆曲线，其中心位置临近甚至重合，而且必然有相似的半长轴和相似的与 x 轴的夹角。但这种情况并不一定成立，这是因为出于计算实时性的考虑，边缘检测算法设置了较高的阈值，以保证不明显的边缘被去除，并且一部分显著性不高的点通过投票张量的筛选也被滤掉。所以这里检测出的每一段曲线都较短，在拟合时会出现如图 4-16 所示的情况，较大半长轴的椭圆局部曲线可能被拟合成一个小椭圆。同样右侧的本属于同一陨石坑边缘曲线拟合出了半长轴并不相同的大椭圆，这种情况可以根据其内部存在另外一条边缘曲线被判别出来，拟合时采取适当的策略将这两条曲线合并起来。不过这样的拟合原则将会导致实际中确实位于大陨石坑内部的小陨石坑被忽略掉。

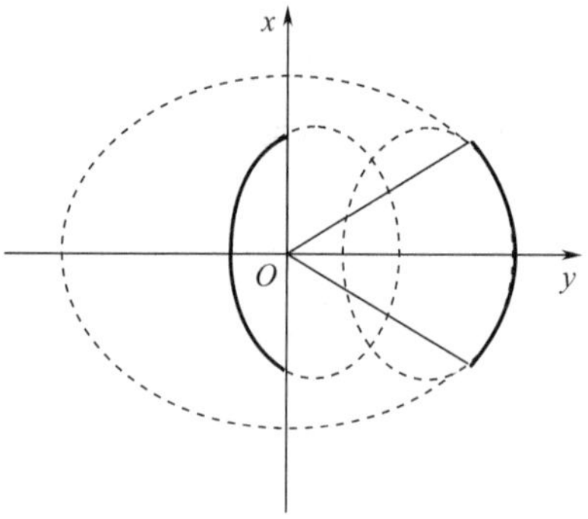

图 4-16　椭圆曲线误拟合

所以在拼合同一陨石坑的两段曲线时采用这样的策略：在光照方向以拟合的椭圆半长轴为范围搜寻其他的具有相似半长轴的椭圆；若一个拟合椭圆在另一个的内部，那么合并这两段曲线并重新利用陨石坑边缘提取中介绍的方法重新拟合椭圆曲线，并估计其参数。

图 4-17 展示了重新拟合的椭圆曲线。可以看到，利用前面介绍的陨石坑检测算法能够有效地检测出特征明显的陨石坑，但是对于一些边缘不完整的陨石坑，仍然存在较大的误差，甚至不能检测出来。主要原因是边缘检测算法存在着一定的局限性：设定较低的阈值可以保证边缘的完整，但是也必然引入大量的假边缘，增加曲线拟合的计算量，同时也给陨石坑的匹配带来困难。较高的阈值虽然会漏掉那些灰度变化不剧烈的边缘，但是从另一个角度来说，这样得到的陨石坑特征不明显，建立导航数据库时也不会选择这样的导航路标。如何能够更精确、更快速地检测出陨石坑，还需要进行更深入的研究。

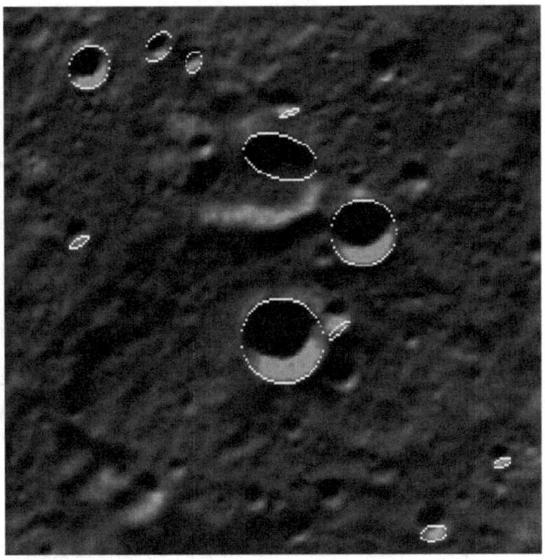

图 4-17　陨石坑检测结果

(3) 着陆点选择与评估

在最终着陆之前，由于缺乏着陆点区域的地形数据，因此探测器到达任务规划的着陆区域上空后应该具备自主安全着陆点选择的能力，从而规避开对探测器成功着陆造成威胁的障碍。相对安全的着陆点至少应该满足平整度和坡度两个方面的要求，也就是说，着陆点内不能存在超过探测器容忍范围的石块或陨石坑，着陆点平面与当地水平面的夹角不大于探测器结构设计的最大倾角。首先以像素灰度差异为指标在导航图像中搜索着陆点预选区域，并认为该区域满足着陆点平整度要求。然后在相邻两帧导航图像中匹配预选区域内的像素点得到单应矩阵，根据运动估计算法给出的帧间运动，从该矩阵中求取预选区域的坡度情况[27]，符合条件的区域作为安全着陆点。

①着陆备选区域

由于着陆地点必须是平坦没有大块岩石及陨石坑的平面，因此符合条件的着陆区在导航图像中对应的像素亮度变化应是平缓甚至没有变化的区域。据此采用像素区域的标准差

$$S(i,j)=\frac{\sum_{u=i-w}^{u=i+w}\sum_{v=j-w}^{v=j+w}I(u,v)^2}{(2w+1)^2}-\frac{\left[\sum_{u=i-w}^{u=i+w}\sum_{v=j-w}^{v=j+w}I(u,v)\right]^2}{(2w+1)^4} \tag{4-38}$$

作为着陆点区域平滑程度的表示，其中 $I(u,v)$ 为像素灰度值，检测窗口宽度为 $(2w+1)$。

标准差值越小，说明该区域越平整。为了提高图像处理的速度，可以对分辨率较高的图像采用高斯金字塔方法降低分辨率、滤除噪声；并对导航相机视场内所有像素点进行标准差计算，挑选出靠近视场中心最平滑的区域作为着陆点的备选点，如图 4-18 所示。

②着陆点平面坡度估计

通过初步检测得到的着陆点备选区域基本满足了平整度的要求，下面对其坡度进行估计。为了获得较高的精度，且由于选取的着陆区域包含较少的像素数，不会影响算法的实时性，因此利用 ***L*** -***M*** 非线性迭代计算着陆区域的单应矩阵。

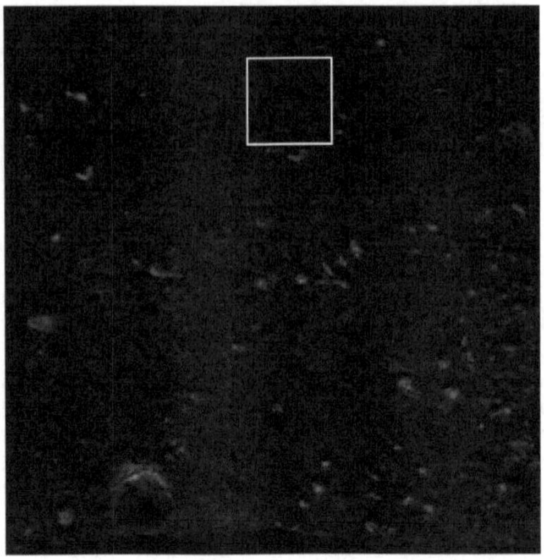

图 4 - 18　着陆点选择

由于前后两次拍照时的参数不会完全相同，对应像素应该满足

$$I_2(u',v') = \alpha I_1(u,v) + \beta \tag{4-39}$$

式中　$I_1(u,v)$，$I_2(u',v')$——分别为同一点在两次拍照中对应的灰度值；

α，β——分别为对比度参数和亮度参数。

但实际的导航图像会受到噪声的影响，所以式（4 - 39）不能精确成立。因此由最小化式（4 - 40）迭代确定着陆区域的 $\boldsymbol{P}$ 矩阵

$$\boldsymbol{P} = \sum [I_2(u',v') - \alpha I_1(u,v) - \beta]^2 \tag{4-40}$$

令 $f(u,v,\boldsymbol{P}) = I_2(u',v') - \alpha I_1(u,v)$，则有

$$\begin{cases} \dfrac{\partial f}{\partial p_{11}} = -\alpha \cdot \dfrac{\partial I_2}{\partial u'} \cdot \dfrac{u}{D} \\ \dfrac{\partial f}{\partial p_{12}} = -\alpha \cdot \dfrac{\partial I_2}{\partial u'} \cdot \dfrac{v}{D} \\ \quad\vdots \\ \dfrac{\partial f}{\partial p_{32}} = \alpha \cdot \dfrac{\partial I_2}{\partial u'} \cdot \dfrac{v'u}{D} + \alpha \cdot \dfrac{\partial I_2}{\partial v'} \cdot \dfrac{v'v}{D} \end{cases} \tag{4-41}$$

其中

$$D = p_{31}u + p_{32}v + 1$$

接着可以通过 $\boldsymbol{L-M}$ 非线性迭代算法迭代确定单应矩阵。获得单应矩阵后，借助运动估计算法给出的两次拍照间的相对运动得到着陆点平面的法线方向。

③着陆段地表形态识别

本节结合不同的方法，先利用灰度形态学中的高、低帽变换分别对障碍的迎光面及背光面进行分割，对非阴影区域利用 Paraperspective 算法进行地表形态识别，并利用拟合椭圆的思想对障碍区域进行描述。

1）明暗区域分割的具体过程如下所述。

a）基于灰度形态学的图像分割：高帽（Top－Hat）变换是一种具有良好高通滤波性的灰度形态学变换，可用于检测灰度图像中的波峰。Top－Hat 算子定义为

$$HAT(f)=f-(f\cdot g) \tag{4-42}$$

式中 $f\cdot g$ ——表示用结构元素 g 对图像 f 进行灰度开运算，其结果是在较亮的背景中求暗的像素集。

Top－Hat 变换将原图中灰度变换比较平缓的、大于结构元素（结构元素的选取通常比石块像素略大）的背景去除，保留灰度峰值，增强图像的阴影信息。相应地，利用其对偶运算低帽（Bottom－Hat）变换，得到经过闭运算后的图像与原图像的差值，可使图像较亮部分得到加强。Bottom－Hat 算子定义为

$$BOT(f)=f-(f\cdot g) \tag{4-43}$$

图 4－19（a）为探测器在距离 Eros 小行星 1.15 km 处得到的图像，实际区域宽度约为 55 m，左下方的较大的岩石直径约为 7.4 m。由于没有大气，光照比较强烈，地表岩石的迎光面亮度较大，而背光面则形成阴影区域。如图 4－19（b）所示，Top－Hat 变换后的图像与 Bottom－Hat 变换后的图像相减后，背光区和迎光区与背景相比具有明显的灰度特征。从两幅图像的灰度直方图（图 4－20）可以看出，变换后的图像在灰度值为 0 和 255 处形成明显的双峰，为进一步二值化阈值的选取提供了很大的空间。同样，弹坑边缘、山脊等障碍的两侧也具有明显的灰度差异，也可以采用上面的方法进行检测。

(a) Eros地表原始图像

(b) Top-Hat变换后的图像

图 4－19 原始图像及变换后的图像

b）利用腐蚀膨胀进行噪声滤除：将变换后的图像分别在灰度峰值及谷值附近选取阈值进行二值化处理，并将迎光面图像取反后与背光面图像相加得到障碍图，如图 4－21（a）所示，图中存在着地表小石块等形成的噪声。通常对噪声的滤除是通过开运算来进行的，A 对 B 的开运算定义为

$$A\circ B=(A\Theta B)\oplus B \tag{4-44}$$

即 A 先被 B 腐蚀，再被 B 膨胀的结果。

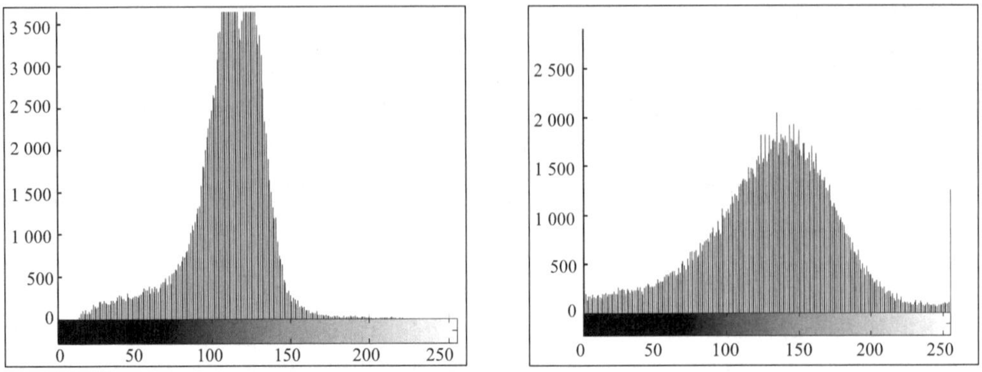

(a) 原始图像直方图　　(b) Top-Hat变换后的直方图

图 4-20　两幅图像的直方图对比

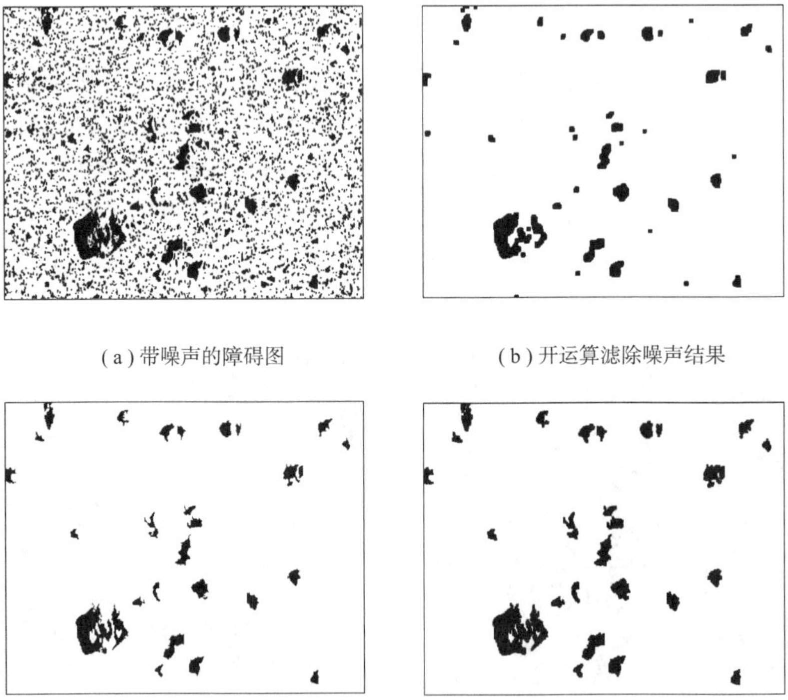

(a) 带噪声的障碍图　　(b) 开运算滤除噪声结果

(c) 利用连通面积滤噪结果　　(d) 膨胀后的结果

图 4-21　滤除噪声效果比较

图 4-21（b）是利用边长为 3 pixel 的结构元素做开运算滤波的结果，但直接经过开运算滤除噪声，会对障碍区域的形状产生一定的影响，不同结构元素的选取对处理结果也有较大的影响。这里采用判断 8 连通区域面积的大小来滤除噪声，有效解决了上述问题。利用连通区域面积滤波是一个标记连通区域并计算其面积的过程，具体的过程这里不再详细介绍。另外，为避免多个相邻的噪声连接形成较大的障碍区域，应先采用较小的结构元素对带噪声的图像做一次腐蚀运算，以消除噪声连接的影响。

将岩石视为障碍的最小面积为 s，面积小于 s 的小石块可视为噪声。设探测器距离地表的距离为 h（可以利用激光测距仪确定），光学相机焦距为 f，根据针孔相机的成像原理，可得滤波过程中的参数 s' 的大小

$$s' = s \cdot \frac{rf}{h-f} \tag{4-45}$$

图 4-21（c）为滤除障碍像素数小于 70 的结果。基于 8 连通面积的滤波不必考虑结构元素的选取，其在有效滤除噪声的同时保持了障碍物原有的形状特征。为连接迎光面与背光面之间的缝隙并提供一定的容错性，将滤波后的图像进行一次膨胀运算，最终形成的障碍区域如图 4-21（d）所示。

c）阴影区域修正：由于光照角度对阴影面积影响较大，在太阳光照与地表夹角（可通过太阳敏感器测得）较小时，阴影区域面积过大可导致障碍检测产生偏差，因此要对障碍区进行修正。Andres Huertas 等人用两个拟合椭圆近似估计岩石的形状。在本节的算法中，由于迎光面的特征已经提取，可只根据迎光面区域用一个椭圆大致估计岩石的形状，无须拟合阴影区域的椭圆，简化了计算过程。

如图 4-22 所示，近似椭圆的中心是光照方向与迎光面边缘的交点。一轴长度为 a，是光照轴两侧岩石轮廓上的点到光照轴最远点距离的和；另一轴长度为 b，是椭圆中心在光照轴方向上到岩石迎光面最远点距离的两倍。

$$a = w_1 + w_2 \tag{4-46}$$

$$b = 2l \tag{4-47}$$

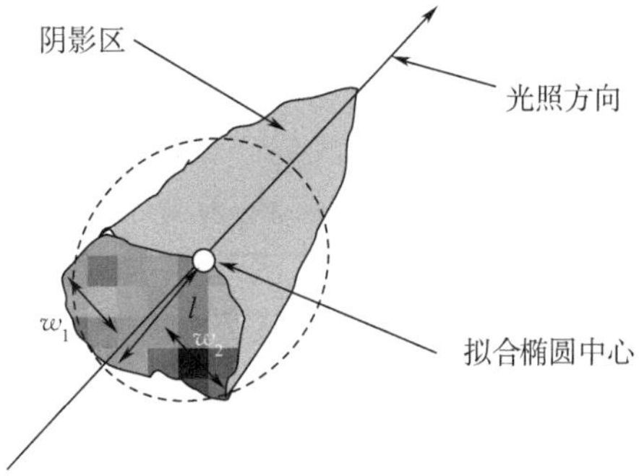

图 4-22　近似椭圆估计岩石形状

2）利用 Paraperspective 算法进行地表形态重构。对于非阴影区域的地表形态，可以利用因式分解的思想进行地表形态重构。但由于着陆段探测器的光学导航一般采用的是宽视场相机，因此利用弱透视变换。近似透视投影造成的重构误差较大，这里采用平行透视（Paraperspective）投影近似透视投影。

利用 Paraperspective 算法进行地表重构与利用弱透视变换相比，主要是度量约束条件不同。由于采用宽视场相机，$\boldsymbol{m}_f = \frac{\boldsymbol{i}_f}{z_f}$，$\boldsymbol{n}_f = \frac{\boldsymbol{j}_f}{z_f}$ 的假设误差较大，因此采用式（4-48）进行代替

$$\begin{cases} \boldsymbol{m}_f = \dfrac{\boldsymbol{i}_f - x_f \boldsymbol{k}_f}{z_f} \\ \boldsymbol{n}_f = \dfrac{\boldsymbol{j}_f - y_f \boldsymbol{k}_f}{z_f} \end{cases} \tag{4-48}$$

度量约束变为

$$\frac{|\boldsymbol{m}_f|^2}{1+x_f^2} = \frac{|\boldsymbol{n}_f|^2}{1+y_f^2} = \frac{1}{z_f^2} \tag{4-49}$$

$$\boldsymbol{m}_f \cdot \boldsymbol{n}_f = x_f y_f \ \frac{1}{2}\left(\frac{|\boldsymbol{m}_f|^2}{1+x_f^2} + \frac{|\boldsymbol{n}_f|^2}{1+y_f^2}\right) \tag{4-50}$$

$$|m_1| = 1 \tag{4-51}$$

对小天体末端着陆进行数值仿真，如图 4－23 所示，假定探测器从大约 50 m 处沿标称抛物线轨迹降落。具体仿真参数见表 4－5。

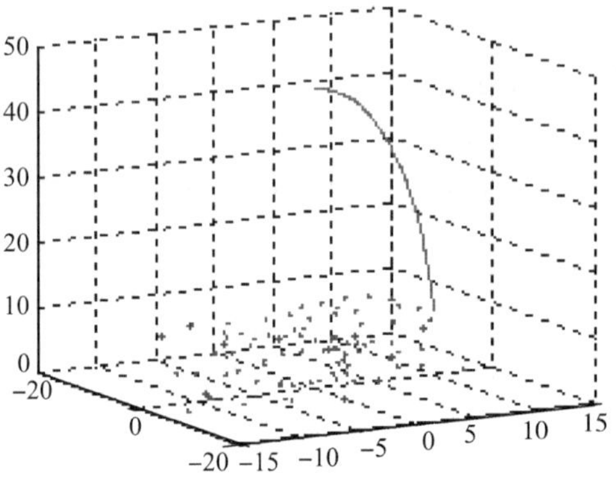

图 4－23 探测器着陆示意图

表 4－5 仿真参数表

视场角	30°
焦距	268 mm
分辨率	500×500
特征点匹配噪声	0.5 pixel
激光测距仪噪声	0.01%
拍摄图像帧数	100
跟踪特征点个数	90

从仿真结果看，弱透视投影结果与 Paraperspective 投影在对探测器姿态角的估计上（图 4－24），以及 z 轴方向上特征点恢复结果（图 4－25）相当，但 xy 方向上对特征点的恢复不如 Paraperspective 投影（图 4－26）。这与坐标系的选择以及相机下降时规定的姿态有关。正投影对相机的姿态角估计最差，甚至某些情况出现发散，且不能对相机轴向运动进行估计，影响导航精度，只适合对平移运动的估计。

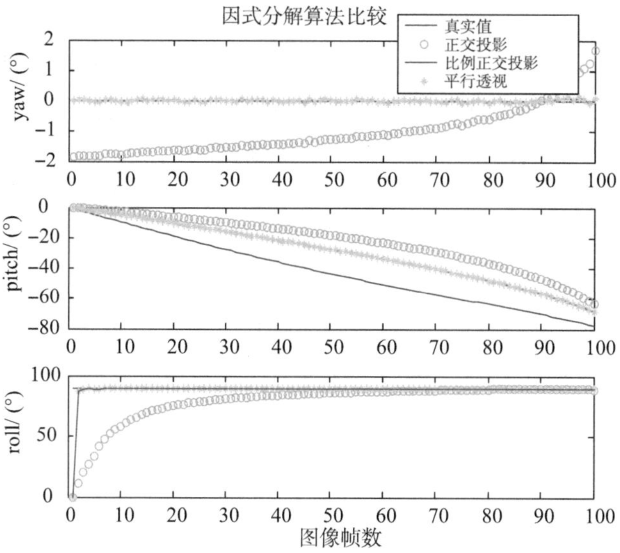

图 4-24　三个姿态角恢复误差

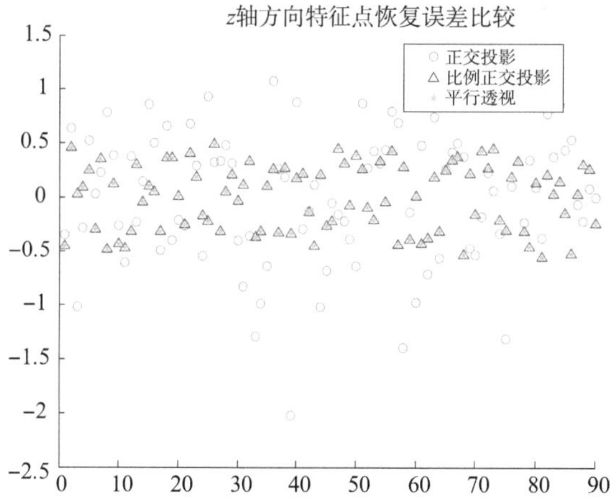

图 4-25　特征点 z 轴方向重构误差比较

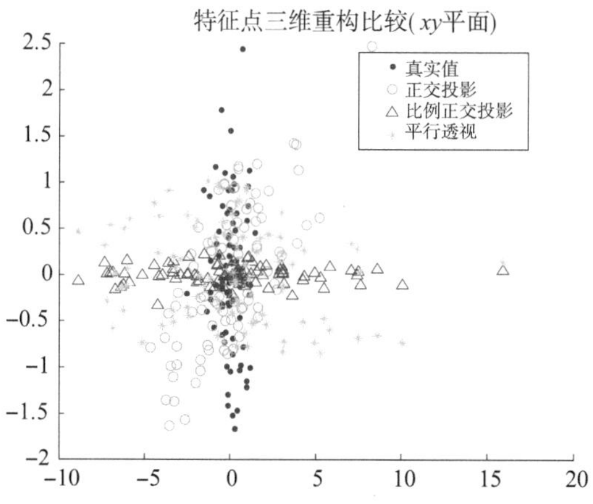

图 4-26　xy 方向重构误差比较

由于利用因式分解算法得到的是相对姿态及距离信息，因此探测器在着陆过程中必须标定好着陆点坐标系，同时要利用激光测距仪对某个绝对距离测量，从而得到障碍的绝对尺度，以确定安全着陆区域。从仿真结果看，该算法在仿真条件下对特征点的估计误差在1 m之内，基本上满足着陆段对岩石等障碍的检测要求。

④安全着陆点选择算法

火星极区着陆器（MPL）任务失败后，研究人员对着陆避障系统的鲁棒性再度给予了高度的重视。对于着陆区域的选择通常是由地面系统根据探测器拍摄的图片，综合安全性、燃料消耗情况及科学探索价值来选择的，而其中安全性是最为重要的方面。一旦探测器撞到岩石，降落在弹坑边缘或其他障碍区域，就可能直接导致探测任务的失败。对于着陆阶段，由于时间短，依靠地面通信不能满足实时性安全着陆的需求，因此需要探测器具有较强的自主避障的能力。本节利用遗传算法及数学形态学两种算法对末端安全着陆点进行选择，增强了探测器的智能化和自主生存能力。

1）障碍的几何描述：本部分针对不同的障碍形状特征，利用计算几何对障碍区域进行描述。

a）二值化障碍区域。假设算法已经将障碍提取出来，元素“1”表示障碍区域，元素“0”代表安全区域，利用8连通区域增长算法对障碍区域进行标记，假设二值图像中存在 p 个表示障碍的连通区域。

b）凸包的计算。对于每一个连通区域，利用凸包来描述障碍区域的边界，这里采用Graham Scan 算法进行凸包计算。该算法需要 $O(n)$ 的内存空间，算法复杂度为 $O(n\log_2 n)$ 。用 $h_i(i=1,2,\cdots,p)$ 表示 p 个凸包，每个凸包具有 q_i 个顶点，记为 $v_{ij}(i=1,2,\cdots,p;\ j=1,2,\cdots,q_i)$ 。

c）最小外接圆。如果着陆区域的障碍以岩石和弹坑为主，则可以用凸包的最小外接圆表示障碍 h_i。问题可以描述为：给定平面中的 h_i 个凸包顶点，寻找具有最小半径的圆 C_i，使得所有的点都在该圆内或其边界上。这在计算几何里有诸多算法，这里采用算法进行最小外接圆的计算，其计算复杂度为 $O(n\log_2 n)$ 。

d）最小外接椭圆。当障碍区域为山脊、沟壑或者密集的岩石、弹坑等具有细长形状的障碍时，利用最小外接圆对障碍进行描述显然不是最佳选择。最小外接椭圆、最小外接矩形等几何形状显然更能描述障碍的形状特征。由于椭圆比矩形更容易用数学符号表示，因此采用最小外接椭圆对障碍的几何特征进行描述。椭圆可以用 $E(\boldsymbol{c},\boldsymbol{A})$ 表示，其中 $\boldsymbol{c}$ 表示椭圆的中心坐标矩阵，$\boldsymbol{A}$ 为用来表示椭圆形状的正定对称矩阵。包围顶点 v_{ij} 的椭圆上的点的坐标矩阵 $\boldsymbol{x}$ 应该满足式（4－52）所示的关系

$$\{\boldsymbol{x}\in\mathbb{R}^2\,|\,(\boldsymbol{x}-\boldsymbol{c})^{\mathrm{T}}\boldsymbol{A}(\boldsymbol{x}-\boldsymbol{c})\leqslant 1\} \tag{4-52}$$

椭圆的面积为

$$S(E)=\pi\det(\boldsymbol{A}^{-1})^{\frac{1}{2}} \tag{4-53}$$

这里采用 Khachiyan 的内点算法计算最小外接椭圆，其算法复杂度为 $O[m^{3.5}\ln(m/\varepsilon)]$ ，其中 m 为给定点的个数，ε 是计算精度（这里取0.01）。

平面上点的凸包、最小外接圆、最小外接椭圆的计算结果如图 4-27 所示。

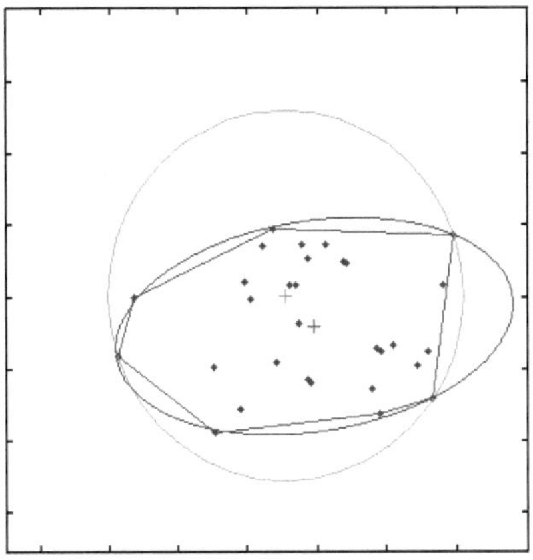

图 4-27　凸包、最小外接圆、最小外接椭圆的计算结果

2）最大空白圆的计算几何计算：探测器在着陆过程中，要求着陆点选择尽可能远离障碍区域，这里将不包含任何障碍的最大圆的圆心作为目标着陆点，该圆的半径为预定着陆区域允许的最大着陆误差。

a）离散点中的最大空白圆（LEC）。给定平面中的 n 个点，求取不包括其中任何一点的圆的问题被称为最大空白圆计算问题。这类问题最早的算法复杂度为 $O(n^3)$，Preparata 等人利用 Voronoi 图将这类问题的算法复杂度降为 $O(n\lg n)$。Voronoi 图的定义如下：

设 $S=\{p_1,p_2,\cdots,p_n\}$ 为二维欧氏空间上的点集，由

$$V_n(p_i)=\bigcap_{i\neq j}\{p\mid d(p,p_i)<d(p,p_j)\}\ (i=1,2,\cdots,n) \tag{4-54}$$

所给出的对平面的分割称为以 $p_i(i=1,2,\cdots,n)$ 为生成元的 Voronoi 图。它是由连接两邻点线段的垂直平分线组成的，如图 4-28 所示。

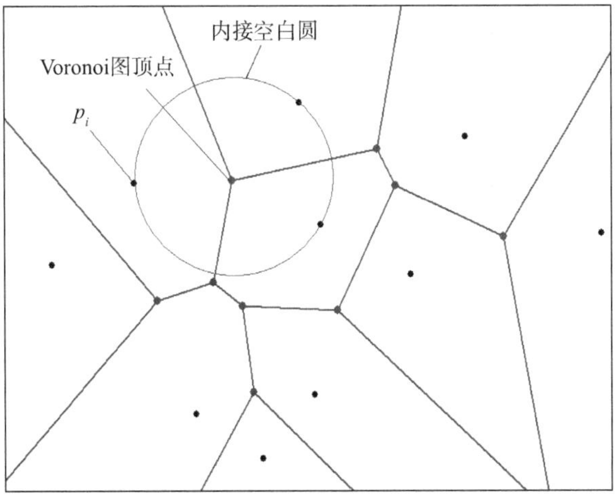

图 4-28　Voronoi 图及内接空白圆

由 Voronoi 图的性质可知，Voronoi 图的顶点至少与三生成元的距离相等。因此，比较以 Voronoi 顶点为圆心的各个空白圆的大小，便可找出离散点 $p_i(i=1, 2, \cdots, n)$ 中的最大空白圆。探测器在距离着陆区域较远，岩石、弹坑等可以近似地看成一点时，可以用这种方法选择相对较为平坦的着陆区域。

b）圆中的最大空白圆计算（MEC）。当在末端着陆段将障碍用最小外接圆描述时，计算最大空白圆的问题可描述为：给定平面上不同半径的圆 $C(x_i, y_i, r_i)$，求取一个最大面积的圆与已知圆不相交，同时不包括任何一个圆。利用离散点求取最大空白圆的原理，圆中最大空白圆必须与至少三个圆相外切，即所求的圆 $CE(x, y, r)$ 应满足式（4－55）所示的方程

$$(x-x_i)^2+(y-y_i)^2=(r+r_i)^2, (i=1,2,3) \tag{4-55}$$

通过求解三个二次方程，可以计算三个表示障碍圆的外接圆，再比较其半径大小便可得到最大外接圆。另一个算法是利用 sweepline 的算法来计算最大外接圆，但该方法也需要计算二次方程，计算量较大。

c）椭圆中最大空白圆计算（MCC）。如果障碍区域用最小外接椭圆 $E_i(c, A)$ 描述，则问题转化为求取到两椭圆距离相等的二次曲线交点的问题。

先计算点 (u, v) 到方程（4－56）所示标准椭圆的距离，其他中心不在原点或两轴与坐标轴不平行的椭圆可以通过坐标旋转及平移转化为标准椭圆方程。

$$(x/a)^2+(y/b)^2=1 \tag{4-56}$$

要求点 (u, v) 到椭圆上点 (x, y) 的距离最短，显然矢量 $(x-u, y-v)$ 应为椭圆上点 (x, y) 的法向矢量

$$\nabla[(x/a)^2+(y/b)^2]=(x/a^2, y/b^2) \tag{4-57}$$

用参数方程表示 $u-x=t\cdot x/a^2, v-y=t\cdot y/b^2$，则问题转化为求解变量 t 的问题。

$$\begin{cases} x=a^2u/(t+a^2) \\ y=b^2v/(t+b^2) \end{cases} \tag{4-58}$$

将方程（4－58）代入式（4－56）得

$$[au/(t+a^2)]^2+[bv/(t+b^2)]^2=1 \tag{4-59}$$

将分母消除，可以得到一个关于 t 的四次多项式，用牛顿迭代算法可以求解该方程，并选择 $t_0=\max\{a, b\}\sqrt{u^2+v^2}$ 作为迭代初始值。若不考虑椭圆内部点的情形，则其最大解即为所要求的最短距离。

确定一个点到椭圆的最短距离 $d(p, e)$ 过程便要解一个四次方程，要求解

$$d(p, e_i)=d(p, e_j) \tag{4-60}$$

是一个更为复杂的过程。因此，采用最短距离交集的算法来求解椭圆中最大空白圆的问题是相当复杂的，这对星载计算机的处理能力来说计算量太大。

3）基于遗传算法的着陆点选择：通过前面所述内容可以看出，利用解方程的方法求解圆中或者椭圆中的最大空白圆的问题需要求解多个高次方程，计算量十分巨大。本部分叙述采用遗传算法简化计算过程求解该类问题的具体算法。

图 4-29 是遗传算法的具体流程，其主要步骤包括初始化种群、评估适应度及繁殖（包括子代突变）等过程。

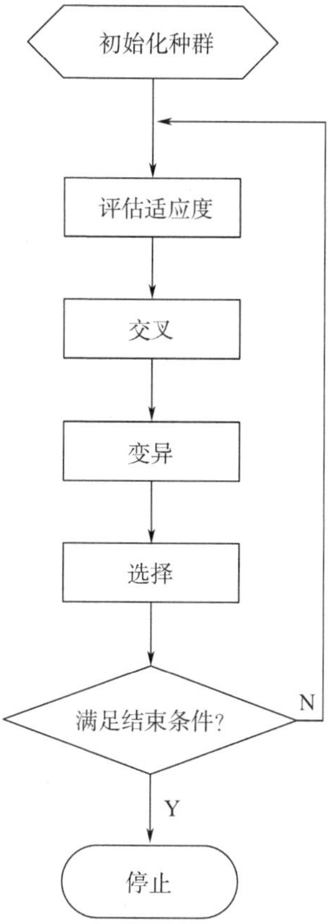

图 4-29　遗传算法进化过程流程图

利用遗传算法，离散点中、圆中及椭圆中最大空白圆的计算都可以统一为一种形式，这里运用遗传算法的具体参数如表 4-6 所示。

表 4-6　遗传算法参数

参数	取值
初始种群数	100～500
适应度比例选取个数	10
交叉概率	0.7
变异概率	0.1
最大遗传代数	100

遗传算法求解最大空白圆的步骤如下。

a）初始化种群。在障碍图中随机选择 n 个离散点作为初始最大空白圆的圆心。假设图像大小为 $W\times H$ ，选择 $n=W\times H/l^2$ 作为初始种群数，以表示每 $l\times l$ 个像素点中存在 1 个个体。

b）评估适应度。利用适应度函数来表示个体的优劣，这里利用最优个体保留及适应度比例方式来加速收敛过程。适应度函数 $d_{\min}(p_i)$ 表示点 p_i 到离散点、圆、椭圆或图像边缘的距离。如果点 p_i 在圆或椭圆中，则规定距离为 0。点到障碍的 $d_{\min}(p_i)$ 用降序存储起来，并记 $d_{\min}(p_i)$ 的最大值为 D。是否选择点 p_i 为子代的概率表示为 $f(p_i)=d_{\min}(p_i)/D$。

c）交叉。带有较高适应度值的个体具有更大的概率产生后代。为加速收敛过程，这里将父代的 x 坐标及母代的 y 坐标结合作为第一个子代的坐标，而将父代的 y 坐标及母代的 x 坐标作为第二个子代的坐标。

d）变异。子代通过基因突变而改变自身的特性，这里利用随机像素偏移来代表基因突变，防止出现早熟现象。

e）选择。为保持个体数目的恒定，$d_{\min}(p_i)$ 值较小的子代将被淘汰，选择 $d_{\min}(p_i)$ 最大的 n 个值作为下代遗传的父母代。

f）停止条件。选择遗传代数 w 作为遗传限制，如果在 w 代之后 $d_{\min}(p_i)$ 的最大值不再改变，则遗传停止。最后的输出为 D 对应的空白圆。

当计算点 p_i 到每个椭圆的距离时，由于计算量较大，并不需要计算对于距离点 p_i 较远的椭圆。这里先计算点到各个椭圆中心的距离，并选择 k 个最小距离对应的椭圆，只需计算点到这 k 个椭圆的距离即可。经过多次仿真试验，取 $k=6$ 较为合适。

图 4－30 是初始种群数目选为 500 时分别利用最小外接椭圆及最小外接圆计算最大空白圆的结果。对于图 4－30（a）表示的障碍区域来说，障碍特征利用最小外接圆及最小外接椭圆描述相差不大，因此两种算法计算出来的最大圆圆心基本一致。而另一组试验中，由于障碍特征不规则，利用最小外接椭圆计算出来的最大圆圆心位置要优于最小外接圆算法。在进行的 100 次试验中，一般经过 5～20 次繁殖过程便可确定最大空白圆，只采用 9 次计算过程选取了次优解（图 4－31）。

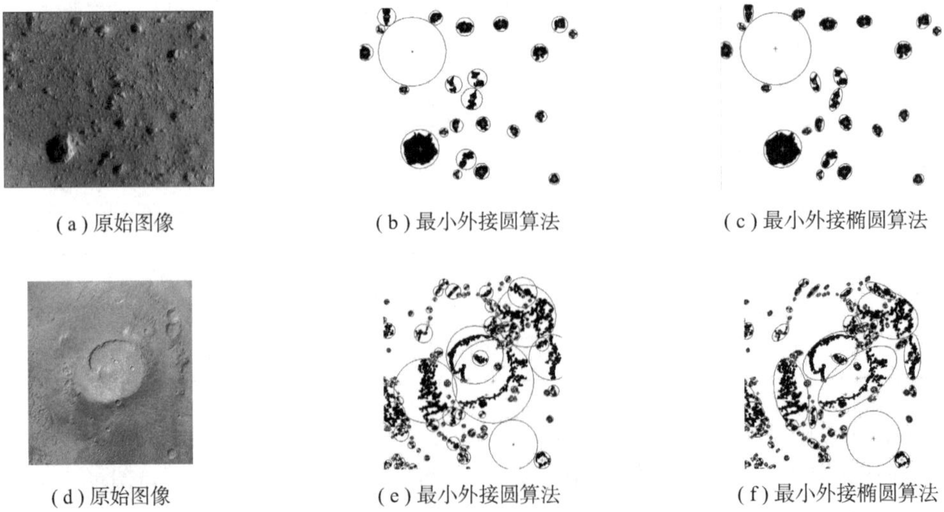

(a) 原始图像　(b) 最小外接圆算法　(c) 最小外接椭圆算法

(d) 原始图像　(e) 最小外接圆算法　(f) 最小外接椭圆算法

图 4－30　原始图像及不同算法计算结果

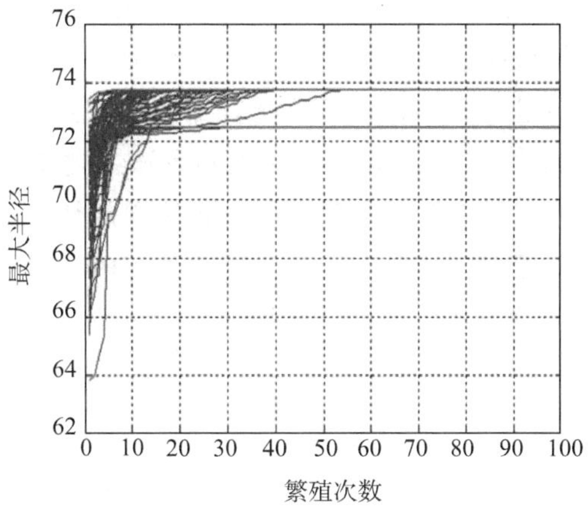

图 4 - 31　收敛性曲线

表 4 - 7 是初始种群数目与平均运行时间以及繁殖代数之间的关系，其中牛顿迭代算法最大迭代次数为 20，计算精度取为 0.1。从表 4 - 7 中可以看出，计算时间主要随初始种群数目的增多而增大，收敛时的繁殖代数随初始种群数目的增多而减少，利用最小外接椭圆算法的计算时间大约是最小外接圆算法计算时间的 5 倍。初始种群数目越大越容易计算出最大半径的空白圆，但计算时间也较长。虽然利用遗传算法计算有时会出现次优解的情况，但从试验结果上看，其结果与最优解差别不大。着陆末端应考虑最小着陆区域和计算时间的相互关系，择优选择初始种群数目。

表 4 - 7　不同算法的平均运行时间及繁殖代数

种群	运行时间/s		繁殖代数	
	圆	椭圆	圆	椭圆
100	0.156	0.79	19.9	19.1
150	0.202	1.10	17.3	17.1
200	0.250	1.35	16.1	16.2
250	0.301	1.62	15.1	15.9
300	0.359	1.99	15.0	15.6
350	0.406	2.09	14.6	14.6
400	0.472	2.33	14.4	13.8
450	0.527	2.52	14.1	13.6
500	0.620	3.05	14.1	13.6

4）基于数学形态学的安全着陆点选择算法：利用计算几何与遗传算法的最大安全着陆圆的选择算法适宜于着陆区域障碍个数较小的情况。若障碍个数增多，则计算量加大，不利于实时性的要求。本部分介绍利用数学形态学对目标着陆区域进行骨架提取，并寻找最大着陆圆的具体算法。该算法更适合于拍摄区域障碍较多的情况，对障碍的形状、分布没有限制。

a）骨架的定义及提取。平面多边形的中轴又称为多边形的骨架或对称轴。Blum 用下面例子（Grassfire）形象地说明骨架的形成过程：设想在 $t=0$ 时刻，将图像边界各处同时点燃，火的前沿以相同的速率向图像内部蔓延，当前沿相交时火焰熄灭，熄灭点的集合就构成了中轴，即骨架。后来，Blum 等人用最大圆盘法描述骨架。他们设想采用一个直径大小可以任意改变的圆盘，圆盘至少有两点与图像边界相切；如果存在一个内切圆盘不是图像内部任何其他圆盘的子集，则称其为最大圆盘。此时，骨架可以定义为图像内部所有最大圆盘圆心的集合。上述骨架的两种定义如图 4-32 所示。

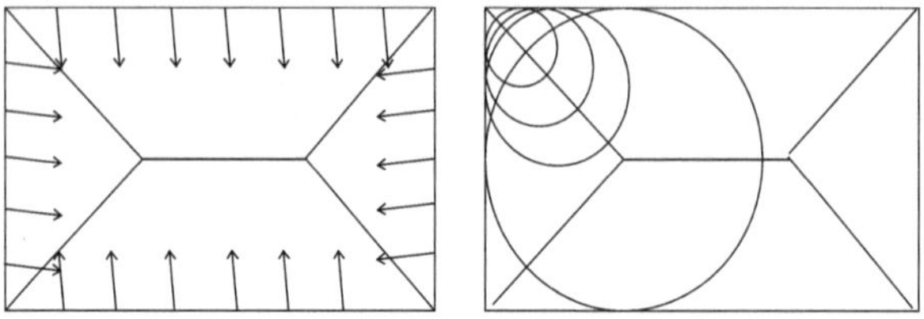

图 4-32　骨架的烧草与最大圆盘定义法

定义 1 设 X 为欧氏空间 $\mathbb{E}^2$ 上的集合，X 的骨架记为 $S(X)$，$Sr(X)$ 为骨架 $S(X)$ 的子集，即 $Sr(X)$ 对应于 X 的最大内切圆半径为 r 的骨架，则数学形态学对骨架的描述为

$$S(X)=\underset{r>0}{U}Sr(X)=\underset{r>0}{U}\{(X\Theta rB)-[(X\Theta rB)\mathrm{d}rB]\} \tag{4-61}$$

式中　rB——半径为 r 的圆；

$\mathrm{d}rB$——具有微小半径值 $\mathrm{d}r$ 的圆。

欧氏网格空间 $\mathbb{E}^2$ 中，圆 $\mathrm{d}rB$ 可以近似认为是一个小的结构元素 B。

在提取骨架的时候要保证目标图像在每次迭代过程中其结构的连通性，并且保证整个图形构造不变。通常用两组结构元素来实现骨架提取，一组 A_i 用来细化东、南、西、北方向上的点，另一组 B_i 用来细化东北、西北、东南、西南方向上的点。

图 4-33 为两种结构元素模板图，其中“1”表示目标图像上的点，“0”表示背景图像上的点，符号“*”既可表示目标图像也可以表示背景图像上的点。另外 6 种结构元素分别是将以上两种结构元素旋转 90°、180°及 270°得到的。用 S_n 表示细化 n 次的结果，Q 是即将被细化的区域的像素集合，则

$$Sn(X)=Q\otimes\{A_i,B_i\}_n=\{(((\cdots(Q\otimes A_1)\otimes B_1)\otimes A_2\cdots)\otimes A_4)\otimes B_4\}_n \tag{4-62}$$

0	0	0
*	1	*
1	1	1

*	0	0
1	1	0
*	1	*

图 4-33　结构元素模板图

其中利用结构元素，将 $B=(C,D)$ 细化 A 定义为

$$A \otimes B = A - A * B = (A\Theta C) \cap (A^{C}\Theta D) \tag{4-63}$$

式（4-63）表示在 A 中去掉 A 被 B 击中的结果，A^{C} 表示 A 的补集。

图 4-34 为骨架的形成，将过程中的安全区（多连通多边形）看作目标区域，用结构元素不断细化，直到 Q 不再变化为止，这也可以看作是障碍区做 Grassfire 运算的过程，最终得到的 Q 就是所求的骨架。与传统的算法相比，基于数学形态学的骨架提取方法的最大特点是能将大量复杂的图像处理转换成最基本的移位和逻辑运算的组合，运算速度快，便于并行处理及硬件实现。

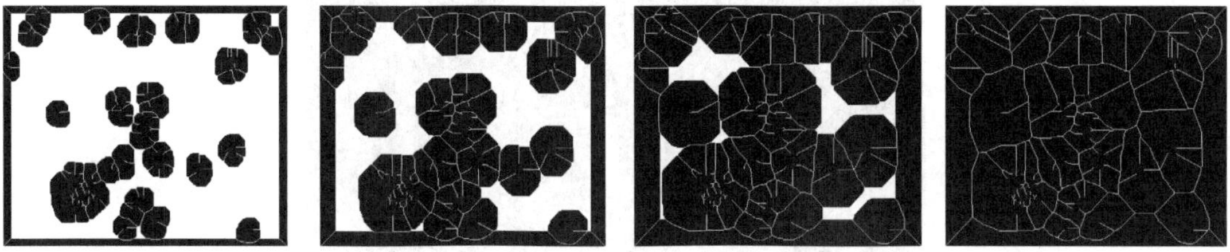

骨架形成过程a　　骨架形成过程b　　骨架形成过程c　　骨架形成过程d

图 4-34　骨架形成过程

b）骨架提取算法的修正。上述骨架提取算法存在着不足：细化水平方向和垂直方向上的结构元素 $\{A_i\}$，收敛速度比细化斜线方向上的结构元素 $\{B_i\}$ 要快（$v_A=\sqrt{2}v_B$）。这样得到的实际上是近似欧氏网格空间中的距离变换。如图 4-35 所示，分别在垂直方向和斜线方向做 6 次细化过程，由于细化速度不同使得骨架提取结果存在一定的偏差。

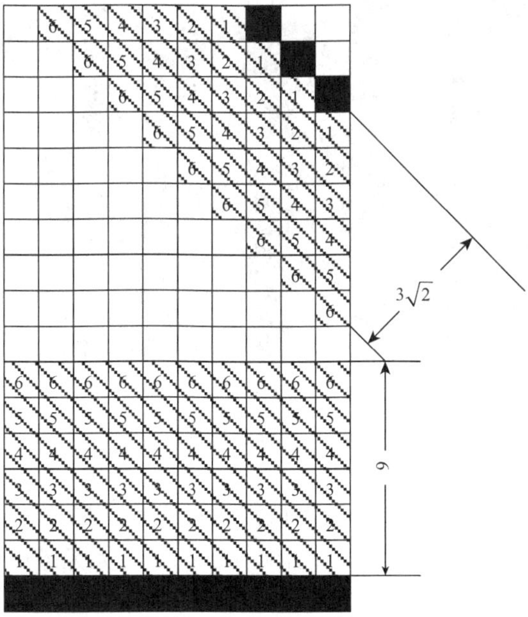

图 4-35　不同方向细化过程

为修正这个偏差，可采用下面的修正算法。若细化次数较少，在精度允许的范围内考虑到 $2v_A \approx 3v_B$ ，则需进行 2 个垂直（水平）方向的细化过程，同时进行 3 个斜线方向上的细化过程。为减小在交线处的偏差，斜线方向与垂直（水平）方向上的细化过程要交替进行。如果细化次数较多，累计误差超出允许范围，则计算每次细化过程的偏差，若偏差达到 $\sqrt{2}/2$ 像素的长度，则多进行一次斜线方向上的细化过程。修正前后所形成的骨架对比如图 4－36 所示（去掉细小分支后）。

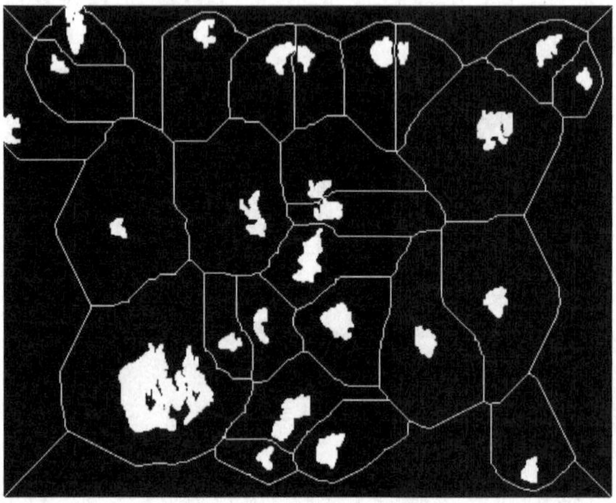

(a) 未修正的骨架提取算法

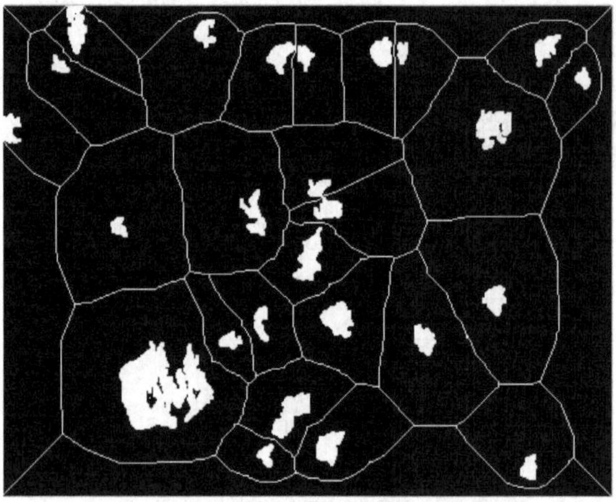

(b) 修正后的骨架提取算法

图 4－36　两种骨架算法对比

c）着陆点选择。采用 Voronoi 图求离散点内最大空白圆算法的思想进行着陆点的选择。该算法适合于任意形状的障碍区域，并且得到的是最大无障碍着陆圆，这使探测器着陆的安全性有了更高的保障。

根据骨架最大圆盘的定义可推出：以骨架的分支点为圆心的最大圆盘至少与三边相切，并在分支点处形成局部极值。该方法类似 Voronoi 图计算最大空白圆的算法，计算并比较所有的以骨架分支点为圆心的内切圆的半径便可确定最大内切圆。但这种方法需计算所有骨架分支点，在障碍个数较多的情况下计算量较大。由骨架的形成过程可知，各边是以相同的速度不断细化，最后一次细化过程所形成的骨架分支点为距离边界最远的点。根据这一性质，记录最后一次形成的骨架分支点便可确定最大空白圆圆心，同时记录细化次数可得到最大着陆圆的半径。图 4 - 37 中圆圈内的空白交点即为最后一次细化得到的骨架交点，与此相对应的图 4 - 38 为最终确定的着陆点及安全着陆区域。另外，在利用障碍物边缘确定着陆点的过程中，可将相应的三个障碍物作为参考陆标，并建立相应的地面坐标系，为着陆过程中探测器自主导航中的轨道和姿态的确定提供条件。

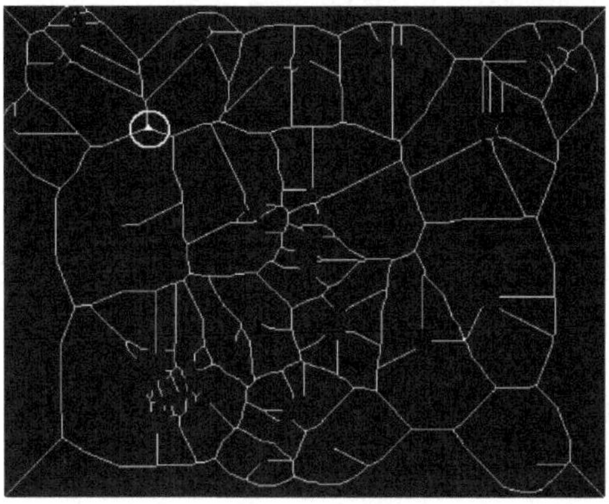

图 4 - 37　最大圆圆心的定位

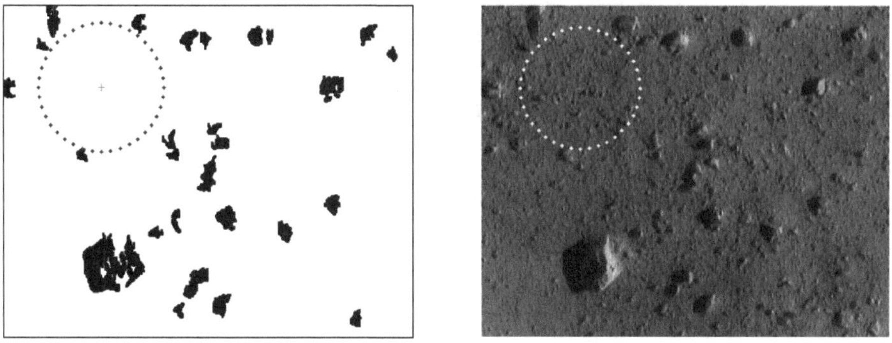

图 4 - 38　着陆点选择及安全着陆区域

参 考 文 献

[1] Vaughan R M, Riedel J E, Davis R P, Owen W, Synnott S P. Optical navigation for the Galileo Gaspra encounter. AIAA Paper 92-4522, AIAA/AAS Astrodynamics Conference, Hilton Head, South Carolina, August, 1992: 361-369.

[2] Harris C G, Stephens M J. A combined corner and edge detector. Proceedings Fourth Alvey Vision Conference, Manchester, 1988: 147-151.

[3] Shi J, Tomasi C. Good features to track. 1994 IEEE Conference on Computer Vision and Pattern Recognition, 1994: 593-600.

[4] Lowe D. Distinctive image features from scale-invariant keypoints. International Journal of Computer Vision. 2004, 60 (4): 91-110.

[5] http://near.jhuapl.edu/iod/20000530/index.html.

[6] Fischler M A, Bolles R C. Random sample consensus: a paradigm for model fitting with applications to image analysis and automated cartography. Communications of the ACM, 1981, 24 (6): 381-395.

[7] 冯军华，崔祜涛，崔平远，田阳．行星表面陨石坑检测与匹配方法．航空学报．2010, 31 (9): 1858-1863.

[8] 于正湜，朱圣英，马冬梅，崔平远．行星表面非规则陨石坑检测与识别方法．宇航学报．2013, 34 (3): 320-326.

[9] 陈建清，朱圣英，崔祜涛，崔平远．应用灰度特征的行星陨石坑自主检测方法与着陆导航研究．宇航学报．2014, 35 (8): 908-915.

[10] Lowe D. Distinctive image features from scale-invariant keypoints. International Journal of Computer Vision. 2004, 60 (4): 91-110.

[11] Benedetti A, Perona P. Real-time 2-D feature detection on a reconfigurable computer. Proceedings of the IEEE Computer Society Conference on Computer Vision and Pattern Recognition, 1998: 586-593.

[12] Shi J, Tomasi C. Good features to Track. Proceedings of the IEEE Computer Society Conference on Computer Vision and Pattern Recognition, 1994: 593-600.

[13] Jin H, Favaro P, Soatto S. Real-time feature tracking and outlier rejection with changes in illumination. Proceedings of the IEEE International Conference on Computer Vision, 2001: 684-689.

[14] 福赛思．计算机视觉：一种现代方法．电子工业出版社，2004.

[15] Guy G, Medioni G. Inference of surfaces, 3D curves, and junctions from sparse, noisy, 3D data. IEEE Transactions on Pattern Analysis and Machine Intelligence. 1997, 19 (11): 1265-1277.

[16] Guy G. Inference of multiple curves and surfaces from sparse data. Ph. D. Thesis, University of Southern California, 1995.

[17] Tang C K, Medioni G. Inference of integrated surface, curve, and junction descriptions from sparse 3D data. IEEE Transactions on Pattern Analysis and Machine Intelligence. 1998, 20 (11): 1206 - 1223.

[18] Lee M S. Tensor voting for salient feature inference in computer vision. Ph. D. Thesis. University of Southern California, 1998.

[19] Zhang Y J, Liu Z Q. Curve detection using a new clustering approach in the hough space. 2000 IEEE International Conference on Systems, Man, and Cybernetics. 2000, 4: 2746 - 2751.

[20] Pui - Kin Ser, Wan - Chi Siu. Novel 2 - D hough planes for the detection of ellipses. 1994, 2: 527 - 530.

[21] Chia A Y, Leung M K, Eng H L, et al. Ellipse detection with hough transform in One dimensional parametric space. 2007 IEEE International Conference on Image Processing. 2007, 5: 333 - 336.

[22] Guo S Y, Zhang X F, Zhang F. Adaptive randomized hough transform for circle detection using moving window. 2006 International Conference on Machine Learning and Cybernetics. 2006: 3880 - 3885.

[23] Fischler M A, Bolles R C. Random sample consensus: a paradigm for model fitting with applications to image analysis and automated cartography. Communications of the ACM, 1981, 24 (6): 381 - 395.

[24] Neila P M, Miro J G, Buenaposada J M, et al. Improving RANSAC for fast landmark recognition. 2008. IEEE Computer Society Conference on Computer Vision and Pattern Recognition Workshops. 2008: 1 - 8.

[25] Se S, Lowe D G, Little J J. Vision - based global localization and mapping for mobile robots. IEEE Transaction on Robotics. 2005, 21 (3): 364 - 375.

[26] Chum O, Matas J. Optimal Randomized RANSAC. IEEE Transactions on Pattern Analysis and Machine Intelligence. 2008, 30 (8): 1472 - 1482.

[27] Cheng Y, Johnson E, Mattheis L, et al. Passive imaging based hazard avoidance for spacecraft safe landing. Proceeding of the 6th International Symposium on Artificial Intelligence and Robotics & Automation in Space. Canada, 2001.

第 5 章　星际巡航段自主导航

巡航段探测器的首要任务是通过导航系统确定探测器精确的姿态和轨道信息。在巡航段，自主光学导航是最常用的导航技术。导航相机拍摄遥远天体（如小行星、行星、恒星）的图像，经过图像处理可得到已知天体相对探测器的视线方向，利用批处理或递推处理的滤波方法处理时间序列测量信息，便可得到探测器的位置、速度及其他待估参数。得到探测器的状态参数后，需要规划探测器的姿态或轨道机动路径，实现对设计轨道的跟踪。针对上述两方面内容，本章将对星际巡航段的自主导航与姿态控制的相关技术与方法做详细介绍。

5.1　星际巡航任务特点

深空探测最长的飞行轨道段就是巡航段，也称为星际飞行段，它具有动力学模型和星历数据不精确、飞行时间长等特点。为了准确可靠地修正探测器的轨道，自主导航系统必须为探测器提供足够精确且可靠的位置、速度和姿态等信息。深空探测星际巡航轨道段的自主光学导航一般以小行星作为观测量来源。理论上，如果导航相机在同一时刻能观测到两颗小行星，且观测到的小行星星历和相机的惯性指向已知，就可以很容易利用探测器相对小行星的视线方向得到探测器在日心黄道坐标系的位置。实际上，导航相机不可能同时观测到两颗小行星，因此需要多次测量多颗小行星的图像，利用一组小行星视线方向确定探测器的轨道。

本章针对星际巡航段的特点，首先给出了一套合理的选取导航小行星的准则。在此基础上，参考深空 1 号任务验证的自主轨道确定算法[1]，重点给出了一种利用多颗小行星图像的自主光学导航方法。

5.2　星际巡航段自主导航方法

5.2.1　小行星筛选与规划

自主光学导航是实现深空探测器自主任务的一项关键技术，其通过对多颗合适的导航小行星进行拍照，然后在星上进行图像处理得到相关信息，从而自主地得到探测器的当前位置[2]。而要实现自主光学导航，第一步就是要筛选出合适的导航小行星。这方面，S. Delavault[3]等人给出的筛选准则为小行星与探测器的距离、相对速度，以及小行星—探测器—太阳相角；L. Chausson[4]等人考虑了小行星的可见星等和小行星所在星空域的属性。两者都对这些准则带来的导航误差进行了分析，但是在导航小行星筛选过程中他们都没有考虑导航小行星间的约束，且对自主光学导航接下来要解决的问题，即导航小行星拍照序列的规划，没有进一步分析。

(1) 小行星筛选准则

自主光学导航中选取小行星为路标，为了提到导航精度，需要选择最优的导航小行星。导航小行星的筛选基于其属性，并利用综合评估的方式进行筛选。用于导航的小行星是通过一定的准则从已有的小行星库中筛选出的，前人给出的准则主要集中在单个小行星的属性上[5]，而考虑到两颗导航小行星间的视线夹角的限制，本文提出的导航小行星筛选准则如下：

1) 可见星等；

2) 相角（小行星—探测器—太阳）；

3) 小行星相对探测器的速度；

4) 小行星与探测器距离；

5) 两颗导航小行星的视线（探测器指向小行星）夹角。

其中，可见星等要求尽量小，以满足导航相机成像要求；相角尽量大，以防止太阳光进入导航相机；减小小行星与探测器的距离、相对速度，以及增大两颗小行星间的视线夹角能提高导航精度。这些准则与导航相机参数有关，若选择导航相机视场角为 1 度，像素宽度为 10 μrad，曝光时间为 100 s，则可得相应的准则取值范围，如表 5-1[6] 所示。

表 5-1　导航小行星的筛选准则

参数	范围
可见星等	<12
相角	$>135°$
距离	$<1\,000\,000$ km
相对速度	<7 km/s
视线夹角	$>5°$

上述准则中，相角、距离、相对速度三个约束较容易满足，下面着重分析约束可见星等。

小行星在导航相机中的可见星等可以衡量小行星在 CCD 相机中的成像大小（星等越大，成像越小），其除与小行星自身的星等、反照率有关外，还与其相角相关。BDL（Bureau des Longitudes）数据库能提供每颗小行星的轨道根数、绝对星等 H、反照率 G 等参数。根据 Bowell 模型，小行星可见星等 V 可以通过下式计算

$$\begin{cases} V = H + 5\ln(\boldsymbol{r}\cdot\boldsymbol{d}) - 2.5\ln[(1-G)\Phi_1(\alpha) + G\Phi_2(\alpha)] \\ \Phi_i(\alpha) = \exp[-A_i(\tan\dfrac{\alpha}{2})^{B_i}] \quad i = 1,2 \end{cases} \tag{5-1}$$

其中

$$A_1 = 3.33, B_1 = 0.63, A_2 = 1.87, B_2 = 1.22$$

式中 $\boldsymbol{r}$ ——太阳-小行星的位置矢量；

$\boldsymbol{d}$ ——探测器-小行星的位置矢量；

α ——小行星—探测器—太阳相角。

筛选导航小行星时，上述准则对小行星的评估是单独进行的。同一颗小行星根据不同的准则得到的评价是不一样的，距离较小的可能速度较大，而速度小的可能相角接近限定值，如此等等；也就是说，不可能通过一个准则筛选出最优的导航小行星。而且，某一时刻符合准则的小行星可能会很多，如儒略日 2 454 208.0 时刻，符合准则的小行星有 276 颗，而一次自主光学导航只需 12 颗。这 12 颗应该是从 276 颗里面再次筛选出来的最优导航小行星序列。这就要求有一个准则去筛选最优的导航小行星。

本文采用的方式是：先对符合可见星等、相角、距离、相对速度准则的所有小行星进行综合评估，然后按导航综合评估值排序，最后选择导航综合评估值最高的小行星为导航小行星。

定义 5.1　小行星的导航综合评估值为小行星各项参数（可见星等、相角、距离、相对速度）的值与相应筛选准则偏差的加权和

$$V=\sum_{i=1}^{4}w_iEr_i \tag{5-2}$$

式中 w_i ——各项的权值，与各项对导航精度的影响有关；

Er_i ——小行星参数与对应筛选准则偏差的绝对值。

由综合评估值定义可知，小行星的导航综合评估值越大，表明其越适合用于此次导航。每次进行自主光学导航时，对符合准则的所有小行星按导航综合评估值从大到小进行排序，依次选择导航评估值最高的小行星为导航小行星，具体步骤如下：

1）对符合准则的所有小行星按导航综合评估值从大到小进行排序；

2）选择序列中导航综合评估值最大的小行星，并将其从序列中删除；

3）把 2）选中的小行星作为第一颗导航小行星；

4）选择当前序列中导航综合评估值最大的小行星，并将其从序列中删除；

5）如果 4）选中的小行星与已有的导航小行星间的视线夹角均大于 5°，则将其选为下一颗导航小行星，否则再次执行 4）；

6）如果已得到需要数目的导航小行星，则完成筛选；否则继续执行 4）。

（2）导航小行星拍照序列规划

在筛选出导航小行星序列之后，需要对此次导航的拍照序列进行规划。一般情况下，每次导航需用 12 颗导航小行星，本文采用一种差额的策略，即初始筛选出的小行星数目大于 12，而经过规划最终得到 12 颗导航小行星。差额的策略可以得到更优的解。

若导航小行星拍照序列规划中采用差额策略，则此问题可描述为：在 $n(n\geqslant 12)$ 颗小行星中，筛选出用于导航的 12 颗小行星，使整个导航过程（从初始姿态开始，依次机动完成对 12 颗小行星的拍照，然后回到初始姿态的整个过程）的性价比 R_{vs} 最高

$$R_{vs}=\frac{\sum_{i=1}^{12}V_i}{(\sum_{j=1}^{13}S_j)^2} \tag{5-3}$$

式中　V_i ——用于导航的第 i 颗小行星的综合评估值；

S_j ——导航过程中从对第 $j-1$ 颗小行星拍照姿态机动到对第 j 颗小行星拍照姿态所耗的资源量。

消耗的资源量可以用姿态机动时间来表示。其中假设初始位置（即导航前探测器相机矢量的指向点）为第 0 和第 13 颗小行星，整个拍照路径构成一个回路。

此问题可归结为一个类似 TSP 问题（Traveling Salesman Problem），属于 NP 难题，其解的搜索空间相对 n 呈指数增长。在这个问题中，其解空间 N 为

$$N=C_n^{12}\times 12!\ =n(n-1)(n-2)\cdots(n-11) \tag{5-4}$$

对于这类问题很难通过全局搜索法找出最优解，因此引入能找到最优解或近似最优解的快速算法很有必要，可采用反复最邻近法和改进的遗传算法进行求解。

5.2.2　多小行星图像自主导航方法

本节针对星际巡航段的特点，首先给出了一套合理的选取导航小行星的准则。在此基础上，参考深空 1 号任务验证的自主轨道确定算法[7]，重点给出了一种利用多颗小行星图像的自主光学导航方法。

（1）导航小行星的选择与规划

导航小行星的选择是导航测量的第一步，这个过程一般在地面完成，在探测器发射前就把小行星信息按照时间区间存储在探测器上。导航小行星的选择受观测条件约束，包括导航目标亮度、探测器相对导航小行星的距离和速度、太阳角、照相机指向和背景恒星数。

参考国际上的深空探测任务[7-9]，表 5-2 描述了典型深空导航相机的特征参数。根据这些参数，表 5-3 描述了导航小行星的选择标准。

表 5-2　导航相机参数

特征参数	参数值
焦距	677 mm
视场	1°×1°
像素对应角分辨率	10 μrad
最大绝对星等	12
像素阵	1024×1024

表 5－3　导航小行星选择标准

选择标准	临界值
与 S/C 距离	$\leqslant 1\times 10^8$ km
相对速度	$\leqslant 7$ km/s
绝对星等	$\leqslant 12$
太阳角	$\leqslant 40°$

根据这些标准选择和规划导航小行星，选择和规划过程分如下几步：

1）利用设计的标称轨道和小行星的星历，根据探测器相对导航小行星的距离和速度约束筛选出对应时间区间的小行星列表。

2）根据绝对星等约束（需要注意：绝对星等是在一个天文单位的距离定义的，所以，即使星等较高的小行星距离探测器非常近，仍能用作导航小行星），筛选出满足导航目标亮度要求的小行星列表。

3）由于在给定的观测窗口获得小行星图像受到相机指向、在两个小行星之间的机动时间和光照条件等限制，因此小行星相对探测器的视线方向和相机光轴指向夹角只有在一定范围内，导航相机才能得到小行星的图像。如图 5－1 所示，根据探测器相对小行星的视线方向和探测器当前的期望姿态（假定探测器对日定向，且体坐标系与轨道坐标系重合），考虑到相机的安装位置和可能成像到相机的恒星数，可以给出对应时间区间的可用小行星列表。

4）优化导航小行星列表，以保证每个观测窗口对导航小行星拍照所需要的机动时间最小。

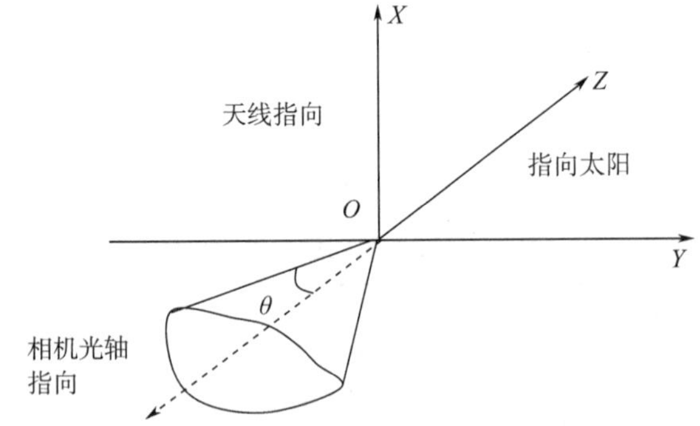

图 5－1　相机拍照的几何约束

我们利用探测 Ivar1627 小行星的一段巡航段轨道[10]来选择和规划的小行星列表，如表5－4所示。由上面的分析可知，导航小行星图像数据的精度依赖于几个因素，包括导航目标亮度、探测器相对导航小行星的距离和速度、太阳角、照相机指向、背景恒星数及小行星星历信息。

表 5-4　选择规划的导航小行星列表

观测历元/d	小行星个数	规划所得小行星编号列表
0	8	1293/341/249/75/685/571/916/186
7	8	1293/341/249/75/685/571/916/186
14	9	1293/249/75/685/571/916/186/902/935
21	12	1293/249/75/685/571/916/186/902/935/25/240/459
28	12	249/75/685/571/916/186/496/902/935/25/240/459
35	13	249/75/685/571/916/186/496/902/935/25/337/240/459
42	14	249/75/685/571/916/186/496/902/935/25/337/240/459/443
49	16	249/75/685/571/916/186/496/902/935/25/337/240/459/443/77/177
56	16	249/75/685/571/916/186/496/902/935/25/337/240/459/443/77/177
63	17	249/75/685/571/916/186/496/902/935/25/337/240/988/459/443/77/177
70	17	75/685/571/916/186/496/902/935/25/337/240/988/459/443/77/177/870
77	17	75/685/571/916/186/496/902/935/25/337/240/881/988/459/443/77/799
84	17	75/685/571/916/186/496/902/935/25/337/240/881/988/459/443/799/369
91	17	75/685/571/916/186/496/902/935/25/337/240/881/988/459/443/799/369
98	17	75/685/935/186/496/902/25/337/240/881/988/459/443/799/369/77/5
105	17	75/685/935/186/496/902/25/337/240/881/988/459/443/799/369/77/5

（2）基于 UD 协方差分解的滤波算法

①UD 分解算法

UD 分解即把一个对称正定矩阵 $\boldsymbol{M}$ 分解成 $\boldsymbol{M}=\boldsymbol{UDU}^{\mathrm{T}}$ 的形式，其中 $\boldsymbol{U}$ 为单位上三角阵（即对角线元素都为 1 的上三角阵），$\boldsymbol{D}$ 为对角阵。单位上三角阵 $\boldsymbol{U}$ 有如下性质：

1）单位上三角阵的行列式为 1，其总是非奇异的，存在逆矩阵；

2）单位上三角阵的逆也是单位上三角阵。

②利用 UD 协方差分解的滤波算法

1）利用 UD 协方差分解的 EKF 算法具体如下。

卡尔曼滤波的时间更新可表示为

$$\boldsymbol{P}_k^-=\boldsymbol{\Phi}_{k-1}\boldsymbol{P}_{k-1}^+\boldsymbol{\Phi}_{k-1}^{\mathrm{T}}+\boldsymbol{Q}_{k-1} \tag{5-5}$$

测量更新可表示为

$$\begin{cases}\boldsymbol{K}_k=\boldsymbol{P}_k^-\boldsymbol{H}_k^{\mathrm{T}}[\boldsymbol{H}_k\boldsymbol{P}_k^-\boldsymbol{H}_k^{\mathrm{T}}+\boldsymbol{R}_k]^{-1}\\ \boldsymbol{P}_k^+=[\boldsymbol{I}-\boldsymbol{K}_k\boldsymbol{H}_k]\boldsymbol{P}_k^-\end{cases} \tag{5-6}$$

UD 分解滤波并不直接求解协方差阵 $\boldsymbol{P}_k$，而是求解 $\boldsymbol{P}_k$ 对应的 $\boldsymbol{U}$ 和 $\boldsymbol{D}$ 阵，通过保证 $\boldsymbol{U}$ 阵的单位上三角结构和 $\boldsymbol{D}$ 阵的对角结构来保证滤波过程中 $\boldsymbol{P}_k^-$ 和 $\boldsymbol{P}_k^+$ 的非负定性。下面给出利用 UD 协方差分解实现的卡尔曼滤波的时间和测量更新。

分解预测协方差矩阵 $\hat{\boldsymbol{P}}$

$$\hat{\boldsymbol{P}}=\hat{\boldsymbol{U}}\hat{\boldsymbol{D}}\hat{\boldsymbol{U}}^{\mathrm{T}} \tag{5-7}$$

为了不使计算过程增维，通过下述修正的加权格莱姆-施密特（Gram - Schmidt）递推正交化过程来计算更新的 $\tilde{\boldsymbol{U}}$ 和 $\tilde{\boldsymbol{D}}$ [7-8]。定义 $\tilde{\boldsymbol{U}}=[\tilde{\boldsymbol{u}}_1,\cdots,\tilde{\boldsymbol{u}}_n]$ ，$\hat{\boldsymbol{U}}=[\hat{\boldsymbol{u}}_1,\cdots,\hat{\boldsymbol{u}}_n]$ ，$\tilde{\boldsymbol{D}}=\mathrm{diag}(\tilde{d}_1,\cdots,\tilde{d}_n)$ ，$\hat{\boldsymbol{D}}=\mathrm{diag}(\hat{d}_1,\cdots,\hat{d}_n)$ 。

a）时间更新算法。

定义

$$\begin{cases}\boldsymbol{W}=[\boldsymbol{\Phi}\hat{\boldsymbol{U}}\boldsymbol{I}_{n\times n}]\\ \boldsymbol{D}=\mathrm{diag}[\hat{\boldsymbol{D}},\boldsymbol{Q}]\\ \boldsymbol{W}^{\mathrm{T}}=[\boldsymbol{w}_1,\boldsymbol{w}_2,\cdots,\boldsymbol{w}_n]\end{cases} \tag{5-8}$$

式中 $\boldsymbol{\Phi}$ ——状态转移矩阵；

$\boldsymbol{I}_{n\times n}$ ——n 维单位矩阵；

$\boldsymbol{Q}$ ——模型误差方差阵。

对于 $j=n-1,\cdots,1$，有

$$\begin{cases}\tilde{\boldsymbol{D}}_{j+1}=\boldsymbol{w}_{j+1}^{\mathrm{T}}\boldsymbol{D}\boldsymbol{w}_{j+1}\\ \tilde{\boldsymbol{U}}(k,j+1)=\dfrac{\boldsymbol{w}_k^{\mathrm{T}}\boldsymbol{D}\boldsymbol{w}_{j+1}}{\tilde{\boldsymbol{D}}_{j+1}}(k=1,\cdots,j+1)\\ \boldsymbol{w}_k=\boldsymbol{w}_k-\tilde{\boldsymbol{U}}(k,j+1)\boldsymbol{w}_{j+1}(k=1,\cdots,j+1)\\ \tilde{\boldsymbol{D}}_1=\boldsymbol{w}_1^{\mathrm{T}}\boldsymbol{D}\boldsymbol{w}_1\\ \tilde{\boldsymbol{U}}(1,1)=\dfrac{\boldsymbol{w}_1^{\mathrm{T}}\boldsymbol{D}\boldsymbol{w}_1}{\tilde{\boldsymbol{D}}_1}\end{cases} \tag{5-9}$$

b）测量更新算法。

对于 m 次不同测量，其对应的观测矩阵和测量噪声方差分别为 $\boldsymbol{H}_k$ 和 r_k ，$k=1,\cdots,m$

$$\begin{cases}\boldsymbol{f}=\tilde{\boldsymbol{U}}^{\mathrm{T}}\boldsymbol{H}_k^{\mathrm{T}},\boldsymbol{f}^{\mathrm{T}}=[f_1,\cdots,f_n]\\ \boldsymbol{vv}=\tilde{\boldsymbol{D}}\boldsymbol{f},\nu\nu_i=\tilde{d}_i f_i(i=1,2,\cdots,n)\end{cases} \tag{5-10}$$

初始化：对于 $j=1$

$$\begin{cases}\hat{d}_1=\tilde{d}_1 r_k/\alpha_1\\ \alpha_1=r_k+\nu\nu_1 f_1\\ \boldsymbol{K}_1^{\mathrm{T}}=[\nu\nu_1,0,\cdots,0]\end{cases} \tag{5-11}$$

对于 $j=2$，…，n

$$\begin{cases}\alpha_j=\alpha_{j-1}+\nu\nu_j f_j\\ \hat{d}_j=\tilde{d}_j\alpha_{j-1}/\alpha_j\\ \hat{\boldsymbol{u}}_j=\tilde{\boldsymbol{u}}_j-f_j\boldsymbol{K}_j/\alpha_{j-1}\\ \boldsymbol{K}_{j+1}=\boldsymbol{K}_j+\nu\nu_j\tilde{\boldsymbol{u}}_j\end{cases} \tag{5-12}$$

对于每个 k ，都有

$$\boldsymbol{K}_k=\boldsymbol{K}_{n+1}/\alpha_n \tag{5-13}$$

则 EKF 的增益为

$$\boldsymbol{K}=[K_1,\cdots,K_k,\cdots,K_m] \tag{5-14}$$

于是，估计的轨道参数为

$$\hat{\boldsymbol{X}}=\tilde{\boldsymbol{X}}+\boldsymbol{K}[\boldsymbol{z}-\boldsymbol{h}(\tilde{\boldsymbol{X}})] \tag{5-15}$$

式中　$\tilde{\boldsymbol{X}}$ ——预测的轨道参数。

2）基于 UD 协方差分解的递推加权最小二乘算法具体如下。

递推加权最小二乘算法只有测量更新

$$\begin{cases}\boldsymbol{K}=\boldsymbol{P}_0^-\boldsymbol{H}^{\mathrm{T}}[\boldsymbol{W}_{\mathrm{n}}^{-1}+\boldsymbol{H}\boldsymbol{P}_0^-\boldsymbol{H}^{\mathrm{T}}]^{-1}\\ \boldsymbol{P}_0^+=(\boldsymbol{I}-\boldsymbol{K}\boldsymbol{H})\boldsymbol{P}_0^-\end{cases} \tag{5-16}$$

式中　$\boldsymbol{W}_{\mathrm{n}}=\mathrm{diag}(w_{\mathrm{n}}^1,\cdots,w_{\mathrm{n}}^n)$ ——测量噪声加权阵。

其基于 UD 协方差分解的测量更新过程如下。

对于 m 个不同测量，$k=1,\cdots,m$

$$\begin{cases}\boldsymbol{f}=\tilde{\boldsymbol{U}}^{\mathrm{T}}\boldsymbol{H}_k^{\mathrm{T}}\\ \boldsymbol{f}^{\mathrm{T}}=[f_1,\cdots,f_n]\\ \boldsymbol{\nu\nu}=\tilde{\boldsymbol{D}}\boldsymbol{f}\\ \nu\nu_i=\tilde{d}_i f_i\,(i=1,2,\cdots,n)\end{cases} \tag{5-17}$$

初始化：对于 $j=1$

$$\begin{cases}\hat{d}_1=\tilde{d}_1/(w_{\mathrm{n}}^k\alpha_1)\\ \alpha_1=1/w_{\mathrm{n}}^k+\nu\nu_1 f_1\\ \boldsymbol{K}_1^{\mathrm{T}}=[\nu\nu_1,0,\cdots,0]\end{cases} \tag{5-18}$$

对于 $j=2,\cdots,n$

$$\begin{cases}\alpha_j=\alpha_{j-1}+\nu\nu_j f_j\\ \hat{d}_j=\tilde{d}_j\alpha_{j-1}/\alpha_j\\ \hat{\boldsymbol{u}}_j=\tilde{\boldsymbol{u}}_j-f_j\boldsymbol{K}_j/\alpha_{j-1}\\ \boldsymbol{K}_{j+1}=\boldsymbol{K}_j+\nu\nu_j\tilde{\boldsymbol{u}}_j\end{cases} \tag{5-19}$$

对于每个 k ，都有

$$\boldsymbol{K}_k=\boldsymbol{K}_{n+1}/\alpha_n \tag{5-20}$$

这里，$\tilde{\boldsymbol{U}}$ 和 $\tilde{\boldsymbol{D}}$ 表示更新前的协方差分解，$\hat{\boldsymbol{U}}$ 和 $\hat{\boldsymbol{D}}$ 表示更新后的协方差分解。

（3）相关测量噪声的处理

由于在测量更新中，一次计算只处理一个测量数据，因此 UD 分解滤波算法无法处理测量噪声方差阵 $\boldsymbol{R}$ 为非对角矩阵（相关噪声）的情况。但由于测量噪声一般都是相关的，因此必须对测量更新进行一些处理才能应用 UD 分解滤波算法。

设观测模型为

$$\boldsymbol{z}=\boldsymbol{h}(\boldsymbol{X})+\boldsymbol{v} \tag{5-21}$$

式中　$\boldsymbol{v}$ ——测量噪声（相关噪声）。

一般地，$\boldsymbol{R}=\boldsymbol{E}(\boldsymbol{v}\boldsymbol{v}^{\mathrm{T}})$ 不是对角矩阵。

由 $\boldsymbol{R}$ 的定义可知 $\boldsymbol{R}$ 必然是对称正定矩阵，所以可以对 $\boldsymbol{R}$ 进行 UD 分解，令

$$\boldsymbol{R}=\boldsymbol{U}\boldsymbol{D}\boldsymbol{U}^{\mathrm{T}} \tag{5-22}$$

定义

$$\begin{aligned} \boldsymbol{z}' &= \boldsymbol{U}^{-1}\boldsymbol{z} \\ &= \boldsymbol{U}^{-1}[\boldsymbol{h}(\boldsymbol{x})+\boldsymbol{v}] \\ &= (\boldsymbol{U}^{-1}\boldsymbol{H}\boldsymbol{X})+(\boldsymbol{U}^{-1}\boldsymbol{v}) \\ &= \boldsymbol{H}'\boldsymbol{X}+\boldsymbol{v}' \end{aligned} \tag{5-23}$$

式中　$\boldsymbol{H}$ ——观测矩阵。

于是有

$$\begin{aligned} \boldsymbol{R}' &= E(\boldsymbol{v}'\boldsymbol{v}'^{\mathrm{T}}) \\ &= E[(\boldsymbol{U}^{-1}\boldsymbol{v})(\boldsymbol{U}^{-1}\boldsymbol{v})^{\mathrm{T}}] \\ &= E[\boldsymbol{U}^{-1}\boldsymbol{v}\boldsymbol{v}^{\mathrm{T}}(\boldsymbol{U}^{\mathrm{T}})^{-1}] \\ &= \boldsymbol{U}^{-1}E(\boldsymbol{v}\boldsymbol{v}^{\mathrm{T}})\boldsymbol{U}^{\mathrm{T}-1} \\ &= \boldsymbol{U}^{-1}\boldsymbol{R}(\boldsymbol{U}^{\mathrm{T}})^{-1} \\ &= \boldsymbol{U}^{-1}(\boldsymbol{U}\boldsymbol{D}\boldsymbol{U}^{\mathrm{T}})\boldsymbol{U}^{\mathrm{T}-1} \\ &= \boldsymbol{D} \end{aligned} \tag{5-24}$$

还需利用观测数据和观测矩阵 $\boldsymbol{H}$，通过式（5-25）

$$\begin{cases} \boldsymbol{U}\boldsymbol{z}'=\boldsymbol{z} \\ \boldsymbol{U}\boldsymbol{H}'=\boldsymbol{H} \end{cases} \tag{5-25}$$

解算出 $\boldsymbol{z}'$ 和 $\boldsymbol{H}'$，这样就可以利用基于 UD 协方差分解的滤波算法。

（4）利用多小行星图像的自主轨道确定

参考深空 1 号[7]，这里给出了利用多颗小行星图像的自主轨道确定算法。

定义参考轨道参数 $\boldsymbol{x}^*(t)$ 为 $\boldsymbol{x}^*(t)=[x \quad y \quad z \quad \dot{x} \quad \dot{y} \quad \dot{z}]^{\mathrm{T}}$，其中，$\boldsymbol{r}=[x \quad y \quad z]^{\mathrm{T}}$ 和 $\boldsymbol{v}=[\dot{x} \quad \dot{y} \quad \dot{z}]^{\mathrm{T}}$ 分别为探测器在日心黄道坐标系的位置和速度矢量，则更新的轨道参数为

$$\boldsymbol{x}'(t)=\boldsymbol{x}^*(t)+\Delta\boldsymbol{x}(t) \tag{5-26}$$

式中　$\Delta\boldsymbol{x}(t)$ ——估计轨道修正量。

如果参考轨道参数和真实轨道相差不大，那么在一段时间内轨道修正量是线性的，即在某一参考时间点的轨道参数修正量 $\Delta\boldsymbol{x}(t_0)$ 可以利用状态转换矩阵线性地映射到任何其他时间点 t 上

$$\Delta\boldsymbol{x}(t)=\boldsymbol{\Phi}(t)\Delta\boldsymbol{x}(t_0) \tag{5-27}$$

其中，给定时间 t 的状态转移矩阵 $\boldsymbol{\Phi}$ 满足

$$\dot{\boldsymbol{\Phi}}=\frac{\partial\dot{\boldsymbol{x}}(t)}{\partial\boldsymbol{x}(t)}\frac{\partial\boldsymbol{x}(t)}{\partial\boldsymbol{x}(t_0)}=\boldsymbol{A}\boldsymbol{\Phi}(t) \tag{5-28}$$

其中

$$\boldsymbol{A}=\frac{\partial \dot{\boldsymbol{x}}(t)}{\partial \boldsymbol{x}(t)}$$

$$\boldsymbol{\Phi}(t_0)=\boldsymbol{I}_{6\times 6}$$

系统的状态方程可写为

$$\begin{cases}\dot{\boldsymbol{r}}=\boldsymbol{v}\\ \dot{\boldsymbol{r}}=-\dfrac{\mu_s}{r^3}\boldsymbol{r}+\sum\limits_{i=1}^{n_t}\mu_i\left(\dfrac{\boldsymbol{r}_{ri}}{\boldsymbol{r}_{ri}^3}-\dfrac{\boldsymbol{r}_{ti}}{\boldsymbol{r}_{ti}^3}\right)-\dfrac{AG}{mr^3}\boldsymbol{r}+\dfrac{k}{m}\boldsymbol{T}+\boldsymbol{a}\end{cases} \tag{5-29}$$

式中　$\boldsymbol{r}$，$\boldsymbol{v}$——分别为探测器在日心黄道坐标系的位置和速度矢量，且 $r=\|\boldsymbol{r}\|$；

$\boldsymbol{r}_{ti}$——第 i 个摄动行星在日心黄道惯性坐标系的位置矢量，且 $r_{ti}=\|\boldsymbol{r}_{ti}\|$；

$\boldsymbol{r}_{ri}$——第 i 个摄动行星相对探测器的位置矢量，即 $\boldsymbol{r}_{ri}=\boldsymbol{r}_{ti}-\boldsymbol{r}$，且 $r_{ri}=\|\boldsymbol{r}_{ri}\|$；

μ_s——太阳引力常数；

μ_i——第 i 个摄动行星的引力常数；

n_t——摄动行星的个数。

对于某一观测历元，观测矩阵为

$$\boldsymbol{H}=\begin{bmatrix}\partial p/\partial x_1 & \partial p/\partial x_2 & \partial p/\partial x_3 & 0 & 0 & 0\\ \partial l/\partial x_1 & \partial l/\partial x_2 & \partial l/\partial x_3 & 0 & 0 & 0\end{bmatrix} \tag{5-30}$$

式（5－30）中，与速度分量有关的偏微分都是零，这是由于 p，l 仅与拍照瞬时探测器相对小行星的位置有关，而与探测器的速度无关。

由于得到的多颗小行星像元、像素是不同时刻的，因此需要利用状态转移矩阵把各个观测历元的观测矩阵变换到同一观测历元，有

$$\widetilde{\boldsymbol{H}}=\boldsymbol{H}\boldsymbol{\Phi} \tag{5-31}$$

为了最小化舍入误差及保证算法的数值稳定性，这里利用 5.2.2 节给出的基于 UD 协方差分解的递推加权最小二乘算法来确定探测器的轨道。其中的测量残差是图像处理得到的像素与计算预测得到的小行星中心对应的像素之差，小行星中心对应的像素计算可以利用前面章节给出的像素计算方法。这样就可以利用多颗小行星的观测数据（小行星中心的像素），通过多步递推来修正某观测历元的轨道参数。

（5）实例应用与分析

以探测 Ivar1627 小行星的一段巡航段轨道[10]为例，对基于多颗小行星图像的自主光学导航算法进行仿真验证与分析。仿真中有如下假定：

1）探测器的标称轨道：利用探测器巡航段轨道动力学方程数值积分得到，在 J2000.0 日心黄道惯性坐标系中探测器的初始位置为 $[1.139\,84\times10^{11}\quad -1.145\,16\times10^{11}\quad -6.738\,21\times10^{6}]$m，初始速度为 $[2.714\,73\times10^{4}\quad 1.883\,397\times10^{4}\quad -2.591\,50]$m/s；

2）测量精度：姿态误差方差为 10^{-12} rad^2，像素误差：像元为 0.1，像线为 0.1；

3）测量频率：测量数据以 450 s 采样间隔输出，利用选择和规划的小行星列表进行轨道确定；

4）初始误差：探测器的位置在各方向误差的方差为 $1\times10^{14}\ m^2$，各方向速度误差方差为 $10^4\ m^2/s^2$；

5）星历误差：小行星的星历在各个方向误差的方差为 $1\times10^{10}\ m^2$。

在没有测量误差和小行星星历误差的情况下，观测到小行星个数与轨道估计误差之间的关系如表 5-5 所示。可以看出，随着观测到小行星个数的增加，轨道估计精度逐步提高；能观测到 7 颗小行星时，4 次轨道确定后位置精度能达到 4.3 m，速度精度达到 0.001 3 m/s，非常接近轨道真值；能观测到 8 颗小行星时，2 次轨道确定后就非常接近轨道真值；但能观测到 6 颗及其以下小行星时，轨道确定收敛速度慢，且不能精度确定轨道。这些数据表明，至少需要观测到 7 个小行星才能进行轨道确定。

表 5-5 观测小行星个数与轨道估计误差的关系

小行星数	位置误差/m				速度误差/（m/s）			
3	29 756	19 482	25 381	21 666	44.698	36.245	33.147	30.963
4	22 322	99 830	89 070	49 260	31.731	15.076	8.065 9	4.397 0
5	16 646	43 090	24 520	11 070	21.529	5.757 4	2.392 7	1.034 7
6	9 099.0	1 687.5	660.80	201.80	10.351	2.2361	0.698 0	0.201 3
7	5 665.1	762.40	92.000	4.300 0	5.678 9	1.0740	0.086 2	0.001 3
8	2 701.4	9.399 3	4.065 3	3.430 9	1.199 5	0.0100	0.004 0	0.004 8
轨道确定	1 次	2 次	3 次	4 次	1 次	2 次	3 次	4 次

在没有测量误差和小行星星历误差的情况下的探测器轨道确定误差如图 5-2 所示。可以看出，基于多颗小行星图像的自主光学导航算法可以精确地确定探测器的轨道。图 5-3给出了在仿真假定条件下的自主轨道确定结果，位置误差接近 100 km，速度误差在 0.3 m/s 范围内，可以满足探测器巡航段对轨道精度的要求。仿真结果表明，利用多颗小行星图像的自主光学导航算法是有效的。

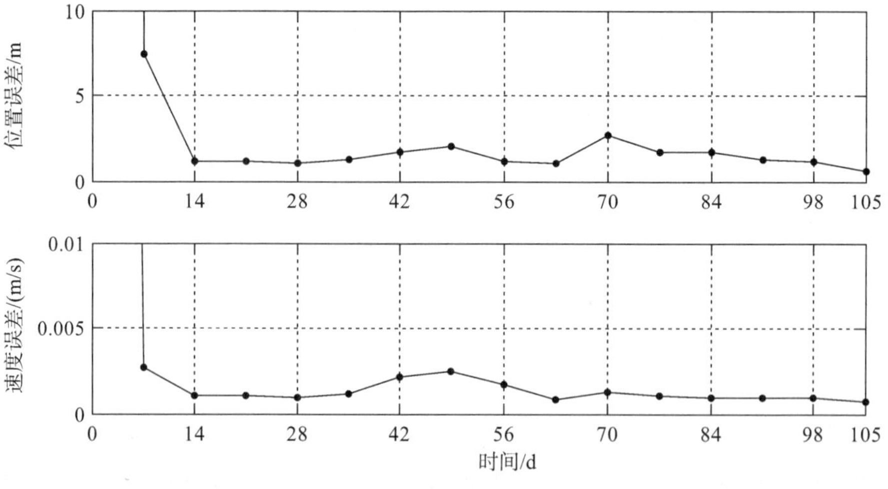

图 5-2 无测量误差和小行星星历误差情况下的轨道确定误差

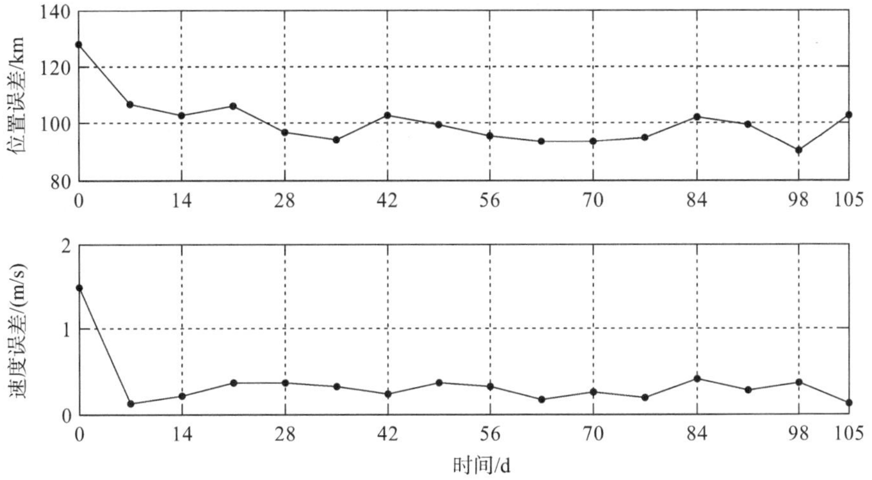

图 5-3　利用多颗小行星图像的轨道确定误差

5.3　巡航姿态机动规划与控制

5.3.1　姿态机动规划与控制问题

首先，航天器在轨运行期间需要通过大量的姿态机动来完成不同姿态指向之间的切换工作；同时，由于航天器任务的多样性，某些航天器的姿态机动过程中存在着一定的空间指向约束[11-12]。以红外天文学卫星 IRAS 为例，为了防止由于太阳光线直射星载红外望远镜的镜头而影响观测，要求红外望远镜的指向与太阳方向之间的夹角不小于 60°；另外，由于大行星反射的太阳光同样会对红外望远镜的观测造成干扰，要求红外望远镜的指向与火星、木星及土星方向之间的夹角均不小于 1°；同时，为了使太阳帆板得到足够的光照以及太阳敏感器有一个较好的测量范围，要求红外望远镜的指向与太阳方向之间的夹角小于 120°。Hubble 卫星、ISO 卫星、XMM Newton 卫星、Galex 卫星、Spitzer 卫星、AKARI 卫星及 Cassini 深空探测器都存在着类似的空间指向约束，尤其是 Cassini 深空探测器的约束最为复杂。对这类航天器的姿控系统进行设计时，必须要考虑到它们的姿态所受的空间指向约束，才能使设计出来的姿控系统满足任务需求。

其次，航天器的控制输入也受到约束。这种约束主要是由两个因素造成的：一是执行机构提供的力矩幅值有限；二是当执行机构发生部分损坏后，其所能提供的力矩维数降低，导致航天器姿态系统成为了欠驱动系统。力矩幅值饱和约束是姿控系统最基本的约束，对该约束下的姿控算法进行研究很有必要。另外，执行机构故障占据了姿轨故障总数的 34%。因此，研究部分执行机构可用时的姿态控制问题对提高航天任务的成功率有重大意义。例如，日本的 Hayabusa 探测器在剩下一个飞轮的情况下，能结合另外两台推进器来维持姿态的运动，虽然未能完成预期的着陆任务，但依靠有限的姿控执行机构最终还是完成了人类历史上第一个小行星样本采样返回任务。

第三，由于某些角速度敏感器的量程有限，要求航天器的角速度必须保持在某个范围内，这就形成了角速度约束。

在具体的航天器系统中，以上的约束有可能单个出现，也有可能混合出现。面对以上诸多约束，姿控技术必须要得到相应的改进才能满足航天任务的发展需求。在此研究背景下，本文结合当前的一些先进控制理论，对多约束下航天器姿态控制方法进行研究，以期得到专门针对各种约束的姿态机动方法。

自主探测器大角度机动规划问题是一个含动态约束的动力学规划问题，此规划问题可以分解为姿态运动轨迹的规划和跟踪控制。前者是在满足约束的情况下，规划出一条可行的运动路径；后者是控制探测器的姿态运动，使其沿着规划的路径。本文研究的内容为前者，即姿态运动轨迹的规划。

大角度机动中主要的约束来自敏感器件，如星敏感器、相机镜头需要避开太阳光线，散热面的热累积不能超过限定值等。另外，保持通信链路也是一个需要考虑的因素，如地球必须在天线允许范围内。这些约束可以分成两类——指向约束和积分约束。

指向约束要求探测器的某一矢量方向不能进入或离开某一区域，如果忽略机动过程中约束的变化，这类约束的约束区域是一个圆锥体，则只需要限制相关的矢量 $\boldsymbol{R}_i$ 与圆锥体的轴线方向 $\boldsymbol{R}_c$ 的夹角就行，可表示为

$$\boldsymbol{R}_i \cdot \boldsymbol{R}_c < \cos\alpha_{\min} \text{ 或 } \boldsymbol{R}_i \cdot \boldsymbol{R}_c > \cos\alpha_{\max} \tag{5-32}$$

积分约束是一种时变的约束，这里主要考虑散热面的热辐射问题。为了保护星上仪器，当散热面处于太阳光的辐射时，热累积不能超过限定值，可表示为

$$\int_0^t g(\theta, d)\mathrm{d}\tau < H \tag{5-33}$$

式中 H ——常数，为散热面最大能够承受热累积的量；

$g(\theta,\ d)$ ——辐射强度函数，与散热面与太阳光矢量的夹角、探测器与太阳的距离等因素有关。

运动轨迹的规划问题是一个 PSPACE 难题，求解运动轨迹的算法的复杂度与问题的构造空间维数呈指数增长。在机动过程中，探测器为一刚体，其姿态为在三维空间的旋转，有俯仰、偏航、滚转三个自由度，即其规划问题构造空间的维数为 3。本文采用有三个独立参数的 Euler 轴角或四元数表示探测器的姿态。

5.3.2 单轴随机扩展大角度机动规划

利用单轴随机扩展算法求解自主探测器大角度机动规划问题。该算法采用 RRT 扩展方式生成规划路径，即从起点开始，不断生成随机节点并与最邻近点连接，直到当前随机节点能与目标点直接连接。

单轴随机扩展算法生成的随机节点为探测器的姿态四元数，在生成随机节点过程中充分利用邻近点的信息，可以把此规划问题构造空间的维数由 3 减少到 2。

(1) 随机姿态节点

单轴随机扩展算法在规划过程中不断地生成随机节点，每个节点对应一个探测器的姿

态四元数。

为了使问题简化，假定节点处探测器的姿态角速率为零，且节点间的姿态运动为固定 Euler 轴旋转，可知相邻节点间的姿态制导律为

$$\boldsymbol{q}_{i+1}=\boldsymbol{q}_i \otimes \boldsymbol{q}_{ei} \tag{5-34}$$

式中　$\boldsymbol{q}_i$ ——第 i 个节点对应的姿态四元数；

$\boldsymbol{q}_{ei}$ ——第 i 个节点与第 $i+1$ 个节点间的偏差四元数，对应两节点间的固定 Euler 轴角旋转。

（2）伪距离

单轴随机扩展算法采用的扩展方式为连接最邻近点，两个节点间比较利用的是距离信息，而在大角度机动规划的两个姿态节点间没有直观的距离，因此需要定义一个变量来表示距离，称之为伪距离。本文定义伪距离为两个随机姿态节点间的机动时间。

（3）概率启发因子

在随机生成节点的过程中，引入启发因子会加快算法的收敛。这里我们以简单的势能函数作为启发因子，用于表示接受此次随机生成的节点的概率，具体形式如下

$$P=A/(|\operatorname{Dis}(R,C)-\operatorname{Dis}(S,T)/2.0|)=\begin{cases}1.0 & \geqslant 1.0\\ P & <1.0\end{cases} \tag{5-35}$$

式中　A——常数，根据路径中的障碍情况选取。路径中的障碍越多，A 值越大，一般取 0.4；

$\operatorname{Dis}(R,C)$——R、C 之间的距离；

R，S，T，C——分别表示随机节点、大角度规划的起始点、终点及两者的中点。

图 5-4 为 $A=0.4$ 时启发因子的分布图。其中圆面上的概率为 1.0，圆面外部的概率渐渐减小，圆面以 C 为圆心，半径为 $(1+A)\operatorname{Dis}(S,T)/2.0$。

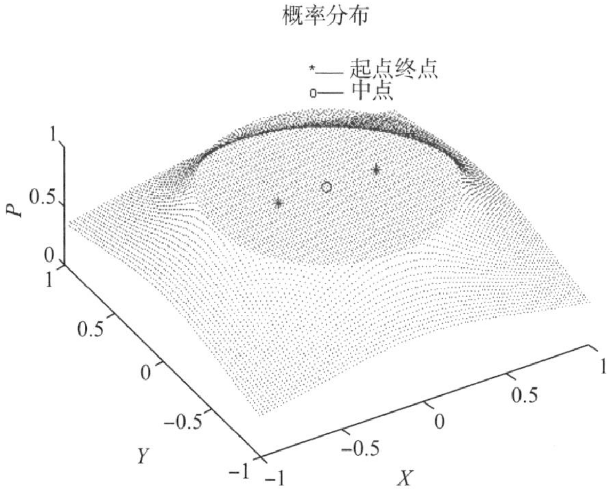

图 5-4　启发因子概率分布图

（4）单轴随机生成节点

规划算法生成随机姿态节点，每个姿态节点对应一个探测器的姿态 Euler 轴角，而姿态 Euler 轴角有三个随机参数，即生成一个随机节点需要三个随机参数。本文采用单轴随机扩展算法，在生成随机姿态节点过程中只需要两个随机参数，另外一个参数由邻近节点的信息得到，具体步骤如下：

1）随机生成两个角 α 、β，求出其在单位球面上对应的一点 $\boldsymbol{R}_{rz}(x_{rz},y_{rz},z_{rz})$，则 $\boldsymbol{R}_{rz}$ 也为从球心指向此点的单位矢量，令 $\boldsymbol{R}_{rz}$ 为随机 Euler 轴角为 $\boldsymbol{R}_{r}$ 时探测器体坐标系的 Z 轴指向矢量；

2）在已有的 Euler 轴角中，找出 Z 轴指向矢量与 $\boldsymbol{R}_{r}$ 夹角最小的 Euler 轴角 $\boldsymbol{R}_{n}$，夹角为 θ；

3）如果 $\theta > 0.2$ rad，返回 1)；

4）得到 $\boldsymbol{R}_{n}$ 的 X 轴指向矢量 $\boldsymbol{R}_{nx}(x_{nx},\ y_{nx},\ z_{nx})$，$\boldsymbol{R}_{n}$ 的 Y 轴指向矢量 $\boldsymbol{R}_{ny}(x_{ny},\ y_{ny},\ z_{ny})$，如果 $z_{nx} \geqslant z_{ny}$，则执行 6)，否则执行 7)；

5）通过式（5-36）求解 $\boldsymbol{R}_{r}$ 的 X 轴指向矢量 $\boldsymbol{R}_{rx}(x_{rx},\ y_{rx},\ z_{rx})$

$$\begin{cases} z_{rx} = z_{nx} \\ x_{rx} \cdot x_{rz} + y_{rx} \cdot y_{rz} + z_{rx} \cdot z_{rz} = 0 \\ x_{rx} \cdot x_{rx} + y_{rx} \cdot y_{rx} + z_{rx} \cdot z_{rx} = 1 \end{cases} \tag{5-36}$$

6）通过式（5-37）求解 $\boldsymbol{R}_{r}$ 的 Y 轴指向矢量 $\boldsymbol{R}_{ry}(x_{ry},\ y_{ry},\ z_{ry})$

$$\begin{cases} z_{ry} = z_{ny} \\ x_{ry} \cdot x_{rz} + y_{ry} \cdot y_{rz} + z_{ry} \cdot z_{rz} = 0 \\ x_{ry} \cdot x_{ry} + y_{ry} \cdot y_{ry} + z_{ry} \cdot z_{ry} = 1 \end{cases} \tag{5-37}$$

7）由 $\boldsymbol{R}_{rz}(x_{rz},\ y_{rz},\ z_{rz})$ 、$\boldsymbol{R}_{rx}(x_{rx},\ y_{rx},\ z_{rx})$ 或 $\boldsymbol{R}_{ry}(x_{ry},\ y_{ry},\ z_{ry})$ 即可确定此次随机生成的 Euler 轴角；

8）判断生成的 Euler 轴角是否满足约束条件，如果不满足，返回 1)。

（5）扩展规划

利用上面的单轴随机算法生成随机姿态节点，采用扩展的方式生成规划路径，即从起点开始，不断生成随机节点并与最邻近点连接，直到最后与目标点连接，具体如图 5-5 所示。

```
I-RRT(N_s, N_t)
    {   N_ini = N_s ; R.add(N_s) ; //起点加入路径序列
     while ! Arrive ( N_ini, N_t );
     {
     do {
        N_rand =RandNode ( );
        N_near =LeastD ( N_rand , R);
        } while ! AvoidRouter ( N_rand, N_near );
     R. add ( N_rand );
     N_ini = N_rand ; //更新路径最后一个点;
     }
     R. add ( N_t )
   }
```

图 5-5　扩展规划流程

其中：Arrive（N_{ini}，N_t）用于判断从 N_{ini} 是否能够直接到达 N_t；RandNode（）为根据单轴随机扩展算法生成一个节点，LeastD（N_{rand}，R）用于寻找已有节点集合中离 N_{rand} 最近的节点；AvoidRouter（N_{rand}，N_{near}）检测 N_{rand}、N_{near} 之间的路径是否在障碍区。随机生成节点算法保证了路径的起点和终点不在障碍区，但其并不能保证路径上所有节点均不在障碍区，因此还需要检测两个节点之间的路径是否处于障碍区。采用取样检测的方法，把路径离散成足够多的取样点，则只需检测这些取样点的约束情况；而点的几何约束等同于指向约束，故可利用约束不等式（5-32）。

（6）算法分析

在单轴随机扩展算法中，生成姿态随机节点（有三个随机参数）用到了两个随机数，相当于随机生成一个姿态轴的指向，即将构造空间维数为 3 的姿态规划问题转化成为一个构造空间维数为 2 的轴指向规划问题，因而单轴随机扩展算法能够减小问题求解的搜索空间。

实际上，由于从起始姿态到终止姿态的路径是一个连续的过程，如果把路径分成离散的点，则相邻的点对应的姿态间偏差四元数就会很小。单轴随机扩展算法正是利用这个原理，使其搜索空间比三轴随机的搜索空间小得多。

5.3.3 多约束下姿态机动规划与控制

控制力矩输入饱和问题及视线轴指向受约束的问题是两个常见的约束问题，而且经常会同时出现。甚至在有的条件下，除了控制力矩受约束外，由于受到敏感元件量程约束，还会存在着航天器姿态角速度受约束的情况。另外，对能量的优化也是经常需要解决的问题，这就形成了一个混合多约束的姿态机动控制问题。混合多约束下的航天器姿态机动控制问题是本节需要进一步研究的。

（1）探测器姿态运动方程线性化

首先用 $\boldsymbol{x}=[q_0,q_1,q_2,q_3,\omega_1,\omega_1,\omega_3]$ 表示姿态和角速度，则系统状态方程表示为

$$\dot{\boldsymbol{x}}=\boldsymbol{f}(\boldsymbol{x})+\boldsymbol{B}\boldsymbol{u} \tag{5-38}$$

其中

$$\boldsymbol{f}(\boldsymbol{x})=[\boldsymbol{f}_1^{\mathrm{T}},\boldsymbol{f}_2^{\mathrm{T}}]^{\mathrm{T}} \tag{5-39}$$

$$\boldsymbol{f}_1=\begin{bmatrix}(-q_1\omega_1-q_2\omega_2-q_3\omega_3)/2\\(q_0\omega_1-q_3\omega_2+q_2\omega_3)/2\\(q_3\omega_1+q_0\omega_2-q_1\omega_3)/2\\(-q_2\omega_1+q_1\omega_2+q_0\omega_3)/2\end{bmatrix} \tag{5-40}$$

$$\boldsymbol{f}_2=[(J_2-J_3)/J_1\omega_2\omega_3,(J_3-J_1)/J_2\omega_1\omega_3,(J_1-J_2)/J_3\omega_1\omega_2] \tag{5-41}$$

将式（5-38）在航天器当前状态处进行线性化，有

$$\dot{\boldsymbol{x}}=\boldsymbol{f}(\boldsymbol{x}_0)+\left.\frac{\partial\boldsymbol{f}(\boldsymbol{x})}{\partial\boldsymbol{x}}\right|_{\boldsymbol{x}_0}(\boldsymbol{x}-\boldsymbol{x}_0)+\boldsymbol{B}\boldsymbol{u} \tag{5-42}$$

式（5-42）可重新表示为

$$\dot{\boldsymbol{x}}=\boldsymbol{\Psi x}+\boldsymbol{Bu}+\boldsymbol{f}(\boldsymbol{x}_0)-\boldsymbol{\Psi x}_0 \tag{5-43}$$

其中

$$\boldsymbol{\Psi}=\left.\frac{\partial \boldsymbol{f}(\boldsymbol{x})}{\partial \boldsymbol{x}}\right|_{x0},\boldsymbol{B}=\begin{bmatrix}\boldsymbol{0}_{4\times 3}\\ \boldsymbol{J}^{-1}\end{bmatrix}$$

进一步离散式（5-43），有

$$\boldsymbol{x}=\mathrm{e}^{\boldsymbol{\Psi}t}\boldsymbol{x}_0+\int_{t_0}^{t}\boldsymbol{B}\mathrm{d}t\cdot\boldsymbol{u}+\int_{t_0}^{t}[\boldsymbol{f}(\boldsymbol{x}_0)-\boldsymbol{\Psi x}_0]\mathrm{d}t \tag{5-44}$$

得

$$\boldsymbol{x}(k+1)=(\boldsymbol{I}+\Delta T\boldsymbol{\Psi})\boldsymbol{x}(k)+\Delta T\boldsymbol{Bu}+\Delta T[\boldsymbol{f}(\boldsymbol{x}_0)-\boldsymbol{\Psi x}_0] \tag{5-45}$$

为了表示出动力学方程和运动学方程的级联特性，将式（5-45）进一步转化成

$$\begin{bmatrix}\underline{\boldsymbol{q}}(k+2)\\ \boldsymbol{\omega}(k+1)\end{bmatrix}=\begin{bmatrix}\boldsymbol{\Phi}_1(k)\ [\underline{\boldsymbol{q}}(k+1),\boldsymbol{\omega}(k+1)]^{\mathrm{T}}+\boldsymbol{B}_1\boldsymbol{u}(k)+\boldsymbol{F}_1\\ \boldsymbol{\Phi}_2(k)\ [\underline{\boldsymbol{q}}(k+1),\boldsymbol{\omega}(k+1)]^{\mathrm{T}}+\boldsymbol{B}_2\boldsymbol{u}(k)+\boldsymbol{F}_2\end{bmatrix} \tag{5-46}$$

式中　$\boldsymbol{\Phi}_1,\boldsymbol{\Phi}_2$——分别表示状态转移矩阵 $\boldsymbol{I}+\Delta T\boldsymbol{\Psi}$ 的前四行和后三行；

$\boldsymbol{B}_1,\boldsymbol{B}_2$——分别表示控制矩阵的 $\Delta T\boldsymbol{B}$ 的前四行和后三行；

$\boldsymbol{F}_1,\boldsymbol{F}_2$——分别表示当前时刻常数矩阵 $\Delta T\boldsymbol{F}_0$ 的前四行和后三行。

（2）预测控制算法设计

设航天器姿态机动的目标姿态和角速度分别为 $\underline{\boldsymbol{q}}_{\mathrm{f}}$，$\boldsymbol{\omega}_{\mathrm{f}}$，则每一个状态与目标状态之间的姿态偏差为 $\underline{\boldsymbol{q}}_{\mathrm{e}}=\boldsymbol{q}_{\mathrm{f}}^{*}\otimes\underline{\boldsymbol{q}}(k+i)$（$\otimes$ 表示四元数乘法，上标 * 表示共轭四元数）、角速度偏差为 $\boldsymbol{\omega}_{\mathrm{e}}=\boldsymbol{\omega}-\boldsymbol{\omega}_{\mathrm{f}}$，那么可以将每一个控制步 k 上的机动目标函数表示成

$$\begin{aligned}J(k)=\sum_{i=1}^{N}\ [&\boldsymbol{q}_{\mathrm{e}}^{\mathrm{T}}(k+i+1)\boldsymbol{Rq}_{\mathrm{e}}(k+i+1)+\boldsymbol{\omega}_{\mathrm{e}}^{\mathrm{T}}(k+i)\boldsymbol{W\omega}_{\mathrm{e}}(k+i)+\\ &\boldsymbol{u}^{\mathrm{T}}(k+i-1)\boldsymbol{\Gamma u}(k+i-1)]\end{aligned} \tag{5-47}$$

式中　$\boldsymbol{R}$，$\boldsymbol{W}$，$\boldsymbol{\Gamma}$——正定矩阵。

为了表达更清楚，将式（5-47）中的部分表达式转化成状态变量的形式表达

$$\begin{aligned}\boldsymbol{q}_{\mathrm{e}}^{\mathrm{T}}(k+i+1)\boldsymbol{Rq}_{\mathrm{e}}(k+i+1)&=[\boldsymbol{Cq}_{\mathrm{f}}^{*}\otimes\boldsymbol{q}(k+i+1)]^{\mathrm{T}}\boldsymbol{R}[\boldsymbol{Cq}_{\mathrm{f}}^{*}\otimes\boldsymbol{q}(k+i+1)]\\ &=\underline{\boldsymbol{q}}^{\mathrm{T}}(k+i+1)\ [\boldsymbol{Q}^{\mathrm{T}}(\underline{\boldsymbol{q}}_{\mathrm{f}})\boldsymbol{RQ}(\underline{\boldsymbol{q}}_{\mathrm{f}})]\ \underline{\boldsymbol{q}}(k+i+1)\\ &=\underline{\boldsymbol{q}}^{\mathrm{T}}(k+i+1)\boldsymbol{G}\underline{\boldsymbol{q}}(k+i+1)\end{aligned} \tag{5-48}$$

其中

$$\boldsymbol{G}=[\boldsymbol{Q}^{\mathrm{T}}(\underline{\boldsymbol{q}}_{\mathrm{f}})\boldsymbol{RQ}(\underline{\boldsymbol{q}}_{\mathrm{f}})]\ ,\boldsymbol{C}=[\boldsymbol{0}_{3\times 1}\quad \boldsymbol{I}_{3\times 3}]$$

式中　$\boldsymbol{C}$——表示对四元数取矢部。

于是，目标函数进一步表示为

$$\begin{aligned}J(k)=\sum_{i=1}^{N}\ [&\underline{\boldsymbol{q}}^{\mathrm{T}}(k+i+1)\boldsymbol{G}\underline{\boldsymbol{q}}(k+i+1)+\boldsymbol{\omega}_{\mathrm{e}}^{\mathrm{T}}(k+i)\boldsymbol{W\omega}_{\mathrm{e}}(k+i)+\\ &\boldsymbol{u}^{\mathrm{T}}(k+i-1)\boldsymbol{\Gamma u}(k+i-1)]\end{aligned} \tag{5-49}$$

而运动方程约束表示为

$$\begin{cases}\underline{\boldsymbol{q}}(k+i+1)=\boldsymbol{\Phi}_1[\underline{\boldsymbol{q}}(k+i),\boldsymbol{\omega}(k+i)]^{\mathrm{T}}+\boldsymbol{B}_1\boldsymbol{u}(k+i-1)+\boldsymbol{F}_1\\ \boldsymbol{\omega}(k+i)=\boldsymbol{\Phi}_2[\boldsymbol{q}(k+i),\boldsymbol{\omega}(k+i-1)]^{\mathrm{T}}+\boldsymbol{B}_2\boldsymbol{u}(k+i-1)+\boldsymbol{F}_2\end{cases} \tag{5-50}$$

将空间指向约束写为如式（5-51）所示线性矩阵不等式约束形式

$$\begin{bmatrix}(\lambda_j+\varepsilon_j) & \underline{\boldsymbol{q}}^{\mathrm{T}}(k+i+1)\\ \underline{\boldsymbol{q}}(k+i+1) & [(\lambda_j+\varepsilon_j)\boldsymbol{I}_4+\boldsymbol{A}_j]^{-1}\end{bmatrix}\geqslant 0 \tag{5-51}$$

于是，在第 k 步的预测控制优化表达式可表示为如下形式

$$\begin{aligned}&\min\quad (5-49)\\ &\mathrm{s.t.}\quad (5-50)\\ &\qquad\ \ (5-51)\\ &|\omega_j(k+i)|\leqslant\eta_1\quad j=1,2,3\\ &|u_j(k+i-1)|\leqslant\eta_2\quad j=1,2,3\\ &i=1,\cdots,N\end{aligned} \tag{5-52}$$

式中　N ——预测步数；

η_1，η_2——分别为角速度和控制力矩的范围；

下标 j——表示第 j 个姿态约束。

从表达式（5-52）中可以看出，在预测控制的每一个控制周期里，由凸约束规划过程给出控制力矩，从而可以得到全局解，避免了非凸约束造成的收敛问题。另外，采用预测控制可以大大降低因为控制有界造成的随机节点易于进入障碍区、违反约束的可能性，保证航天器在机动过程中的安全性。

参考文献

[1] Elachi C. The critical role of communications and navigation yechnologies to the success of space science enterprise missions. Keynote Address DESCANSO International Symposium, 21 September, 1999.

[2] Riedel J E, Bhaskaran S, Desai D, et al. Autonomous optical navigation (AutoNav) DS1 Technology Validation Report. JPL Publication. 2000: 48 - 65.

[3] Delavault S, Berthier J, Foliard J. Optical navigation to a near earth object. 18th ISSFD, Munich, Germany, Oct 2004.

[4] Chausson L, Elavault S. Optical navigation performance during interplanetary cruise, 17th ISSFD, Moscow, Russia, 2003.

[5] Creamer G. Attitude determination and control of clementine during lunar mapping. Journal of Guidance, Control, and Dynamics. 1996, 19 (3): 505 - 511.

[6] Bhaskaran S, Riedel J E, Synnott S P. Autonomous optical navigation for interplanetary missions. Proc. SPIE. 1996, 1 (2810): 32 - 43.

[7] Bhaskaran S, Desai D, Dumont P J, et al. Orbit determination performance evaluation of the Deep Space 1 autonomous navigation system. Proceedings of the AAS/AIAA Spaceflight Mechanics Meeting, Monterrey, California, USA, 1998: 1295 - 1314.

[8] Riedel J E, Bhaskaran S, Synnott S P, et al. Navigation for the new millennium: autonomous navigation for Deep Space 1. 12th International Symposium on Space Flight Dynamics, Darmstadt, Germany, 1997: 303 - 320.

[9] Delavault S, Berthier J, Foliard J. Optical navigation to a near earth object. 18th International Symposium on Space Flight Dynamics, Munich, Germany, 2004: 467 - 472.

[10] Cui P Y, Li L T, Cui H T, et al. Ivar asteroid rendezvous mission system scenario and trajectory design. Journal of Harbin Institute of Technology (New Series), 2003, 10 (3): 338 - 342.

[11] 程小军，崔祜涛，徐瑞，崔平远．几何约束下的航天器姿态机动控制．控制与决策．2012，27 (5)：724 - 730.

[12] 程小军，崔祜涛，崔平远，徐瑞．具有非凸约束的航天器姿态机动预测控制．宇航学报．2011，32 (5)：2070 - 2076.

第6章　接近交会段自主导航与制导

在以往的深空任务中，接近交会段是应用自主光学导航的典型领域。接近交会段与巡航段有以下几方面不同：1）导航是相对目标天体的；2）目标天体的图像成为主要信息源，与远天体相比，目标天体图像能提供较精确的测量，利用边缘处理和天体中心提取技术可以得到天体中心和边缘特征光学信息；3）在一定距离范围内，利用目标天体边缘或表面特征可以得到视线方向和距离信息；4）利用目标天体形状模型和图像模型可得到边缘或表面特征点的粗略位置信息。本章将针对接近交会段的特点，详细介绍该阶段的自主导航与制导技术。

6.1　接近交会任务特点

在接近交会目标天体的过程中，依照后续任务的不同，探测器可分为撞击、飞越、进入等模式。在撞击模式下，探测器以高速撞击天体上目标点，通过分析撞击产生的喷射物和在目标天体表面上形成的弹坑大小，以确定目标天体的组成成分及其内部元素，这对于天体起源和生命起源都有重要的科学意义。在飞越模式下，探测器近距离在目标天体附近飞过，在飞越过程中通过光学导航相机对目标天体进行拍照，以确定目标天体的大小、形状、光谱、自旋状态等物理参数。在进入模式下，探测器在近天体点进行轨道机动，产生制动速度进入绕飞目标天体轨道，进而执行绕飞探测、下降着陆等后续科学考察任务。

接近交会段导航制导任务的特点是未知参数多，轨道和姿态机动频繁，定轨精度要求高。未知参数包括探测器的位置、姿态信息，目标天体的星历、引力参数、自转角速度、大小等特性信息，太阳光压系数扰动加速度、姿态机动时由于安装不平衡带来的扰动加速度等动力学扰动信息。为了精确到达目标点、完成科学考察任务，定轨精度在此阶段的最末段要求甚至达到几十米的量级，这些难题都需要设计合理的导航制导系统来解决。接近交会段导航制导方法是整个探测任务中的关键技术，其直接决定姿态制导、在轨观测和轨道控制的执行。

6.2　接近交会段自主导航方法

6.2.1　地面辅助的光学导航方法

对接近交会段的导航方式的研究主要包括两种：一种是结合地面导航和光学导航的组合导航方式，另一种是单纯依靠导航相机进行的光学自主导航。组合导航主要依赖于地面深空网提供的探测器相对于地球的位置矢量的距离信息和径向速度信息，以及星上相机提供的探测器相对于目标天体的位置矢量的方向信息。光学自主导航则完全依赖于星上相机提供的方向信息，它适用于离目标天体较近、地面导航延迟严重情况下的导航，是自主导航的发展趋势和研究热点问题。

针对接近交会段导航任务的特点，参考目前的主要导航方式对接近交会段探测的导航方案进行了设计。当探测器距离目标天体较远时，采用结合地面导航和光学导航的组合导航方式，如图 6-1 所示，通过地面深空网提供的探测器相对于地球的位置矢量的距离信息和径向速度信息，对探测器在惯性绝对空间中的位置速度进行估计；结合星上相机提供的探测器相对于目标天体的位置矢量的方向信息，对目标天体的星历进行估计；同时对目标天体引力参数、自转角速度等物理参数进行识别。该阶段的数据处理主要是由地面测控站来完成，地面测控站测得距离信息和径向速度信息；探测器拍摄到的目标天体图像通过遥测系统传送回地面，对其进行图像处理提取出目标天体的光心；将距离信息、径向速度信息和目标天体的光心坐标作为观测量，地面站利用滤波器对之前的初步估计参数进行更新，以得到探测器、目标天体轨道参数和物理参数更高精度的估计值。

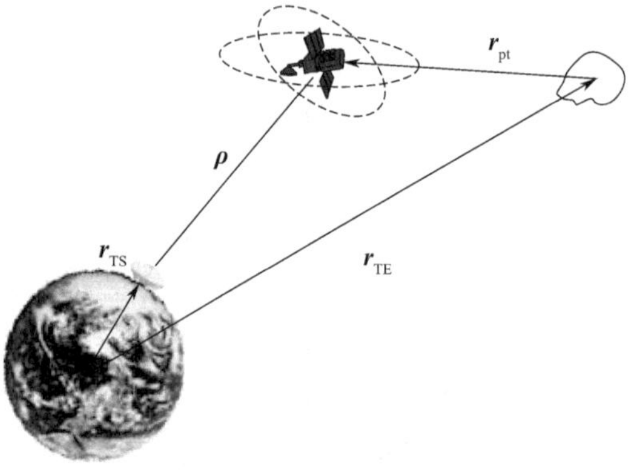

图 6-1　接近交会段组合导航方案示意图

（1）摄动模型和变分方程

对探测器接近轨道进行改进时，需要根据探测器所处的深空环境建立探测器的动力学模型，再构造探测器运动的非线性二阶微分方程组，且在探测器二体动力学运动方程中应包括相应的摄动加速度。当探测器距离目标天体较远时，探测器仍旧处在以太阳为中心引力天体的日心轨道内，各类摄动力包括大天体引力摄动、太阳光压摄动、探测器推力等。此时探测器的轨道动力学建立在 J2000 日心黄道惯性坐标系上，其形式如式（6-1）所示

$$
\begin{cases}
\dot{\boldsymbol{r}}_{\mathrm{p}} = \boldsymbol{v}_{\mathrm{p}} \\
\ddot{\boldsymbol{r}}_{\mathrm{p}} = -\dfrac{\mu_{\mathrm{s}}}{|\boldsymbol{r}_{\mathrm{p}}|^3}\boldsymbol{r}_{\mathrm{p}} - \sum_i \mu_i \left(\dfrac{\boldsymbol{r}_{\mathrm{p}} - \boldsymbol{s}_i}{|\boldsymbol{r}_{\mathrm{p}} - \boldsymbol{s}_i|^3} + \dfrac{\boldsymbol{s}_i}{|\boldsymbol{s}_i|^3} \right) + \nu C_{\mathrm{p}} \dfrac{A_{\mathrm{p}}}{m_{\mathrm{p}}} \rho_{\oplus}\, \mathrm{AU}^2 \dfrac{\boldsymbol{r}_{\mathrm{p}}}{|\boldsymbol{r}_{\mathrm{p}}|^3} + \dfrac{k}{m_{\mathrm{p}}}\boldsymbol{F} + \boldsymbol{a}_{\mathrm{p}}
\end{cases}
\tag{6-1}
$$

式中　$\boldsymbol{r}_{\mathrm{p}}$，$\boldsymbol{v}_{\mathrm{p}}$ —— 探测器日心位置和速度；

$\boldsymbol{s}_i$ —— 第 i 个摄动天体的日心位置；

μ_s —— 太阳的引力系数；

μ_i —— 第 i 个摄动星体的引力系数；

ν —— 遮挡因子；

C_p —— 探测器的光压系数；

A_p —— 太阳垂直辐射的探测器有效表面积；

m_p —— 探测器质量；

$\rho_{\oplus}$ —— 由太阳辐射光压在位于1天文单位的理想吸收表面上产生的作用力，其值为 $4.5605\times10^{-6}\ \mathrm{N/m^2}$；

AU—— 天文单位；

k—— 推力系数；

$\boldsymbol{F}$—— 探测器所受的控制力；

$\boldsymbol{a}_p$ —— 其他各种摄动加速度矢量，主要是太阳光压系数扰动加速度、姿态机动时由于安装不平衡带来的扰动加速度。

同理，目标天体所满足的轨道动力学方程形式如式(6-2)所示

$$\begin{cases}\dot{\boldsymbol{r}}_t=\boldsymbol{v}_t\\ \ddot{\boldsymbol{r}}_t=-\dfrac{\mu_s}{|\boldsymbol{r}_t|^3}\boldsymbol{r}_t-\sum_i\mu_i\left(\dfrac{\boldsymbol{r}_t-\boldsymbol{s}_i}{|\boldsymbol{r}_t-\boldsymbol{s}_i|^3}+\dfrac{\boldsymbol{s}_i}{|\boldsymbol{s}_i|^3}\right)+\nu C_t\dfrac{A_t}{m_t}\rho_{\oplus}\,\mathrm{AU}^2\dfrac{\boldsymbol{r}_t}{|\boldsymbol{r}_t|^3}+\boldsymbol{a}_t\end{cases}\tag{6-2}$$

式中　$\boldsymbol{r}_t$，$\boldsymbol{v}_t$ ——天体日心位置和速度；

C_t ——天体的光压系数；

A_t ——太阳垂直辐射的天体有效表面积；

m_t ——天体质量；

$\boldsymbol{a}_t$ ——天体所受的其他各种摄动加速度矢量，如彗星彗尾喷发产生的未知推力加速度等。

在式（6-1)、式（6-2）中的待估变量包括探测器的位置和速度、太阳光压系数、目标天体的位置和速度等。在采用微分修正的轨道修正方法中，需要探测器的当前状态 $\boldsymbol{r}_p$、$\dot{\boldsymbol{r}}_p$ 相对初始时刻状态的偏导数，探测器当前状态相对光压系数 C_p 的偏导数，目标天体的当前状态 $\boldsymbol{r}_t$、$\dot{\boldsymbol{r}}_t$ 相对初始时刻状态的偏导数，这些偏导数都将在摄动加速度的变分方程中体现。

探测器或目标天体的运动方程可以写成

$$\ddot{\boldsymbol{r}}=f(\boldsymbol{r},\dot{\boldsymbol{r}},t,\boldsymbol{p})\tag{6-3}$$

其中

$$\boldsymbol{p}=[\boldsymbol{r}_0,\dot{\boldsymbol{r}}_0,\boldsymbol{p}^*]^{\mathrm{T}}\tag{6-4}$$

式中　$\boldsymbol{r}$ —— 位置坐标列矢量；

$\boldsymbol{p}$ —— 待估变量参数矢量；

$\boldsymbol{r}_0$、$\dot{\boldsymbol{r}}_0$—— 惯性坐标系中某历元时刻的位置和速度；

$\boldsymbol{p}^*$ —— 待估的光压系数等动力学参数。

将方程(6-3)对 $\boldsymbol{p}$ 微分，得到矩阵方程

$$\frac{\mathrm{d}\ddot{\boldsymbol{r}}}{\mathrm{d}\boldsymbol{p}}=\frac{\partial\ddot{\boldsymbol{r}}}{\partial\boldsymbol{r}}\frac{\partial\boldsymbol{r}}{\partial\boldsymbol{p}}+\frac{\partial\ddot{\boldsymbol{r}}}{\partial\dot{\boldsymbol{r}}}\frac{\partial\dot{\boldsymbol{r}}}{\partial\boldsymbol{p}}+\frac{\partial\ddot{\boldsymbol{r}}}{\partial\boldsymbol{p}} \tag{6-5}$$

由于待估变量参数矢量 $\boldsymbol{p}$ 和时间 t 相互独立，则对 t 和 $\boldsymbol{p}$ 的微分可以相互交换

$$\frac{\mathrm{d}^2}{\mathrm{d}t^2}\left(\frac{\partial\boldsymbol{r}}{\partial\boldsymbol{p}}\right)=\frac{\partial\ddot{\boldsymbol{r}}}{\partial\boldsymbol{r}}\frac{\partial\boldsymbol{r}}{\partial\boldsymbol{p}}+\frac{\partial\ddot{\boldsymbol{r}}}{\partial\dot{\boldsymbol{r}}}\frac{\mathrm{d}}{\mathrm{d}t}\left(\frac{\partial\boldsymbol{r}}{\partial\boldsymbol{p}}\right)+\frac{\partial\ddot{\boldsymbol{r}}}{\partial\boldsymbol{p}} \tag{6-6}$$

定义下列矩阵

$$\begin{cases}\boldsymbol{A}(t)=\left[\dfrac{\partial\ddot{\boldsymbol{r}}(t)}{\partial\boldsymbol{r}}\right]_{3\times3},\boldsymbol{C}(t)=\left[\dfrac{\partial\ddot{\boldsymbol{r}}(t)}{\partial\boldsymbol{p}}\right]_{3\times n}\\ \boldsymbol{B}(t)=\left[\dfrac{\partial\ddot{\boldsymbol{r}}(t)}{\partial\dot{\boldsymbol{r}}(t)}\right]_{3\times3},\boldsymbol{Y}(t)=\left[\dfrac{\partial\boldsymbol{r}(t)}{\partial\boldsymbol{p}}\right]_{3\times n}\end{cases} \tag{6-7}$$

式中　n ——待估变量个数。

方程（6-7）可变为如式（6-8）所示线性微分方程组

$$\ddot{\boldsymbol{Y}}=\boldsymbol{A}(t)\boldsymbol{Y}+\boldsymbol{B}(t)\dot{\boldsymbol{Y}}+\boldsymbol{C}(t) \tag{6-8}$$

该微分方程组即为变分方程，方程中的系数矩阵 $\boldsymbol{A}$，$\boldsymbol{B}$，$\boldsymbol{C}$ 可以分别通过式（6-1）、式（6-2）对相应参数进行偏微分求取。

对基本方程（6-3）进行数值积分可以得到探测器、目标天体在日心绝对惯性坐标系下的位置 $\boldsymbol{r}$ 和速度 $\dot{\boldsymbol{r}}$，对变分方程积分可以获得矩阵 $\boldsymbol{Y}(t)$ 和 $\dot{\boldsymbol{Y}}(t)$，由此可得所需要的状态转移偏导数。运用这些偏导数，结合观测偏导数可以构成轨道微分修正需要的测量偏导数。

（2）测量方程和轨道修正

根据目前测控技术发展水平，地面站的深空测量数据主要有三种类型：斜距、斜距变化率、甚长基线干涉（VLBI）测量数据。依靠这三种地面测量数据可以确定探测器相对地面站的位置和速度状态，而地面站在地球固连坐标系内位置已知，这样结合地球星历数据就可以获得探测器在日心惯性坐标系下的位置和速度状态，从而完成探测器的轨道确定任务。由于需直接测量探测器与地面站连线方向上的距离和速度信息，因此地面站测量在该方向上具有较高的导航精度，但是在垂直二者连线方向上存在较大的估计不确定性[3]。探测器携带的光学导航相机跟踪目标天体光心，得到目标天体相对探测器的视线信息。由于该信息为单纯的角度信息，因此其能精确地确定垂直视线方向上的探测器状态，但对视线方向上的相对位置和速度却不敏感[4]。有效地结合地面无线电测量数据与探测器观测光学信息，不仅能够提高探测器导航定位的精度，同时还可以对目标天体的轨道参数信息进行更新。

考虑到测量数据的相关参数及探测器和目标天体所受的轨道动力学方程形式，选取待估变量参数矢量 $\boldsymbol{p}=[\boldsymbol{r}_{\mathrm{p0}},\dot{\boldsymbol{r}}_{\mathrm{p0}},\boldsymbol{r}_{\mathrm{t0}},\dot{\boldsymbol{r}}_{\mathrm{t0}},C_{\mathrm{p}}]^{\mathrm{T}}$，其中 $\boldsymbol{r}_{\mathrm{p0}}$、$\dot{\boldsymbol{r}}_{\mathrm{p0}}$ 为惯性坐标系中某历元时刻探测器的位置和速度，$\boldsymbol{r}_{\mathrm{t0}}$、$\dot{\boldsymbol{r}}_{\mathrm{t0}}$ 为目标天体的位置和速度，C_{p} 为探测器的光压系数。待估变量与测量数据之间关系可以利用测量偏导数建立，它由状态转移偏导数与观测偏导数两

部分组成，状态转移偏导数通过对变分方程积分获得；观测偏导数需要通过建立观测量的表达式，对待估参数求偏导数求取。

斜距观测量是利用从发射机经探测器到地面接收机的往返连续信号对应的时标计算得到的，经过数据预处理与迭代计算，其可以表示为探测器与地面测控站之间的距离

$$\rho = \| \boldsymbol{r} - \boldsymbol{r}_{\mathrm{TS}} - \boldsymbol{r}_{\mathrm{E}} \| = \| \boldsymbol{\rho} \| \tag{6-9}$$

其中

$$\boldsymbol{r}_{\mathrm{TS}} = \begin{bmatrix} 1 & 0 & 0 \\ 0 & \cos\psi & -\sin\psi \\ 0 & \sin\psi & \cos\psi \end{bmatrix} \begin{bmatrix} R_{\mathrm{E}}\cos\phi_{\mathrm{TS}}\cos(\theta_{\mathrm{TS}} + \omega_{\mathrm{E}}t) \\ R_{\mathrm{E}}\cos\phi_{\mathrm{TS}}\sin(\theta_{\mathrm{TS}} + \omega_{\mathrm{E}}t) \\ R_{\mathrm{E}}\sin\phi_{\mathrm{TS}} \end{bmatrix} \tag{6-10}$$

式中 $\boldsymbol{r}_{\mathrm{TS}}$ ——地面测控站相对地心的位置矢量；

$\boldsymbol{r}_{\mathrm{E}}$ ——地球质心在日心惯性坐标系下的位置矢量；

ψ ——地球轨道倾角；

R_{E}，θ_{TS}，ϕ_{TS} ——地面测控站址的地球半径、经度和纬度坐标；

ω_{E} ——地球自转角速度。

利用式（6-9）对探测器状态 $\boldsymbol{x}$ 求偏导，观测偏导数为

$$\frac{\partial \rho}{\partial \boldsymbol{x}} = \begin{bmatrix} \dfrac{\partial \rho}{\partial \boldsymbol{r}_{\mathrm{p}}} \\ \dfrac{\partial \rho}{\partial \boldsymbol{v}_{\mathrm{p}}} \end{bmatrix}^{\mathrm{T}} = \begin{bmatrix} \hat{\boldsymbol{\rho}}(t) \\ \boldsymbol{0} \end{bmatrix}^{\mathrm{T}}_{6\times1} \tag{6-11}$$

式中 $\boldsymbol{x} = [\boldsymbol{r}_{\mathrm{p}} \quad \boldsymbol{v}_{\mathrm{p}}]^{\mathrm{T}}$ ——探测器状态矢量；

$\hat{\boldsymbol{\rho}}(t)$ ——探测器相对地面测控站的单位位置矢量。

斜距变化率观测量是先计算在多普勒技术间隔中起点和终点的距离，再求其时间微商，然后用迭代法修正时延，由此获得斜距变化率。其可以表示为探测器与地面测控站之间的距离变化率

$$\dot{\rho} = \frac{\mathrm{d}}{\mathrm{d}t} | \boldsymbol{r} - \boldsymbol{r}_{\mathrm{TS}} - \boldsymbol{r}_{\mathrm{E}} | = \hat{\rho}\, \dot{\boldsymbol{\rho}} \tag{6-12}$$

式中 $\dot{\boldsymbol{\rho}}$ ——探测器相对地面测控站的速度矢量。

利用式（6-12）对探测器状态 $\boldsymbol{x}$ 求偏导，观测偏导数为

$$\frac{\partial \dot{\rho}}{\partial \boldsymbol{x}} = \begin{bmatrix} \dfrac{\partial \dot{\rho}}{\partial \boldsymbol{r}_{\mathrm{p}}} \\ \dfrac{\partial \dot{\rho}}{\partial \boldsymbol{v}_{\mathrm{p}}} \end{bmatrix}^{\mathrm{T}} = \begin{bmatrix} \dfrac{\partial \hat{\boldsymbol{\rho}}}{\partial \boldsymbol{r}_{\mathrm{p}}} \dot{\boldsymbol{\rho}} \\ \hat{\boldsymbol{\rho}}(t) \end{bmatrix}^{\mathrm{T}}_{6\times1} \tag{6-13}$$

其中

$$\frac{\partial \hat{\boldsymbol{\rho}}}{\partial \boldsymbol{r}_{\mathrm{p}}} = \frac{1}{\rho} (\boldsymbol{I}_{3\times3} - \hat{\boldsymbol{\rho}}\hat{\boldsymbol{\rho}}^{\mathrm{T}}) \tag{6-14}$$

VLBI 观测量是利用两个或两个以上的天线同一时刻接收探测器发射的信号，通过计算时延率来提供探测器赤经 A 和赤纬 E 信息，可以表示为

$$\begin{cases} A = \arctan(y/x) \\ E = \arcsin(\hat{\boldsymbol{z}} \cdot \hat{\boldsymbol{\rho}}) \end{cases} \tag{6-15}$$

利用式（6-15）对探测器状态 $\boldsymbol{x}$ 求偏导，观测偏导数为

$$\begin{bmatrix} \dfrac{\partial A}{\partial \boldsymbol{x}} \\ \dfrac{\partial E}{\partial \boldsymbol{x}} \end{bmatrix} = \begin{bmatrix} \hat{\boldsymbol{m}}_{\mathrm{o}}^{\mathrm{T}} & \boldsymbol{0} \\ \hat{\boldsymbol{n}}_{\mathrm{o}}^{\mathrm{T}} & \boldsymbol{0} \end{bmatrix}_{2\times 6} \tag{6-16}$$

其中

$$\begin{cases} \hat{\boldsymbol{l}}_{\mathrm{o}} = \hat{\boldsymbol{\rho}} \\ \hat{\boldsymbol{m}}_{\mathrm{o}} = \hat{\boldsymbol{l}}_{\mathrm{o}} \times \hat{\boldsymbol{n}}_{\mathrm{o}} \\ \hat{\boldsymbol{n}}_{\mathrm{o}} = \dfrac{\hat{\boldsymbol{z}} - (\hat{\boldsymbol{z}} \cdot \hat{\boldsymbol{l}}_{\mathrm{o}})\hat{\boldsymbol{l}}_{\mathrm{o}}}{|\hat{\boldsymbol{z}} - (\hat{\boldsymbol{z}} \cdot \hat{\boldsymbol{l}}_{\mathrm{o}})\hat{\boldsymbol{l}}_{\mathrm{o}}|} \end{cases} \tag{6-17}$$

式中　$\hat{\boldsymbol{z}}$ ——Z 轴方向单位矢量，$\hat{\boldsymbol{z}} = [0,\ 0,\ 1]^{\mathrm{T}}$。

光心观测量是目标天体光心在导航相机图像坐标系下投影的像素 p 及像线 l 坐标值，其表达式可写为

$$\begin{bmatrix} p \\ l \end{bmatrix} = \begin{bmatrix} f\dfrac{x_{\mathrm{pt}}^{\mathrm{c}}}{z_{\mathrm{pt}}^{\mathrm{c}}} \\ f\dfrac{y_{\mathrm{pt}}^{\mathrm{c}}}{z_{\mathrm{pt}}^{\mathrm{c}}} \end{bmatrix} \tag{6-18}$$

式中　$x_{\mathrm{pt}}^{\mathrm{c}}$，$y_{\mathrm{pt}}^{\mathrm{c}}$，$z_{\mathrm{pt}}^{\mathrm{c}}$ ——目标天体相对探测器的位置矢量 $\boldsymbol{r}_{\mathrm{pt}}$ 在导航相机坐标系下的三轴分量；

f ——导航相机焦距。

利用式（6-18）对探测器状态 $\boldsymbol{x}$ 求偏导，观测偏导数为

$$\begin{bmatrix} \dfrac{\partial p}{\partial \boldsymbol{x}} \\ \dfrac{\partial l}{\partial \boldsymbol{x}} \end{bmatrix} = \begin{bmatrix} f\dfrac{1}{z_{\mathrm{pt}}} & 0 & -f\dfrac{x_{\mathrm{pt}}}{z_{\mathrm{pt}}^2} \\ 0 & f\dfrac{1}{z_{\mathrm{pt}}} & -f\dfrac{y}{z_{\mathrm{pt}}^2} \end{bmatrix} \boldsymbol{C}_{\mathrm{cb}}\boldsymbol{C}_{\mathrm{bI}} \tag{6-19}$$

式中　x_{pt}，y_{pt}，z_{pt} —— $\boldsymbol{r}_{\mathrm{pt}}$ 在 J2000 惯性坐标系下的三轴分量；

$\boldsymbol{C}_{\mathrm{cb}}$ ——导航相机坐标系相对探测器本体坐标系的转换矩阵；

$\boldsymbol{C}_{\mathrm{bI}}$ ——探测器本体坐标系相对惯性坐标系的转换矩阵。

式（6-18）对目标天体状态矢量 $\boldsymbol{x}_{\mathrm{t}} = [\boldsymbol{r}_{\mathrm{t}}\quad \boldsymbol{v}_{\mathrm{t}}]^{\mathrm{T}}$ 求偏导，观测偏导数为

$$\begin{bmatrix} \dfrac{\partial p}{\partial \boldsymbol{x}_{\mathrm{t}}} \\ \dfrac{\partial l}{\partial \boldsymbol{x}_{\mathrm{t}}} \end{bmatrix} = -\begin{bmatrix} f\dfrac{1}{z_{\mathrm{pt}}} & 0 & -f\dfrac{x_{\mathrm{pt}}}{z_{\mathrm{pt}}^2} \\ 0 & f\dfrac{1}{z_{\mathrm{pt}}} & -f\dfrac{y}{z_{\mathrm{pt}}^2} \end{bmatrix} \boldsymbol{C}_{\mathrm{cb}}\boldsymbol{C}_{\mathrm{bI}} \tag{6-20}$$

对上述各测量方程在参考待估状态量 $\boldsymbol{p}_{\mathrm{c}}$ 处进行泰勒展开

$$\boldsymbol{q} - \boldsymbol{q}_{\mathrm{c}} = \frac{\partial \boldsymbol{q}}{\partial \boldsymbol{p}} \Delta \boldsymbol{p} + \boldsymbol{e} \tag{6-21}$$

式中　$\boldsymbol{q}$ ——实际观测数据；

$\boldsymbol{q}_{\mathrm{c}}$ ——按基本方程（6－3）用初始探测器、目标天体状态计算的观测量；

$\boldsymbol{q}-\boldsymbol{q}_{\mathrm{c}}$ ——观测残差；

$\Delta\boldsymbol{p}$ ——待估状态量在每次迭代过程中的改正值；

$\boldsymbol{e}$ ——观测噪声和线性化带来的误差；

$\dfrac{\partial\boldsymbol{q}}{\partial\boldsymbol{p}}$ ——测量偏导数，由观测偏导数和状态转移偏导数两部分组成，其具体形式为

$$\frac{\partial\boldsymbol{q}}{\partial\boldsymbol{p}}=\left[\frac{\partial\boldsymbol{q}}{\partial\boldsymbol{r}_{\mathrm{p}}},\frac{\partial\boldsymbol{q}}{\partial\boldsymbol{v}_{\mathrm{p}}},\frac{\partial\boldsymbol{q}}{\partial\boldsymbol{r}_{\mathrm{t}}},\frac{\partial\boldsymbol{q}}{\partial\boldsymbol{v}_{\mathrm{t}}},\frac{\partial\boldsymbol{q}}{\partial\boldsymbol{C}_{\mathrm{p}}}\right]\left[\frac{\partial\boldsymbol{r}_{\mathrm{p}}}{\partial\boldsymbol{p}},\frac{\partial\boldsymbol{v}_{\mathrm{p}}}{\partial\boldsymbol{p}},\frac{\partial\boldsymbol{r}_{\mathrm{t}}}{\partial\boldsymbol{p}},\frac{\partial\boldsymbol{v}_{\mathrm{t}}}{\partial\boldsymbol{p}},\frac{\partial\boldsymbol{C}_{\mathrm{p}}}{\partial\boldsymbol{p}}\right]^{\mathrm{T}} \tag{6-22}$$

根据最小二乘估计对采样数据进行法化，法化后的方程形式为

$$\left(\frac{\partial\boldsymbol{q}}{\partial\boldsymbol{p}}\right)^{\mathrm{T}}\boldsymbol{W}(\boldsymbol{q}-\boldsymbol{q}_{\mathrm{c}})=\left(\frac{\partial\boldsymbol{q}}{\partial\boldsymbol{p}}\right)^{\mathrm{T}}\boldsymbol{W}\frac{\partial\boldsymbol{q}}{\partial\boldsymbol{p}}\Delta\boldsymbol{p} \tag{6-23}$$

式中　$\boldsymbol{W}$ ——权矩阵。

待估状态量的最优估计为

$$\begin{cases}\boldsymbol{p}^{(k)}=\boldsymbol{p}^{(k-1)}+\Delta\boldsymbol{p}\\ \Delta\boldsymbol{p}=\left[\left(\dfrac{\partial\boldsymbol{q}}{\partial\boldsymbol{p}}\right)^{\mathrm{T}}\boldsymbol{W}\dfrac{\partial\boldsymbol{q}}{\partial\boldsymbol{p}}\right]^{-1}\left(\dfrac{\partial\boldsymbol{q}}{\partial\boldsymbol{p}}\right)^{\mathrm{T}}\boldsymbol{W}(\boldsymbol{q}-\boldsymbol{q}_{\mathrm{c}})\end{cases} \tag{6-24}$$

式中　$\boldsymbol{p}^{(k)}$ ——第 k 步的估计值。

迭代收敛的控制条件为

$$\left|\sigma^{(k)}-\sigma^{(k-1)}\right|<\mu \tag{6-25}$$

式中　σ ——均方根差；

μ ——控制参数，反映定轨的精度要求。

（3）实例应用与分析

以小行星 Eros433 为探测对象，对组合导航方法的性能进行分析。设计探测器标称轨道与目标天体交会日期为 2012 年 12 月 6 日 9 时，地面测量与光学测量组合导航在交会前 60 天开始，每天地面站跟踪测轨 1 次、每次 2 个小时、导航相机每天拍照 8 幅。斜距测量系统差、随机差均为 10 m，斜距变化率测量系统差、随机差为 1 mm/s，VLBI 测量测角精度为 5 nrad，导航相机视场角为 3°×3°，分辨率为 1024×1024，图像处理精度为 0.1 pixel。探测器太阳光压系数为 0.6，质量为 900 kg，太阳垂直辐射的探测器有效表面积为 15 m^2。交会前 60 天探测器相对日心空间初始位置为［0.606 39，－2.379 68，－1.024 51］×10^8 km，速度为［18.723，2.661，0.951］km/s，Eros433 小行星的初始位置为［0.551 18，－2.265 57，－1.187 74］×10^8 km，速度为［19.776，0.448，3.825］km/s。在 60 天的接近过程中，探测器、目标天体 Eros433 和地球之间的关系如图 6－2 所示。

探测器三轴初始位置误差满足 100 km 随机分布，速度误差满足 0.1m/s 随机分布，目标天体 Eros433 的星历位置误差为 1 000 km，速度误差 1 m/s，太阳光压系数不确定度为 0.1。利用接近交会段采集的测量数据迭代 20 次，以对探测器、目标天体轨道进行改进，轨道确定误差与迭代次数的关系如图 6－3、图 6－4 所示。

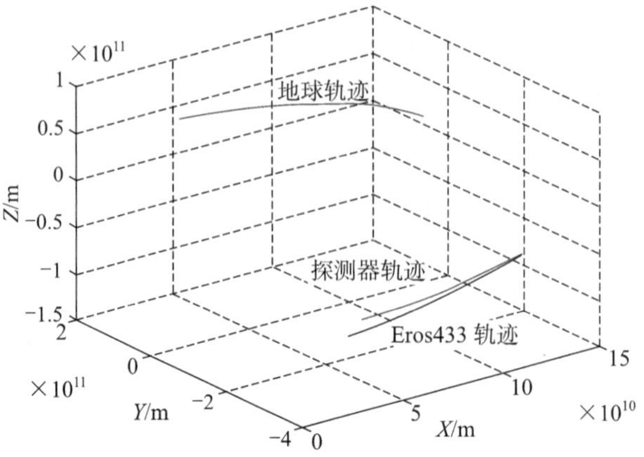

图 6-2　探测器、Eros433 目标天体和地球之间轨道关系图

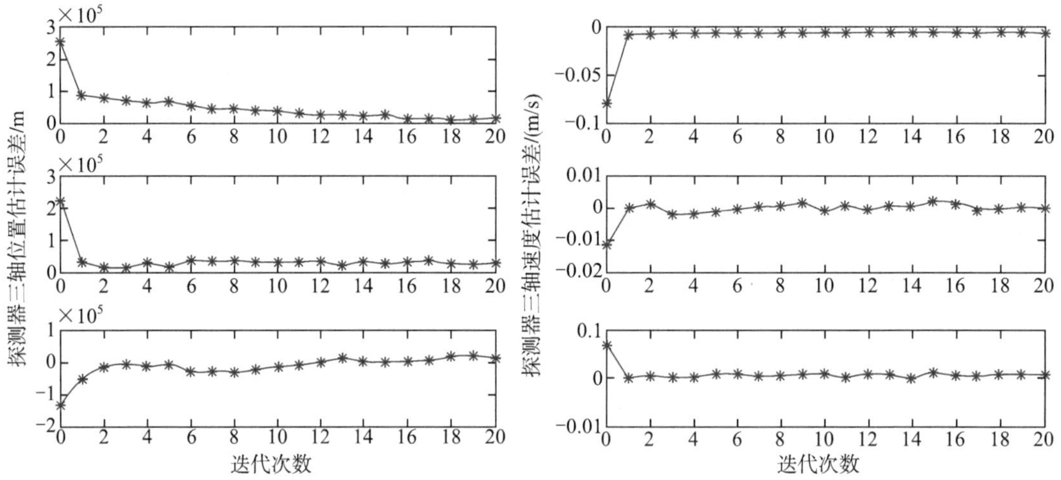

图 6-3　探测器轨道确定误差与迭代次数关系曲线

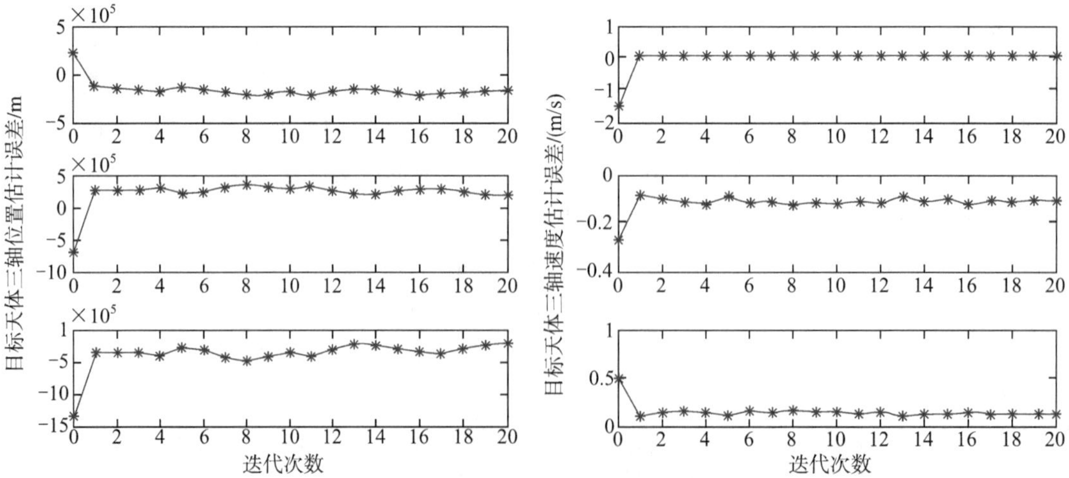

图 6-4　目标天体 Eros433 轨道确定误差与迭代次数关系曲线

由仿真图中可见，经过 60 天的组合导航测量的轨道改进，探测器的位置误差由三轴的 100 km 量级逐渐降低到 10 km 量级，速度误差则可以进入 0.03 m/s 以内；而目标天体的星历信息同时也得到了改进，位置误差降低到 100 km 量级，速度误差进入 0.1 m/s 以内。由此可见探测器相对目标天体的位置、速度通过组合导航方式实现了较高的精度，特别是相对速度确定精度的提高使自主光学导航的实现成为可能。

6.2.2 目标天体图像自主导航方法

当探测器距离目标天体较近时，通过前期的地面估计，探测器、目标天体轨道参数和物理参数已经较为精确；同时由于最终的操作时间较短，探测器的自主性和实时性显得更为迫切，因此，可以采用依靠导航相机进行单纯的光学自主导航。利用星上相机提供的探测器相对于目标天体的位置矢量的方向信息，在已知探测器相对目标天体速度大小的情况下，通过三次目标天体的光心的观测，能够确定探测器相对目标天体的位置。当探测器相对于目标天体速度的方向、大小完全已知时，则仅需通过两次观测就能求取探测器的位置信息[1]，其空间几何关系如图 6-5 所示。在实际飞行任务中，探测器相对目标天体的初始速度的估计较为精确，在接近段末期依靠地面测控站的支持，对相对速度的估计精度就已经能够达到 0.1 m/s 量级，因此通过对目标天体光心的观测进行自主导航的方法是可行的。

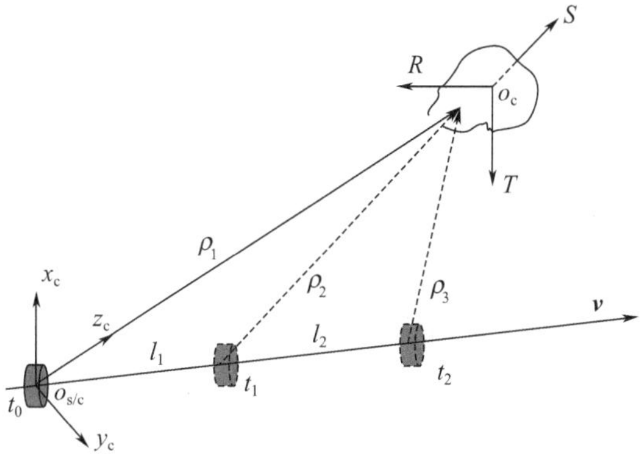

图 6-5　接近交会段自主光学导航方案示意图

自主光学导航所采用的观测策略和估计方式为每 15 s 对目标天体进行一次拍照，根据前 10 min 的数据对探测器的相对位置进行初步估计，以后每 1 min 估计一次，以 20 min 为一次估计弧段，算法中采取的滤波方式为迭代最小二乘。导航开始时间为飞抵前 2 h，结束时间为飞抵前 750 s。在整个过程中进行三次轨道修正。

针对 6.2 节中的导航方案，这里介绍了一种基于 B 平面坐标系的接近段导航算法[2]。考虑探测器接近目标天体过程中相对位置和相对速度的夹角很小，这时目标天体光心的像素值对垂直相对速度方向状态的改变比较敏感；而视线方向状态在夹角为零时不可观测，该方向上状态的不可估计性反映到三个惯性坐标轴上使得三个轴的位置估计均不可信。在这种情况下，必须寻找一种能够将不可估计的径向位置分离出来的办法。为此这里采用了

第 3 章中定义的 B 平面坐标系，完全避免了 J2000 天体质心惯性坐标系中径向矢量的估计误差带来的三个坐标轴均不可估计的情况，从而弥补了传统算法的缺陷。

（1）自主光学导航算法

探测器在接近目标天体末段，日心惯性坐标系中其与目标天体所处的位置相差不大，二者所受的太阳引力、太阳光压力及其他天体的引力产生的加速度亦相差不大。在不施加机动控制时，探测器相对目标天体近似作匀速直线运动。因此，在该导航算法中选用 B 平面坐标系下探测器的简化动力学模型

$$\begin{cases}\boldsymbol{r}_t=\boldsymbol{r}_{t_0}+\boldsymbol{v}_t(t-t_0)\\ \boldsymbol{v}_t=\boldsymbol{v}_{t_0}\end{cases} \tag{6-26}$$

式中　$\boldsymbol{r}_t$，$\boldsymbol{v}_t$——分别是探测器在 B 平面坐标系中的位置和速度矢量。

探测器在接近目标天体的过程中，导航相机对目标天体进行拍照，通过图像处理可以得到目标天体的光心在相机像平面上的坐标（p，l），可利用其作为轨道确定系统的观测量。假设目标天体的光心与质心重合，则不考虑噪声情况下导航系统的观测方程为

$$\begin{cases}p=f\dfrac{\boldsymbol{T}_B^C(1,1)x_{pt}^B+\boldsymbol{T}_B^C(1,2)y_{pt}^B+\boldsymbol{T}_B^C(1,3)z_{pt}^B}{\boldsymbol{T}_B^C(3,1)x_{pt}^B+\boldsymbol{T}_B^C(3,2)y_{pt}^B+\boldsymbol{T}_B^C(3,3)z_{pt}^B}\\ l=f\dfrac{\boldsymbol{T}_B^C(2,1)x_{pt}^B+\boldsymbol{T}_B^C(2,2)y_{pt}^B+\boldsymbol{T}_B^C(2,3)z_{pt}^B}{\boldsymbol{T}_B^C(3,1)x_{pt}^B+\boldsymbol{T}_B^C(3,2)y_{pt}^B+\boldsymbol{T}_B^C(3,3)z_{pt}^B}\end{cases} \tag{6-27}$$

式中　x_{pt}^B，y_{pt}^B，z_{pt}^B——探测器在 B 平面坐标系三轴上的位置分量；

$\boldsymbol{T}_B^C$——导航相机坐标系相对 B 平面坐标系的转换矩阵。

为了抑制测量噪声及初始误差带来的不确定性，在短时间内需使估计量值收敛，这里选用 EKF 算法。系统状态方程与观测方程可以分别通过式（6-26）和式（6-27）求取，其初始误差方差阵由地面测控站的前期工作给出，观测噪声方差阵由导航相机与姿态确定系统的性能确定。

在不执行姿态机动与轨道机动飞行状态时，探测器上执行的自主导航算法流程可总结如下：

1）在等间隔的轨道确定时刻，通过对导航相机拍摄到的目标天体图像进行处理，提取目标天体的光心坐标；

2）利用轨道递推信息计算状态转移矩阵 $\boldsymbol{\Phi}_{k,k-1}(\boldsymbol{X})$ 和观测矩阵 $\boldsymbol{H}_k$，同时结合拍照时刻探测器相对 B 平面坐标系的姿态信息，计算目标天体光心坐标的估计值；

3）通过误差方差阵的传播方程及测量误差方差，确定增益矩阵 $\boldsymbol{K}_k$，进而确定估计后的探测器位置、速度信息；

4）在轨道确定间隔时间内，若没有目标天体的光心信息，则只能利用探测器动力学模型进行轨道递推，以确定当前时刻的位置、速度信息。

在执行机动时，随机力矩的存在使探测器发生轻微抖动，造成拍摄到的图像模糊，从而无法提取到目标天体的光心坐标，此时则利用动力学模型与加速度计测量数据进行探测器轨道递推。

(2) 实例应用与分析

以小行星 Eros433 为探测对象，对自主光学导航方法的性能进行分析。设计探测器标称轨道与目标天体交会日期为 2012 年 12 月 6 日 9 时，探测器飞越速度为 100 m/s，在高度 50 km 低轨道飞越，自主光学导航在飞越前 2 h 开始，导航相机每 15 s 拍照一次。导航相机视场角为 3°×3°，分辨率为 1024×1024，图像处理精度为 0.1 pixel，姿态确定精度为 0.000 6°量级。探测器在 B 平面两轴上初始位置误差满足 8 km 随机分布，在 S 轴方向误差为 15 km 分布，三轴速度误差满足 0.1 m/s 随机分布。利用从飞越前 2 h 到飞越后 1 000 s 的光学测量数据对探测器轨道进行改进，探测器位置、速度估计误差曲线如图 6-6 和图 6-7 所示。

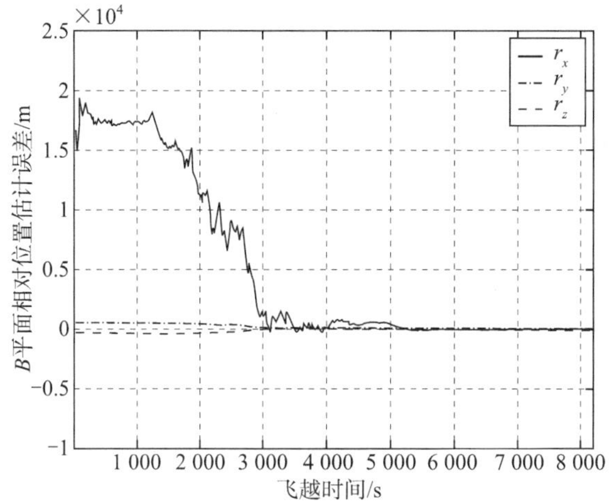

图 6-6　探测器位置估计误差曲线

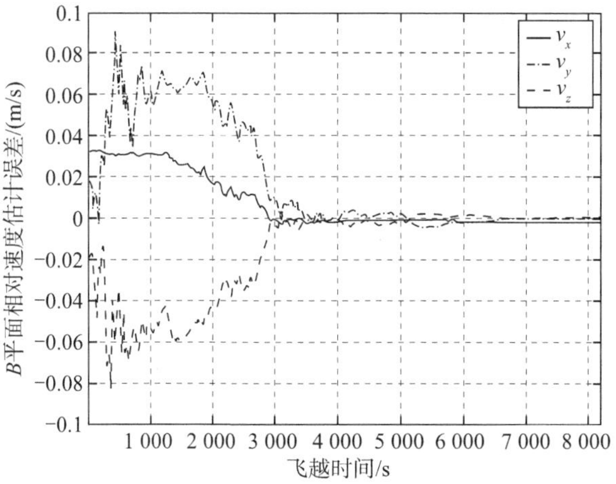

图 6-7　探测器速度估计误差曲线

由仿真结果可见，自主光学导航开始时，由于探测器相对位置和相对速度夹角较小，S 轴上状态误差收敛较慢；而 B 平面的两轴上由于具有较高的可观测度，状态快速收敛到真值附近。随着探测器接近目标天体，探测器相对位置和相对速度夹角逐渐变大，三轴的可观度均变大，对状态的估计精度也逐渐提高。探测器飞越目标天体后，其位置、速度确定精度在三轴上已分别达到 10 m、1 cm/s 量级。

6.3 接近交会段自主制导方法

目前有两种基本制导原理，一种是战术导弹常采用的比例制导技术，一种是战略拦截武器常采用的预测制导技术。这两种制导技术有各自的特点：比例制导技术是测量到的接近速度及视线角旋转角速度，再施加法向推力使弹体达到需求的过载，以达到理想的导引关系；预测制导技术是采用可以测量到的信息对目标及弹体的运动状态进行估计，利用这些状态，结合目标和弹体的动力学方程得到期望的控制量。从以上分析可知，基本的比例制导技术直接采用了测量信息，是一种“无动力学”制导技术。因此，相对预测制导技术，它有对测量噪声敏感等缺点，但其算法简单、计算量小。利用预测制导技术则可以直接得到期望施加给弹体的离散控制量，但是这限制了探测器点火控制时刻，即必须事先给定几次点火控制时间。这需要地面通过大量的蒙特卡罗仿真，对接近精度和燃料消耗进行折中考虑，以确定机动时刻；同时，由于预测制导技术需要在轨做积分运算，导致星载机运算压力较大。本节分别运用这两种基本制导思想，对探测器制导方案进行设计。

6.3.1 自主交会比例制导方法

根据飞越器的飞越高度及燃料约束，确定飞越器与探测器指定的分离时间点。分离后飞越器完成一次大的轨道机动，以速度增量为代价使飞越器在到达目标点时以一定的飞越轨道高度对目标点进行观察。探测器在分离之后进入角速率阻尼过程，以消除与飞越器分离过程中产生的角速度。随后经过近 20 h 的自由飞行后，在到达目标点前 2 h 时，探测器进入自主光学导航、制导阶段。由于此时探测器与目标天体在日心惯性坐标系中所处的位置相差不大，二者所受的太阳引力、太阳光压力及其他星体的引力产生的加速度相差也不大，因此在不施加机动控制时，探测器相对目标天体近似作匀速直线运动。同时，在设计的星际转移轨道末端，飞越器携带着探测器是直接瞄准目标天体的，这样在自主光学导航、制导阶段探测器在渐进进入 $\boldsymbol{V}_\infty$ 方向速度较大，在垂直 $\boldsymbol{V}_\infty$ 方向的平面内速度较小，二者相差几千倍。在 $\boldsymbol{V}_\infty$ 方向上，探测器接近速度达 10 km/s 量级，该方向上的速度决定了到达目标点时刻；在垂直 $\boldsymbol{V}_\infty$ 方向的平面内，其速度量级为几 m/s，该方向上的速度决定了到达目标点的位置。探测器视线旋转角速度直接决定了最终脱靶量，因此需要对其进行限制。为了尽快地消除旋转角速度，推力应施加在垂直视线旋转角速度的方向上；同时为了节省燃料，调节探测器的方位角使推力施加在垂直探测器速度的方向上。在深空接近交会任务中，由于视线方向与探测器速度方向几乎一致，因此推力近似施加在垂直 $\boldsymbol{V}_\infty$ 方向的平面内，即控制目标点的位置。

本节基于比例制导的基本思想，在非滚视线坐标系内给出探测器的动力学方程，并给出一种利用导航位置、速度构建虚拟角速度信息的制导方法，设计开关曲线用以驱动推力器的开关、抑制视线的旋转角速度，从而使探测器最终到达目标点上。利用蒙特卡罗仿真研究各误差源对该制导方法的影响方式和大小。

（1）虚拟视线角速度的推导

引入视线坐标系来分析目标天体相对探测器的运动特性，以便给出一种飞越脱靶量的估算方法。令视线坐标系 $O\xi\eta\zeta$ 的原点在探测器质心上，ξ 轴沿探测器质心指向目标点方向，ζ 轴同时垂直 ξ 轴和 B 平面坐标系 R 轴，η 轴与 ξ、ζ 构成右手坐标系[9]，如图 6－8 所示。

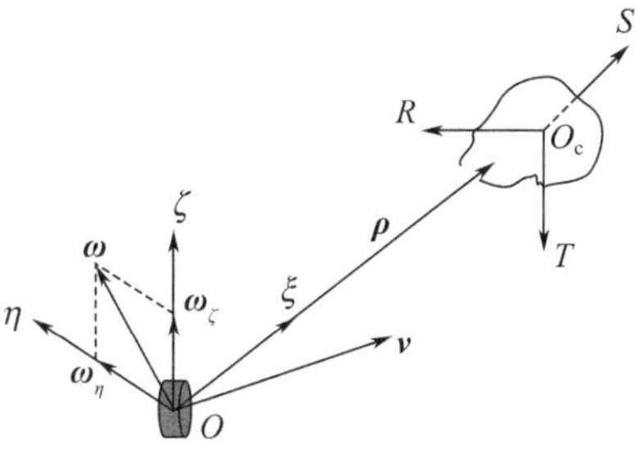

图 6－8　非滚视线坐标系与 B 平面坐标系的关系图

探测器的绝对速度可用相对视线坐标系的速度和视线坐标系旋转角速度与探测器位置的叉乘表示

$$\frac{\mathrm{d}\boldsymbol{R}_{\mathrm{ST}}}{\mathrm{d}t}=\frac{\delta\boldsymbol{R}_{\mathrm{ST}}}{\delta t}+\boldsymbol{\Omega}\times\boldsymbol{R}_{\mathrm{ST}} \tag{6-28}$$

在式（6－28）两边同时叉乘 $\boldsymbol{R}_{\mathrm{ST}}$

$$\boldsymbol{R}_{\mathrm{ST}}\times\frac{\mathrm{d}\boldsymbol{R}_{\mathrm{ST}}}{\mathrm{d}t}=\boldsymbol{R}_{\mathrm{ST}}\times\frac{\delta\boldsymbol{R}_{\mathrm{ST}}}{\delta t}+\boldsymbol{R}_{\mathrm{ST}}\times(\boldsymbol{\Omega}\times\boldsymbol{R}_{\mathrm{ST}}) \tag{6-29}$$

利用 $\boldsymbol{a}\times(\boldsymbol{b}\times\boldsymbol{c})=(\boldsymbol{a}\cdot\boldsymbol{c})\cdot\boldsymbol{b}-(\boldsymbol{b}\cdot\boldsymbol{c})\cdot\boldsymbol{a}$，式（6－29）可化为

$$\boldsymbol{R}_{\mathrm{ST}}\times\frac{\mathrm{d}\boldsymbol{R}_{\mathrm{ST}}}{\mathrm{d}t}=\boldsymbol{R}_{\mathrm{ST}}\times\frac{\delta\boldsymbol{R}_{\mathrm{ST}}}{\delta t}+(\boldsymbol{R}_{\mathrm{ST}}\cdot\boldsymbol{R}_{\mathrm{ST}})\cdot\boldsymbol{\Omega}-(\boldsymbol{\Omega}\cdot\boldsymbol{R}_{\mathrm{ST}})\cdot\boldsymbol{R}_{\mathrm{ST}} \tag{6-30}$$

由于在定义的视线坐标系内，有

$$\boldsymbol{R}_{\mathrm{ST}}\times\frac{\delta\boldsymbol{R}_{\mathrm{ST}}}{\delta t}=\boldsymbol{0} \tag{6-31}$$

$$\boldsymbol{R}_{\mathrm{ST}}\cdot\boldsymbol{\Omega}=0 \tag{6-32}$$

则通过以上各式可得

$$\boldsymbol{\Omega}=\frac{\boldsymbol{R}_{\mathrm{ST}}\times\dfrac{\mathrm{d}\boldsymbol{R}_{\mathrm{ST}}}{\mathrm{d}t}}{\boldsymbol{R}_{\mathrm{ST}}\cdot\boldsymbol{R}_{\mathrm{ST}}} \tag{6-33}$$

虚拟距离变化率为

$$\dot{\boldsymbol{R}}_{\mathrm{ST}}=\frac{\boldsymbol{R}_{\mathrm{ST}}\cdot\dfrac{\mathrm{d}\boldsymbol{R}_{\mathrm{ST}}}{\mathrm{d}t}}{|\boldsymbol{R}_{\mathrm{ST}}|} \tag{6-34}$$

式（6－34）中 $\boldsymbol{\Omega}$ 、$\dot{\boldsymbol{R}}_{\mathrm{ST}}$ 可用传感器测得，在战术导弹中可以利用导引头和弹载雷达得到，在深空环境中无法实现这两个数据的直接测量（ $\boldsymbol{\Omega}$ 量级较小），可以通过式（6－33）与式（6－34）的关系式构建 $\boldsymbol{\Omega}$ 、$\dot{\boldsymbol{R}}_{\mathrm{ST}}$ 。若采用广义比例导引律

$$\begin{cases} T_{\mathrm{g}}\dot{n}_{\mathrm{yc}}+n_{\mathrm{yc}}=k\left|\dot{\boldsymbol{R}}_{\mathrm{ST}}\right|\dot{q}_{\mathrm{az}} \\ T_{\mathrm{g}}\dot{n}_{\mathrm{zc}}+n_{\mathrm{zc}}=k\left|\dot{\boldsymbol{R}}_{\mathrm{ST}}\right|\dot{q}_{\mathrm{ae}} \end{cases} \tag{6-35}$$

式中 n_{yc}，n_{zc} ——施加的法向控制力；

T_{g} ——低通滤波器常数；

k ——比例因子；

$\dot{q}_{\mathrm{az}}$，$\dot{q}_{\mathrm{ae}}$ —— $\boldsymbol{\Omega}$ 在 ζ 与 η 上的分量。

利用式（6－35）给出的法向控制力为连续量，在深空环境中无法实现，因此需要设计开关曲线控制产生离散的控制量使探测器最终到达目标点。

（2）开关曲线的设计

本节针对在深空环境中连续法向控制力无法实现这一问题，设计开关曲线控制轨控发动机的开启、关闭，使探测器最终到达目标点。比例导引制导法是在飞行器接近目标的导引过程中，使飞行器的速度矢量的旋转角速度与目标线的旋转角速度成比例的一种导引方法。其与追踪法、平行接近法的基本思想相仿，都是通过抑制飞行器的视线旋转角速度，使相对速度与视线之间的夹角满足一定的关系式，从而击中目标。这里参考抑制视线旋转角速度的基本思想，设计开关曲线，采用视线旋转角速度作为判定指标。下面分别给出采用该种制导律的探测器的导引控制方案、开关曲线的选取及轨控发动机开关方式。

（3）导引方案

设探测器体坐标系为 $O_{\mathrm{b}}X_{\mathrm{b}}Y_{\mathrm{b}}Z_{\mathrm{b}}$ ，根据导引方案和视线 $\boldsymbol{\rho}$ 即可对推力进行定向。这里给出两种导引方案：双平面控制方案与单平面控制方案。

双平面控制方案：为保持探测器体坐标系 $O_{\mathrm{b}}X_{\mathrm{b}}Y_{\mathrm{b}}Z_{\mathrm{b}}$ 与视线坐标系 $O\xi\eta\zeta$ 重合，对 ω_{η} 、ω_{ζ} 分别进行控制，这种方案称为双平面控制方案（简称方案 a）。

单平面控制方案：让探测器绕 ξ 轴产生滚动角 γ ，使得轨控发动机推力作用在垂直 $\boldsymbol{\omega}$ 的方向上，以对 $\boldsymbol{\omega}$ 进行控制，这种方案称为导引平面控制方案。按照探测器滚动最小角度原则来通过轨控发动机对 $\boldsymbol{\omega}$ 进行控制，这种方案称为单平面控制方案（简称方案 b）。

（4）开关曲线的选取

根据探测器和目标天体的运动状态参数的测量精度确定关曲线 $\omega_{\mathrm{g}}(\boldsymbol{\rho})$ 或 $\omega_{\eta\mathrm{g}}(\boldsymbol{\rho})$ 、$\omega_{\zeta\mathrm{g}}(\boldsymbol{\rho})$ ，一般取为常数 $\omega_{\eta\mathrm{g}}(\boldsymbol{\rho})=\omega_{\zeta\mathrm{g}}(\boldsymbol{\rho})=\omega_{\mathrm{g}}(\boldsymbol{\rho})/\sqrt{2}$ 。对于开曲线 $\omega_{\mathrm{k}}(\boldsymbol{\rho})$ 或 $\omega_{\eta\mathrm{k}}(\boldsymbol{\rho})$ 、$\omega_{\zeta\mathrm{k}}(\boldsymbol{\rho})$ 的设计，必须基于以下几点：1）根据轨控发动机推力大小，计算可控视线旋转率的最大值，以保证探测器轨迹的收敛；2）从减小能耗的角度出发，开曲线值的大小取视线旋转率可控最大值的 40%～50%为宜。

可知在每个轴方向上有 $\dot{\boldsymbol{q}}=\boldsymbol{v}\sin\eta/|\boldsymbol{\rho}|$ ，其中 η 是视线与速度的夹角。即 $\dot{\boldsymbol{q}}=\boldsymbol{v}_{\mathrm{n}}/|\boldsymbol{\rho}|$ ，其中 $\boldsymbol{v}_{\mathrm{n}}$ 为探测器在该平面内垂直于旋转角速度的法向速度。令 v_{nmax} 为法向方

向上所能容忍的最大速度值，则 $\dot{q}_{max}=v_{nmax}/|\boldsymbol{\rho}|$ 。这里选取开曲线的表达式为 $\omega_k=\dot{q}_{max}=v_{nmax}/|\boldsymbol{\rho}|$ 。关曲线 ω_g 由导航精度及控制精度决定。

（5）发动机开关方式

为了有效地抑制发动机的开关次数，并且达到较高的制导精度，这里给出一种利用开关曲线的发动机开关方式。以探测器 ζ 轴为例，发动机的正负两条开曲线限制了一个区域，当 $|\boldsymbol{\omega}_\zeta|\geqslant\omega_{\zeta k}$ 时启动发动机，$|\boldsymbol{\omega}_\zeta|$ 减小直至与 $\omega_{\zeta g}$ 相交，即 $|\boldsymbol{\omega}_\zeta|\leqslant\omega_{\zeta k}$ 时关闭发动机；$\boldsymbol{\omega}_\zeta$ 再增加，直至又与 $\omega_{\zeta k}$ 相交，发动机再次启动。在接近过程中，$|\boldsymbol{\omega}_\zeta(\boldsymbol{\rho})|$ 被限制在 $\omega_{\zeta k}(\boldsymbol{\rho})$ 和 $-\omega_{\zeta k}(\boldsymbol{\rho})$ 两条曲线之间，故可以起到抑制视线旋转的作用。

（6）实例应用与分析

通过六自由度蒙特卡罗数学仿真对制导方法的性能进行分析。其中探测器导航系统采用 6.2 节中给出的自主导航方法，制导系统采用本节给出的比例制导算法，具体仿真参数如表 6-1 所示。

表 6-1 综合仿真参数

仿真参数	量值	单位
初始标称相对位置	(73 440，0，0)	km
初始标称相对速度	(−10.2，0，0)	km/s
750 s 之前目标点	(0，0)	km
750 s 之后目标点	(1，3)	km
发动机大小	88	N
探测器质量	372	kg
导航相机焦距	2.103	m
初始位置传送误差	10	km
初始位置确定精度	(150，8，8)	km
初始速度确定精度	0.1	m/s
图像处理精度	10	μrad
姿态控制精度	320	μrad
姿态确定常值误差	100	μrad
姿态确定随机误差	30	μrad
加速度计常值偏差	50	μg
加速度计随机偏差	10	μg
点火机动控制精度	2%	—
开关曲线参数 k_1，k_2	4，1	—

注：其中误差源量值为 1σ 统计意义下参数。

图 6-9～图 6-11 为 2000 次仿真的结果，其中图 6-9 为最终制导误差分布图，视线制导最终制导误差的均方差为 σ=90.1 m，最大脱靶误差为 247 m。图 6-10 给出了采用视线制导算法所需的机动速度总量的统计图，视线制导总速度增量的平均值为 6.29 m/s，最大速度增量达到 9.1 m/s。图 6-11 为发动机开关次数统计图，由图中可见发动机点火次数最多开关 7 次，开关 4 次的出现频率最高，其开关次数满足探测器制动实施的要求。

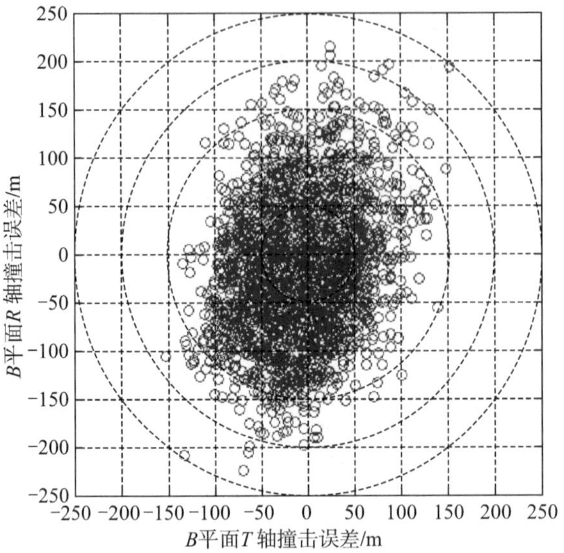

图 6-9　2 000 次六自由度仿真制导误差分布图

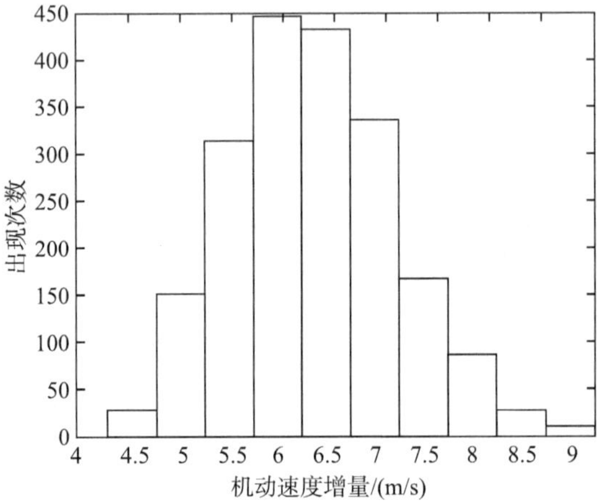

图 6-10　2 000 次六自由度仿真机动速度总量统计图

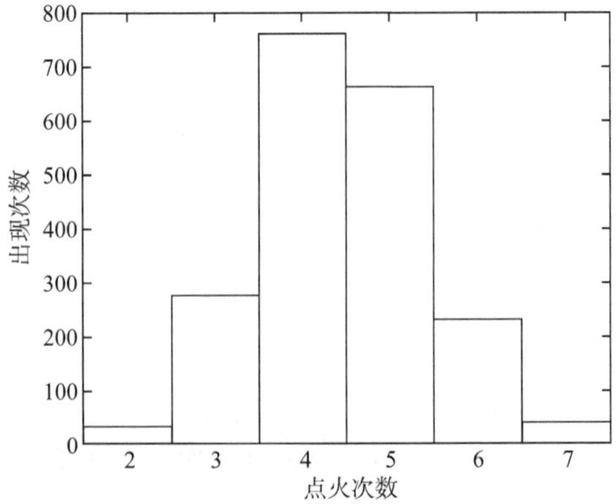

图 6-11　2 000 次六自由度仿真发动机开关次数统计图

6.3.2 自主交会预测制导方法

考虑到基于预测制导律以完成机动制导的目标天体接近交会任务的技术要求，自主导航系统所能达到的导航精度性能，以及工程实现的方便性与尽可能高的可靠性，将在整个过程中采用四次机动改变探测器的接近轨迹以使其到达目标点。

1）第一次机动 ITM－0（24 h 35 min）：第一次轨道机动发生在探测器与飞越器刚刚分离之后。在分离之后，两个探测器的姿控系统都要进行一次角速率阻尼模式控制，以消除探测器与飞越器分离所产生角速度。但是由于接近交会任务所采用的姿控喷嘴安装并不能保证完全产生力偶，导致该次角速率阻尼会产生 10 cm/s 左右的侧向增速，该侧向增速最终将在 B 平面上产生 8 km 的脱靶量。为了更好地保证后几次点火机动的顺利完成，应尽可能地消除该侧向增速。由于此时探测器与目标天体较远，目标天体在探测器携带的导航相机（ITS）上所成的像点还不到一个像素值，因此不能将其准确地提取，从而自主导航系统无法提供精确的状态信息。这时只能依靠地面站利用光学观测与无线电数据提取的分离前探测器状态，结合在分离与角速率阻尼过程中加速度计测量到的速度增量，通过轨道积分来获取探测器的状态信息。

这次消除侧向增速的机动安排在分离后 35 min，自主导航系统在分离 25 min 后计算该次机动所需的 $\Delta\boldsymbol{v}$ 信息。自主导航系统利用分离前的状态与加速度计测量到的数据进行轨道积分，得到若不执行机动探测器在 B 平面上的脱靶量。同时考虑导航误差，将误差协方差矩阵时间转换到抵达目标点时刻，这样可以得到在 B 平面上探测器的误差椭圆。若脱靶量在误差椭圆之外，那么计算 $\Delta\boldsymbol{v}$ 信息并命令姿态确定与控制系统（ADCS）执行该次机动；若脱靶量在误差椭圆之内，则取消该次机动。由此可见，通过这种方式，自主导航系统在轨自主判断由角速率阻尼产生的速度对接近交会任务的影响，从而确定是否消除该速度。

2）第二次机动 ITM－1（90 min）：接近交会任务的末制导阶段开始于到达目标点前 120 min，ITM－1 是自主导航系统基于 ITS 获得的图像而进行的第一次制动机动，该次机动的主要目的是消除分离前的传送误差。在到达目标点前 90 min 时，ITS 获取的目标天体视线信息精度已经能够满足消除传送误差的需要，此时探测器的接近目标点为从图像中提取的目标天体的光心。

3）第三次机动 ITM－2（30 min）：探测器在到达目标点前 30 min 执行第三次机动制导，由于此时目标天体在 ITS 上所成的像点仍有几十个，因此该次机动制导的接近目标点仍然是目标天体的光心。该次机动的目的是消除 ITM－1 机动制导产生的控制误差，同时这时的轨道确定精度较 ITM－1 时有所提高，所以也可以提高最终的精度。设置该次机动也是考虑到，在第四次机动 ITM－3 失效的情况下，该次机动可以作为一个冗余，以保证探测器成功地接近目标点。

4）第四次机动 ITM－3（12.5 min）：本次机动为整个接近交会任务过程中的最后一次机动制动，该次机动制导也是整个制导过程中最重要的一次制导，其必须保证为最后接近目标点提供一个好的光照条件，以利于飞越器的在轨观测。在执行本次机动前，探测器的图像处理系统会做一次场景分析。在该时刻，目标天体在 ITS 上的分布大概约为 100 pixel。图像处理系统依据光照方向、目标天体的旋转角速度及预测到达时刻等因素，给出在到达时刻目标天体光心的偏移位置。对制导系统而言，该图像处理系统可以通过场景分析预测的光心位置，结合自主导航给出的探测器位置信息，在 B 平面上给出最终的期望接近目标点，使制导系统利用该目标点给出 ITM－3 的制导速度增量。

ITM－3 机动被安排在到达目标点前 12.5 min，其是针对接近交会精度与燃料消耗的折中考虑。对于机动计算误差、机动执行误差来说，ITM－3 机动开始的时间越晚越好。但是如果本次机动的开始时间又受探测器执行机动燃料（$\Delta \boldsymbol{v}$ 的能力）的约束，且目标天体为彗星，则还要考虑到彗尾环境的微粒撞击会对控制系统造成的破坏，综上 ITM－3 机动被安排在接近目标点前 12.5 min。

综上可见，探测器的 ITM－0 是依据探测器上的数据分析确定是否执行，而 ITM－1、ITM－2、ITM－3 则是必须执行的，它们直接关系到整个接近交会任务的成功与否。

考虑到深空环境中推力实现的问题，本节对探测器接近交会轨道修正的预测制导技术进行介绍[2]，其不但可以实现较高的控制精度，还可以直接得到施加给探测器的机动速度增量，具有简单方便的优点。

（1）基本预测制导算法

预测制导的基本思想是：在探测器上定时计算探测器的接近交会轨道和飞越点，将计算得到的预测飞越点与期望目标点进行比较，利用其偏差产生控制信号，在保证燃耗和探测器指向满足要求的条件下，施加机动速度、改变探测器的接近轨迹，达到消除飞越点偏差的目的。

探测器在接近目标天体过程中，受到太阳引力、各大行星引力、目标天体引力、太阳光压力、控制力，以及姿态控制等因素所引起的干扰力。探测器在 B 平面平移坐标系中的动力学方程形式与 J2000 惯性坐标系相同，如式（6－1）所示。选取系统状态 $\boldsymbol{x} = [x, y, z, v_x, v_y, v_z]^{\mathrm{T}}$，其中 x、y、z 为探测器在 B 平面平移坐标系中的三轴位置，v_x、v_y、v_z 为探测器三轴速度分量，利用式（6－1）可以建立探测器的非线性动力学模型

$$\dot{\boldsymbol{x}} = \boldsymbol{f}(\boldsymbol{x}) \tag{6-36}$$

在初始状态 $\boldsymbol{x}(0) = \boldsymbol{x}_0$，即在机动时刻的探测器状态处，对式（6－36）进行线性化，有

$$\dot{\boldsymbol{x}} = \boldsymbol{f}(\boldsymbol{x}_0) + \left.\frac{\partial \boldsymbol{f}}{\partial \boldsymbol{x}}\right|_{\boldsymbol{x}_0} (\boldsymbol{x} - \boldsymbol{x}_0) \tag{6-37}$$

其中

$$\boldsymbol{f}(\boldsymbol{x}_0) = \dot{\boldsymbol{x}}_0$$

令 $\Delta \boldsymbol{x} = \boldsymbol{x} - \boldsymbol{x}_0$，$\boldsymbol{A} = \left.\dfrac{\partial \boldsymbol{f}}{\partial \boldsymbol{x}}\right|_{\boldsymbol{x}_0}$ 则式（6－37）可化为

$$\Delta \dot{\boldsymbol{x}} = \boldsymbol{A} \Delta \boldsymbol{x} \tag{6-38}$$

该系统的解为 $\Delta \boldsymbol{x}_{\mathrm{f}} = \boldsymbol{\Phi} \Delta \boldsymbol{x}_0$，其中 $\dot{\boldsymbol{\Phi}} = \boldsymbol{A}\boldsymbol{\Phi}$，$\boldsymbol{\Phi}(0) = \boldsymbol{I}_{6\times 6}$。利用 $\Delta \boldsymbol{x}_{\mathrm{f}} = \boldsymbol{\Phi} \Delta \boldsymbol{x}_0$，有

$$\begin{bmatrix} \Delta \boldsymbol{r}_{\mathrm{f}} \\ \Delta \boldsymbol{v}_{\mathrm{f}} \end{bmatrix} = \begin{bmatrix} \boldsymbol{\Phi}_{rr} & \boldsymbol{\Phi}_{rv} \\ \boldsymbol{\Phi}_{vr} & \boldsymbol{\Phi}_{vv} \end{bmatrix} \begin{bmatrix} \Delta \boldsymbol{r}_{0} \\ \Delta \boldsymbol{v}_{0} \end{bmatrix} \tag{6-39}$$

由于该制导方式为脉冲制导，即在初始时刻近似 $\Delta \boldsymbol{r}_0 = \boldsymbol{0}$，并且在接近交会任务中对末速度没有严格约束，因此有

$$\Delta \boldsymbol{r}_{\mathrm{f}} = \boldsymbol{\Phi}_{rv} \Delta \boldsymbol{v}_0 \tag{6-40}$$

则期望的机动速度为

$$\Delta \boldsymbol{v}_0 = \boldsymbol{\Phi}_{rv}^{-1} \Delta \boldsymbol{r}_{\mathrm{f}} \tag{6-41}$$

式中　$\Delta \boldsymbol{r}_{\mathrm{f}}$——预测飞越点与目标飞越点的位置矢量差。

预测飞越点由目标天体星历及当前探测器状态通过数值积分得到，目标飞越点由目标天体星历和飞越点在 B 平面上的位置给出。

考虑到式（6-37）中进行的线性化是在未对状态 $\boldsymbol{x}$ 修正 $\Delta \boldsymbol{v}_0$ 处展开的，其系统矩阵 $\boldsymbol{A}$ 并不精确，因此需在修正 $\Delta \boldsymbol{v}_0$ 后的状态处对动力学方程重新线性化展开，并进行 $\Delta \boldsymbol{v}_0$ 迭代计算，直至达到期望精度为止（图 6-12）。

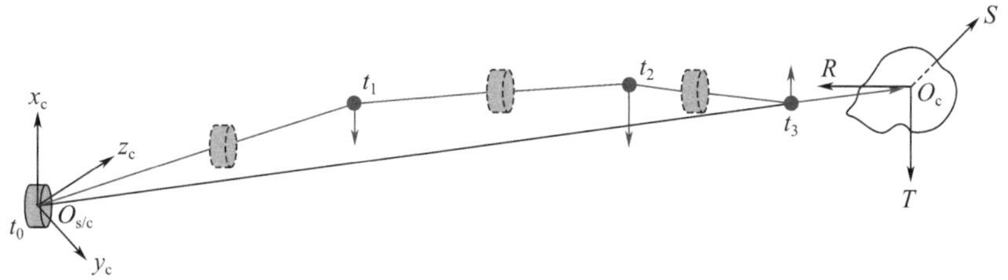

图 6-12　探测器轨道机动示意图

（2）制导参数影响分析

由于导航误差与发动机控制误差等不确定因素的存在，因此探测器在 B 平面上的飞越精度及所消耗的燃料总量都与相关制导参数有关。为了分析这些关键参数对探测任务性能的影响，本节考虑了初始确定误差、图像处理误差、姿态确定误差、姿态控制误差、点火控制误差等不确定因素，并分别针对不同的机动时刻、飞越目标点进行蒙特卡罗数学仿真，通过仿真结果分析其对飞越精度和燃料消耗总量的影响。在仿真中，各敏感器与执行机构的性能参照 NASA 的 Deep-Impact 任务选取[7]。

①机动时刻影响仿真分析

本节主要分析机动时刻的选取对最终飞越精度和燃料消耗的影响。最后一次机动的执行直接影响最终的飞越性能，这里以该机动时刻为对象，选取其为飞越前时刻 30 min 到 3 min，每 1 min 进行 500 次仿真。

图 6-13 是机动时刻与飞越精度之间的关系曲线，其中飞越误差为 1σ 统计意义下的均方差。由图 6-13 可见，随着机动时刻的延迟，即随着探测器向目标天体逐渐接近，飞越精度逐渐提高。图 6-14 是最后一次机动时刻与机动速度增量之间的关系曲线，其中机动速度增量为 500 次仿真的平均值。由图 6-14 可见，随着机动时刻的延迟，探测器所需要消耗的燃料成指数增加。

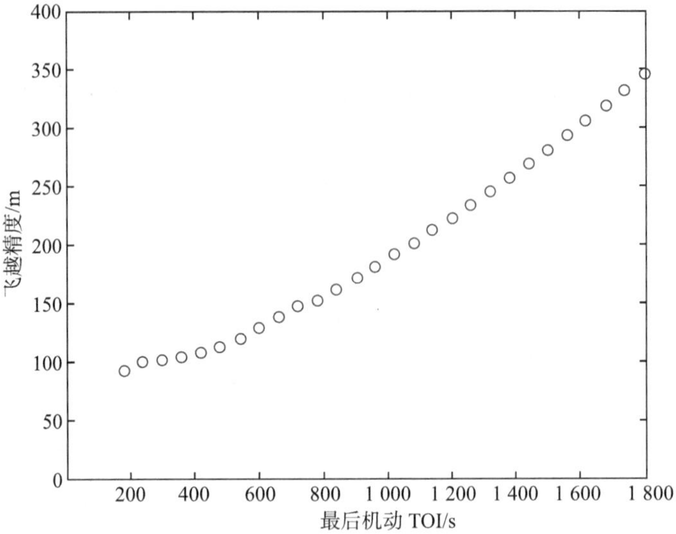

图 6-13　机动时刻与飞越精度的关系

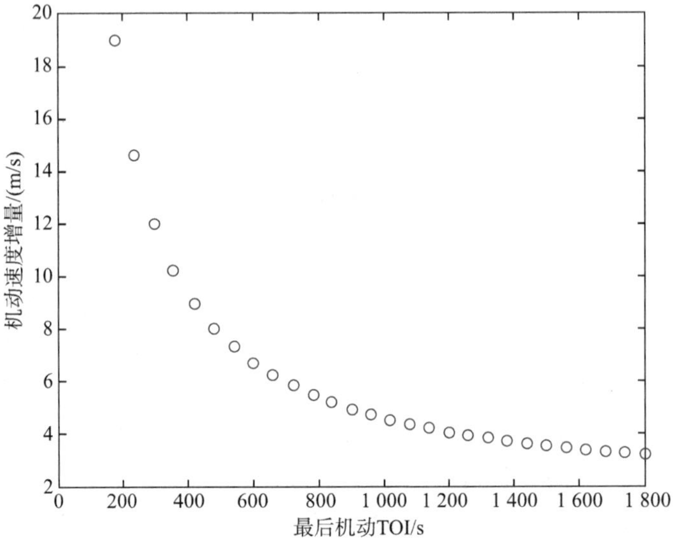

图 6-14　机动时刻与机动速度增量关系

②飞越目标点影响仿真分析

本节主要研究飞越目标点对最终飞越精度和燃料消耗的影响。在仿真中，飞越目标点位置在 B 平面上由 0～5 000 m 变化，每 200 m 进行 500 次仿真，仿真条件参考 Deep-Impact 任务选取。

图 6-15 是飞越目标点位置与飞越精度之间的关系曲线。由图 6-15 可见，随着目标点期望位置距离的增加，最终的飞越精度逐渐变差。在变化过程中，最初曲线较平稳，而后急剧增加。这主要是由于当飞越目标位置变化时，需要的速度增量、由机动执行误差引起的飞越误差也将变化，而其他因素所引起的误差不随目标位置变化，因此随着目标点期

望位置距离的增加，飞越精度将逐渐变差。图 6－16 是目标点位置与机动速度增量之间的关系曲线。由图 6－16 可见，随着距离飞越点期望位置距离的增加，探测器所消耗的燃料近似成直线增加。

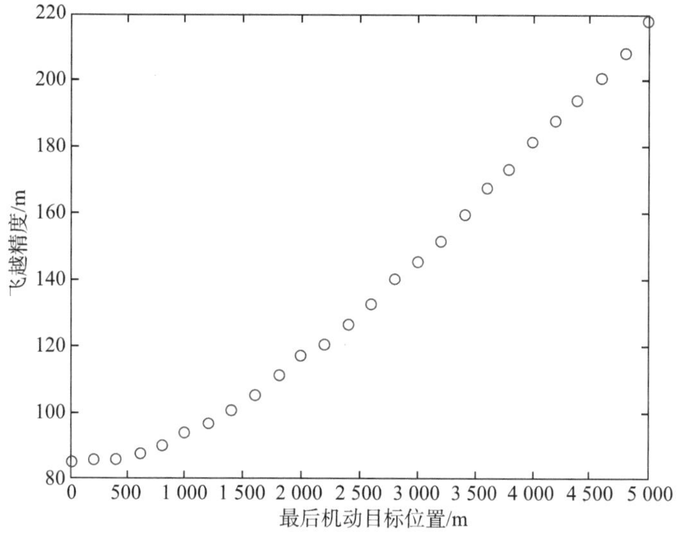

图 6－15　目标点位置与飞越精度关系

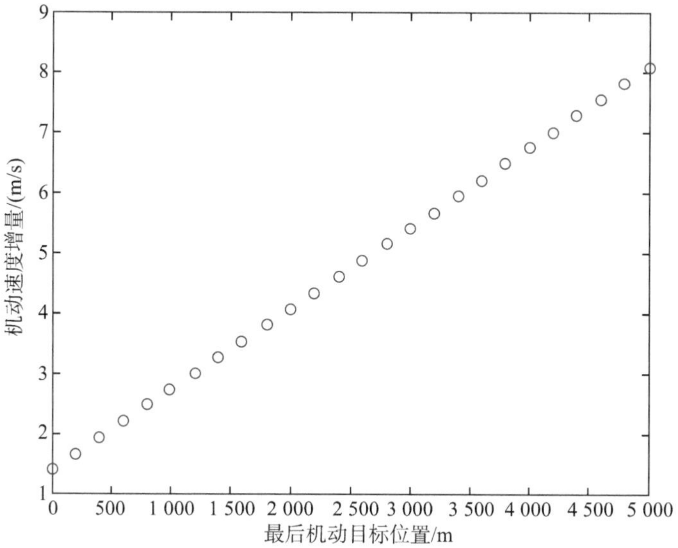

图 6－16　目标点位置与机动速度增量关系

③轨道修正机动时刻选取

由上节分析可知，预测制导律可以直接给出施加给探测器的机动速度脉冲，但其需要给定轨道修正机动时刻，该时刻的选取需要考虑燃料消耗及飞越精度的要求。在探测器与目标天体接近交会的过程中，导航精度会随着探测器与目标天体距离的减小而提高。因此，机动时刻越迟，最终的飞越精度越高；但随着机动时刻的延迟，机动所消耗的燃料也将会增加。飞越精度是选取机动时刻需要考虑的重要因素，为了更形象而全面地反映预测飞越点在各个方向上的误差分布情况，本节通过比较预测脱靶量与误差椭圆的关系，实时地评价最终能达到的飞越精度，使探测器能够自主地确定机动时刻。

1）探测器飞越脱靶量估算：飞越脱靶量可以通过预测制导算法求取，但这需要对探测器的动力学模型进行数值积分，会占用星载机大量运行时间，因此不宜采用预测制导算法对最终的脱靶量直接进行实时计算。

在视线坐标系内，目标天体相对探测器的动力学方程为

$$\frac{\mathrm{d}^2\boldsymbol{\rho}}{\mathrm{d}t^2}=\frac{\partial^2\boldsymbol{\rho}}{\partial t^2}+2\boldsymbol{\omega}\times\frac{\partial\boldsymbol{\rho}}{\partial t}+\boldsymbol{\omega}\times(\boldsymbol{\omega}\times\boldsymbol{\rho})+\frac{\partial\boldsymbol{\omega}}{\partial t}\times\boldsymbol{\rho} \tag{6-42}$$

考虑在视线坐标系内有 $\boldsymbol{\rho}=[\rho,\ 0,\ 0]^{\mathrm{T}}$，$\boldsymbol{\omega}=[0,\ \omega_\eta,\ \omega_\zeta]^{\mathrm{T}}$，则式（6-42）可化为

$$\begin{cases}\ddot{\rho}-\rho(\omega_\eta^2+\omega_\zeta^2)=\Delta g_\xi-a_\xi\\ 2\omega_\zeta\dot{\rho}+\dot{\omega}_\zeta\rho=\Delta g_\eta-a_\eta\\ 2\omega_\eta\dot{\rho}+\dot{\omega}_\eta\rho=-\Delta g_\zeta+a_\zeta\end{cases} \tag{6-43}$$

式中　Δg_ξ，Δg_η，Δg_ζ ——探测器与目标天体受到的引力差项；

a_ξ，a_η，a_ζ ——在探测器上施加的控制力。

考虑到引力差项较小，在不进行轨道控制时，微分方程组（6-43）解的表达式为

$$\begin{cases}\omega_\eta=\omega_{\eta0}\left(\dfrac{\rho_0}{\rho}\right)^2\\ \omega_\zeta=\omega_{\zeta0}\left(\dfrac{\rho_0}{\rho}\right)^2\\ \dot{\rho}^2=\dot{\rho}_0^2+\rho_0^2\omega_0^2-\dfrac{\rho_0^4\omega_0^2}{\rho^2}\end{cases} \tag{6-44}$$

其中

$$\omega_0^2=\omega_{\eta0}^2+\omega_{\zeta0}^2$$

式中　ρ_0，$\omega_{\eta0}$，$\omega_{\zeta0}$ ——探测器当前初始状态。

当 $\dot{\rho}^2=0$ 时，探测器与接近目标点之间的距离最小，其最近距离（即脱靶量）可通过式（6-44）估算求得[10]

$$\rho_{\mathrm{f}}=\frac{\rho_0^2\omega_0}{\sqrt{\dot{\rho}_0^2+\rho_0^2\omega_0^2}} \tag{6-45}$$

2）轨道修正机动准则：通过比较预测脱靶量与误差椭圆的关系，能够实时地评价最终能达到的飞越精度。由以上分析可知，预测飞越点的置信度可以通过 B 平面上的误差椭圆体现，不同大小的误差椭圆对应着飞越点落入其内的不同概率。将误差椭圆的原点平移到飞越目标点处，如图 6-17 所示。当预测脱靶量大于所能容忍的最大脱靶量 $\rho_{\max}$（Ⅰ区）时（其一般选在 $k=3$ 对应的椭圆以外），则在该区域内飞越点出现的概率较低，因此此时应对探测器轨道进行修正以减小飞越脱靶量；当预测脱靶量小于所能容忍的最大脱靶量 $\rho_{\max}$，即预测飞越点落入相对高概率密度椭圆内（Ⅱ区）（在该区域内飞越点出现的概率

较高)，对脱靶量进行修正已无意义，因此无需对探测器施加轨道控制。

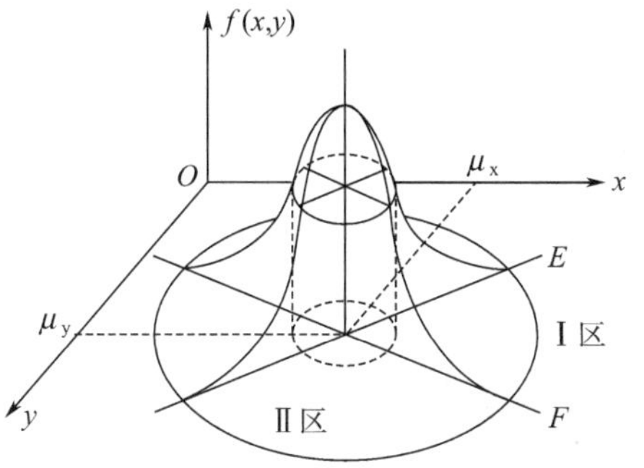

图 6-17　概率曲面示意图

考虑到在深空接近任务中，导航系统的测量精度和初始估计精度在 B 平面两轴上的相差不大，故误差椭圆可近似视为圆形。这里选取 $\sqrt{E^2+F^2}$ 代表误差椭圆的大小，$\rho_{\max}=k\sqrt{E^2+F^2}$ 为所能容忍的最大脱靶量，k 可依据相关表中对应的概率选取。通过飞越脱靶量与视线旋转的关系式（6-45），可以得到 $\rho_{\max}$ 对应的视线旋转角速率

$$\omega_{\mathrm{TCM}}=-\frac{k\sqrt{E^2+F^2}\ \dot{\rho}_0}{\sqrt{\rho_0^4-k^2\rho_0^2(E^2+F^2)}} \tag{6-46}$$

由于飞越前 $\dot{\rho}_0$ 始终小于 0，因此 ω_{TCM} 一直为正值。注意到，ρ_0 与 $\dot{\rho}_0$ 是变化的，同时随着导航精度的提高 E 、F 也是不断变小的，因此 ω_{TCM} 随时间变化。

利用自主导航系统给出的视线旋转角速率 ω_0，将其与 ω_{TCM} 进行比较。如 $\omega_0>\omega_{\mathrm{TCM}}$，则探测器根据当前的导航信息，利用预测制导算法确定本次机动需要的速度增量，并执行轨道修正机动；如 $\omega_0\geqslant\omega_{\mathrm{TCM}}$ 则不进行任何操作。

(3) 实例应用与分析

通过六自由度蒙特卡罗数学仿真对制导方法的性能进行分析。其中探测器导航系统采用 6.2 节中给出的自主导航方法，制导系统采用本节给出的改进预测制导算法，具体仿真参数如表 6-2 所示[11]。

表 6-2　综合仿真参数

仿真参数	量值	单位
初始标称相对位置	(73440，0，0)	km
初始标称相对速度	(−10.2，0，0)	km/s
发动机推力	88	N
探测器质量	372	kg
导航相机焦距	2.103	m
初始位置传送误差	10	km
初始位置确定精度	(150，8，8)	km
初始速度确定精度	0.1	m/s

续表

仿真参数	量值	单位
图像处理精度	10	μrad
姿态控制精度	320	μrad
姿态确定常值误差	150	μrad
加速度计常值偏差	50	μg
加速度计随机偏差	10	μg
点火机动控制精度	2%	—
机动时机选取参数 k	4	—

注：其中误差源量值为 1σ 统计意义下参数。

图 6-18～图 6-20 为 2 000 次仿真的结果，其中图 6-18 为最终飞越误差分布图，改进的预测制导最终飞越误差的均方差为 $\sigma=72.2$ m，最大脱靶误差为 208 m。在同样的仿真条件下，基本预测制导律最终飞越误差的均方差为 $\sigma=148.8$ m，最大脱靶误差为 357 m。

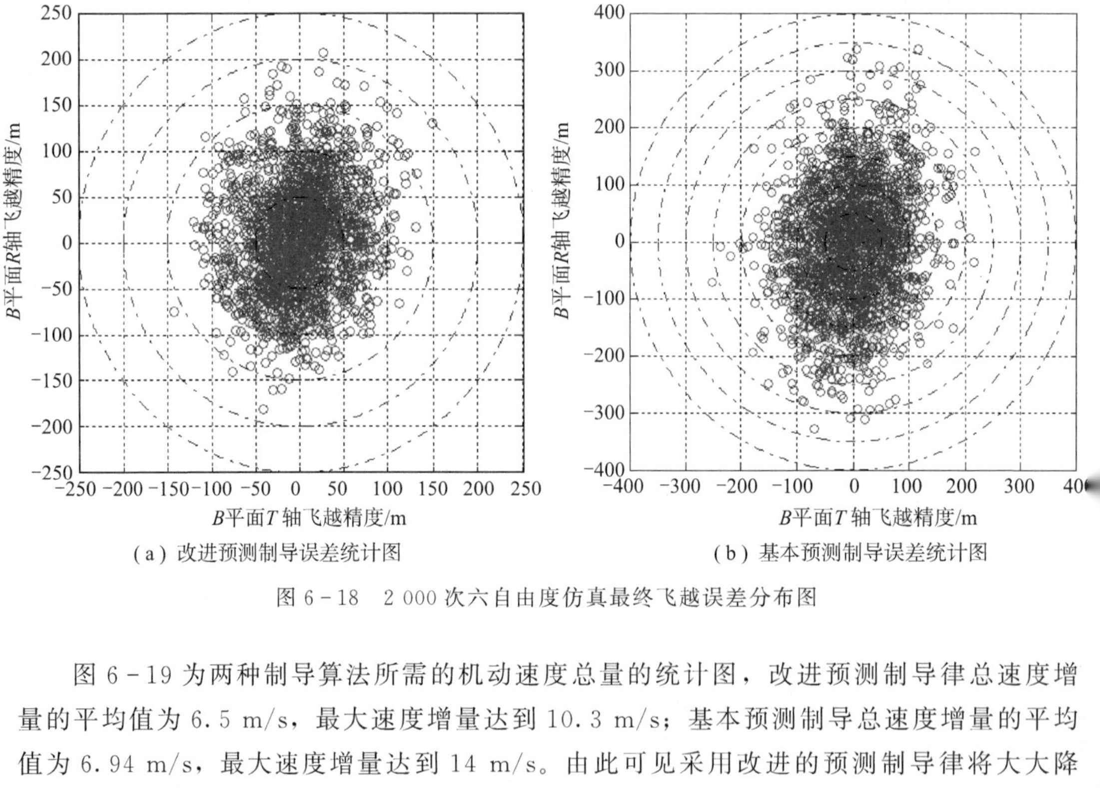

(a) 改进预测制导误差统计图　(b) 基本预测制导误差统计图

图 6-18　2 000 次六自由度仿真最终飞越误差分布图

图 6-19 为两种制导算法所需的机动速度总量的统计图，改进预测制导律总速度增量的平均值为 6.5 m/s，最大速度增量达到 10.3 m/s；基本预测制导总速度增量的平均值为 6.94 m/s，最大速度增量达到 14 m/s。由此可见采用改进的预测制导律将大大降低探测器所需携带的燃料。图 6-20 为发动机开关次数统计图，由图中可见，发动机点火次数最多开关 6 次，开关 4 次的出现频率最高，其开关次数满足探测器制动实施的要求。

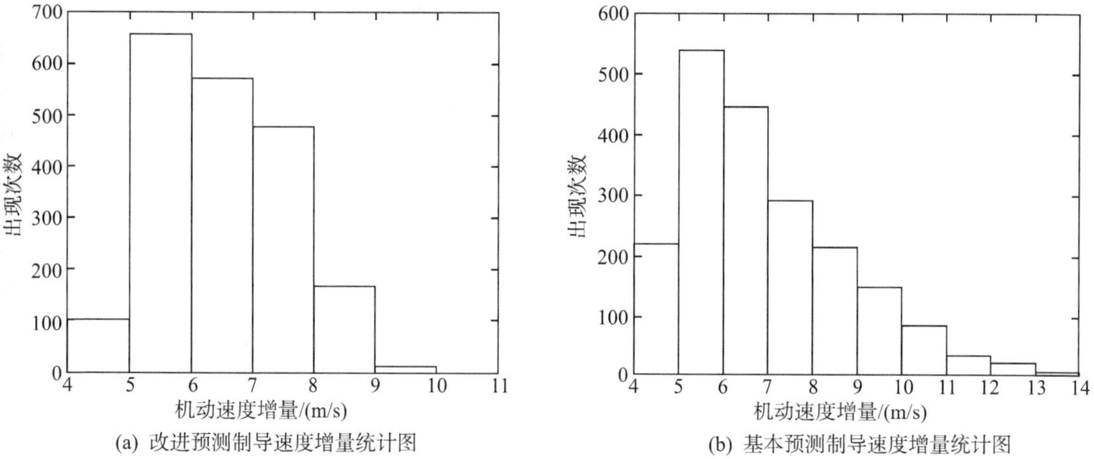

图 6-19　2 000 次六自由度仿真机动速度增量统计图

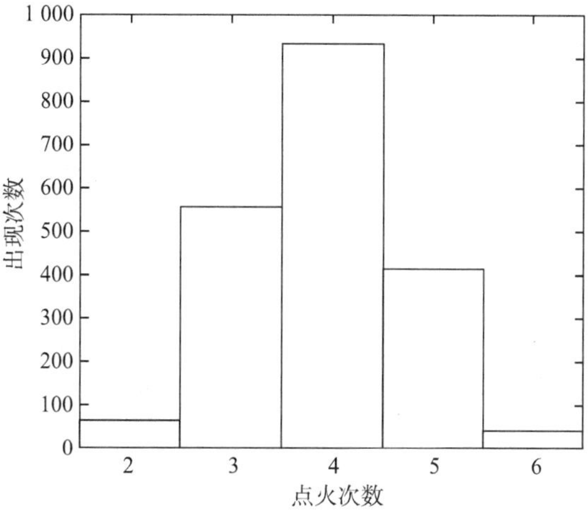

图 6-20　2 000 次六自由度仿真发动机开关次数统计图

参考文献

[1] Bishop R H, Burkhart P D. Observability during planetary approach navigation. AAS/AIAA Spaceflight Mechanics Meeting. San Diego, California, USA, 1993: 22-24.

[2] 朱圣英．小天体探测器光学导航与自主控制方法研究［博士学位论文］．哈尔滨：哈尔滨工业大学，2009.

[3] Moyer T D. Formulation for observed and computed values of Deep Space Network data types for navigation. New York: John Wiley& sons, Inc. 2003: 67-89.

[4] Kominato T, Matsuoka M, Uo M. Optical hybrid navigation and station keeping around Itokawa. AIAA/AAS Astrodynamics Specialist Conference. Keystone, Colorado, USA. 2006: 1352-1366.

[5] Todd A E, Joseph G. Mars approach navigation using Mars Network based Doppler tracking. Astrodynamics Specialist Conference and Exhibit. Monterey, California, USA. 2002.

[6] Kubitschek D G. Impactor spacecraft targeting for the deep impact mission to comet Tempel-1. AIAA/AAS Astrodynamic Specialist Conference, Big Sky, Montana, USA, 2003.

[7] Mastrodenmos N, Kubitschek D G, Synnott S P. Autonomous navigation for the deep impact mission encounter with comet Tempel 1. Space Science Reviews, 2005, 117 (1-2): 95-121.

[8] Kubitschek D G, Mastrodenmos N, Werner R A, et al. Deep impact autonomous navigation: the trials of targeting the unknown. 29th Annual AAS Rocky Mountain Guidance and Control Conference. Breckenridge, Colorado, USA, 2006: 381-406.

[9] 汤国建，贾沛然．运用比例导引实现对目标卫星的拦截．系统工程与电子技术，2001，23 (2): 25-27.

[10] 张雅声，程国采，陈克俊．高空动能拦截器末制导导引方法设计与实现．现代防御技术，2001，29 (2): 31-34.

[11] 朱圣英，崔平远，崔祜涛．小天体高速撞击器视线制导律设计．宇航学报．2010，31 (2): 373-379.

第7章　环绕伴飞段自主导航

绕飞阶段是深空目标天体探测任务的核心阶段，主要的科学考察任务将在该阶段完成。通过光学成像、光谱分析和激光测距等观测手段，探测目标天体附近空间环境及其表面物质的类型和组成特点，获取天体表面三维立体影像，确定天体形状、大小和密度等特性。这些科学任务的完成需要探测器高轨道确定精度的支持，以进一步实现大量科学观测数据的采集与处理。本章将针对环绕伴飞段的任务特点，详细介绍目标天体导航特征库构建方法及环绕伴飞自主导航方法。

7.1　环绕伴飞任务特点

对探测器绕飞轨道数据的分析是探测目标天体动力学环境、确定其动力学参数的一种重要方式[1]。因此，探测器绕飞轨道确定精度不仅关系到飞行任务的顺利执行，也决定了科学考察任务能否成功完成。

绕飞探测段导航制导任务的特点是：在轨运行时间长，待估参数多，动力学环境复杂且不确定性大，轨道和姿态机动频繁。为了获取全面的科学考察数据，探测器一般要在绕飞轨道运行几十天，将观测图像、光谱数据等文件存贮再下传回地面站。在绕飞初期，地面站利用测控数据和光学数据确定探测器绕飞轨道，同时依据由动力学方程推导出的变分方程对目标天体引力场模型、自旋状态、星历信息等动力学参数进行估计。随着动力学参数估计精度的不断提高及对天体动力学环境的日益熟悉，探测器将执行轨道机动并逐渐降低绕飞轨道高度，以便在确保安全的前提下对目标天体进行更高精度的观察与探测。天体动力学参数估计收敛后，为了减少操作的复杂性、增强探测器的自主生存能力、节省任务成本开支，需要依靠自主光学导航进行轨道确定，以支持其他科学任务的实施。

7.2　目标天体导航特征库构建方法

弱透视变换是将物体上的点通过正投影变换投影到过物体形心并平行于像平面上的一个虚平面上的过程，然后再将该平面上的点投影到像平面上的过程，是对透视投影的一种近似。本节将介绍在弱透视投影条件下，利用序列图像提取的特征点进行目标天体三维模型重构，同时估计探测器的位置和姿态的具体算法。

7.2.1　序列图像观测模型

假设相机固定在探测器上，并在绕飞段通过窄视场相机对目标天体表面进行观测，坐标系及观测模型如图 7-1、图 7-2 所示。假设利用 PCA-SIFT 对序列图像中的特征点进行提取跟踪，得到了 F 帧拍摄图像中的 P 个特征点。第 f 帧图像中的第 p 个特征点在像平面中的像素坐标记为 (u_{fp}, v_{fp})，特征点矢量在参考坐标系中表示为 $\boldsymbol{s}_p$。用正交单位矢量 $\boldsymbol{i}_f$，$\boldsymbol{j}_f$，$\boldsymbol{k}_f$ 描述相机坐标系，其中 $\boldsymbol{i}_f$，$\boldsymbol{j}_f$ 分别是相机像平面的 X、Y 轴方向，$\boldsymbol{k}_f$ 代表相机的光轴方向。用 $\boldsymbol{t}_f$ 表示第 f 帧相机在参考坐标系中的位置。F 帧图像的观测量可以描述为

$$\boldsymbol{W}=\begin{bmatrix} u_{11} & u_{12} & u_{13} & \cdots & u_{1P} \\ u_{21} & u_{22} & u_{23} & \cdots & u_{2P} \\ \cdots & \cdots & \cdots & \cdots & \cdots \\ u_{F1} & u_{F2} & u_{F3} & \cdots & u_{FP} \\ v_{11} & v_{12} & v_{13} & \cdots & v_{1P} \\ \cdots & \cdots & \cdots & \cdots & \cdots \\ v_{F1} & v_{F2} & v_{F3} & \cdots & v_{FP} \end{bmatrix}=\boldsymbol{MS}+\boldsymbol{T}[1, 1, \cdots, 1] \tag{7-1}$$

式中 $\boldsymbol{M}$——$2F\times 3$ 的相机矩阵，由相机的内外参数决定，行矢量分别为 $\boldsymbol{m}_f$ 与 $\boldsymbol{n}_f$；

$\boldsymbol{S}$——表示特征点三维坐标的 $3\times P$ 矩阵，列矢量表示为 $\boldsymbol{s}_p=[x_p, y_p, z_p]^{\mathrm{T}}$；

$\boldsymbol{T}$——参考坐标系的原点在像平面上的投影，其中的元素为 x_f 和 y_f。

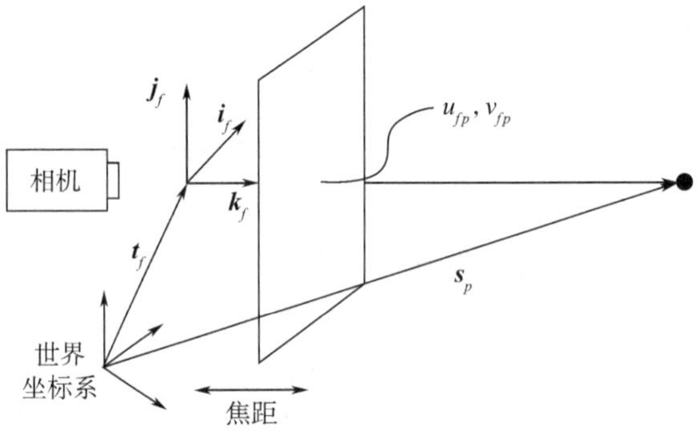

图 7-1 参考坐标系

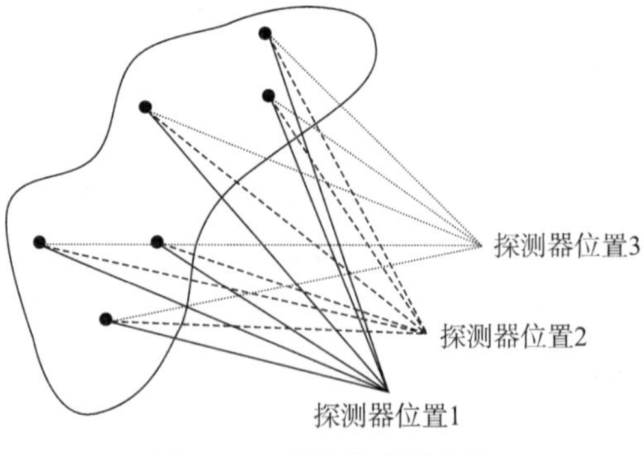

图 7-2 观测模型示意图

根据小孔成像原理，图像上的点与真实场景点之间存在透视投影关系，点 $\boldsymbol{s}_p$ 在图像 f 上的投影表示为

$$\begin{cases} u_{fp} = l\dfrac{\boldsymbol{i}_f \cdot (\boldsymbol{s}_p - \boldsymbol{t}_f)}{\boldsymbol{k}_f \cdot (\boldsymbol{s}_p - \boldsymbol{t}_f)} \\ v_{fp} = l\dfrac{\boldsymbol{j}_f \cdot (\boldsymbol{s}_p - \boldsymbol{t}_f)}{\boldsymbol{k}_f \cdot (\boldsymbol{s}_p - \boldsymbol{t}_f)} \end{cases} \tag{7-2}$$

式中　l——表示相机的焦距。

对目标天体进行三维重构并估计相机运动的过程就是利用观测矩阵估计出表示目标天体形状的特征点矢量 $\boldsymbol{s}_p$ ，以及表示相机运动的矢量 $\boldsymbol{i}_f$ ，$\boldsymbol{j}_f$ ，$\boldsymbol{k}_f$ 及 $\boldsymbol{t}_f$ 。

7.2.2　弱透视近似透视投影变换

由于在绕飞过程中一般采用窄视场相机对目标天体进行拍照，即 $\max\{|u_{fp}|,|v_{fp}|\} \ll l$ ，在同一视场内的景深变化不大，因此可以采用弱透视来近似透视投影变换，即将目标天体上的点在光轴方向上的投影近似为

$$z_f = (\boldsymbol{c} - \boldsymbol{t}_f) \cdot \boldsymbol{k}_f \tag{7-3}$$

这里将参考坐标系的原点定义在目标天体的形心，即

$$\boldsymbol{c} = \frac{1}{P}\sum_{p=1}^{P}\boldsymbol{s}_p = 0 \tag{7-4}$$

对应的图像上点与目标天体表面特征点的关系可以转化为

$$\begin{cases} u_{fp} = \dfrac{l}{z_f}[\boldsymbol{i}_f \cdot (\boldsymbol{s}_p - \boldsymbol{t}_f)] \\ v_{fp} = \dfrac{l}{z_f}[\boldsymbol{j}_f \cdot (\boldsymbol{s}_p - \boldsymbol{t}_f)] \end{cases} \tag{7-5}$$

为简化分析过程，假设焦距 $l=1$，重写式（7-2）、式（7-3）可得

$$\begin{cases} u_{fp} = \boldsymbol{m}_f \cdot \boldsymbol{s}_p + x_f \\ v_{fp} = \boldsymbol{n}_f \cdot \boldsymbol{s}_p + y_f \end{cases} \tag{7-6}$$

$$z_f = -\boldsymbol{t}_f \cdot \boldsymbol{k}_f \tag{7-7}$$

其中

$$x_f = -\frac{\boldsymbol{t}_f \cdot \boldsymbol{i}_f}{z_f},\ y_f = -\frac{\boldsymbol{t}_f \cdot \boldsymbol{j}_f}{z_f}$$

$$\boldsymbol{m}_f = \frac{\boldsymbol{i}_f}{z_f},\ \boldsymbol{n}_f = \frac{\boldsymbol{j}_f}{z_f}$$

相比正投影相机模型来说，弱透视模型可以估计相机光轴方向的运动；相对于准透视投影来说，弱透视模型避免了对度量约束矩阵进行正定时引入的误差；相对基于利用迭代算法的透视投影来说，弱透视的计算量更少、鲁棒性更强。虽然弱透视模型相机光轴方向的运动精度要低于后两种投影变换，但对于窄视场相机来说这种误差不是很大，而且探测器光轴方向上一般装有激光测距仪，可以弥补这一近似模型带来的误差。

7.2.3　基于因式分解算法的三维重构及状态估计

由式（7-4）可得，矩阵 $\boldsymbol{S}$ 的任一行的和为 0，所以

$$\begin{cases}\sum_{p=1}^{P} u_{fp} = \sum_{p=1}^{P} (\boldsymbol{m}_f \cdot \boldsymbol{s}_p + x_f) = \boldsymbol{m}_f \cdot \sum_{p=1}^{P} \boldsymbol{s}_p + P x_f = P x_f \\ \sum_{p=1}^{P} v_{fp} = \sum_{p=1}^{P} (\boldsymbol{n}_f \cdot \boldsymbol{s}_p + y_f) = \boldsymbol{n}_f \cdot \sum_{p=1}^{P} \boldsymbol{s}_p + P y_f = P y_f \end{cases} \tag{7-8}$$

由式（7－8）可以得到平移矢量元素 x_f、y_f

$$\begin{cases} x_f = \frac{1}{P}\sum_{p=1}^{P} u_{fp} \\ y_f = \frac{1}{P}\sum_{p=1}^{P} v_{fp} \end{cases} \tag{7-9}$$

将平移矩阵从 $\boldsymbol{W}$ 矩阵中减去，得

$$\boldsymbol{W}^* = \boldsymbol{W} - \boldsymbol{T}[1, \quad 1, \quad \cdots \quad 1] \tag{7-10}$$

因为 $\boldsymbol{W}^*$ 是由 $2F \times 3$ 相机矩阵 $\hat{\boldsymbol{M}}$ 和 $3 \times P$ 的形状矩阵 $\hat{\boldsymbol{S}}$ 相乘得出的，因此理论上其秩为 3。利用 SVD 分解算法可将矩阵 $\boldsymbol{W}^*$ 分解为

$$\boldsymbol{W}^* = \boldsymbol{U\Sigma V}^{\mathrm{T}} \tag{7-11}$$

为消除噪声影响，取 $\boldsymbol{\Sigma}$ 中三个最大特征值对应的 3×3 维矩阵 $\tilde{\boldsymbol{\Sigma}}$，结合相应的 $\boldsymbol{U}_3$ 和 $\boldsymbol{V}_3$ 可以得到最小二乘意义下 $\boldsymbol{W}^*$ 矩阵的近似值 $\hat{\boldsymbol{W}} = \boldsymbol{U}_3 \tilde{\boldsymbol{\Sigma}} \boldsymbol{V}_3^{\mathrm{T}}$。令相机矩阵为 $\hat{\boldsymbol{M}} = \boldsymbol{U}_3 \tilde{\boldsymbol{\Sigma}}^{1/2}$，形状矩阵为 $\tilde{\boldsymbol{S}} = \tilde{\boldsymbol{\Sigma}}^{1/2} \boldsymbol{V}_3^{\mathrm{T}}$，则矩阵 $\hat{\boldsymbol{W}}$ 可表示为相机矩阵和形状矩阵的乘积形式

$$\hat{\boldsymbol{W}} = \hat{\boldsymbol{M}} \hat{\boldsymbol{S}} \tag{7-12}$$

由式（7－12）得到的是仿射条件下的相机旋转矩阵与特征点三维形状矩阵。显然，对于任意非奇异的 3×3 维矩阵 $\boldsymbol{A}$ 及其逆，插入到 $\hat{\boldsymbol{M}}$ 和 $\hat{\boldsymbol{S}}$ 中都可以使得 $\hat{\boldsymbol{W}} = (\hat{\boldsymbol{M}}\boldsymbol{A})(\boldsymbol{A}^{-1}\hat{\boldsymbol{S}})$，因此需要利用附加约束确定矩阵 $\boldsymbol{A}$。

由 $\boldsymbol{m}_f = \frac{\boldsymbol{i}_f}{z_f}$，$\boldsymbol{n}_f = \frac{\boldsymbol{j}_f}{z_f}$ 可得到式（7－13）所示的约束

$$\|\boldsymbol{m}_f\|^2 = \|\boldsymbol{n}_f\|^2 = \frac{1}{z_f^2} \tag{7-13}$$

由于 $\boldsymbol{m}_f$，$\boldsymbol{n}_f$ 与 $\boldsymbol{i}_f$，$\boldsymbol{j}_f$ 成比例且正交，可得

$$\boldsymbol{m}_f \cdot \boldsymbol{n}_f = 0 \tag{7-14}$$

为避免得到 $\hat{\boldsymbol{M}} = 0$，附加上一个约束

$$\|\boldsymbol{m}_f\| = 1 \tag{7-15}$$

式（7－13）、式（7－14）、式（7－15）一方面保证了两坐标轴刻度的相等，另一方面保证了两个坐标轴的正交，即为弱透视条件下的度量约束。引入对称矩阵 $\boldsymbol{Q} = \boldsymbol{A}^{\mathrm{T}}\boldsymbol{A}$ 及伪逆算子可以计算出最符合约束的 $\boldsymbol{A}$ 矩阵。一旦 $\boldsymbol{A}$ 矩阵确定，则可得 $\boldsymbol{M} = \hat{\boldsymbol{M}}\boldsymbol{A}$ 以及 $\boldsymbol{S} = \boldsymbol{A}^{-1}\hat{\boldsymbol{S}}$。表示相机三轴姿态的三个矢量为

$$\begin{cases} \boldsymbol{i}_f = \frac{\boldsymbol{m}_f}{\|\boldsymbol{m}_f\|} \\ \boldsymbol{j}_f = \frac{\boldsymbol{n}_f}{\|\boldsymbol{n}_f\|} \\ \boldsymbol{k}_f = \boldsymbol{i}_f \times \boldsymbol{j}_f \end{cases} \tag{7-16}$$

z_f 可以由式（7－13）得到。利用第一帧图像对应的相机姿态 $\boldsymbol{R}_1$（由 $\boldsymbol{i}_f$，$\boldsymbol{j}_f$，$\boldsymbol{k}_f$ 得到）相对参考坐标系的姿态矩阵，将矢量 $[x_f, y_f, z_f]^{\mathrm{T}}$ 转换到参考坐标系的位置中，便可确定矢量 $\boldsymbol{t}_f$，这样特征点的三维坐标及相机的运动就恢复出来了。

7.2.4　丢失及新增特征点的处理

目标天体形状不规则、光照造成的阴影及探测器位置姿态变化等情况会导致一些特征点可能在某帧图像中观测不到。如果该帧图像中包含足够多的其他特征点，则依然可以求出相机矩阵及形状矩阵；同时，利用特征点和相机位置的恢复结果，可以重构丢失特征点的观测信息。在形式上，有下面的充分条件：

如果第 f 帧图像的未知测量点 $[u_{fp}, v_{fp}]$ 在至少 3 帧图像中出现，并且至少三个点 p_1，p_2，p_3 出现在这 4 帧图像中，则可以将该未知点恢复出来。

由于点序列顺序可以改变，因此假设

$$\boldsymbol{W}=\left[\frac{\boldsymbol{U}}{\boldsymbol{V}}\right]=\begin{bmatrix} u_{11} & u_{12} & u_{13} & u_{14} \\ u_{21} & u_{22} & u_{23} & u_{24} \\ u_{31} & u_{32} & u_{33} & u_{34} \\ u_{41} & u_{42} & u_{43} & ? \\ v_{11} & v_{12} & v_{13} & v_{14} \\ v_{21} & v_{22} & v_{23} & v_{24} \\ v_{31} & v_{32} & v_{33} & v_{34} \\ v_{41} & v_{42} & v_{43} & ? \end{bmatrix} \tag{7-17}$$

其中 (u_{44}, v_{44}) 为未知特征点。

提取已知特征点观测矩阵

$$\boldsymbol{W}_{6\times4}=\begin{bmatrix} u_{11} & u_{12} & u_{13} & u_{14} \\ u_{21} & u_{22} & u_{23} & u_{24} \\ u_{31} & u_{32} & u_{33} & u_{34} \\ v_{11} & v_{12} & v_{13} & v_{14} \\ v_{21} & v_{22} & v_{23} & v_{24} \\ v_{31} & v_{32} & v_{33} & v_{34} \end{bmatrix} \tag{7-18}$$

将平移和旋转子矩阵分别表示为

$$\boldsymbol{t}_{6\times1}=[x_1, \quad x_2, \quad x_3, \quad y_1, \quad y_2, \quad y_3]^{\mathrm{T}}, \boldsymbol{R}_{6\times3}=[\boldsymbol{i}_1, \quad \boldsymbol{i}_2, \quad \boldsymbol{i}_3, \quad \boldsymbol{j}_1, \quad \boldsymbol{j}_2, \quad \boldsymbol{j}_3]^{\mathrm{T}}$$

则

$$\boldsymbol{W}_{6\times4}=\boldsymbol{R}_{6\times3}\boldsymbol{S}+\boldsymbol{t}_{6\times1}\boldsymbol{e}_4^{\mathrm{T}} \tag{7-19}$$

其中

$$\boldsymbol{S}=[\boldsymbol{s}_1, \quad \boldsymbol{s}_2, \quad \boldsymbol{s}_3, \quad \boldsymbol{s}_4]$$
$$\boldsymbol{e}_4=[1, \quad 1, \quad 1, \quad 1]^{\mathrm{T}}$$

由于 $\boldsymbol{s}_1+\boldsymbol{s}_2+\boldsymbol{s}_3+\boldsymbol{s}_4=0$，而第 4 帧图像坐标的恢复仅依靠前 3 个观测点，因此，在计

算 $\boldsymbol{i}_4$ 和 $\boldsymbol{j}_4$ 之前，必须将两个原点统一到同一坐标中。假设由已知可观测的 3 个特征点确定的形心坐标为

$$c=\frac{1}{3}(s_1+s_2+s_3) \tag{7-20}$$

则在第 4 帧图像中，c 的投影坐标为

$$\begin{cases}a'_4=\dfrac{1}{3}(u_{41}+u_{42}+u_{43})\\ b'_4=\dfrac{1}{3}(v_{41}+v_{42}+v_{43})\end{cases} \tag{7-21}$$

定义新的坐标形式

$$\begin{cases}s'_p=s_p-c\\ u'_{4p}=u_{4p}-a'_4 \quad (p=1,2,3)\\ v'_{4p}=v_{4p}-b'_4\end{cases} \tag{7-22}$$

求解式（7-23）中的两个 3×3 方程，即可得到 $\boldsymbol{i}_4$ 和 $\boldsymbol{j}_4$

$$\begin{cases}[u'_{41},\quad u'_{42},\quad u'_{43}]=\dfrac{l}{z_4}\boldsymbol{i}_4^{\mathrm{T}}[\boldsymbol{s}'_1,\quad \boldsymbol{s}'_2,\quad \boldsymbol{s}'_3]\\ [v'_{41},\quad v'_{42},\quad v'_{43}]=\dfrac{l}{z_4}\boldsymbol{j}_4^{\mathrm{T}}[\boldsymbol{s}'_1,\quad \boldsymbol{s}'_2,\quad \boldsymbol{s}'_3]\end{cases} \tag{7-23}$$

第 4 帧图像中的平移矢量可以由方程 $\boldsymbol{W}=\boldsymbol{RS}+\boldsymbol{t}\boldsymbol{e}_4^{\mathrm{T}}$ 右乘矢量 $\boldsymbol{\eta}_4=[1,\ 1,\ 1,\ 0]^{\mathrm{T}}$ 得到

$$\boldsymbol{W}\boldsymbol{\eta}_4=\boldsymbol{RS}\boldsymbol{\eta}_4+\boldsymbol{t}\boldsymbol{e}_4^{\mathrm{T}}\boldsymbol{\eta}_4 \tag{7-24}$$

根据 $\boldsymbol{e}_4^{\mathrm{T}}\boldsymbol{\eta}_4=3$ 可得

$$\boldsymbol{t}=\frac{1}{3}(\boldsymbol{W}-\boldsymbol{RS})\boldsymbol{\eta}_4 \tag{7-25}$$

现在矩阵 $\boldsymbol{M}$ 和 $\boldsymbol{S}$ 都已经求出，丢失的 u_{44} 和 v_{44} 可以由式（7-5）得到，这样就完成了对子矩阵中丢失观测量的估计，从而可进一步确定后续特征点的跟踪与迭代过程。

上述方法实际上是一种批处理算法，需要得到至少三帧以上的图像才能进行三维重构及相机的运动估计。对于新增图像的特征点来说，可利用迭代因式分解算法对新增图像的测量矩阵进行扩维，减少了该算法的运算量，增强了其实时性。

7.2.5　不确定性分析

不确定性包括以下内容：

1）姿态不确定性：度量约束保证了 $\boldsymbol{m}_f$，$\boldsymbol{n}_f$ 的正交性与长度一致性，如果在 $\boldsymbol{M}$ 与 $\boldsymbol{S}$ 间插入正交旋转矩阵 $\boldsymbol{R}_0$，得到的 $\boldsymbol{MR}_0$ 与 $\boldsymbol{R}_0^{\mathrm{T}}\boldsymbol{S}$ 也依然符合度量约束。这表示同时对特征点坐标及相机姿态进行旋转，也可得到满足条件的解。求解时一般以第一帧图像对应的相机姿态作为基准，若要得到探测器及目标天体在日心惯性空间的姿态信息，则需要星敏感器或其他设备确定探测器的姿态。

2）距离信息不确定性：与姿态不确定类似，若加入比例因子 r，则得到的 $\hat{\boldsymbol{M}}r$ 及 r^{-1}

$\hat{S}$ 依然满足弱透视条件下的度量约束。因此要恢复各个变量的绝对距离信息，需要加入利用激光测距仪得到的某个特征点的距离测量信息，或者通过其他测量手段得到的特征点之间的距离信息。得到某个距离信息后，其他特征点的坐标及相机位置便可确定。

7.2.6 实例应用与分析

本节分别利用对小行星 Eros 拍摄的真实图像序列及人工数据进行仿真分析。

图 7-3 是利用 PCA-SIFT 算法对 NEAR 任务在大约 200 km 处拍摄的 Eros 图像序列进行特征匹配得到的特征点匹配个数与图像间隔数之间的关系曲线。相邻图像拍摄间隔为 30 s，探测器每拍摄一帧图像相对于目标天体固连坐标系大约旋转 0.5°。当匹配个数少于 10 个时，不再对该帧图像上的特征点进行跟踪。从图 7-3 中可以看出，相邻帧的特征点匹配个数在 170 个以上，即使相隔 30 帧（小行星相对探测器大约旋转 15°）也存在 20 个以上稳定匹配的特征点，满足利用特征点跟踪以进行三维重构的要求。

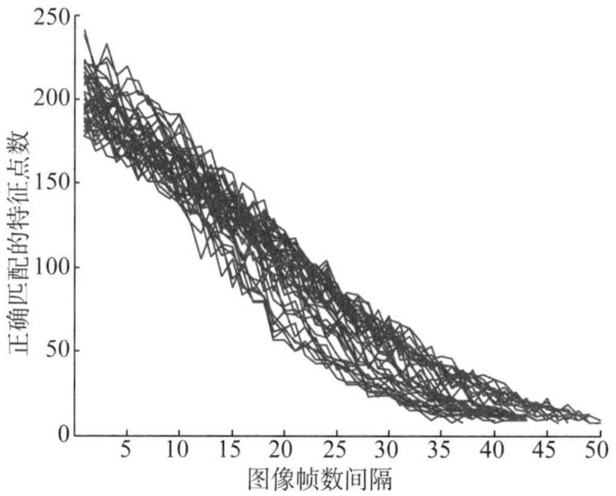

图 7-3　匹配特征点个数与图像间隔的关系曲线

为进一步说明各个参数对特征点及相机参数估计的影响，对目标天体绕飞阶段的拍摄观测进行数学仿真。仿真参数参考 NEAR 任务，探测器模拟轨道如图 7-4 所示，仿真参数如表 7-1 所示。

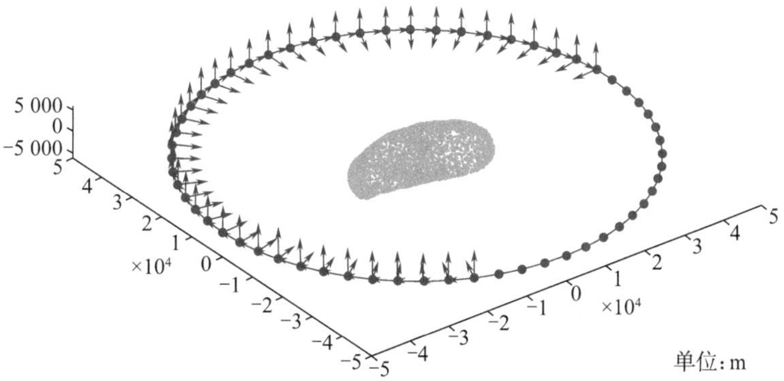

图 7-4　探测器绕飞模拟轨道观测示意图

表 7-1 仿真参数列表

仿真参数	数值
视场角	2°～20°
分辨率	512×512
特征点匹配噪声	1 pixel
激光测距仪噪声	0.01%
绕飞轨道半径	$5\times10^4\sim5\times10^5$ m
固定特征点区域拍摄图像帧数	3～60
特征点总个数	2 000
每帧图像跟踪的特征点个数	10～200

图 7-5、图 7-6 分别是 200 km 及 50 km 处、跟踪 30 帧图像中 50 个特征点的条件下，对探测器三轴的位置估计误差及相机光轴投影方向的姿态误差的估计。对比图 7-5 和图 7-6 可以看出，对像平面两轴的位置估计精度要比对相机沿光轴运动方向的精度高。当绕飞轨道大约在 50 km 处时，z 轴方向的估计误差可以减小到 10 m 的范围内。利用该算法对探测器姿态估计较为准确，在 50 km 轨道处能达到 0.05°的精度。

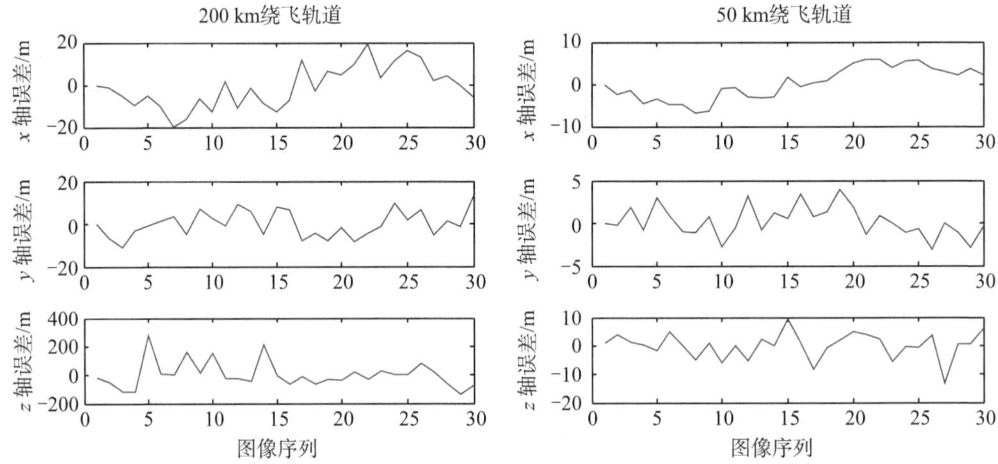

图 7-5 位置估计误差

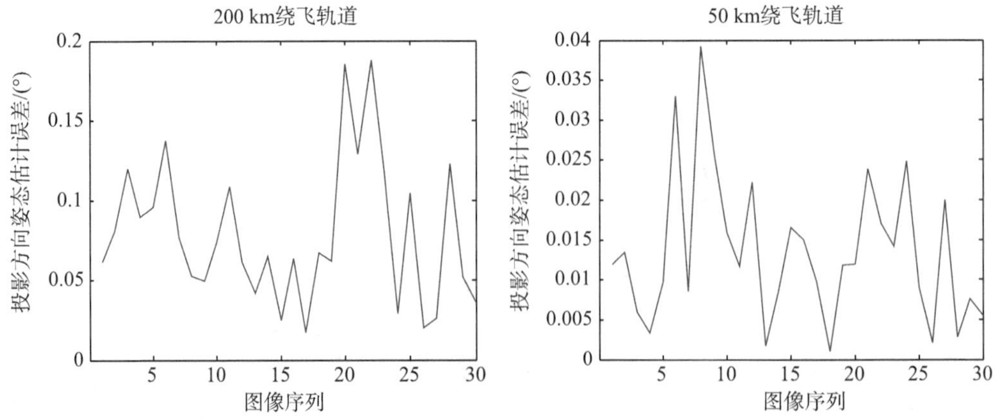

图 7-6 光轴投影方向姿态误差估计

图 7-7 是在 200 km 绕飞轨道、5°视场角条件下图像帧数、特征点个数对特征点三维重构精度的影响曲线。从内到外特征点个数依次增多，但对精度影响不大。图像帧数较少时，重构精度较低；40 帧以上时，帧数增多对精度提高不大，但帧数过多会增加计算量，并降低探测器位置、姿态估计的实时性。

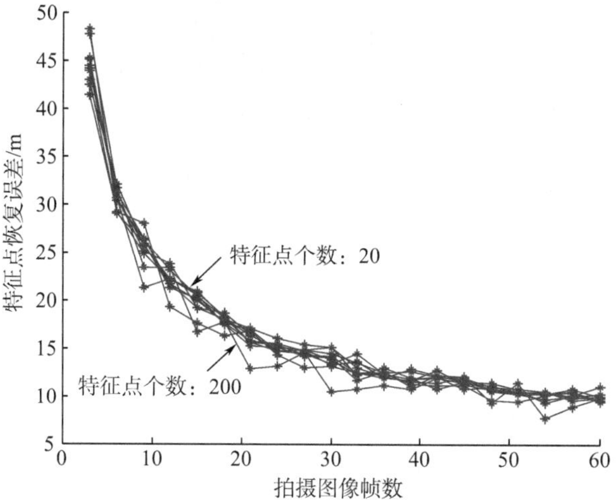

图 7-7　图像帧数、特征点个数与重构精度的关系曲线

图 7-8 是在 20 帧图像、100 个特征点条件下相机视场角、绕飞轨道高度对重构精度的影响。恢复误差基本上随着视场角的增大而线性增大，间接反映了像素误差对重构精度的影响。当轨道高度为 20 km、视场角在 5°以内时，重建精度在 2 m 之内，可以识别较大的岩石等障碍，并进一步用于着陆段的障碍识别。

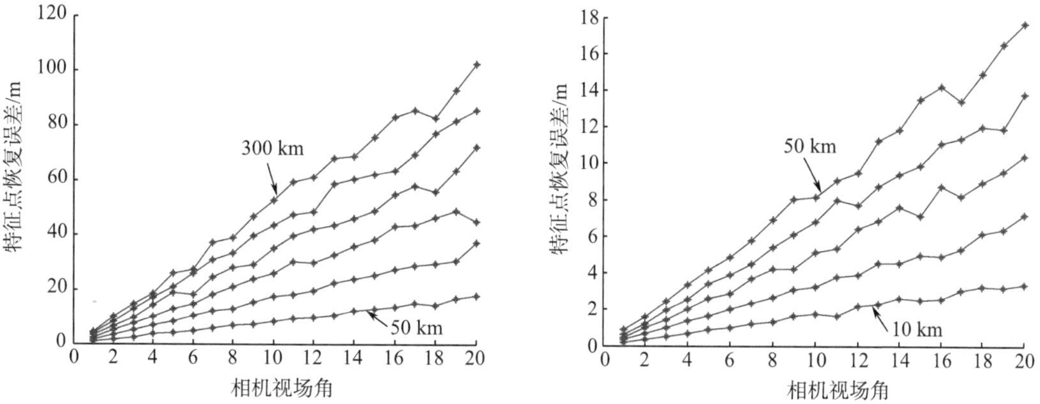

图 7-8　轨道高度、视场角对重构精度的影响

通过绕飞轨道得到的特征点序列对目标天体表面的特征点进行三维重构，并利用三角剖分算法进行网格化，形成的三维模型如图 7-9 所示。在三角网格上进行纹理映射，形成的目标天体三维模型如图 7-10 所示。

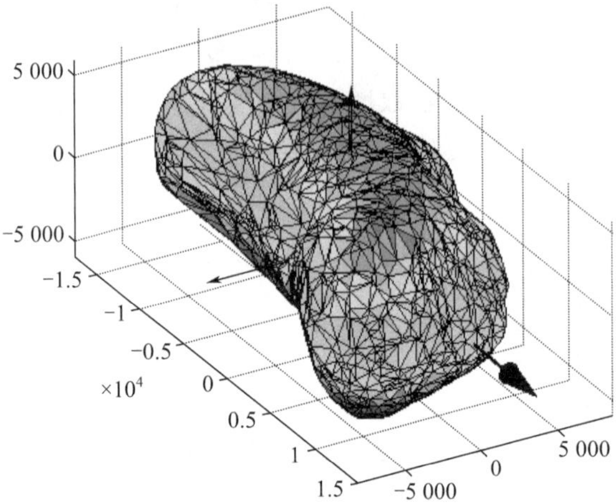

图 7-9　Eros 模型特征点的三角剖分

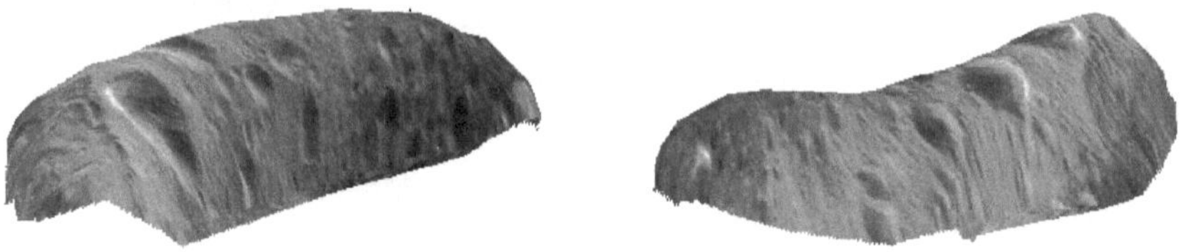

图 7-10　Eros 模型的纹理映射

7.3　环绕伴飞段自主导航方法

7.3.1　目标天体物理参数估计方法

(1) 基于 SRIF 滤波器的组合导航方法

在绕飞目标天体的科学任务阶段，需要确定探测器相对目标天体的位置、速度及姿态等参数。同时，在此阶段对目标天体参数的评估也是对探测器的一个重要要求，这些参数包括影响探测器轨道的天体引力场系数、自旋角速度、自旋轴指向及天体形状和星历信息等。基于地面站测控系统给出的信息仅能建立探测器在惯性空间中的绝对位置信息，因此需要其他观测信息确定探测器相对目标天体的状态。NEAR、Muses-C 任务证实天体表面存在大量的弹坑地表特征[2,3]，这些弹坑具有较高的可见性与可分辨性，利用这种地形特征作为导航路标比利用天体形状特征具有更好的轨道确定能力。图 7-11 为 NEAR 探测器提取的 Eros433 表面弹坑分布情况，光学相机对这些自然路标拍照，利用图像信息结合地面测控信息可以构建出探测器相对目标天体的状态，同时能够对目标天体的物理参数进行评估。该过程需要依赖地面站的支持，是一个长弧段轨道改进过程，数据处理由地面完成。

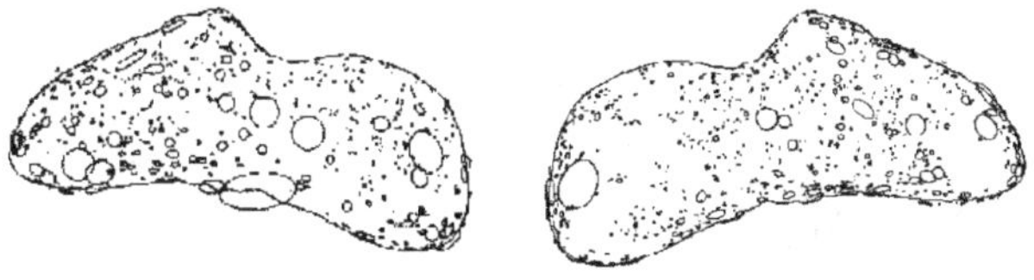

图 7 - 11　Eros433 表面弹坑分布图

地面测控系统使用传统的最小二乘算法处理就可以得到近地卫星的状态数据，但是对于观测数据中包含光学数据的绕飞天体轨道确定系统，利用最小二乘算法会导致其 $\boldsymbol{H}^{\mathrm{T}}\boldsymbol{H}$ 阵病态，从而导致数值发散。均方根信息滤波（SRIF）算法在处理这些观测数据时能有效地克服滤波器的发散，具有较高的数值稳健性和计算高效性[4]。本节将利用 SRIF 对绕飞目标天体的轨道确定滤波器进行设计[5]，考虑未建模干扰加速度的影响，通过对测距数据、测速数据、VLBI 数据及导航路标光学数据的处理，确定探测器绕飞轨道和目标天体物理参数。

①变分方程与观测方程

在目标天体固连坐标系中，绕飞探测器的轨道动力学方程可以表示为

$$
\begin{cases}
\dot{\boldsymbol{r}} = \boldsymbol{v} \\
\dot{\boldsymbol{r}} = -2\boldsymbol{\omega} \times \boldsymbol{v} - \boldsymbol{\omega} \times \boldsymbol{\omega} \times \boldsymbol{r} + \dfrac{\partial V(\boldsymbol{r})}{\partial \boldsymbol{r}} + \boldsymbol{a}
\end{cases}
\tag{7-26}
$$

式中　$\boldsymbol{r}$, $\boldsymbol{v}$ ——分别为探测器的位置和速度矢量；

$\boldsymbol{\omega}$ ——小天体自旋角速度；

$\boldsymbol{a}$ ——其他未考虑摄动力加速度；

V ——势函数。

利用球体调和函数表示如下

$$
\begin{cases}
V = \dfrac{GM}{a} \displaystyle\sum_{n=0}^{\infty} \sum_{m=0}^{n} \left(\dfrac{a}{R}\right)^{n+1} (C_{nm} V_{nm} + S_{nm} W_{nm}) \\
V_{nm} = P_{nm}(\sin\phi)[\cos(m\theta)] \\
W_{nm} = P_{nm}(\sin\phi)[\sin(m\theta)]
\end{cases}
\tag{7-27}
$$

式中　a ——目标天体名义半径；

θ , ϕ ——探测器所处的经度、纬度；

P_{nm} ——缔结勒让德多项式。

令目标天体自旋轴在 J2000 坐标系下的经度、纬度分别为 θ_{a} 和 ϕ_{a} ，则目标天体惯性坐标系相对于 J2000 坐标系的坐标转换矩阵为

$$
\boldsymbol{T}_{\mathrm{AI}} = \begin{bmatrix}
\sin\theta_{\mathrm{a}} & -\cos\theta_{\mathrm{a}} & 0 \\
\sin\phi_{\mathrm{a}}\cos\theta_{\mathrm{a}} & \sin\phi_{\mathrm{a}}\sin\theta_{\mathrm{a}} & -\cos\phi_{\mathrm{a}} \\
\cos\phi_{\mathrm{a}}\cos\theta_{\mathrm{a}} & \cos\phi_{\mathrm{a}}\sin\theta_{\mathrm{a}} & \sin\phi_{\mathrm{a}}
\end{bmatrix}
\tag{7-28}
$$

目标天体固连坐标系相对于目标天体惯性坐标系的转换矩阵为

$$\boldsymbol{T}_{\mathrm{aA}}=\begin{bmatrix}\cos(\lambda+\omega t) & \sin(\lambda+\omega t) & 0\\ -\sin(\lambda+\omega t) & \cos(\lambda+\omega t) & 0\\ 0 & 0 & 1\end{bmatrix} \tag{7-29}$$

式中　λ ——某历元时刻 x_{a} 与 x_{A} 之间夹角；

t ——当前时刻距历元时刻的时间。

探测器绕飞轨道定轨数据包括地面站测轨数据和星载相机拍摄的路标图像数据，其中地面站测轨数据提供探测器绝对位置和绝对速度信息，其本质上包含了探测器运动距离信息。路标图像数据提供了探测器相对目标天体的位置信息，其本质是角度测量信息。结合地面测轨数据包含的运动距离信息和星敏感器提供的姿态信息，能够确定探测器在目标天体固连坐标系下的三维位置、运动状态，同时建立目标天体固连坐标系与 J2000 坐标系之间的转换关系。路标图像数据为天体表面弹坑相对应的像素 p 、像线 l 坐标值，其表达式为

$$\begin{cases}p=f\dfrac{x_i^{\mathrm{c}}}{z_i^{\mathrm{c}}}\\[2ex] l=f\dfrac{y_i^{\mathrm{c}}}{z_i^{\mathrm{c}}}\end{cases} \tag{7-30}$$

式中　x_i^{c}，y_i^{c}，z_i^{c} ——第 i 个导航路标在相机坐标系下相对探测器位置矢量 $\boldsymbol{r}_i^{\mathrm{c}}$ 的三轴分量；

f ——导航相机焦距。

$$\boldsymbol{r}_i^{\mathrm{c}}=\boldsymbol{C}_{\mathrm{ca}}(\boldsymbol{r}-\boldsymbol{\rho}_i) \tag{7-31}$$

式中　$\boldsymbol{r}$ ，$\boldsymbol{\rho}_i$ ——分别为天体固连坐标系下探测器和第 i 个导航路标的位置矢量；

$\boldsymbol{C}_{\mathrm{ca}}$ ——相机坐标系相对天体固连坐标系的坐标转换矩阵，满足 $\boldsymbol{T}_{\mathrm{ca}}=\boldsymbol{T}_{\mathrm{cb}}\boldsymbol{T}_{\mathrm{bI}}\boldsymbol{T}_{\mathrm{Ia}}$ ，其中 $\boldsymbol{T}_{\mathrm{cb}}$ 为相机坐标系在探测器本体坐标系下的安装矩阵，$\boldsymbol{C}_{\mathrm{bI}}$ 为探测器本体坐标系相对于惯性坐标系的姿态转换矩阵，$\boldsymbol{T}_{\mathrm{Ia}}$ 为 J2000 坐标系相对于目标天体固连坐标系的姿态转换矩阵。

基于以上给出的轨道动力学方程与坐标系转换关系，参考 6.1 节建立变分方程、量测方程，可以求取状态转移偏导数与各观测数据对应的观测偏导数，进而确定量测偏导数，以对待估参数进行确定。

②待估参数与滤波器设计

1）待估参数选取。参考目标天体绕飞段轨道变分方程和量测方程，可见直接影响观测量的因素有探测器相对目标天体的位置、速度和姿态，目标天体的运行轨道，测控站的三维位置和导航路标在目标天体固连坐标系下的位置；间接影响观测量的因素有太阳光压系数、目标天体引力场系数、目标天体自旋状态、随机加速度等动力学参数。

在探测器绕飞目标天体阶段，星敏感器与陀螺联合定姿系统能够提供探测器相对惯性坐标系的姿态信息，而导航路标所对应像点坐标与探测器相对目标天体的姿态相关，因此光学观测数据对目标天体相对于惯性坐标系的姿态可观。这里采用天体固连坐标系相对 J2000 坐标系姿态转换矩阵表示目标天体的姿态，该姿态可以利用目标天体自旋轴指向、

子午线历元时刻指向和目标天体旋转角速度表示。光学观测数据同时与探测器相对目标天体的位置相关，地面测控数据与探测器相对日心惯性坐标系轨道状态有关。因此，结合光学观测数据与地面测控数据能够对目标天体的星历信息进行估计，这里采用历元时刻目标天体相对日心的位置和速度表示其星历状态。太阳光压力、目标天体引力、向心加速度、苛氏加速度等动力学参数影响探测器的运行轨道，间接影响各观测量数据，其隐含在变分方程中，可以通过状态转移矩阵对这些动力学参数进行估计。综合如上因素，考虑科学任务和工程任务的需求，选取如表 7-2 所示的 SRIF 滤波器待估参数。

表 7-2　轨道确定滤波器估计参数

估计参数	参数个数
相对位置	3
相对速度	3
自旋轴方向	2
子午线指向	1
天体旋转角速度	1
太阳光压系数	1
天体引力常数	1
天体引力系数（n 阶）	$n(n+2)$
弹坑三维位置（m 个）	$3m$
未建模加速度	3
天体星历	6

考虑到在目标天体表面存在大量的弹坑地形，以及后续自主光学导航的需求，这里需要选取弹坑为导航路标，同时对其三维位置信息进行确定。待估参数中的随机加速度项为探测器所受到的未建模加速度部分，主要是由太阳光压力变化、燃料泄漏引起的。参考国外测控经验，用高斯-马尔科夫过程对其建模[6]，该加速度包括时间相关的部分和纯粹随机的部分，其在一定时间内变化不大。SRIF 滤波器采用批处理与贯序处理相结合的滤波技术，在滤波过程的每个批处理过程中均假设未建模加速度为常值，在批与批之间的贯序处理过程中时间相关变化。

基于 SRIF 滤波的基本原理，考虑到实现绕飞目标天体轨道确定的复杂性，将待估参数分为三类进行处理：

a) $\boldsymbol{P}$ 为相关过程噪声参数，即为上述未建模加速度；

b) $\boldsymbol{X}$ 为随时间变化的状态参数，但并不完全依赖于白噪声的量，如探测器的相对位置和速度、天体星历状态等；

c) $\boldsymbol{Y}$ 为不随时间变化的状态参数，如探测器太阳光压系数、目标天体引力场系数、目标天体姿态状态和弹坑三维位置等常值参数。

此时，滤波器的状态方程可表示为

$$\begin{bmatrix} \boldsymbol{X} \\ \boldsymbol{P} \\ \boldsymbol{Y} \end{bmatrix}_{j+1} = \begin{bmatrix} \boldsymbol{I} & \boldsymbol{V}_{P(j)} & 0 \\ 0 & \boldsymbol{M}_j & 0 \\ 0 & 0 & \boldsymbol{I} \end{bmatrix} \begin{bmatrix} \boldsymbol{X} \\ \boldsymbol{P} \\ \boldsymbol{Y} \end{bmatrix}_j + \begin{bmatrix} 0 \\ \boldsymbol{W}_{j+1} \\ 0 \end{bmatrix} \tag{7-32}$$

式中 j ——表示第 j 批参数；

$\boldsymbol{W}_{j+1}$ ——滤波器的过程噪声；

$\boldsymbol{V}_{P(j)}$ ——未建模加速度对状态参数的作用矩阵，其可以表示为

$$\boldsymbol{V}_{P(j)} = \boldsymbol{\Phi}_X^{-1}(t_{j+1}, t_0)\boldsymbol{\Phi}_{XP}(t_{j+1}, t_j) \tag{7-33}$$

式中 $\boldsymbol{\Phi}_X$, $\boldsymbol{\Phi}_{XP}$ ——代表相应的状态转移矩阵。

由于假设探测器所受未建模加速度满足高斯-马尔科夫过程，因此式（7-32）中转移矩阵 $\boldsymbol{M}_j$ 可以表示为

$$\boldsymbol{M}_j = \mathrm{diag}\{\exp(-\Delta t_j/\tau_1), \cdots, \exp(-\Delta t_j/\tau_3)\} \tag{7-34}$$

式中 Δt_j ——表示第 j 批与第 $j+1$ 批间隔时间；

τ_i ——表示噪声的相关时间。

选取每步待估参数的更新值作为递推状态，令初始待估参数服从的误差协方差阵为 $\boldsymbol{P}_0$，对 $\boldsymbol{P}_0$ 阵进行柯列斯基（Cholesky）变换获取初始均方差阵 $\boldsymbol{S}_0$，进而求得初始信息矩阵 $\boldsymbol{R}_0$，两者满足

$$\begin{gathered} \boldsymbol{R}_0 = \boldsymbol{S}_0^{-1} \\ \boldsymbol{S}_0 \boldsymbol{S}_0^{\mathrm{T}} = \boldsymbol{P}_0 \end{gathered} \tag{7-35}$$

式（7-35）中，$\boldsymbol{R}_0$ 为上三角阵，对应各待估参数可以表示为

$$\boldsymbol{R}_0 = \begin{bmatrix} \boldsymbol{R}_X & \boldsymbol{R}_{XP} & \boldsymbol{R}_{XY} \\ 0 & \boldsymbol{R}_P & \boldsymbol{R}_{PY} \\ 0 & 0 & \boldsymbol{R}_Y \end{bmatrix} \tag{7-36}$$

构造信息矩阵等式

$$\begin{bmatrix} \boldsymbol{R}_X & \boldsymbol{R}_{XP} & \boldsymbol{R}_{XY} \\ 0 & \boldsymbol{R}_P & \boldsymbol{R}_{PY} \\ 0 & 0 & \boldsymbol{R}_Y \end{bmatrix} \begin{bmatrix} \boldsymbol{X} \\ \boldsymbol{P} \\ \boldsymbol{Y} \end{bmatrix}_j = \begin{bmatrix} \boldsymbol{z}_X \\ \boldsymbol{z}_P \\ \boldsymbol{z}_Y \end{bmatrix}_j + \begin{bmatrix} \boldsymbol{v}_X \\ \boldsymbol{v}_P \\ \boldsymbol{v}_Y \end{bmatrix} \tag{7-37}$$

式中 $\boldsymbol{z}_X$, $\boldsymbol{z}_P$, $\boldsymbol{z}_Y$ ——初始虚拟观测值；

$\boldsymbol{v}_X$, $\boldsymbol{v}_P$, $\boldsymbol{v}_Y$ ——初始观测噪声。

由于初始改变值为零，所以 $\boldsymbol{z}_X$, $\boldsymbol{z}_P$, $\boldsymbol{z}_Y$, $\boldsymbol{v}_X$, $\boldsymbol{v}_P$, $\boldsymbol{v}_Y$ 也均为零。

2）时间更新方程。式（7-32）可以等价表示为

$$\begin{bmatrix} \boldsymbol{X} \\ \boldsymbol{P} \\ \boldsymbol{Y} \end{bmatrix}_j = \begin{bmatrix} \boldsymbol{V}_{P(j)}\boldsymbol{M}_j^{-1} & \boldsymbol{I} & -\boldsymbol{V}_{P(j)}\boldsymbol{M}_j^{-1} & 0 \\ -\boldsymbol{M}_j^{-1} & 0 & \boldsymbol{M}_j^{-1} & 0 \\ 0 & 0 & 0 & \boldsymbol{I} \end{bmatrix} \begin{bmatrix} \boldsymbol{W} \\ \boldsymbol{X} \\ \boldsymbol{P} \\ \boldsymbol{Y} \end{bmatrix}_{j+1} \tag{7-38}$$

将式（7-38）代入式（7-37）中，有

$$\begin{bmatrix} \boldsymbol{R}_X & \boldsymbol{R}_{XP} & \boldsymbol{R}_{XY} \\ 0 & \boldsymbol{R}_P & \boldsymbol{R}_{PY} \\ 0 & 0 & \boldsymbol{R}_Y \end{bmatrix} \begin{bmatrix} \boldsymbol{V}_{P(j)}\boldsymbol{M}_j^{-1} & \boldsymbol{I} & -\boldsymbol{V}_{P(j)}\boldsymbol{M}_j^{-1} & 0 \\ -\boldsymbol{M}_j^{-1} & 0 & \boldsymbol{M}_j^{-1} & 0 \\ 0 & 0 & 0 & \boldsymbol{I} \end{bmatrix} \begin{bmatrix} \boldsymbol{W} \\ \boldsymbol{X} \\ \boldsymbol{P} \\ \boldsymbol{Y} \end{bmatrix}_{j+1} = \begin{bmatrix} \boldsymbol{z}_X \\ \boldsymbol{z}_P \\ \boldsymbol{z}_Y \end{bmatrix}_j + \begin{bmatrix} \boldsymbol{v}_X \\ \boldsymbol{v}_P \\ \boldsymbol{v}_Y \end{bmatrix} \tag{7-39}$$

式（7-39）可化为

$$\begin{bmatrix} \boldsymbol{R}_X\boldsymbol{V}_{P(j)}\boldsymbol{M}_j^{-1} - \boldsymbol{R}_{XP}\boldsymbol{M}_j^{-1} & \boldsymbol{R}_X & -(1,1) & \boldsymbol{R}_{XY} \\ -\boldsymbol{R}_P\boldsymbol{M}_j^{-1} & 0 & \boldsymbol{R}_P\boldsymbol{M}_j^{-1} & \boldsymbol{R}_{PY} \\ 0 & 0 & 0 & \boldsymbol{R}_Y \end{bmatrix} \begin{bmatrix} \boldsymbol{W} \\ \boldsymbol{X} \\ \boldsymbol{P} \\ \boldsymbol{Y} \end{bmatrix}_{j+1} = \begin{bmatrix} \boldsymbol{z}_X \\ \boldsymbol{z}_P \\ \boldsymbol{z}_Y \end{bmatrix}_j + \begin{bmatrix} \boldsymbol{v}_X \\ \boldsymbol{v}_P \\ \boldsymbol{v}_Y \end{bmatrix} \tag{7-40}$$

式中，(1，1) 代表了该矩阵第1行1列的分块子矩阵。式（7-32）中

$$\boldsymbol{P}_{j+1} = \boldsymbol{M}_j\boldsymbol{P}_j + \boldsymbol{W}_{j+1} \tag{7-41}$$

由于 $\boldsymbol{W}_{j+1}$ 可以认为是一独立的随机过程噪声，并服从 $N(0,\sigma^2)$ 分布，则可以用式（7-42）描述

$$\boldsymbol{r}_w\boldsymbol{W}_{j+1} = \boldsymbol{z}_W \tag{7-42}$$

式中，$\boldsymbol{r}_w$ 为相应过程噪声的标准差倒数，考虑到 $\boldsymbol{W}_{j+1}$ 为零均值，将 $\boldsymbol{z}_W$ 取为零。综合式（7-41）和式（7-42）并代入式（7-40），有

$$\begin{bmatrix} \boldsymbol{r}_w & 0 & 0 & 0 \\ \boldsymbol{R}_X\boldsymbol{V}_{P(j)}\boldsymbol{M}_j^{-1} - \boldsymbol{R}_{XP}\boldsymbol{M}_j^{-1} & \boldsymbol{R}_X & -(1,1) & \boldsymbol{R}_{XY} \\ -\boldsymbol{R}_P\boldsymbol{M}_j^{-1} & 0 & \boldsymbol{R}_P\boldsymbol{M}_j^{-1} & \boldsymbol{R}_{PY} \\ 0 & 0 & 0 & \boldsymbol{R}_Y \end{bmatrix} \begin{bmatrix} \boldsymbol{W} \\ \boldsymbol{X} \\ \boldsymbol{P} \\ \boldsymbol{Y} \end{bmatrix}_{j+1} = \begin{bmatrix} \boldsymbol{z}_W \\ \boldsymbol{z}_X \\ \boldsymbol{z}_P \\ \boldsymbol{z}_Y \end{bmatrix}_j + \begin{bmatrix} \boldsymbol{v}_W \\ \boldsymbol{v}_X \\ \boldsymbol{v}_P \\ \boldsymbol{v}_Y \end{bmatrix} \tag{7-43}$$

利用豪斯霍尔德（Householder）变换构造正交阵 $\boldsymbol{T}$ 左乘式（7-43），使左端动态矩阵转化为上三角矩阵，则式（7-43）变为

$$\begin{bmatrix} \boldsymbol{R}'_W & \boldsymbol{R}'_{WX} & \boldsymbol{R}'_{WP} & \boldsymbol{R}'_{WY} \\ 0 & \boldsymbol{R}'_X & \boldsymbol{R}'_{XP} & \boldsymbol{R}'_{XY} \\ 0 & 0 & \boldsymbol{R}'_P & \boldsymbol{R}'_{PY} \\ 0 & 0 & 0 & \boldsymbol{R}'_Y \end{bmatrix} \begin{bmatrix} \boldsymbol{W} \\ \boldsymbol{X} \\ \boldsymbol{P} \\ \boldsymbol{Y} \end{bmatrix}_{j+1} = \begin{bmatrix} \boldsymbol{z}'_W \\ \boldsymbol{z}'_X \\ \boldsymbol{z}'_P \\ \boldsymbol{z}'_Y \end{bmatrix}_{j+1} + \begin{bmatrix} \boldsymbol{v}'_W \\ \boldsymbol{v}'_X \\ \boldsymbol{v}'_P \\ \boldsymbol{v}'_Y \end{bmatrix} \tag{7-44}$$

将式（7-44）第二行到第四行的子矩阵保留，即为时间更新到第 $j+1$ 步的信息矩阵等式，上述过程为SRIF滤波器的时间更新过程，其主要考虑了未建模加速度对系统估计参数的影响。

3）测量更新方程。利用地面测轨数据与光学数据的线性化量测偏导数，可以将测量残差表示成相应待估参数的形式

$$\boldsymbol{z}_{j+1} = \boldsymbol{H}_X\boldsymbol{\Phi}_{XX}\boldsymbol{X}_{j+1} + \boldsymbol{H}_Y\boldsymbol{\Phi}_{XY}\boldsymbol{Y}_{j+1} + \boldsymbol{v}_{j+1} \tag{7-45}$$

考虑测量数据的噪声特性，将式（7-45）与信息矩阵等式合并，有

$$
\begin{bmatrix} \boldsymbol{R}'_X & \boldsymbol{R}'_{XP} & \boldsymbol{R}'_{XY} \\ 0 & \boldsymbol{R}'_P & \boldsymbol{R}'_{PY} \\ 0 & 0 & \boldsymbol{R}'_Y \\ \boldsymbol{N}^{-1}\boldsymbol{H}_X\boldsymbol{\Phi}_{XX} & 0 & \boldsymbol{N}^{-1}\boldsymbol{H}_Y\boldsymbol{\Phi}_{XY} \end{bmatrix} \begin{bmatrix} \boldsymbol{X} \\ \boldsymbol{P} \\ \boldsymbol{Y} \end{bmatrix}_{j+1} = \begin{bmatrix} \boldsymbol{z}'_X \\ \boldsymbol{z}'_P \\ \boldsymbol{z}'_Y \\ \boldsymbol{z}'_{j+1} \end{bmatrix} + \begin{bmatrix} \boldsymbol{v}'_X \\ \boldsymbol{v}'_P \\ \boldsymbol{v}'_Y \\ \boldsymbol{v}'_{j+1} \end{bmatrix} \tag{7-46}
$$

式中 $\boldsymbol{N}$ ——观测噪声服从的误差标准差，$\boldsymbol{N}\boldsymbol{N}^{\mathrm{T}}=\boldsymbol{R}$，$\boldsymbol{R}$ 为观测噪声服从的误差协方差阵。

利用 Householder 变换构造正交阵 $\boldsymbol{T}$ 左乘式（7－46），使左端动态矩阵转化为上三角矩阵，则式（7－46）变为

$$
\begin{bmatrix} \boldsymbol{R}_X & \boldsymbol{R}_{XP} & \boldsymbol{R}_{XY} \\ 0 & \boldsymbol{R}_P & \boldsymbol{R}_{PY} \\ 0 & 0 & \boldsymbol{R}_Y \\ 0 & 0 & 0 \end{bmatrix} \begin{bmatrix} \boldsymbol{X} \\ \boldsymbol{P} \\ \boldsymbol{Y} \end{bmatrix}_{j+1} = \begin{bmatrix} \boldsymbol{z}_X \\ \boldsymbol{z}_P \\ \boldsymbol{z}_Y \\ \boldsymbol{e} \end{bmatrix}_{j+1} + \begin{bmatrix} \hat{\boldsymbol{v}}_X \\ \hat{\boldsymbol{v}}_P \\ \hat{\boldsymbol{v}}_Y \\ \hat{\boldsymbol{v}} \end{bmatrix} \tag{7-47}
$$

令 $\boldsymbol{V}=\begin{bmatrix}\hat{\boldsymbol{v}}_X & \hat{\boldsymbol{v}}_P & \hat{\boldsymbol{v}}_Y & \hat{\boldsymbol{v}}\end{bmatrix}^{\mathrm{T}}$，要求 $\boldsymbol{V}^{\mathrm{T}}\boldsymbol{V}$ 最小，则有

$$
\begin{bmatrix} \boldsymbol{R}_X & \boldsymbol{R}_{XP} & \boldsymbol{R}_{XY} \\ 0 & \boldsymbol{R}_P & \boldsymbol{R}_{PY} \\ 0 & 0 & \boldsymbol{R}_Y \end{bmatrix} \begin{bmatrix} \boldsymbol{X} \\ \boldsymbol{P} \\ \boldsymbol{Y} \end{bmatrix}_{j+1} = \begin{bmatrix} \boldsymbol{z}_X \\ \boldsymbol{z}_P \\ \boldsymbol{z}_Y \end{bmatrix}_{j+1} \tag{7-48}
$$

求解式（7－48）可得到第 $j+1$ 步的状态参数及相应的协方差阵，利用式（7－47）中量测更新的信息矩阵等式继续进行时间更新，以便后续数据的贯序批处理，从而完成探测器轨道状态和目标天体物理参数的确定。

③实例应用与分析

以 Eros433 为目标星，利用从 2012 年 12 月 28 日起的 14 天观测数据对其绕飞轨道与目标天体物理参数进行估计。小行星 Eros433 自旋角速度为 1 639.4°/d，名义半径为 16 km，引力常数为 $4.462\,1\times10^5\ \mathrm{m^3/s^2}$。设探测器绕飞轨道高度为 80 km，在该轨道高度探测器受到的目标天体引力场高阶项的摄动已较为明显，如图 7－12 所示。在两周的引力摄动作用下，探测器轨道漂移将会达到 3 km 以上，因此在该轨道高度上能够对目标天体的引力场进行较高精度的评估。这里选取待估目标天体引力场 6 阶系数，绕飞轨道偏心率为 0，轨道倾角 176°，探测器面质比 0.01，太阳光压系数为 0.6。

参考国外测控经验，SRIF 滤波器采用一阶高斯-马尔科夫过程模拟未建模加速度，其相关时间选为 2 天，量级为 10^{-12} km/s。探测器在 80 km 轨道上的绕飞阶段，地面站每天跟踪测轨 1 次，每次 2 个小时，导航相机每天拍照 60 幅。斜距测量系统差、随机差均为 10 m，斜距变化率测量系统差、随机差为 1 mm/s，VLBI 测角精度为 5 nrad，导航相机视场角为 3°×3°，分辨率为 1024×1024，图像处理精度为 0.1 pixel，导航路标选取 100 个，星敏感器确定精度为 50 nrad。待估参数初始不确定度及经 SRIF 滤波器迭代 30 次后得到的最终确定结果如表 7－3 所示。

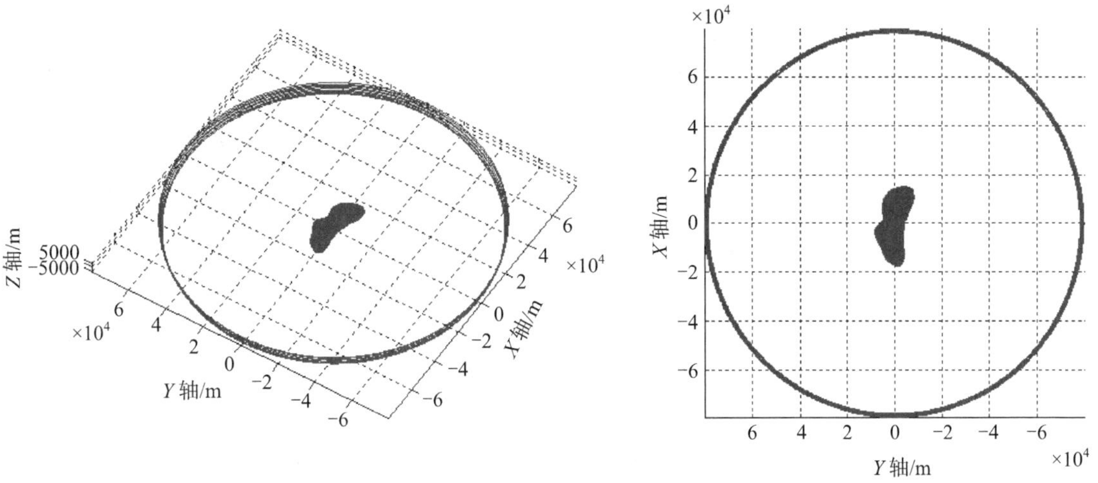

图 7-12　探测器绕飞 Eros433 轨道

表 7-3 待估参数初始条件及结果

参数	初始估计误差	最终确定误差
位置/m	$[300, 300, 300]^T$	$[24.9, 44.9, -1.7]^T$
速度/(m/s)	$[0.01, 0.01, 0.01]^T$	$[0.003, -0.001, 0.0001]^T$
自旋轴方向/(°)	$(1, 1)^T$	$[-1.7\times10^{-3}, -1.6\times10^{-3}]^T$
子午线指向/(°)	1	−0.039 3
天体旋转角速度/(rad/s)	10^{-10}	$-1.736\,3\times10^{-11}$
太阳光压系数	0.1	−0.02
天体引力常数/(m^3/s^2)	2 000	−54.5
天体引力系数	10^{-3}	0.03×10^{-3}
导航路标三维位置/m	100	6
天体位置/km	$[10, 10, 10]^T$	$[1.4, 7.4, -1.2]^T$
天体速度/(m/s)	$[0.1, 0.1, 0.1]^T$	$[0.019, 0.065, -0.081]^T$

初始探测器相对目标天体的不确定位置精度为：三轴均 300 m，速度 0.01 m/s。经观测处理后，位置、速度状态确定误差均得到降低。由结果可见，探测器在天体固连坐标系下 z 轴的导航精度明显要高于其他两轴，这与探测器绕飞轨道倾角有关。在本应用实例中，绕飞轨道近似为赤道面轨道，导航路标观测几何关系使自旋轴方向的可观度大于其他两轴。由目标天体自旋轴、子午线与旋转角速度的估计结果可以看出，采用光学路标导航辅助的方法，可以对目标天体在绝对空间下的姿态指向进行较高精度的估计，其估计精度与星敏感器同等量级。目标天体引力常数由初始 2 000 m^3/s^2 的不确定度下降到 100 m^3/s^2 以内，估计精度达到了 0.02%以内，对目标天体各阶引力系数估计精度也提高了两个数量级。这说明滤波器对目标天体质量精确确定的同时，也能够对目标天体的质量分布进行很好的估计，结合目标天体形状信息，通过对目标天体密度的分析，可以对其内部组成成分

及物质构成研究提供参考。另一项科学考察数据——天体的星历状态位置精度可以达到10 km以内，速度在0.1 m/s以内，达到与基于地面站对深空探测器进行测轨的同等精度量级[7]。SRIF滤波器对100个导航路标的三维位置进行估计，表7-3中误差表示形式为位置误差平均值，其表达式为 $\sum_{i=1}^{N}\sqrt{(\Delta x_i^2+\Delta y_i^2+\Delta z_i^2)}/N$。同时导航相机可以拍摄到其他路标的大量图像数据，虽然没有在SRIF滤波器中对这些路标位置进行估计，但是结合拍照时刻探测器的位置、姿态等信息，利用多帧图像数据就能够对这些路标的位置进行估计[8]。这些路标与SRIF滤波器中采用的导航路标联合组成了导航路标库，以支持后续探测任务的自主光学导航的实现。

(2) 基于散乱点三角剖分的小天体物理属性计算

对小天体形状、质量、密度、引力场、自旋轴及地表形态等性质的确定是探测任务的重点。确定这些性质有助于建立较为精确的动力学模型，为探测器的轨道设计及自主着陆导航提供参考，也能够对小天体乃至整个太阳系的起源进行推断。

至今有超过33 000颗小行星数据存储在地面站数据库中，仅通过地面观测确定的小天体质量、体积等物理参数的精度是有限的。星际探测任务的进行为精确估计小天体的物理参数提供了基础。本节在前面得到的表面特征点三维信息的基础上，利用一种简单快速的三角剖分算法对小天体三维模型进行描述，并将对体积的积分转化为对三角网格顶点的计算，以得到小天体的体积和表面积。在假设质量已知、密度均匀的情况下，可求出小天体的质心、转动惯量、惯量主轴、引力势及引力场分布等基本物理参数。

①三维散乱点剖分的快速算法

对于小天体表面经纬度间隔固定的特征点来说，可以对其进行三角剖分。这种算法简单有效，但特征点在单位面积上分布不均匀，±90°纬度附近的特征点要比0°纬度附近的特征点分布更为集中，而且直接测量得到的表面特征点是三维散乱点，一般不能满足经纬度间隔固定的分布。

二维散乱点的三角剖分技术已经十分成熟，而对于三维散乱点的剖分方法主要有局部投影法、Choi算法，以及 α 形法等。局部投影法需要对局部三角网格进行合并，分块工作难以自动完成；Choi算法中需要确定空间一点 C，使得所有点对 C 可见，但很多情况下并不存在这样的点，即便存在 C 点的位置也难以确定；α 形法中对于参数 α 的选择也较为复杂，不同密集程度的散乱点对应的 α 值也不相同。本节提出了一种基于投影变换的三角网格剖分方法，简单有效，适用于对小天体这样不规则的闭合曲面进行三角剖分。

由于小天体形状不规则，具有非凸边界，直接对其表面的散乱点进行三角剖分会产生超出其轮廓范围的三角网格。这里先采用球面投影的方法将小天体的三维坐标投影到一个单位球面上，即只用经纬度表示三维散乱点的坐标，投影过程如图7-13所示。这样所有的点都是凸包顶点，可避免利用直接剖分而造成非凸边界对特征点拓扑结构的破坏。

选取某个球面上的点（这里不妨设纬度最低的球面投影点）为基准点，并将其坐标旋转到 $[0,0,-1]^T$ 处。选取 $z=0$ 的平面为参考平面，则单位球体上的点 $(\cos\varphi\sin\theta, \cos\varphi\cos\theta, \sin\varphi)^T$ 和基准点的连线与参考平面交点的坐标为

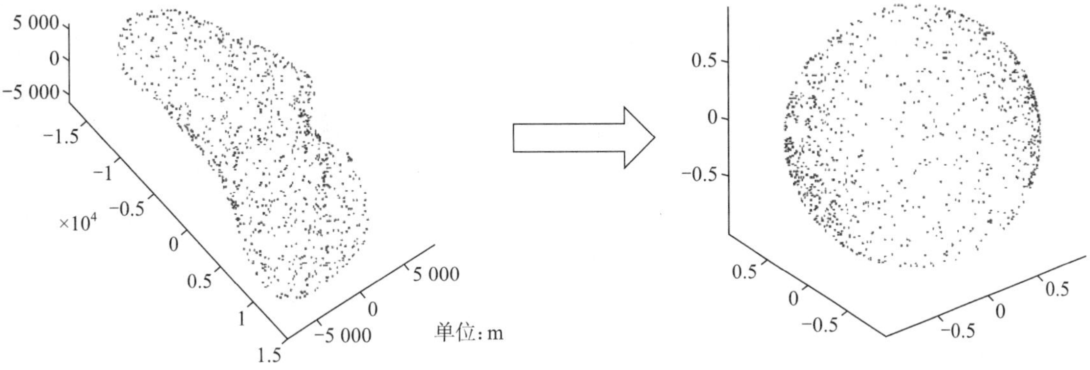

图 7-13　球面投影示意图

$$(p_x, p_y) = [\cos\varphi\sin\theta/(\sin\varphi+1), \cos\varphi\cos\theta/(\sin\varphi+1)] \tag{7-49}$$

这样，三维点的坐标就与平面投影点建立起了映射关系，投影点随纬度的增大而逐渐趋向于原点。利用球面坐标的过渡，避免了局部投影法的网格合并过程，将三维散乱点三角剖分转化为平面投影点的二维散乱点三角剖分，如图 7-14（a）所示。这样形成的三角网格并不包含基准点，考虑到形成的平面凸多边形的边界只对应于一个网格面（其他三角网格的边是相邻两个网格面的公共边），这些边界所对应的顶点即为与基准点相邻的特征点。将基准点与凸多边形的 n 个边界相连，形成 n 个虚拟三角网格，这样就完成了对所有顶点的三角网格剖分。再将形成剖分网格的顶点序列对应投影到三维球面相应顶点，得到球面三维网格剖分的结果如图 7-14（b）所示。将球面顶点的拓扑关系根据对应的经纬度及半径关系映射到小天体表面，就形成了对小天体表面的三角剖分模型，如图 7-14（c）所示。

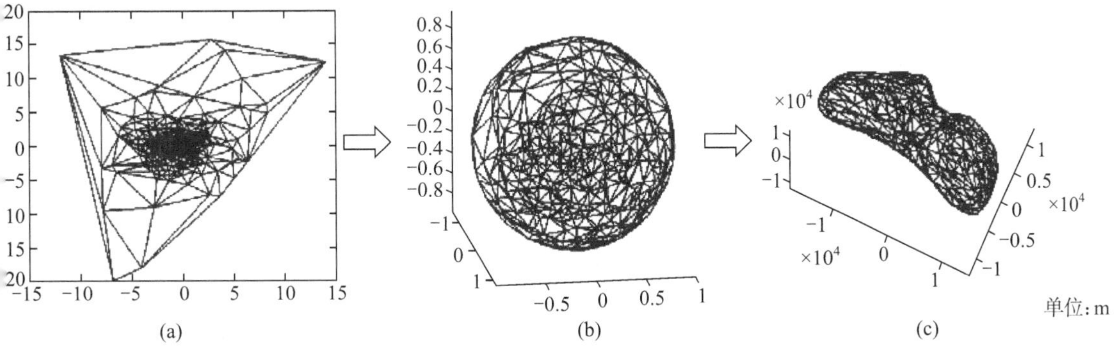

图 7-14　三角剖分过程

②小天体物理参数估计

小天体的质量可以通过小天体对其他天体，或者小天体对探测器的相互作用所形成的轨道进行计算得到。假设小天体密度均匀，利用形成的三角网格可以对小天体的多个物理参数进行确定，包括体积、质心坐标、转动张量、惯性主轴等质量参数及引力势和引力场分布等。

1）小天体质量参数计算。

Brian Mirtich 利用格林公式，将对体积的积分计算先转化为对面的积分，然后转化为对边的积分，最后转化为对各个顶点的计算。这种算法可以计算出体积、质心、转动惯量等多个物理参数；其通用性强，但需要经过多次积分转化，要求各个面的顶点按逆时针排列，以保证各个面的外法线方向的一致性，计算过程比较复杂。由于已经进行了三角剖分，因此，要得到三角网格包围的体积，可以将整个小天体模型分割为多个小四面体，通过求和得出总体积及转动张量等物理参数。

选取小天体模型内部一点 $\boldsymbol{a}$，其与各个三角面的顶点相连可以将小天体模型划分为 N 个小四面体，N 为三角网格的个数。

第 i 个四面体的体积为

$$V_i=(\boldsymbol{b}_i-\boldsymbol{a})\cdot(\boldsymbol{c}_i-\boldsymbol{a})\times(\boldsymbol{d}_i-\boldsymbol{a})/6 \tag{7-50}$$

质心为

$$\boldsymbol{k}_i=(\boldsymbol{a}_i+\boldsymbol{b}_i+\boldsymbol{c}_i+\boldsymbol{d}_i)/4 \tag{7-51}$$

式中　$\boldsymbol{a}$，$\boldsymbol{b}_i$，$\boldsymbol{c}_i$，$\boldsymbol{d}_i$——第 i 个四面体的顶点的坐标。

选取 $\boldsymbol{a}=(0,0,0)$，由于小天体的形状近似为椭球体，因此 $\boldsymbol{a}$ 与某个三角形的连线一般不会与其他三角形面相交。整个小天体的体积可以表示为

$$V=\sum_{i=1}^{N}V_i=\sum_{i=1}^{N}\frac{1}{6}(\boldsymbol{b}_i\cdot\boldsymbol{c}_i\times\boldsymbol{d}_i) \tag{7-52}$$

表面积表示为

$$A=\sum_{i=1}^{N}A_i=\frac{1}{2}\sum_{i=1}^{N}\left|(\boldsymbol{c}_i-\boldsymbol{b}_i)\times(\boldsymbol{d}_i-\boldsymbol{b}_i)\right| \tag{7-53}$$

假设天体密度均匀，其质心位置可以表示为

$$\boldsymbol{k}=\frac{1}{V}\left(\sum_{i=1}^{N}V_i\boldsymbol{k}_i\right)=\frac{1}{6V}\sum_{i=1}^{N}(\boldsymbol{b}_i\cdot\boldsymbol{c}_i\times\boldsymbol{d}_i)(\boldsymbol{b}_i+\boldsymbol{c}_i+\boldsymbol{d}_i) \tag{7-54}$$

小天体对于坐标原点的转动张量表示为

$$\begin{aligned}\boldsymbol{J}_O&=\begin{bmatrix}I'_{xx} & -I'_{xy} & -I'_{xz}\\ -I'_{yx} & I'_{yy} & -I'_{yz}\\ -I'_{zx} & -I'_{zy} & I'_{zz}\end{bmatrix}\\&=\frac{M}{\sum\limits_{i=1}^{N}V_i}\times\sum_{i=1}^{N}\int_{V_i}\begin{pmatrix}y^2+z^2 & -xy & -xz\\ -xy & x^2+z^2 & -yz\\ -xz & -yz & x^2+y^2\end{pmatrix}\mathrm{d}x\,\mathrm{d}y\,\mathrm{d}z\end{aligned} \tag{7-55}$$

式中　M——小天体的总质量。

若认为小天体密度均匀，则有

$$M=\rho\sum_{i=1}^{N}V_i \tag{7-56}$$

为简化计算，将对 x，y，z 轴上的积分转化为对轴 $(\boldsymbol{b}_i-\boldsymbol{a})$，$(\boldsymbol{c}_i-\boldsymbol{a})$，$(\boldsymbol{d}_i-\boldsymbol{a})$ 上的积分。考虑第 i 个四面体内坐标为 $p\boldsymbol{b}_i+q\boldsymbol{c}_i+r\boldsymbol{d}_i$ 的点，其中 p，q，$r\geqslant 0$

并且 $p+q+r\leqslant 1$。通过积分变换，转动张量矩阵的各个子元素可以表示为

$$\begin{aligned}&\int_{V_i}\begin{pmatrix}x^2 & xy & xz\\ xy & y^2 & yz\\ xz & yz & z^2\end{pmatrix}\mathrm{d}x\,\mathrm{d}y\,\mathrm{d}z\\&=\boldsymbol{b}_i\cdot\boldsymbol{c}_i\times\boldsymbol{d}_i\int_0^{1-p-q}\int_0^{1-p}\int_0^1(p\boldsymbol{b}_i+q\boldsymbol{c}_i+r\boldsymbol{d}_i)(p\boldsymbol{b}_i+q\boldsymbol{c}_i+r\boldsymbol{d}_i)^{\mathrm{T}}\mathrm{d}p\,\mathrm{d}q\,\mathrm{d}r\\&=\frac{1}{120}[\boldsymbol{b}_i\cdot\boldsymbol{c}_i\times\boldsymbol{d}_i][(\boldsymbol{b}_i+\boldsymbol{c}_i+\boldsymbol{d}_i)(\boldsymbol{b}_i+\boldsymbol{c}_i+\boldsymbol{d}_i)^{\mathrm{T}}+\boldsymbol{b}_i\boldsymbol{b}_i^{\mathrm{T}}+\boldsymbol{c}_i\boldsymbol{c}_i^{\mathrm{T}}+\boldsymbol{d}_i\boldsymbol{d}_i^{\mathrm{T}}]\end{aligned}\tag{7-57}$$

将式（7-57）的各个元素代入式（7-55）可得 $\boldsymbol{J}_O$。

根据平行轴定理，小天体对于质心的转动张量为

$$\boldsymbol{J}_{\mathrm{c}}=\begin{bmatrix}I_{xx} & -I_{xy} & -I_{xz}\\ -I_{yx} & I_{yy} & -I_{yz}\\ -I_{zx} & -I_{zy} & I_{zz}\end{bmatrix}=\boldsymbol{J}_O+M\begin{bmatrix}k_y^2+k_z^2 & -k_xk_y & -k_xk_z\\ -k_xk_y & k_x^2+k_z^2 & -k_yk_z\\ -k_xk_z & -k_yk_z & k_x^2+k_y^2\end{bmatrix}\tag{7-58}$$

式中　k_x，k_y，k_z——利用式（7-54）求得的小天体质心的坐标。

利用求 $\boldsymbol{J}_{\mathrm{c}}$ 特征值的方法可以求得小天体的质心惯量主轴，由于小天体一般绕最大惯量主轴自旋（少数小天体绕最小惯量主轴自旋），因此可将其作为对小天体自旋轴方向的参考。

2）小天体引力势及引力场分布。将小天体的引力势 U 及引力场 ∇U 用多面体的边和面的各个变量和的形式表示

$$U=\frac{1}{2}G\sigma\sum_{e\in\text{edges}}\boldsymbol{r}_e\cdot\boldsymbol{E}_e\cdot\boldsymbol{r}_e\cdot L_e-\frac{1}{2}G\sigma\sum_{f\in\text{faces}}\boldsymbol{r}_f\cdot\boldsymbol{F}_f\cdot\boldsymbol{r}_e\cdot\omega_f\tag{7-59}$$

$$\nabla U=-G\sigma\sum_{e\in\text{edges}}\boldsymbol{E}_e\cdot\boldsymbol{r}_e\cdot L_e+G\sigma\sum_{f\in\text{faces}}\boldsymbol{F}_f\cdot\boldsymbol{r}_f\cdot\omega_f\tag{7-60}$$

其中

$$\omega_f=2\arctan\frac{\boldsymbol{r}_1\cdot\boldsymbol{r}_2\times\boldsymbol{r}_3}{r_1r_2r_3+r_1(\boldsymbol{r}_2\cdot\boldsymbol{r}_3)+r_2(\boldsymbol{r}_3\cdot\boldsymbol{r}_1)+r_3(\boldsymbol{r}_1\cdot\boldsymbol{r}_2)}$$

式中　G——万有引力常数；

σ——小天体的密度；

$\boldsymbol{r}_e$、$\boldsymbol{r}_f$——分别是从场点到多面体边、面上某一点的矢量；

$\boldsymbol{E}_e\equiv\hat{\boldsymbol{n}}_A(\hat{\boldsymbol{n}}_e^A)^{\mathrm{T}}+\hat{\boldsymbol{n}}_B(\hat{\boldsymbol{n}}_e^B)^{\mathrm{T}}$——由边的两个面的法向量及由边的两个法向量计算得到的对称矩阵；

$L_e=\int_e\frac{1}{r}\mathrm{d}s=\ln\frac{r_i+r_j+e_{ij}}{r_i+r_j-e_{ij}}$——边上势能的对数表示；

$\boldsymbol{F}_f=\hat{\boldsymbol{n}}_f\hat{\boldsymbol{n}}_f^{\mathrm{T}}$——面的单位法向量自身相乘得到的对称矩阵；

ω_f——场点对某个三角面的立体角。

这样，仅利用小天体表面散乱特征点的分布，就可以估计出小天体的多个物理性质。

③实例应用与分析

利用本文提出的算法分别对 Eros 、Ida、Itokawa 三颗小天体的 1 000 个表面散乱点进行三角剖分，所得的模型如图 7 - 15 所示。从图 7 - 15 中可以看出，三角剖分效果良好，能够反映出小天体的三维模型。

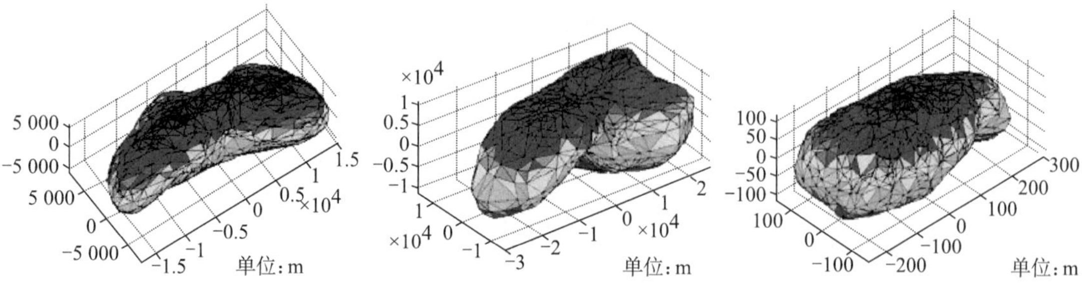

(a) Eros　　(b) Ida　　(c) Itokawa

图 7 - 15　小天体模型三角剖分结果

图 7 - 16、图 7 - 17 分别是利用形成的三维网格模型分析 Eros 小天体在 $z=0$，$x=0$，$y=0$ 平面上引力势的等势线，以及在 $z=0$ 平面上各个方向上引力场强度分布示意图。这样就可以，利用小天体表面散乱点得到引力势及引力场强度的分布，建立起比球谐项展开具有更高精度的动力学模型，为小天体绕飞及着陆段的轨道设计及导航、制导等工作提供基础。

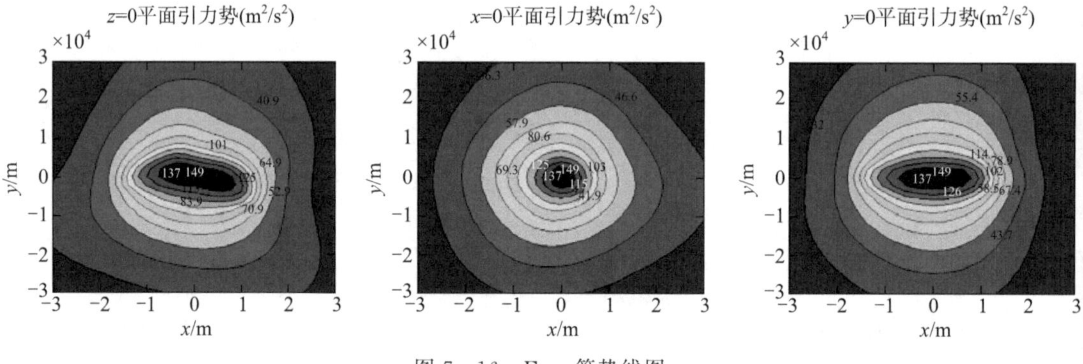

图 7 - 16　Eros 等势线图

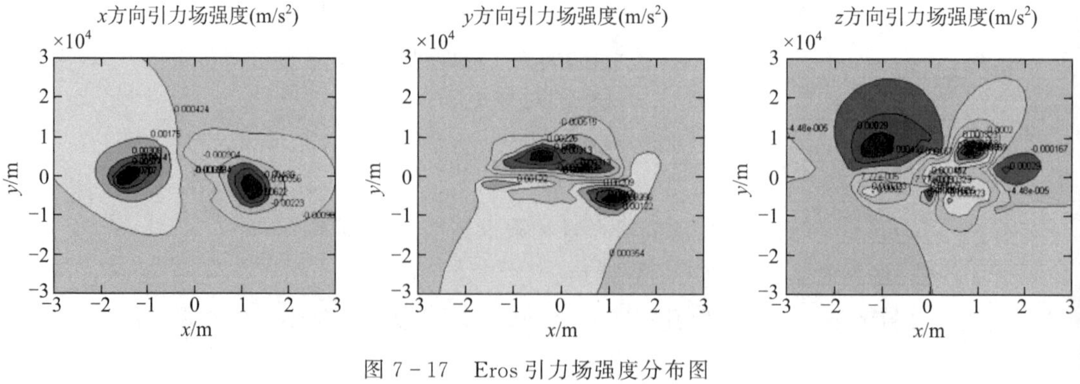

图 7 - 17　Eros 引力场强度分布图

图 7-18 是表面散乱点个数与求得的体积、表面积、质心及引力势的关系曲线。图 7-18（a）中的虚线之间部分是对体积的估计范围，与利用三角剖分得到的结果基本一致。从图中可以看出，表面散乱点个数大于 10 000 时，即表面散乱点的平均相邻距离小于 350 m 时，对这些物理性质的数值估计基本上能够达到稳定，这为小天体观测过程中表面散乱点个数的选取提供了一定的依据。

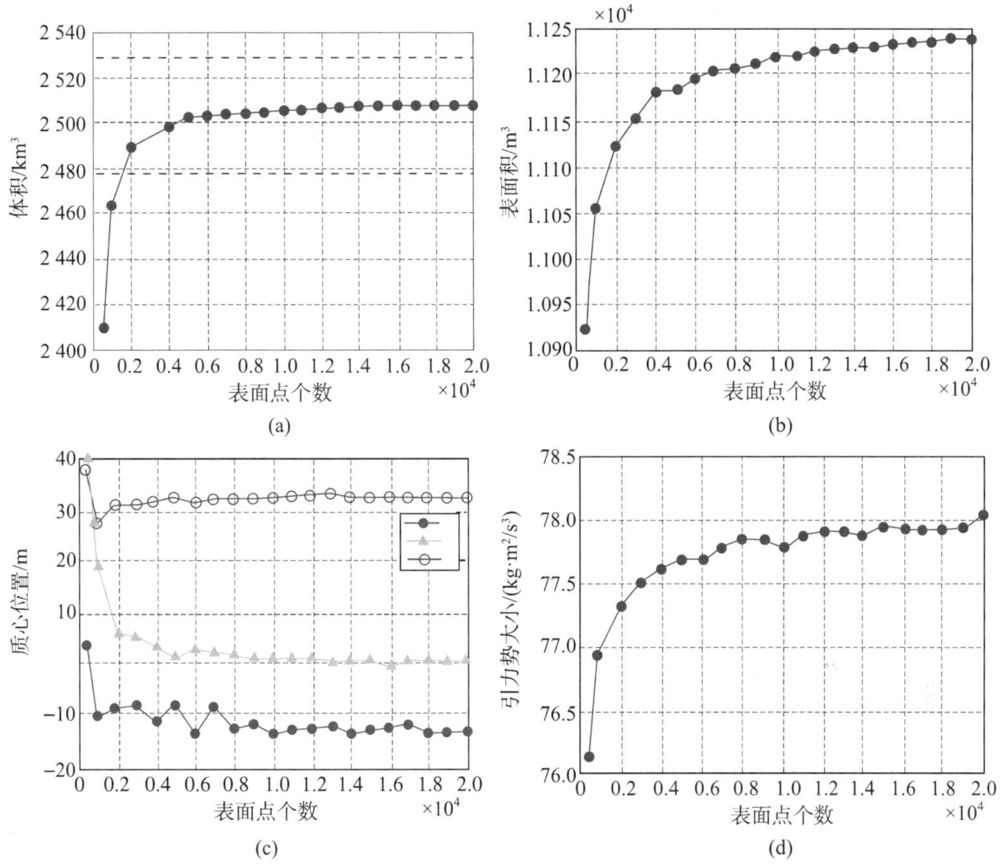

图 7-18　表面散乱点个数对结果的影响

7.3.2　目标天体特征自主导航方法

自主光学导航能减少操作的复杂性，增强探测器的自主生存能力，扩展探测器的空间应用潜力，因此绕飞目标天体自主光学导航方法已成为目前研究热点。由于光学导航测量的信息本质上是一种角度信息，因此采用光学导航方法需要事先构建出目标天体模型，探测器的导航精度受模型建立误差制约。利用导航路标的自主光学导航方法，具有比利用目标天体形状特征算法更好的轨道确定性能。在前面部分所述的基于 SRIF 滤波器数据处理的过程中，通过对目标天体表面弹坑的观测，可建立一个高精度的目标天体表面路标特征库。此时，为了减小深空网的导航负担，可以通过自主光学导航的方式结合该特征库来确定探测器的轨道状态。

本节对基于路标信息的自主导航方法进行了研究，针对事先很难精确确定探测器轨道动力学模型的问题，提出了利用一阶高斯-马尔科夫过程近似轨道动力学中的未建模加速度提高轨道动力学模型精度的理论；为了避免基于线性化模型轨道确定算法带来的问题，提出了利用 UKF 估计探测器的位置、速度及未建模加速度，提高轨道的估计精度，并保证算法的稳定性；同时，考虑到选取的导航路标位置将对导航精度有较大的影响，故通过对观测矩阵奇异值、条件数的讨论，对导航路标及其与探测器之间位置关系对轨道确定精度的影响进行分析，给出导航路标选取的基本准则[5]。

(1) 观测模型与观测方程

在低轨道绕飞的自主导航阶段，通过利用光学相机拍摄到的导航路标像元、像线信息，可以获得导航路标在探测器本体坐标系下的指向方向。姿态确定系统给出探测器相对惯性坐标系的姿态，结合事先估计的目标天体自旋姿态状态，能够确定探测器相对天体固连坐标系的姿态。这样在导航路标三维位置已知的前提下，利用两个路标的像元、像线信息就能够构建出探测器在目标天体固连坐标系下的位置。导航观测关系示意图如图 7－19 所示。

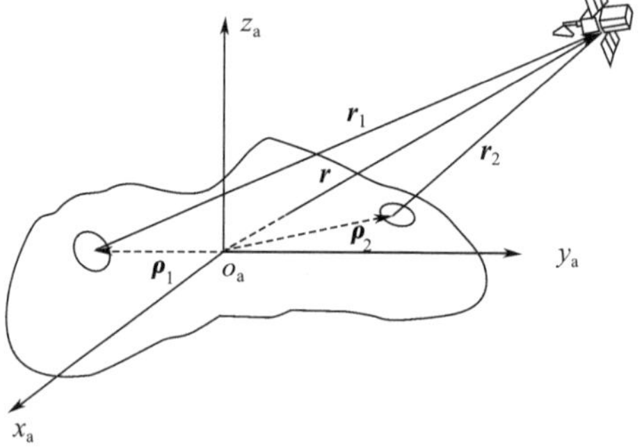

图 7－19　导航观测关系示意图

令目标天体固连坐标系下第 i 个导航路标的位置为 $\boldsymbol{\rho}_i$，探测器相对路标的位置为 $\boldsymbol{r}_i$，探测器本体坐标系相对目标天体固连坐标系的转换矩阵为 $\boldsymbol{T}_{\mathrm{F}}^{\mathrm{b}}$，则在探测器本体坐标系下，导航路标的位置为

$$\boldsymbol{r}_i^{\mathrm{b}} = \boldsymbol{T}_{\mathrm{F}}^{\mathrm{b}}(\boldsymbol{r} - \boldsymbol{\rho}_i) \tag{7-61}$$

为不失一般性，假设相机坐标系与探测器本体坐标系重合，则导航路标的像元、像线坐标可以表示为

$$\begin{cases} p_i = f\dfrac{\boldsymbol{T}_{\mathrm{F}}^{\mathrm{b}}(1,1)(x-x_i)+\boldsymbol{T}_{\mathrm{F}}^{\mathrm{b}}(1,2)(y-y_i)+\boldsymbol{T}_{\mathrm{F}}^{\mathrm{b}}(1,3)(z-z_i)}{\boldsymbol{T}_{\mathrm{F}}^{\mathrm{b}}(3,1)(x-x_i)+\boldsymbol{T}_{\mathrm{F}}^{\mathrm{b}}(3,2)(y-y_i)+\boldsymbol{T}_{\mathrm{F}}^{\mathrm{b}}(3,3)(z-z_i)} \\ l_i = f\dfrac{\boldsymbol{T}_{\mathrm{F}}^{\mathrm{b}}(2,1)(x-x_i)+\boldsymbol{T}_{\mathrm{F}}^{\mathrm{b}}(2,2)(y-y_i)+\boldsymbol{T}_{\mathrm{F}}^{\mathrm{b}}(2,3)(z-z_i)}{\boldsymbol{T}_{\mathrm{F}}^{\mathrm{b}}(3,1)(x-x_i)+\boldsymbol{T}_{\mathrm{F}}^{\mathrm{b}}(3,2)(y-y_i)+\boldsymbol{T}_{\mathrm{F}}^{\mathrm{b}}(3,3)(z-z_i)} \end{cases} \tag{7-62}$$

式 (7－62) 中，转换矩阵 $\boldsymbol{T}_{\mathrm{F}}^{\mathrm{b}}$ 中相应元素为 c_{ij}；x_i，y_i，z_i 为第 i 个路标的三轴位置坐标。设跟踪观测的导航路标共有 n 个，则相应的观测方程为

$$\boldsymbol{y} = \boldsymbol{h}(\boldsymbol{r}) = [p_1, l_1, \cdots, p_n, l_n]^{\mathrm{T}} \tag{7-63}$$

（2）未建模加速度的近似

对于绕飞天体探测器，其轨道运动学是严格且精确的，但其动力学模型则存在各种不确定性，如天体引力场系数、自旋角速度、各种引力摄动等这些模型参数的确定误差及推力加速度的测量误差。这些不确定因素引起的加速度都能归结为未建模加速度，一般可假设未建模加速度包括两部分：与时间相关的部分和纯粹随机的部分，可用一阶高斯-马尔科夫过程 $\boldsymbol{\varepsilon}(t)$ 来代替动力学方程式中未建模加速度 $\boldsymbol{n}$ 。$\boldsymbol{\varepsilon}(t)$ 满足下面矢量微分方程

$$\dot{\boldsymbol{\varepsilon}}(t)=\boldsymbol{F\varepsilon}(t)+\boldsymbol{Gu}(t) \tag{7-64}$$

式中　$\boldsymbol{\varepsilon}(t)$ ——3维矢量。

$\boldsymbol{u}(t)$ 为3维高斯噪声矢量，假设其满足

$$\begin{cases}E[\boldsymbol{u}(t)]=0\\E[\boldsymbol{u}(t)\boldsymbol{u}^{\mathrm{T}}(\tau)]=\boldsymbol{I}\delta(t-\tau)\end{cases} \tag{7-65}$$

式中　$\boldsymbol{I}$ ——3维单位矩阵；

$\boldsymbol{F}$ ，$\boldsymbol{G}$ ——系数矩阵，分别由 $F_{ij}=\beta_i\delta_{ij}$ 和 $G_{ij}=q_i\delta_{ij}$ 来定义，i，$j=1$，2，3，β_i 为未知的参数，q_i 为常数，δ_{ij} 为克罗内克符号。

（3）扩展的轨道参数方程

选取估计状态为 $\boldsymbol{x}=[\boldsymbol{r}^{\mathrm{T}}\quad\boldsymbol{v}^{\mathrm{T}}\quad\boldsymbol{\varepsilon}^{\mathrm{T}}\quad\boldsymbol{\beta}^{\mathrm{T}}]^{\mathrm{T}}$ ，由式（7-26）和（7-64）有相应的状态方程

$$\dot{\boldsymbol{x}}=f(\boldsymbol{x})=[\boldsymbol{v}^{\mathrm{T}}\quad(\boldsymbol{a}_{\mathrm{m}}+\boldsymbol{\varepsilon})^{\mathrm{T}}\quad[\boldsymbol{F\varepsilon}(t)+\boldsymbol{Gu}(t)]^{\mathrm{T}}\quad\boldsymbol{0}]^{\mathrm{T}} \tag{7-66}$$

式中　$\boldsymbol{a}_{\mathrm{m}}$ ——建模加速度。

对式（7-66）积分可以得到状态递推公式

$$\begin{cases}\boldsymbol{r}(t)=\boldsymbol{r}_0+\boldsymbol{v}_0\Delta t+\displaystyle\int_{t_0}^{t}\boldsymbol{a}(\boldsymbol{r},\boldsymbol{v},\boldsymbol{\varepsilon},\tau)(t-\tau)\mathrm{d}\tau\\\boldsymbol{v}(t)=\boldsymbol{v}_0+\displaystyle\int_{t_0}^{t}\boldsymbol{a}(\boldsymbol{r},\boldsymbol{v},\boldsymbol{\varepsilon},\tau)\mathrm{d}\tau\\\boldsymbol{\varepsilon}(t)=\boldsymbol{E\varepsilon}_0+\boldsymbol{l}_i\\\boldsymbol{\beta}(t)=\boldsymbol{\beta}_0\end{cases} \tag{7-67}$$

其中

$$\boldsymbol{E}=\begin{bmatrix}a_1&0&0\\0&a_2&0\\0&0&a_3\end{bmatrix}$$

$$\boldsymbol{l}_i=\begin{bmatrix}\sigma_1\sqrt{1-a_1^2}u_1\\\sigma_2\sqrt{1-a_2^2}u_2\\\sigma_3\sqrt{1-a_3^2}u_3\end{bmatrix}$$

$$a_i=\exp[-\beta_i(t-t_0)]$$

$$\sigma_j=q_j/(2\beta_i)$$

式中　$\boldsymbol{r}_0$，$\boldsymbol{v}_0$——初始时刻探测器的位置、速度矢量；

$\boldsymbol{\varepsilon}_0$，$\boldsymbol{\beta}_0$——初始状态矢量；

$\boldsymbol{a}(\boldsymbol{r}，\boldsymbol{v}，\boldsymbol{\varepsilon}，\tau)$——建模加速度与未建模加速度之和。

绕飞天体探测器轨道动力学方程具有严重的非线性特性，因此采用传统基于线性化的模型进行轨道确定，将会不可避免地引入线性化误差，导致轨道确定性能变差，甚至引起轨道确定算法发散。这里可利用 UKF 来解决轨道确定中非线性模型带来的问题，具体表达式参见 2.5.2 小节。

（4）系统可观测度分析及导航路标选取准则

观测噪声和导航路标位置确定误差的存在，使得探测器轨道确定存在误差。观测噪声和参数摄动通过观测方程影响轨道状态的求解，观测方程的参数主要由导航路标与探测器之间的位置关系决定，因此导航误差的大小与选取的路标位置有着直接的关系。本节将通过单路标观测、双路标观测两种情况分析导航路标位置对轨道确定精度的影响[5]。

①单路标测量可观性分析

当跟踪观测的导航路标只有一个时，利用式（7－62）、式（7－63）可以求得这种情况下的观测矩阵为

$$\boldsymbol{H}=\begin{bmatrix} f\dfrac{1}{z_i} & 0 & -f\dfrac{x_i}{z_i^2} \\ 0 & f\dfrac{1}{z_i} & -f\dfrac{y_i}{z_i^2} \end{bmatrix} \tag{7-68}$$

此处为了表述方便，取 x_i ，y_i ，z_i 为探测器本体坐标系下第 i 个导航路标的三轴位置坐标。该矩阵的三个奇异值为

$$\begin{cases} \sigma_1=0 \\ \sigma_2=\dfrac{f^2(x_i^2+y_i^2+z_i^2)}{z_i^4} \\ \sigma_3=\dfrac{f^2}{z_i^2} \end{cases} \tag{7-69}$$

与奇异值相对应的 $\boldsymbol{H}^{\mathrm{T}}\boldsymbol{H}$ 特征矢量矩阵为

$$\mathbf{V}=\begin{bmatrix} \dfrac{x_i}{y_i} & \dfrac{x_i}{y_i} & 1 \\ 1 & 1 & -\dfrac{x_i}{y_i} \\ \dfrac{z_i}{y_i} & -\dfrac{x_i^2+y_i^2}{y_iz_i} & 0 \end{bmatrix} \tag{7-70}$$

最大奇异值的特征矢量对应着状态变量线性组合中的最可观测方向，最小奇异值的特征矢量对应着状态变量线性组合中最不可观测方向。由式（7－69）、式（7－70）可知，利用单路标信息不能完全确定探测器三维位置，其对导航路标视线方向完全不可观，对与视线方向垂直的平面内的线性组合可观，其中在像平面内与视线方向垂直的 $\boldsymbol{n}_1$ 方向上可观性最小，在与视线和 $\boldsymbol{n}_1$ 正交的 $\boldsymbol{n}_2$ 方向上可观性最大，如图 7－20 所示。

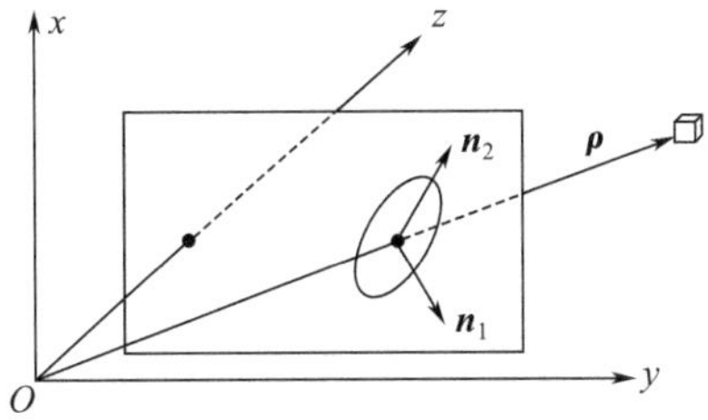

图 7-20　单路标可观性分析

由于奇异值实际上表示了观测矩阵的输出/输入增益，因此奇异值越大系统的可观性越高[9]。由式（7-69）可见，导航路标在相机光轴方向投影距离越小，系统可观性越高；导航相机的焦距越大，系统可观性也越高；同时，导航路标视线与光轴的夹角也是影响可观性的重要因素之一，在其他条件相同的情况下，该夹角越大系统可观性越高。

②双路标测量可观性分析

对于观测信息为双路标的情况，这里通过观测矩阵的条件数进行导航路标与探测器之间位置关系对轨道确定精度的影响分析。条件数是代数方程求解误差的一种表示手段，它决定了参数摄动带来的相对误差上界。考虑观测方程有参数摄动

$$(\boldsymbol{H}+\delta\boldsymbol{H})\boldsymbol{x}_{\mathrm{b}}=\boldsymbol{b}+\delta\boldsymbol{b} \tag{7-71}$$

该摄动包括两部分：$\delta\boldsymbol{H}$ 为系数矩阵 $\boldsymbol{H}$ 的摄动，该摄动主要是由路标位置估计误差引起的；$\delta\boldsymbol{b}$ 为像素观测噪声。解的相对误差的上界可以利用条件数 κ 表示

$$\frac{\|\boldsymbol{x}-\boldsymbol{x}_{\mathrm{b}}\|}{\|\boldsymbol{x}\|}\leqslant\kappa\left(\frac{\|\delta\boldsymbol{H}\|}{\|\boldsymbol{H}\|}+\frac{\|\delta\boldsymbol{b}\|}{\|\boldsymbol{b}\|}\right) \tag{7-72}$$

式（7-72）表明轨道确定相对误差与 $\boldsymbol{H}$ 、$\boldsymbol{b}$ 的相对摄动之间的关系，κ 越大则轨道确定相对误差越大，甚至可导致观测矩阵病态。

考虑到 $\kappa(\boldsymbol{H})^2=\kappa(\boldsymbol{H}^{\mathrm{T}}\boldsymbol{H})$，这里借助矩阵 $\boldsymbol{H}^{\mathrm{T}}\boldsymbol{H}$ 的条件数对系统可观性进行分析，当观测量为双路标时

$$\boldsymbol{H}^{\mathrm{T}}\boldsymbol{H}=f^2\begin{bmatrix}\dfrac{1}{z_1^2}+\dfrac{1}{z_2^2} & 0 & -\dfrac{x_1}{z_1^3}-\dfrac{x_2}{z_2^3}\\ 0 & \dfrac{1}{z_1^2}+\dfrac{1}{z_2^2} & -\dfrac{y_1}{z_1^3}-\dfrac{y_2}{z_2^3}\\ -\dfrac{x_1}{z_1^3}-\dfrac{x_2}{z_2^3} & -\dfrac{y_1}{z_1^3}-\dfrac{y_2}{z_2^3} & \dfrac{x_1^2+y_1^2}{z_1^4}+\dfrac{x_2^2+y_2^2}{z_2^4}\end{bmatrix} \tag{7-73}$$

由于 $\boldsymbol{H}^{\mathrm{T}}\boldsymbol{H}$ 为对称矩阵，因此可以求得 $\boldsymbol{H}^{\mathrm{T}}\boldsymbol{H}$ 的谱条件数为

$$\kappa(\boldsymbol{H}^{\mathrm{T}}\boldsymbol{H})_2=\frac{\lambda_{\min}}{\lambda_{\max}} \tag{7-74}$$

式中　$\lambda_{\min}$，$\lambda_{\max}$——分别为 $\boldsymbol{H}^{\mathrm{T}}\boldsymbol{H}$ 的最小和最大绝对特征值。

通过求解式（7-73）中矩阵特征值，可得

$$\kappa(\boldsymbol{H}^{\mathrm{T}}\boldsymbol{H})=\frac{1-k+\sqrt{1-2k}}{k} \tag{7-75}$$

其中

$$k=\frac{2\left(\frac{z_1^2}{r_1^2}+\frac{z_2^2}{r_2^2}-2\frac{z_1z_2}{r_1r_2}\cos\alpha\right)}{\left(\frac{z_1^2}{z_2^2}\frac{r_2}{r_1}+\frac{z_2^2}{z_1^2}\frac{r_1}{r_2}\right)^2} \tag{7-76}$$

式中 r_i ——第 i 个导航路标与探测器之间的距离，满足

$$r_i=\sqrt{x_i^2+y_i^2+z_i^2} \tag{7-77}$$

α ——两个路标视线之间的夹角，满足

$$\alpha=\arccos\left(\frac{\boldsymbol{r}_1\cdot\boldsymbol{r}_2}{\|\boldsymbol{r}_1\|\ \|\boldsymbol{r}_2\|}\right) \tag{7-78}$$

由式（7-75）可见，因子 k 越大，$\kappa(\boldsymbol{H}^{\mathrm{T}}\boldsymbol{H})$ 越小。下面利用式（7-76），给出 k 对路标位置带来的影响进行分析。如图 7-21 所示，令 α_i，β_i 分别为第 i 个观测视线的俯仰角和方位角，ρ_i 为在 $X-Y$ 平面上投影的长度，则式（7-79）成立

$$\begin{cases}\sin\alpha_i=\dfrac{z_i}{r_i}\\ \tan\beta_i=\dfrac{y_i}{x_i}\\ \rho_i=\sqrt{x_i^2+y_i^2}\end{cases} \tag{7-79}$$

定义截断距离 $\lambda_i=z_i\sin\alpha_i$，该距离代表的物理意义如图 7-21 所示。令 $\xi=\lambda_1/\lambda_2$，则式（7-76）分母可化为 $(\xi+1/\xi)^2$。可见当 ξ 越接近 1 时，即两路标截断距离越小时，因子 k 值越大，系统条件数越小。参数 ξ 代表的物理意义为：两路标与探测器之间距离关系对系统可观性的影响。

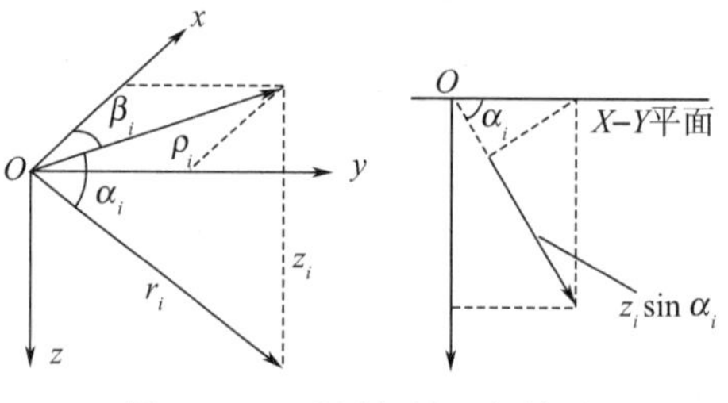

图 7-21 观测矢量几何关系

利用式（7-77）～式（7-79）中的关系，式（7-76）的分子可化为

$$2\left(\frac{z_1^2}{r_1^2}+\frac{z_2^2}{r_2^2}-2\frac{z_1z_2}{r_1r_2}\cos\alpha\right)=1-\cos2\alpha_1\cos2\alpha_2-\sin2\alpha_1\sin2\alpha_2\cos(\beta_1-\beta_2) \tag{7-80}$$

已知 $0\leqslant\alpha_i\leqslant90^\circ$，所以 $\sin2\alpha_1\sin2\alpha_2\geqslant0$，故 $\cos(\beta_1-\beta_2)$ 越小，因子 k 越大，条件数越小；即在 $X-Y$ 平面上，两路标观测矢量之间夹角越大，轨道确定精度越高。

注意到 $\sin\alpha_1\sin\alpha_2+\cos\alpha_1\cos\alpha_2\cos\beta=\cos\gamma$ 恒成立，其中 β 为两观测视线在 $X-Y$ 平面上投影矢量之间的夹角，γ 为两视线之间夹角，如图 7-22 所示。

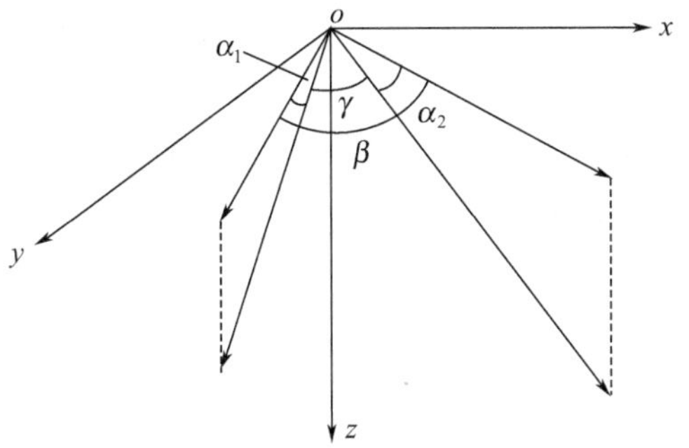

图 7-22　双导航视线几何关系示意图

定义与 z 轴成 $2\alpha_1$，$2\alpha_2$ 夹角，且在 $X-Y$ 平面上的投影夹角成 β 的两个单位矢量为辅助矢量，则式（7-80）可化为

$$\begin{aligned}&1-\cos 2\alpha_1\cos 2\alpha_2-\sin 2\alpha_1\sin 2\alpha_2\cos(\beta_1-\beta_2)\\&=1-\sin(\pi/2-2\alpha_1)\sin(\pi/2-2\alpha_2)-\cos(\pi/2-2\alpha_1)\cos(\pi/2-2\alpha_2)\cos(\beta_1-\beta_2)\\&=1-\cos\gamma'\end{aligned} \tag{7-81}$$

式（7-81）中 γ' 为两个辅助矢量之间的夹角，由于该夹角在［0，180°］的范围内，因此该夹角越大，因子 k 越大，条件数越小。若 $\gamma'=0$，则条件数无穷大，系统不可观，即两导航视线重合退化为单路标观测情况。该条件代表的物理意义为：两路标观测矢量之间夹角关系对系统可观性的影响。

由以上分析可见，系统条件数主要与参数 ξ 和辅助矢量夹角 γ' 有关，这两个参数决定了两路标观测矢量空间关系对系统可观性的影响，条件数与这两个参数的函数关系如图 7-23所示。

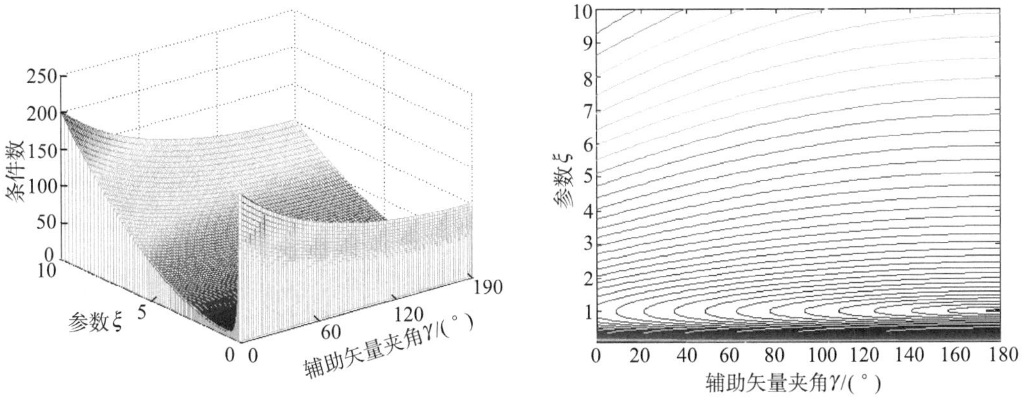

图 7-23　参数 ξ 和夹角 γ' 与条件数的函数关系

③导航路标选取准则

通过以上对单路标观测、双路标观测两种情况的分析，可知以下因素影响探测器轨道确定精度：

1）在保证最小弧度分辨率相同的情况下，导航相机焦距越大，轨道确定精度越高；

2）探测器距离导航路标越近，轨道确定精度越高；

3）导航路标视线方向与相机光轴夹角越大，包含的位置信息越多；

4）路标之间的截断距离越小，轨道确定精度越高；

5）在像平面内，双路标观测矢量夹角越大，轨道确定精度越高；

6）由双路标视线方向决定的辅助矢量夹角越大，轨道确定精度越高。

在实际目标天体绕飞阶段，由于探测器与目标天体上各导航路标之间距离较小，因此在满足路标尽量发散分布的条件下，主要利用式（7-75）计算系统条件数来选取导航路标，其中路标在探测器本体坐标系下的位置可以依靠事先的轨道预报和姿态递推确定。

④实例应用与分析

以小行星Eros433为目标天体，其自旋角速度为1 639.4°/d，名义半径为16 km，引力常数为4.462 1×10^5 m^3/s^2，在仿真中采用其六阶引力场模型。参照NEAR任务，探测器在半长轴为36 km、轨道倾角为176°的圆形绕飞天体轨道上运行，仿真时间为172 800 s。天体自旋角速度存在±0.00 05°/d以内的随机误差，引力系数的确定精度为0.001 5×10^5 m^3/s^2，引力势函数各阶系数存在5%的不确定性。选取天体表面上50个弹坑组成导航路标特征库，每个路标位置确定误差服从方差为100 m^2的随机分布，每次轨道确定过程中选取其中两个弹坑作为导航路标。探测器位置初始确定误差量级为300 m，速度估计误差服从方差0.1 m^2/s^2的随机分布，姿态确定误差量级为50 μrad。导航相机视场角为45°×45°，相机分辨率为1024×1024，焦距为12 mm，采样周期为1 000 s，图像处理精度为1 pixel。按最小条件数选取导航路标并采用本章给出的导航滤波器进行轨道确定的仿真结果如图7-24、图7-25所示，位置估计误差在15 m以内，速度估计误差在0.005 m/s以内。图7-26、图7-27给出了利用EKF方法的位置、速度估计误差曲线。图7-28、图7-29给出了采用固定导航路标的位置、速度估计结果。在这两种情况下，位置估计误差在40 m以内，速度估计误差在0.01 m/s以内。

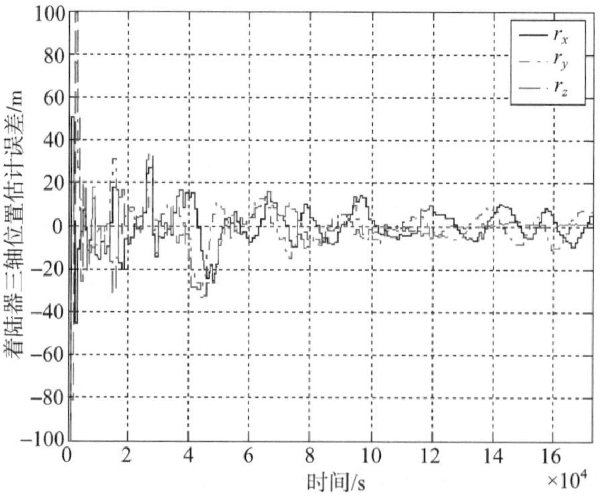

图7-24　最优位置估计误差曲线

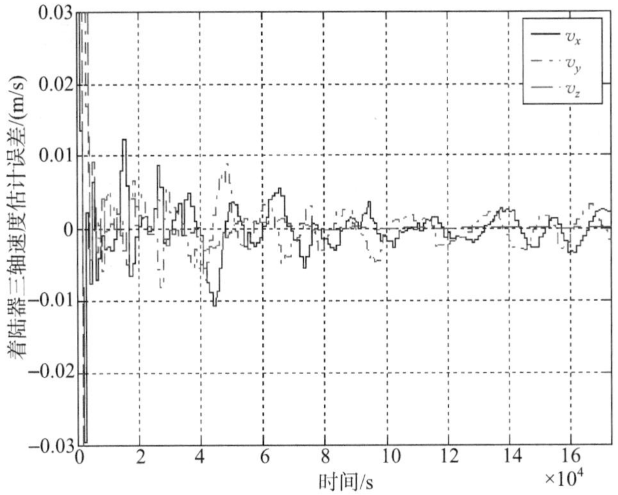

图 7-25　最优速度估计误差曲线

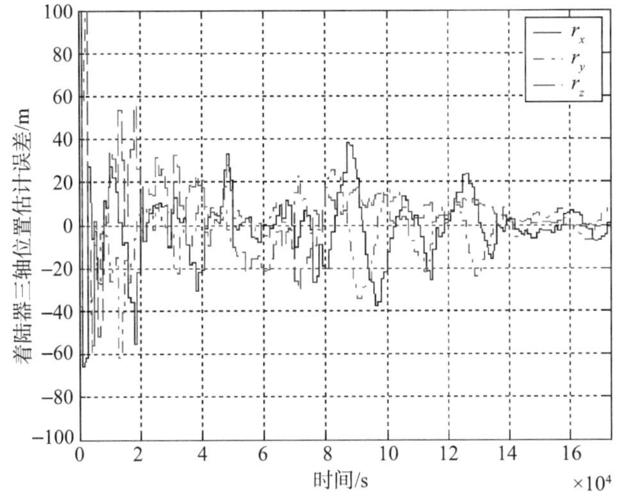

图 7-26　EKF 位置估计误差曲线

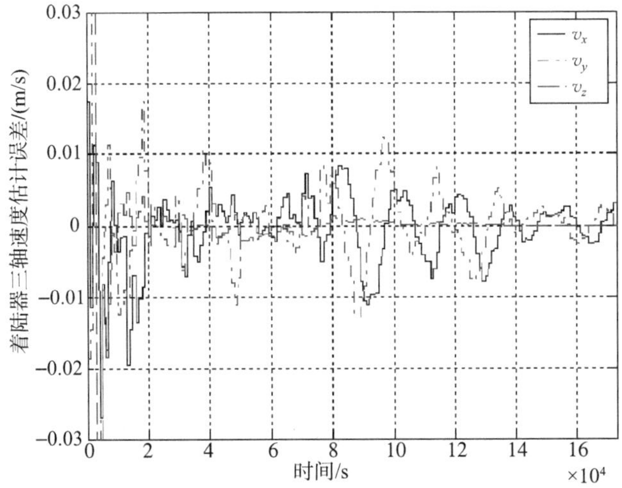

图 7-27　EKF 速度估计误差曲线

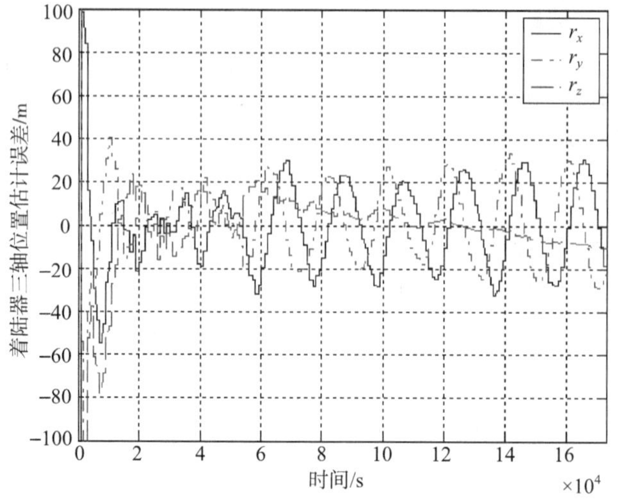

图 7-28 采用固定路标的位置估计误差曲线

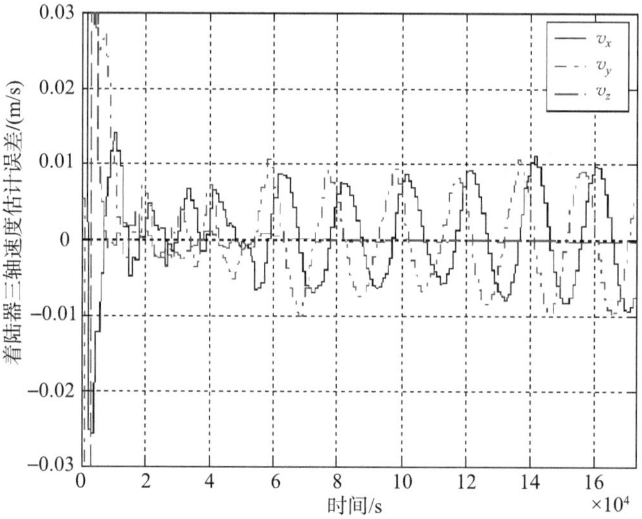

图 7-29 采用固定路标的速度估计误差曲线

由仿真结果可见，利用高斯-马尔科夫过程和 UKF 估计未建模加速度，导航滤波器输出的位置和速度精度明显高于不估计未建模加速度的 EKF 导航算法。原因在于利用高斯-马尔科夫过程近似轨道动力学模型中的未建模加速度提高了轨道动力学建模精度，而 UKF 避免了线性化误差的引入，解决了动力学模型严重非线性带来的问题，提高了轨道确定精度。由图 7-28、图 7-29 可见，采用固定路标的导航算法精度明显低于采用最小条件数选取准则的导航精度，在系统收敛的稳态情况下，误差曲线成等周期振荡，其振荡周期与探测器轨道周期一致。这是由于随着路标与探测器之间位置关系的变化，两个观测视线之间的空间关系不断改变，导致系统可观性变差的情况出现，使得探测器轨道确定精度变差。

参 考 文 献

[1] 崔平远，乔栋．小天体附近轨道动力学与控制研究现状与展望．力学进展 .2013，43（5）：526－539.

[2] Konopliv A S，Miller J K，Owen W M，et al. A global solution for the gravity field，rotation，landmarks，and ephemeris of eros. Icarus，2001，160（2）：289－299.

[3] Leroy B，Medioni G，Johnson A E，et al. Crater detection for autonomous landing on asteroids. Image and Vision Computing，2001，19（11）：787－792.

[4] Bierman G J. Factorization methods for discrete sequential estimation. New York：Academic Press，1976.

[5] 朱圣英．小天体探测器光学导航与自主控制方法研究［博士学位论文］．哈尔滨：哈尔滨工业大学，2009.

[6] Tapley B D，Ingram D S. Orbit determination in the presence of unmodeled accelerations. IEEE Transactions on Automatic Control，1973，18（4）：369－373.

[7] Chesley S R，Yeomans D K. Comet 9P/Tempel 1 ephemeris development for the deep impact mission. Advances in the Astronautical Sciences，2006，2：1271－1282.

[8] Bayard D S，Brugarolas P B. An estimation algorithm for vision－based exploration of small bodies in space. American Control Conference. Portland，Oregon，USA，2005：4589－4595.

[9] Julier S J，Uhlmann J K，Durrant－Whyte H F. A new method for the nonlinear transformation of means and covariances in filters and estimators. IEEE Transactions on Automatic Control，2000，45（3）：477－482.

第8章 下降着陆段自主导航与制导

在绕飞阶段完成对目标天体的观测任务后，探测器将到达目标天体表面以便对其进行更全面的科学考察，从而获取更大的科学回报。向目标天体表面接近的过程一般由下降段和着陆段两部分组成：脱离绕飞轨道后，探测器进入下降段，在目标天体引力作用下飞向目标着陆点；到达目标着陆点附近后，导航相机和激光测距仪等导航传感器测量相对目标着陆点的信息，进而进入最终着陆段。为实现安全精确着陆，除了需要导航系统提供精确的状态估计信息之外，还需要制导系统产生控制指令，控制探测器着陆到预定目标着陆点。本章将针对下降着陆段的任务特点，详细介绍下降着陆段的自主导航与制导技术。

8.1 下降着陆任务特点

在下降阶段，探测器利用导航系统提供的状态信息完成对下降轨道的修正，控制探测器到达目标着陆点附近。下降段的导航制导是整个着陆任务的关键，直接决定着陆任务的性能乃至成败。下降段导航制导任务的特点是动力学环境复杂、可利用导航传感器少、控制精度要求高。在下降阶段，天体自旋速度、引力场等动力学参数仍存在着不确知性，并且随着探测器高度的下降，这些不确知因素带来的摄动会越来越大。另一方面，由于姿态机动的频繁实施和标称姿态的约束，星敏感器在这一阶段不能正常使用；同时由于距离目标天体相对较远及目标天体自旋等因素，激光测距仪也不能直接获取相对目标着陆点的距离信息，而整个阶段的三轴相对导航定位精度却要求达到百米以内。这些困难与挑战，要求导航、控制方法具有较强的自主性、实时性和鲁棒性，以实现高精度目标天体软着陆。

在探测器着陆过程中，随着探测器高度的降低，能够利用的导航路标数量也逐渐减少；同时由于导航几何观测原因，探测器姿态确定误差也将会越来越大，因此单纯利用路标进行位姿确定的导航方式已不再适用于天体最终着陆段。在天体最终着陆段，激光测距仪等传感器能够对目标着陆区域进行高精度的观测，在这一阶段，导航、制导和控制系统利用导航传感器提供的相对目标点信息，驱动发动机和反作用飞轮，引导探测器高精度垂直到达目标着陆点[1-3]。由于天体着陆具有自主性、实时性的特点，着陆段导航制导系统决定了预定的着陆指标能否实现，不理想的着陆性能将导致着陆任务的失败甚至危及到探测器自身安全。着陆段导航制导任务的特点是：目标天体引力摄动大，相对位姿估计要求精确，着陆末端状态约束严格。探测器在最终着陆段距离天体表面较近，而目标着陆点可能选取在天体的名义半径附近或者以内，这时利用绕飞段建立的球谐函数模型或椭球谐函数模型计算天体引力都存在着较大的误差[4-6]，因此需要导航方法实时精确地确定探测器相对着陆点位置、速度和姿态. 同时制导方法还应尽量克服目标天体引力摄动带来的影响，使探测器以较高着陆精度、零速度垂直到达目标着陆点。如何利用携带的传感器，在降低成本、减小质量的同时，实时高精度地确定探测器的相对状态、精确控制探测器轨迹到达目标着陆点，是导航制导方法所亟需解决的问题。

8.2 下降着陆段自主导航方法

鉴于通信延迟及深空动力学环境的复杂性，采用传统的基于地面遥控的导航、控制模式已无法满足实现高精度软着陆的需要，因此探测器必须具有自主导航能力。由于惯性测量单元存在常值偏差和漂移、导航精度较低，同时随着导航相机等光学敏感器的发展，以光学信息为主的星际下降着陆自主导航方法已成为研究热点。

利用导航路标像素信息对探测器进行位姿确定是一个强非线性、强模糊性问题，已有的直接利用像素观测方程进行最小二乘求解方法相对繁琐[7-9]，并且由于观测方程存在严重的非线性特性，不当的初值选取将会引起算法的发散甚至奇异。本节考虑欧式变换下角度的不变性，基于天文导航中位置面的概念，利用各导航路标观测视线之间所形成的夹角作为观测量，将像素观测方程中位置、姿态状态解耦，对其分别求解，以减小算法的复杂性并提高求解精度。同时，针对最优观测问题，通过对观测矩阵的讨论，对导航路标及其与探测器之间位置关系对位姿确定精度影响进行了分析，给出了导航路标选取的最优观测方案[10-14]。

8.2.1 多特征图像光学导航方法

（1）观测模型与观测方程

在地面站的支持下，绕飞阶段探测器通过对目标天体表面图像分析，建立目标天体表面地形特征库，从而确定导航路标的三维位置。在探测器向目标天体下降过程中，导航相机对目标天体表面定向拍摄，通过提取图像中导航路标的像元、像线信息，可以获得导航路标在探测器本体坐标系下的指向方向。

令目标天体固连坐标系下第 i 个导航路标的位置为 $\boldsymbol{\rho}_i$ ，如图 8－1 所示，探测器本体坐标系相对目标天体固连坐标系的转换矩阵为 $\boldsymbol{T}_{\mathrm{F}}^{\mathrm{b}}$ ，则在探测器本体坐标系下，导航路标的位置为

$$\boldsymbol{r}_i^{\mathrm{b}} = \boldsymbol{T}_{\mathrm{F}}^{\mathrm{b}}(\boldsymbol{r} - \boldsymbol{\rho}_i) \tag{8-1}$$

为不失一般性，假设相机坐标系与探测器本体坐标系重合，导航路标的像元、像线坐标可以表示为

$$\begin{cases} p_i = f\dfrac{\boldsymbol{T}_{\mathrm{F}}^{\mathrm{b}}(1,1)(x-x_i)+\boldsymbol{T}_{\mathrm{F}}^{\mathrm{b}}(1,2)(y-y_i)+\boldsymbol{T}_{\mathrm{F}}^{\mathrm{b}}(1,3)(z-z_i)}{\boldsymbol{T}_{\mathrm{F}}^{\mathrm{b}}(3,1)(x-x_i)+\boldsymbol{T}_{\mathrm{F}}^{\mathrm{b}}(3,2)(y-y_i)+\boldsymbol{T}_{\mathrm{F}}^{\mathrm{b}}(3,3)(z-z_i)} \\ l_i = f\dfrac{\boldsymbol{T}_{\mathrm{F}}^{\mathrm{b}}(2,1)(x-x_i)+\boldsymbol{T}_{\mathrm{F}}^{\mathrm{b}}(2,2)(y-y_i)+\boldsymbol{T}_{\mathrm{F}}^{\mathrm{b}}(2,3)(z-z_i)}{\boldsymbol{T}_{\mathrm{F}}^{\mathrm{b}}(3,1)(x-x_i)+\boldsymbol{T}_{\mathrm{F}}^{\mathrm{b}}(3,2)(y-y_i)+\boldsymbol{T}_{\mathrm{F}}^{\mathrm{b}}(3,3)(z-z_i)} \end{cases} \tag{8-2}$$

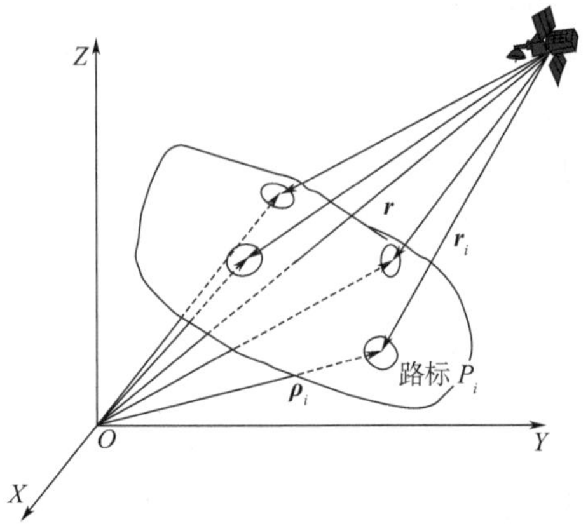

图 8-1　导航观测量关系示意图

式中　x，y，z ——探测器三轴位置坐标；

x_i，y_i，z_i ——路标的三轴位置坐标；

$\boldsymbol{T}(i,\ j)$ ——转换矩阵 $\boldsymbol{T}_{\mathrm{F}}^{\mathrm{b}}$ 中相应元素；

f ——导航相机焦距。

设跟踪观测的导航路标共有 n 个，则相应的观测量为

$$\boldsymbol{y}=\boldsymbol{h}(\boldsymbol{r},\boldsymbol{T}_{\mathrm{F}}^{\mathrm{b}})=[p_1,l_1,\cdots,p_n,l_n]^{\mathrm{T}} \tag{8-3}$$

由式（8-2）可见，在观测方程中代表位置信息的 x，y，z 和代表姿态信息的 $\boldsymbol{T}(i,\ j)$ 存在严重耦合；同时观测方程具有较强的非线性特性，直接利用式（8-2）对探测器的六自由度状态进行估计将会导致算法复杂繁琐，甚至出现发散现象。

（2）观测方程转换

式（8-2）求解的复杂性主要是由探测器位置、姿态耦合引起的。注意到欧式变换下角度坐标的不变性，即几何空间中角度坐标与正交姿态的转换无关。因此本节利用这一特性，引入导航路标观测视线之间的夹角为观测量，对探测器位置、姿态进行解耦求解。

设第 i 个和第 j 个路标观测视线所形成的观测角为

$$\cos A_{ij}=\frac{\boldsymbol{r}_i\cdot\boldsymbol{r}_j}{r_i r_j}=\frac{\boldsymbol{r}_i^{\mathrm{b}}\cdot\boldsymbol{r}_j^{\mathrm{b}}}{r_i r_j} \tag{8-4}$$

式中　$\boldsymbol{r}_i$，$\boldsymbol{r}_j$ ——目标天体固连坐标系下路标相对探测器的位置；

r_i，r_j ——路标与探测器之间的距离。

该观测角可以利用光学图像中像素、像线坐标表示，即

$$A_{ij}=\arccos\left(\frac{p_i p_j+l_i l_j+f^2}{\|(p_i,l_i,f)\|\ \|(p_j,l_j,f)\|}\right) \tag{8-5}$$

由几何关系可知，对应该夹角测量值的位置面是以两导航路标连线为轴线、通过旋转这两点之间的一段圆弧而获得的超环面，在其上的观测角都满足 A_{ij} 值，如图 8-2 所示，其中 S/C（spaceeraft）指探测器的位置。这段圆弧的中心 O 在两路标 P_iP_j 边线的垂直平分线上，圆弧半径 R 与两路标之间的距离及 A_{ij} 的关系为

$$R=\frac{\rho_i-\rho_j}{2\sin A_{ij}} \tag{8-6}$$

圆心到 P_iP_j 的距离 L 为

$$L=R\cos A_{ij} \tag{8-7}$$

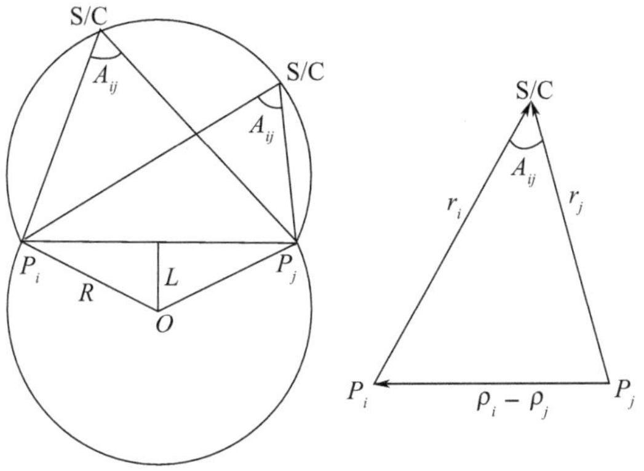

图 8－2　夹角测量位置面

上述几何描述也可用矢量公式表达，利用 $\boldsymbol{r}_i$ 和 $\boldsymbol{r}_j$ 的内积关系，有

$$(\boldsymbol{r}-\boldsymbol{\rho}_i)\cdot(\boldsymbol{r}-\boldsymbol{\rho}_j)=\|\boldsymbol{r}-\boldsymbol{\rho}_i\|\ \|\boldsymbol{r}-\boldsymbol{\rho}_j\|\cos A_{ij} \tag{8-8}$$

式（8－8）为探测器位置 $\boldsymbol{r}$ 与测量夹角 A_{ij} 的关系式。而与探测器的姿态状态无关，因此，可以利用式（8－8）对探测器的位置状态进行单独求解。

（3）观测方程简化

考虑到式（8－8）为非线性方程，直接求解比较困难，本节引入适当的近似假设，并给出其相应的线性化量测方程。

在小偏差线性化假设的条件下，由式（8－8）左端有

$$\delta[(\boldsymbol{r}-\boldsymbol{\rho}_i)\cdot(\boldsymbol{r}-\boldsymbol{\rho}_j)]=(2\boldsymbol{r}-\boldsymbol{\rho}_i-\boldsymbol{\rho}_j)\cdot\delta\boldsymbol{r} \tag{8-9}$$

同时

$$\begin{cases}\delta\|\boldsymbol{r}-\boldsymbol{\rho}_i\|=\dfrac{\boldsymbol{r}_i}{r_i}\cdot\delta\boldsymbol{r}\\[2ex]\delta\|\boldsymbol{r}-\boldsymbol{\rho}_j\|=\dfrac{\boldsymbol{r}_j}{r_j}\cdot\delta\boldsymbol{r}\\[2ex]\delta(\cos A_{ij})=\sin A_{ij}\delta A_{ij}\end{cases} \tag{8-10}$$

因此，式（8－8）右端可表示为

$$\delta(\|\boldsymbol{r}-\boldsymbol{\rho}_i\|\ \|\boldsymbol{r}-\boldsymbol{\rho}_j\|\cos A_{ij})=r_j\cos A_{ij}\frac{\boldsymbol{r}_i}{r_i}\cdot\delta\boldsymbol{r}+r_i\cos A_{ij}\frac{\boldsymbol{r}_j}{r_j}\cdot\delta\boldsymbol{r}+r_ir_j\sin A_{ij}\delta A_{ij} \tag{8-11}$$

利用式（8－9）、式（8－11）整理有

$$\delta A_{ij}=\frac{r_ir_j\boldsymbol{r}_i+r_ir_j\boldsymbol{r}_j-r_j^2\cos A_{ij}\boldsymbol{r}_i-r_i^2\cos A_{ij}\boldsymbol{r}_j}{r_i^2r_j^2\sin A_{ij}}\cdot\delta\boldsymbol{r} \tag{8-12}$$

令单位视线矢量 $\boldsymbol{n}_i=\frac{\boldsymbol{r}_i}{r_i}$ ，$\boldsymbol{n}_j=\frac{\boldsymbol{r}_j}{r_j}$ ，式（8－12）可化为

$$\delta A_{ij}=\left(\frac{\boldsymbol{n}_j-\cos A\boldsymbol{n}_i}{r_i\sin A_{ij}}+\frac{\boldsymbol{n}_i-\cos A\boldsymbol{n}_j}{r_j\sin A_{ij}}\right)\cdot\delta\boldsymbol{r} \tag{8-13}$$

定义辅助矢量

$$\begin{cases}\boldsymbol{m}_{ij}=\dfrac{\boldsymbol{n}_j-(\boldsymbol{n}_i\cdot\boldsymbol{n}_j)\boldsymbol{n}_i}{\sin A_{ij}}\\ \boldsymbol{m}_{ji}=\dfrac{\boldsymbol{n}_i-(\boldsymbol{n}_i\cdot\boldsymbol{n}_j)\boldsymbol{n}_j}{\sin A_{ij}}\end{cases} \tag{8-14}$$

注意到 $\boldsymbol{n}_i\cdot\boldsymbol{n}_j=\cos A_{ij}$ ，所以式（8－13）可以利用辅助矢量表示为

$$\delta A_{ij}=\left(\frac{\boldsymbol{m}_{ij}}{r_i}+\frac{\boldsymbol{m}_{ji}}{r_j}\right)\cdot\delta\boldsymbol{r} \tag{8-15}$$

令

$$\boldsymbol{h}_{ij}=\frac{\boldsymbol{m}_{ij}}{r_i}+\frac{\boldsymbol{m}_{ji}}{r_j} \tag{8-16}$$

则

$$\delta A_{ij}=\boldsymbol{h}_{ij}\cdot\delta\boldsymbol{r} \tag{8-17}$$

式（8－17）即为式（8－8）线性化后的观测方程，该等式表示了位置偏差量 $\delta\boldsymbol{r}$ 与测量夹角偏差量 δA_{ij} 之间的近似线性关系。

由上面推导可知，观测矢量 $\boldsymbol{h}_{ij}$ 与辅助矢量及导航路标和探测器之间的距离有关，其中辅助矢量 $\boldsymbol{m}_{ij}$ 、$\boldsymbol{m}_{ji}$ 为 A_{ij} 所在测量平面内的单位矢量，分别与相应的路标观测视线相垂直，且都指向观测角的内侧，如图 8－3 所示。

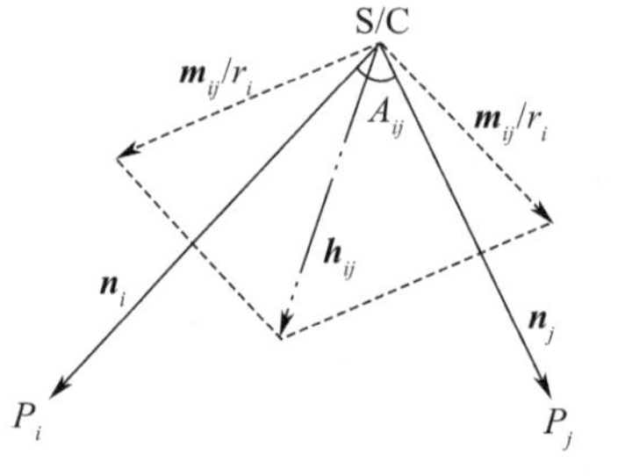

图 8－3　观测矢量与辅助矢量关系

（4）相对位姿确定

通过观测角位置面空间物理意义可知，三个超环面将在空间中存在多个相交空间。根据轨道递推能预报探测器此时刻的近似位置，在这些相交空间点中接近近似位置的点即为探测器的实际位置。这样最少利用三个满足空间分布条件的导航路标就可以唯一确定探测器当前位置。

在实际探测器下降过程中，利用轨道预报给出的探测器当前位置先验估计值 $\boldsymbol{r}^*$ ，可以确定测量角度的预报值 A_{ij}^* 及观测矢量 $\boldsymbol{h}_{ij}$ ，这样通过测量夹角偏差量 δA_{ij} ，利用式

(8-17) 可以对探测器的当前位置进行改善。对于观测三个导航路标的情况，相应的观测角偏差与线性观测矩阵可以表示为

$$\begin{cases} \delta \boldsymbol{A} = \begin{bmatrix} \delta A_{12} \\ \delta A_{23} \\ \delta A_{13} \end{bmatrix} \\ \boldsymbol{H} = \begin{bmatrix} \boldsymbol{h}_{12}^{\mathrm{T}} \\ \boldsymbol{h}_{23}^{\mathrm{T}} \\ \boldsymbol{h}_{13}^{\mathrm{T}} \end{bmatrix} \end{cases} \tag{8-18}$$

则

$$\delta \boldsymbol{A} = \boldsymbol{H} \delta \boldsymbol{r} \tag{8-19}$$

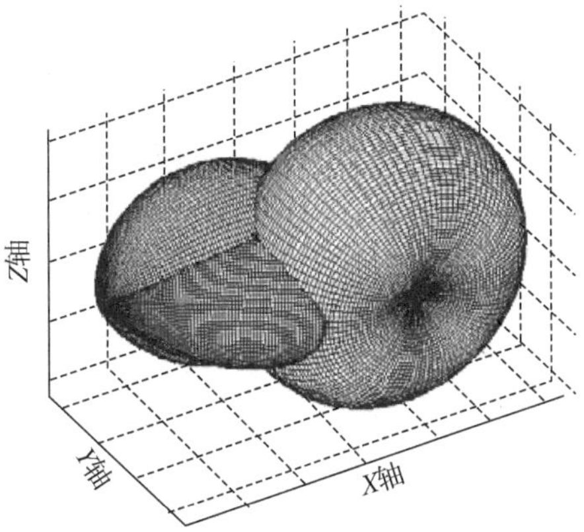

图 8-4　三个位置面确定探测器位置

因而探测器当前时刻的位置矢量为

$$\boldsymbol{r} = \boldsymbol{r}^{*} + (\boldsymbol{H}^{\mathrm{T}} \boldsymbol{H})^{-1} \boldsymbol{H}^{\mathrm{T}} \delta \boldsymbol{A} \tag{8-20}$$

由式 (8-1) 可知，在探测器本体坐标系下，导航路标的位置可以表示为

$$\boldsymbol{r}_i^{\mathrm{b}} = \boldsymbol{T}_{\mathrm{F}}^{\mathrm{b}} (\boldsymbol{r} - \boldsymbol{\rho}_i)$$

将式 (8-1) 进行归一化，可得

$$\boldsymbol{n}_i^{\mathrm{b}} = \boldsymbol{T}_{\mathrm{F}}^{\mathrm{b}} \frac{\boldsymbol{r} - \boldsymbol{\rho}_i}{r_i} \tag{8-21}$$

式 (8-21) 中，$\boldsymbol{n}_i^{\mathrm{b}}$ 利用导航路标的像元、像线坐标可以表示为

$$\boldsymbol{n}_i^{\mathrm{b}} = \frac{(p_i, l_i, f)}{\| (p_i, l_i, f) \|} \tag{8-22}$$

这样在已知探测器位置的情况下，利用多矢量定姿原理，确定的探测器相对于目标天体固连坐标系的姿态转移矩阵最优解为

$$\boldsymbol{T}_{\mathrm{F}}^{\mathrm{b}} = \frac{1}{2} \boldsymbol{N}_{\mathrm{F}}^{\mathrm{b}} [3\boldsymbol{I} - (\boldsymbol{N}_{\mathrm{F}}^{\mathrm{b}})^{\mathrm{T}} \boldsymbol{N}_{\mathrm{F}}^{\mathrm{b}}] \tag{8-23}$$

其中

$$\begin{cases}\boldsymbol{N}_{\mathrm{F}}^{\mathrm{b}}=\boldsymbol{N}_{\mathrm{b}}\boldsymbol{N}_{\mathrm{F}}^{\mathrm{T}}(\boldsymbol{N}_{\mathrm{F}}\boldsymbol{N}_{\mathrm{F}}^{\mathrm{T}})^{-1}\\ \boldsymbol{N}_{\mathrm{F}}=\left[\dfrac{\boldsymbol{r}-\boldsymbol{\rho}_1}{r_1}\ \dfrac{\boldsymbol{r}-\boldsymbol{\rho}_2}{r_2}\ \dfrac{\boldsymbol{r}-\boldsymbol{\rho}_3}{r_3}\right]\\ \boldsymbol{N}_{\mathrm{b}}=[\boldsymbol{n}_1^{\mathrm{b}}\ \boldsymbol{n}_2^{\mathrm{b}}\ \boldsymbol{n}_3^{\mathrm{b}}]\end{cases} \tag{8-24}$$

在导航路标位置已知的情况下，利用路标像素信息，可以通过式（8－20）和式（8－23）分别确定探测器相对目标天体的位置和姿态状态。利用该两式进行求解，相比直接利用式（8－2）求解，线性度好、迭代效率高且运算简单。

（5）导航误差分析

由于拍摄的导航路标像元、像线坐标中包含观测噪声，且存在导航路标位置确定误差，因此利用导航路标像素信息进行探测器位姿确定必然存在误差。本节将通过对观测矩阵的分析，讨论导航路标的分布对位置确定精度、姿态确定精度的影响，进而给出导航路标选取的最优观测方案[10]。

注意到，对于最小二乘问题，有如式（8－25）所示关系存在

$$\boldsymbol{X}-\boldsymbol{X}^{*}=(\boldsymbol{H}^{\mathrm{T}}\boldsymbol{H})^{-1}\boldsymbol{H}^{\mathrm{T}}(\boldsymbol{Y}-\boldsymbol{Y}^{*}) \tag{8-25}$$

式中　$\boldsymbol{X}$——待估量；

$\boldsymbol{X}^{*}$——先验估计值；

$\boldsymbol{Y}$——观测值；

$\boldsymbol{Y}^{*}$——预测观测值。

令 $\boldsymbol{H}^{\mathrm{T}}(\boldsymbol{Y}-\boldsymbol{Y}^{*})=\widetilde{\boldsymbol{Y}}$，则式（8－25）可以写成

$$\boldsymbol{X}-\boldsymbol{X}^{*}=(\boldsymbol{H}^{\mathrm{T}}\boldsymbol{H})^{-1}\widetilde{\boldsymbol{Y}} \tag{8-26}$$

由式（8－26）可见，矩阵 $(\boldsymbol{H}^{\mathrm{T}}\boldsymbol{H})^{-1}$ 的特征值是系统可观测度的一种度量方式：矩阵特征值越小，其特征矢量所对应的状态偏差矢量或状态偏差矢量的线性组合所对应的误差就越小，即求解精度越高。特别地，如果观测噪声相互独立且误差方差都等于 σ_0^2，则估计值协方差阵 $\boldsymbol{P}$ 的迹恰与 $(\boldsymbol{H}^{\mathrm{T}}\boldsymbol{H})^{-1}$ 的特征值之和成正比

$$\mathrm{tr}(\boldsymbol{P})=\sigma_0^2\sum_{i=1}^{n}\lambda_i[(\boldsymbol{H}^{\mathrm{T}}\boldsymbol{H})^{-1}] \tag{8-27}$$

考虑到矩阵特征值满足 $\lambda_i[(\boldsymbol{H}^{\mathrm{T}})^{-1}\boldsymbol{H}^{-1}]=\lambda_i[\boldsymbol{H}^{-1}(\boldsymbol{H}^{\mathrm{T}})^{-1})]$，下面将利用 $(\boldsymbol{H}\boldsymbol{H}^{\mathrm{T}})^{-1}$ 的特征值之和对相对位置确定误差与相对姿态确定误差进行分析。

①相对位置确定误差分析

对于利用三个导航路标信息进行相对位置估计的情况，根据式（8－18），矩阵 $\boldsymbol{H}\boldsymbol{H}^{\mathrm{T}}$ 可以表示为

$$\boldsymbol{H}\boldsymbol{H}^{\mathrm{T}}=\begin{bmatrix}h_{12}^2 & h_{12}h_{23}\cos\theta_1 & h_{12}h_{13}\cos\theta_3\\ h_{23}h_{12}\cos\theta_1 & h_{23}^2 & h_{23}h_{13}\cos\theta_2\\ h_{13}h_{12}\cos\theta_3 & h_{13}h_{23}\cos\theta_2 & h_{13}^2\end{bmatrix} \tag{8-28}$$

式中　θ_1，θ_2，θ_3——分别为观测矢量 $\boldsymbol{h}_{12}$，$\boldsymbol{h}_{23}$，$\boldsymbol{h}_{13}$ 之间形成的夹角。

通过求 $\boldsymbol{H}\boldsymbol{H}^{\mathrm{T}}$ 的逆，进行整理可得矩阵 $(\boldsymbol{H}\boldsymbol{H}^{\mathrm{T}})^{-1}$ 的特征值之和为

$$\sum \lambda_i = \frac{\left(\dfrac{\sin^2\theta_1}{h_{13}^2} + \dfrac{\sin^2\theta_2}{h_{12}^2} + \dfrac{\sin^2\theta_3}{h_{23}^2}\right)}{1 - \cos^2\theta_1 - \cos^2\theta_2 - \cos^2\theta_3 + 2\cos\theta_1\cos\theta_2\cos\theta_3} \tag{8-29}$$

注意到

$$V^2 = \frac{1}{36} h_{12}^2 h_{23}^2 h_{13}^2 \times (1 - \cos^2\theta_1 - \cos^2\theta_2 - \cos^2\theta_3 + 2\cos\theta_1\cos\theta_2\cos\theta_3) \tag{8-30}$$

同时

$$\begin{cases} S_1^2 = \dfrac{1}{4} h_{12}^2 h_{23}^2 \sin^2\theta_1 \\ S_2^2 = \dfrac{1}{4} h_{23}^2 h_{13}^2 \sin^2\theta_2 \\ S_3^2 = \dfrac{1}{4} h_{12}^2 h_{13}^2 \sin^2\theta_3 \end{cases} \tag{8-31}$$

式中　V——以三个观测矢量 $\boldsymbol{h}_{12}$，$\boldsymbol{h}_{23}$，$\boldsymbol{h}_{13}$ 为棱的四面体的体积；

S_1，S_2，S_3——分别为以 $\boldsymbol{h}_{12}$，$\boldsymbol{h}_{23}$，$\boldsymbol{h}_{13}$ 两两为邻边组成的三角形面积。

这样，$\sum \lambda_i$ 可以表示为由观测矢量 $\boldsymbol{h}_{12}$，$\boldsymbol{h}_{23}$，$\boldsymbol{h}_{13}$ 为棱构成的四面体的体积与侧面积的函数

$$\sum \lambda_i = \frac{1}{9V^2}(S_1^2 + S_2^2 + S_3^2) \tag{8-32}$$

由式（8－32）可见，四面体的面体比越大，位置确定误差越大；相反，面体比越小，轨道确定精度就越高。对式（8－16）、式（8－29）～式（8－32）进行分析可知，轨道确定的精度除了与导航路标距离探测器的远近有关，还主要与观测视线之间的观测角有关。可以得到以下相关推论：

1）导航路标距离探测器越近，轨道确定精度越高；

2）在导航路标与探测器距离相等且三个观测角也均相等的情况下，观测角越大，轨道确定精度越高；

3）在导航路标与探测器距离相等且观测角之和固定的情况下，三个观测角数值越相近，轨道确定精度越高；

4）在导航路标与探测器距离均相等的情况下，三个观测视线成 120°时，探测器位置可观性最好，此时探测器与导航路标处于同一平面内，且探测器位于以路标为顶点的三角形的内心位置。

特别地，由式（8－28）可知，矩阵 $\boldsymbol{H}\boldsymbol{H}^{\mathrm{T}}$ 的行列式为

$$\det(\boldsymbol{H}\boldsymbol{H}^{\mathrm{T}}) = 36 h_1^2 h_2^2 h_3^2 V^2 = 36 V^2 \tag{8-33}$$

由式（8－33）可见，如果三个导航路标点的空间分布使得四面体体积 V 为零，即在三个观测视线所成像素点共线的情况下，不能求解出探测器的位置信息，此时该系统是不可观测的。图 8－5 给出了当导航路标均与探测器成单位距离时，轨道确定精度与三个观

测角之间的函数关系。

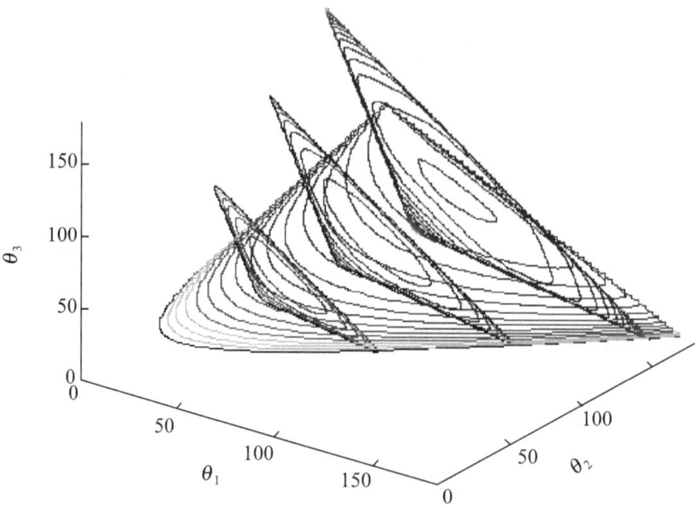

图 8-5 轨道确定精度与观测角的函数关系

②相对姿态确定误差分析

考虑探测器轨道确定误差 $\delta\boldsymbol{r}$ 与导航路标位置确定误差 $\delta\boldsymbol{\rho}_i$ 及观测噪声 $\boldsymbol{\varepsilon}$ ，式（8-21）可化为

$$\boldsymbol{n}_i^{\mathrm{b}}=\boldsymbol{T}_{\mathrm{F}}^{\mathrm{b}}\frac{\boldsymbol{r}-\boldsymbol{\rho}_i}{r_i}+\boldsymbol{T}_{\mathrm{F}}^{\mathrm{b}}\frac{\delta\boldsymbol{r}-\delta\boldsymbol{\rho}_i}{r_i}+\boldsymbol{\varepsilon} \tag{8-34}$$

令

$$\boldsymbol{\Delta}=\boldsymbol{T}_{\mathrm{F}}^{\mathrm{b}}\frac{\delta\boldsymbol{r}-\delta\boldsymbol{\rho}_i}{r_i}+\boldsymbol{\varepsilon} \tag{8-35}$$

由此可见，随着导航路标与探测器之间距离的接近，r_i 的数值将不断变小，轨道确定与路标位置确定误差所产生的等效噪声将会变大，即姿态确定精度与路标的距离成反比，越近的导航路标提供的姿态信息越少。

参考相对位置误差分析，对矩阵 $(\boldsymbol{N}_{\mathrm{F}}\boldsymbol{N}_{\mathrm{F}}^{\mathrm{T}})^{-1}$ 特征值之和做近似分析可知，相对姿态的确定精度与相关因素有如下关系：

1）导航路标距离探测器越远，相对姿态确定精度越高；

2）在导航路标与探测器距离相等，且观测角之和固定的情况下，三个观测角数值越相近，姿态确定精度越高；

3）在导航路标与探测器距离均相等的情况下，三个观测视线成 90°时，探测器姿态可观性最好。

同样，在三个观测视线所成像素点共线的情况下，探测器姿态不完全可观。图 8-6 给出了当导航路标与探测器呈单位距离时，姿态确定精度与三个观测角之间的函数关系。

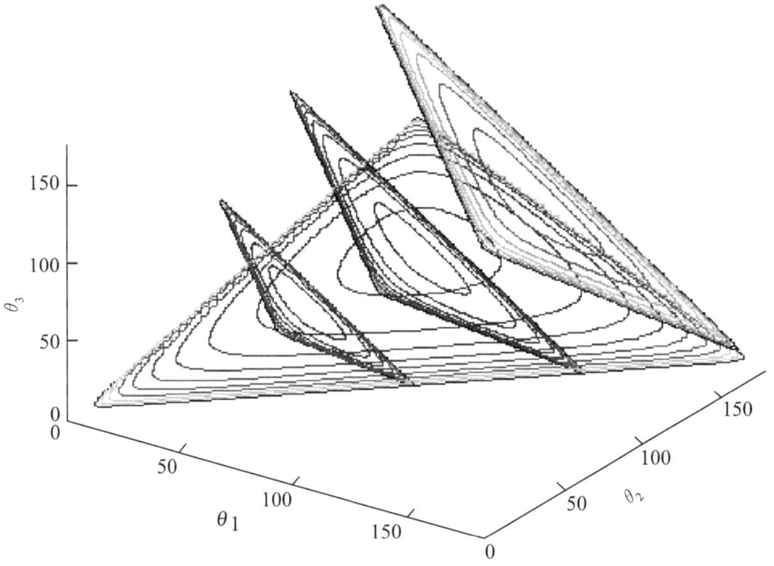

图 8-6　姿态确定精度与观测角的函数关系

在向目标天体下降过程中，固定高度上探测器与目标天体表面各导航路标距离相差不大，因此在选取导航路标时主要考虑的因素是三条观测视线之间的夹角关系。由于目前所研制的光学导航相机视场角一般不大，因此为了获得较高的位置确定与姿态确定精度，所选取的路标应尽量分散分布。在实际飞行中，可以通过保证式（8-32）中 $\sum\lambda_i$ 最小确定选取的导航路标，其中路标在探测器本体坐标系下的位置可利用轨道预报给出的先验值计算得到。

③导航精度参数仿真分析

本节通过分别改变探测器高度、相机视场角、图像处理精度和导航路标位置确定精度等参数，针对各相关因素对位姿确定精度的影响进行蒙特卡罗仿真分析。

1）导航精度随高度的变化。本部分主要分析探测器距离目标天体表面的高度对相对位姿确定精度的影响，探测器高度直接决定了探测器距离导航路标的远近，因此对相对位置确定和相对姿态确定都有所影响。在本仿真中，携带的导航相机视场角为 [−45°, 45°]，相机分辨率为 1024×1024，图像处理精度为 0.1 pixel，导航路标按最优观测方案选取，其位置确定误差方差为100 m^2。探测器高度由 15 km 下降到 0.5 km，每下降0.5 km 进行 500 次仿真运算，以验证高度对导航精度的影响。

图 8-7 是导航精度与探测器高度之间的关系曲线，其中位置确定误差与姿态确定误差均为 1σ 统计意义下的均方差。由图 8-7 可见，随着探测器高度的降低，位置确定精度逐渐提高而姿态确定精度却急剧下降，到达距目标天体 500 m 高度时，姿态确定误差已经接近 2°。由此可见，距离探测器较近的路标在视线观测中提供了较多的位置观测信息、较少的姿态观测信息；反之亦然，距离探测器较远的路标在视线观测中提供了较多的姿态观测信息、较少的位置观测信息。由仿真还可知，垂直方向上的位置确定精度要明显高于水

平方向上的位置确定精度；同样，绕垂直方向的滚转角确定精度也明显高于俯仰角与偏航角的确定精度。

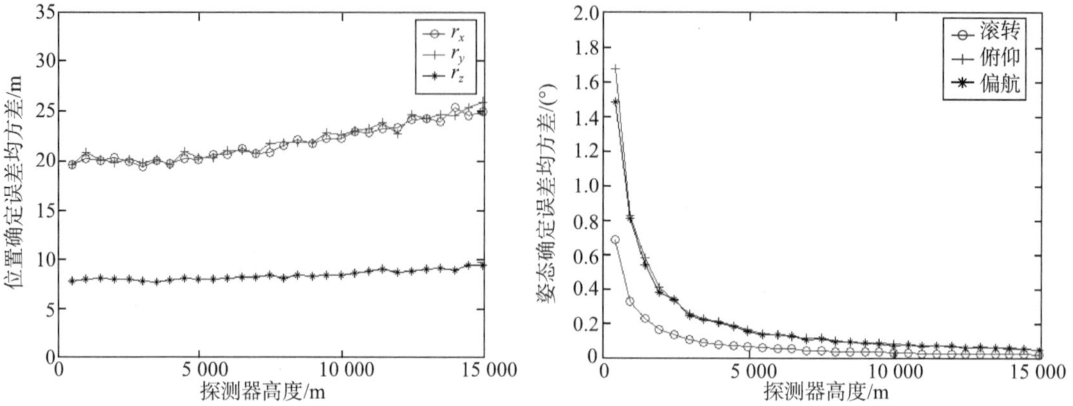

图 8-7　导航精度与探测器高度的关系

2）导航精度随相机视场角大小的变化。本部分主要分析探测器携带的导航相机的视场角对相对位姿确定精度的影响，导航相机的视场角决定了选取导航路标的分散度及最小观测角分辨率，因此对相对位置确定和相对姿态确定有所影响。在本仿真中，探测器距离目标天体表面高度为 8 km。选择相机视场角由 ±15°变化到 ±60°，视场角每变化 10°进行 500 次仿真运算，以验证相机视场角大小对导航精度的影响。

图 8-8 是导航精度与导航相机视场角之间的关系曲线，其中位置确定误差与姿态确定误差均为 1σ 统计意义下的均方差。由图 8-8 可见，随着相机视场角的增大，位置确定精度与姿态确定精度均得到了明显的提高。这是由于在固定高度上，探测器与三个导航路标之间的距离相差不大，且为了保证最优观测，观测角越大，导航精度越高。因此在光学导航相机技术成熟的情况下，应尽可能地选用大视角宽视场相机。

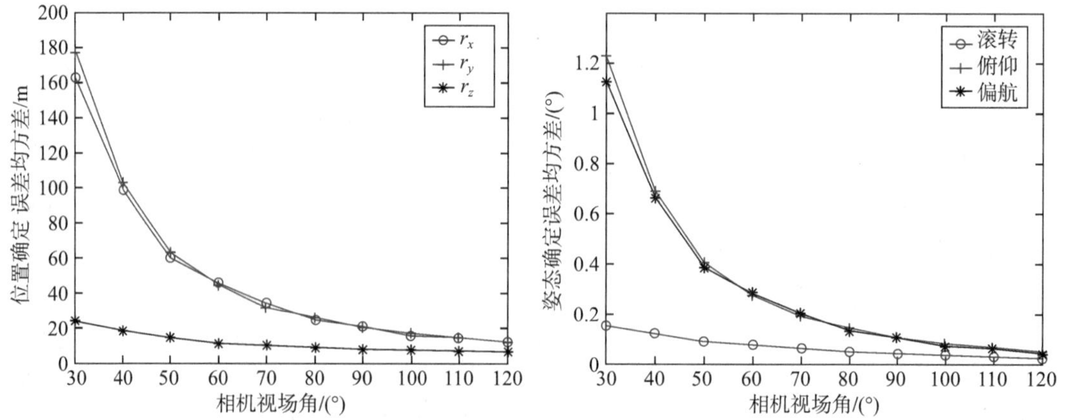

图 8-8　导航精度与视场角大小的关系

3）导航精度随图像处理精度的变化。本部分主要分析图像处理精度对相对位姿确定精度的影响，图像处理精度决定了观测噪声的水平，因此对相对位置确定和姿态确定有所影响。在本仿真中，探测器距离目标天体表面高度为 8 km。图像处理精度由 0.1 pixel 变化到 2 pixel，图像处理精度每变化 0.1 pixel 进行 500 次仿真，以验证图像处理精度对导航精度的影响。

图 8-9 是导航精度与图像处理精度之间的关系曲线，其中位置确定误差与姿态确定误差均为 1σ 统计意义下的均方差。由图 8-9 可见，随着图像处理精度的提高，导航精度也逐渐提高。从仿真结果中可以发现，导航精度随图像处理精度成线性关系，但是图像处理精度对导航精度的影响并不明显。当图像处理精度为 2 pixel 时，轨道确定的误差均方差为 35 m，姿态确定误差均方差为 0.17°；而在当图像处理精度为 0.1 pixel 时，轨道确定的误差均方差为 20 m，姿态确定误差均方差为 0.1°，可见即使图像处理精度成量级地提高，但其对最终的导航精度影响却并不大。考虑到图像处理精度提高会带来相应算法复杂度、计算效率等方面问题，因此，对于图像处理算法的选取上可以在计算效率与导航精度之间折中考虑。

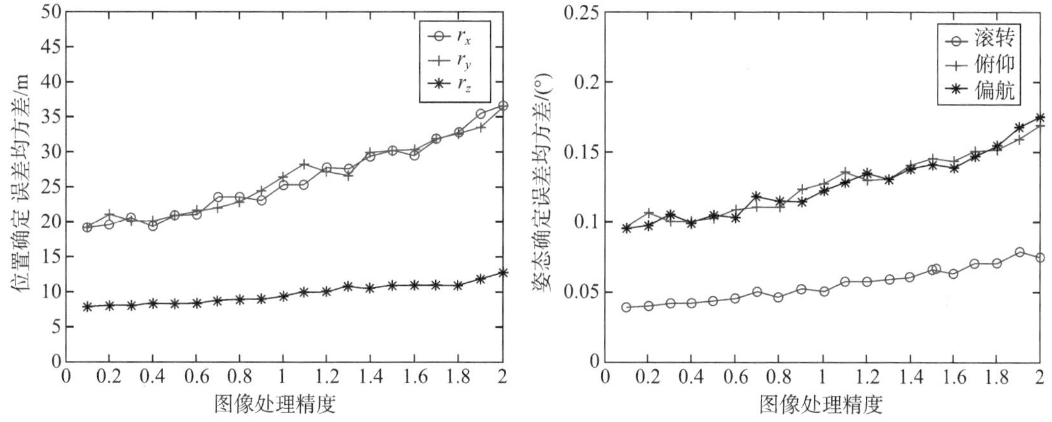

图 8-9　导航精度与图像处理精度的关系

4）导航精度随路标位置确定误差的变化。本部分主要分析路标位置确定误差对相对位姿确定精度的影响。路标位置确定误差直接决定了观测矩阵的结构和目标天体固连坐标系下视线的预报方向，因此对相对位置确定和相对姿态确定有所影响。在本仿真中，探测器距离目标天体表面高度为 8 km，路标位置确定误差均方差（1σ）在 0 到 100 m 之间变化，路标位置确定误差均方差每变化 10 m 进行 500 次仿真，以验证导航路标位置确定误差对导航精度的影响。

图 8-10 是导航精度与路标位置确定精度之间的关系曲线，其中位置确定误差与姿态确定误差均为 1σ 统计意义下的均方差。由图 8-10 可见，随着路标位置确定误差的增大，导航精度成线性降低，且当路标位置确定误差达到 100 m 时，位置确定误差将达到 200 m 的量级。可见导航路标位置确定误差是影响导航精度的主要误差源。同样，随着探测器高度的减小，轨道确定精度并没有得到明显的提高，这主要是由于观测噪声引起的误差与导

航路标距探测器的远近有关，而路标位置不确定性引起的误差与路标和探测器之间的距离无关。路标位置不确定性是引起位置确定误差的主要因素，这导致了随着探测器高度的减小，轨道确定精度并没有得到明显的提高。

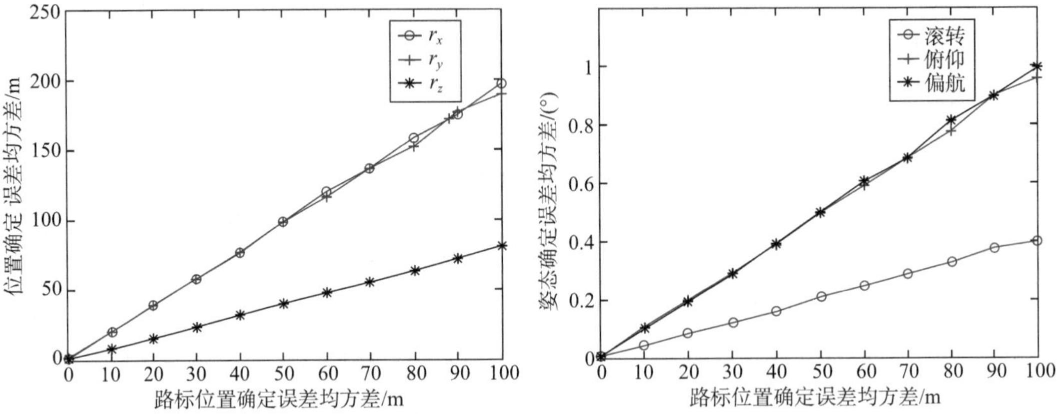

图 8-10　导航精度与路标位置确定误差的关系

5）各参数对位姿确定精度影响。由以上的仿真分析可见，采用本部分给出的自主位姿确定算法可以有效地利用三个路标信息求解出探测器的相对位置与姿态。同时根据蒙特卡罗仿真对各关键参数对相对位姿确定精度影响的分析，可以得到以下结论：

a）随着探测器高度的减小，相对位置确定精度逐渐提高而姿态确定精度急剧下降；

b）垂直方向上的相对位置确定精度要明显高于水平方向上的确定精度，绕垂直方向的滚转角确定精度也明显高于俯仰角与偏航角的确定精度；

c）随着相机视场角的增大，相对位置确定精度与相对姿态确定精度均得到了明显的提高；

d）图像处理精度对探测器相对位置确定精度与相对姿态确定精度影响并不大；

e）导航路标位置的不确定性是影响整个导航精度的主要因素，因此，下降着陆任务实施前路标位置的精确获取是保证导航算法成功应用的重要前提。

8.2.2　三矢量信息组合导航方法

（1）导航观测矢量构建

为了保证高精度目标天体软着陆任务成功完成，导航系统除需精确确定探测器的位置、速度信息之外，还要对探测器的姿态进行估计。在最终着陆时刻需要探测器垂直着陆平面，即探测器的体纵轴与着陆平面的法向方向重合，而绕法向方向的旋转角度自由。本节考虑到这一着陆期望姿态特点，利用激光测距仪和导航相机测量信息对着陆平面法向方向和探测器位置构建相关模型。

利用光学导航相机跟踪预先选定的目标着陆点，可以获得目标着陆点在像平面上所对应的像元 p 和像线 l 坐标

$$\begin{cases} p = f\dfrac{x}{z} \\ l = f\dfrac{y}{z} \end{cases} \tag{8-36}$$

式中　x，y，z——目标着陆点在相机坐标系下的三轴位置坐标；

f——导航相机焦距。

三个激光测距仪测量安装方向上探测器与着陆平面之间的距离为

$$d_i = \sqrt{x_i^2 + y_i^2 + z_i^2} \quad (i = 1,2,3) \tag{8-37}$$

式中　x_i，y_i，z_i——激光测距仪的指向与着陆平面相交点在探测器本体坐标系下的坐标。

在各观测量中，光学导航相机提供的是角度信息，激光测距仪提供的是距离信息，融合这些传感器信息能够确定探测器相对目标着陆点的位置信息和姿态信息。

（2）着陆平面法向量确定

设三个激光测距仪的安装方位角与俯仰角分别为 θ_i，φ_i，相应的距离测量值为 d_i，则三个测距矢量可以表示为

$$\boldsymbol{n}_i = d_i[\cos\varphi_i\cos\theta_i \quad \cos\varphi_i\sin\theta_i \quad \sin\varphi_i]^{\mathrm{T}} \quad (i = 1,2,3) \tag{8-38}$$

如图 8-11，利用这三个测距矢量，可确定着陆平面法向量在探测器本体坐标系下的指向，即着陆平面的法向量可以表示为

$$\boldsymbol{n} = \frac{(\boldsymbol{n}_2 - \boldsymbol{n}_1) \times (\boldsymbol{n}_3 - \boldsymbol{n}_1)}{\|(\boldsymbol{n}_2 - \boldsymbol{n}_1) \times (\boldsymbol{n}_3 - \boldsymbol{n}_1)\|} \tag{8-39}$$

由于测量信息为探测器与着陆平面上相交点之间的距离，而这三个空间点在着陆平面内位置不确定，因此，激光测距仪的测量值对绕着陆平面法向旋转的角度信息不可观。

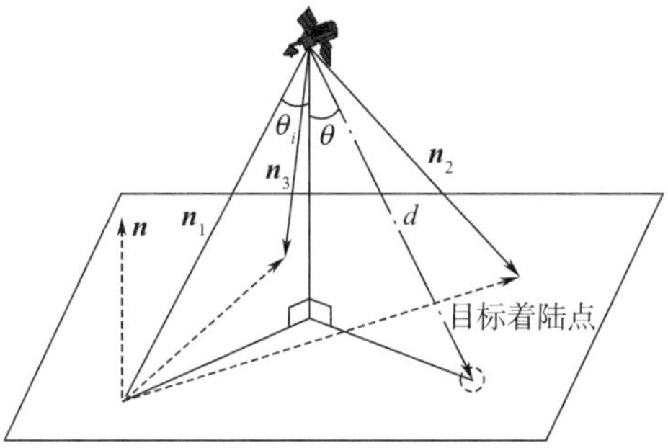

图 8-11　导航观测量几何关系

（3）相对位置确定

利用导航相机获取的着陆目标点像素信息和激光测距仪获取的测距信息，能够确定目标着陆点在探测器本体坐标系下的位置。为不失一般性，设相机坐标系与探测器本体坐标系重合，利用共线方程，探测器本体坐标系下目标着陆点的位置矢量可表示为

$$\boldsymbol{\rho}=\frac{d}{\sqrt{p^2+l^2+f^2}}\begin{bmatrix}p\\l\\f\end{bmatrix}\tag{8-40}$$

式中　d ——探测器与目标着陆点之间的距离。

考虑到选择的着陆区较为平坦，并且当探测器距离目标天体较近时天体曲率造成地形起伏不大，着陆区表面可近似看作平面，因此距离信息 d 可以通过激光测距仪指向方向与目标着陆点之间的几何关系进行构建

$$d=\frac{1}{3}\sum_{i=1}^{3}\frac{\boldsymbol{n}\cdot\boldsymbol{n}_i}{\boldsymbol{n}\cdot\boldsymbol{n}_p}d_i\tag{8-41}$$

其中

$$\boldsymbol{n}_p=[p\quad l\quad f]^{\mathrm{T}}/\sqrt{p^2+l^2+f^2}$$

式中　$\boldsymbol{n}_p$ ——目标着陆点在探测器本体坐标系下的单位方向矢量。

这样利用激光测距仪所得数据 d_i 、导航相机拍摄的目标着陆点像元 p 和像线 l 坐标，以及探测器相对着陆平面的姿态状态 $\boldsymbol{n}$ ，通过式（8－40）和式（8－41）就能够确定目标着陆点在探测器本体坐标系下的位置 $\boldsymbol{\rho}$ 。将相对姿态信息 $\boldsymbol{n}$ 和相对位置信息 $\boldsymbol{\rho}$ 结合探测器相对姿态运动学和轨道动力学，可更加精确地确定探测器轨道、姿态状态。

（4）导航滤波器设计

为了确定探测器轨道、姿态状态，并抑制观测噪声与系统噪声的影响，考虑到系统的非线性，本部分对探测器的姿态状态和轨道状态设计了 EKF 滤波器。对于姿态滤波器，选取探测器相对着陆点坐标系的姿态四元数和三轴陀螺常值漂移为估计状态。滤波器输入量为着陆平面的法向量，该向量由探测器相对着陆区姿态决定。设探测器本体坐标系相对着陆点坐标系的姿态转换矩阵为 $\boldsymbol{T}_{\mathrm{l}}^{\mathrm{b}}$ ，则 $\boldsymbol{T}_{\mathrm{l}}^{\mathrm{b}}$ 可以利用姿态四元数表示为

$$\boldsymbol{T}_{\mathrm{l}}^{\mathrm{b}}=\begin{bmatrix}1-2(q_2^2+q_3^2) & 2(q_1q_2+q_0q_3) & 2(q_1q_3-q_0q_2)\\2(q_1q_2-q_0q_3) & 1-2(q_1^2+q_3^2) & 2(q_2q_3+q_0q_1)\\2(q_1q_3+q_0q_2) & 2(q_2q_3-q_0q_1) & 1-2(q_1^2+q_2^2)\end{bmatrix}\tag{8-42}$$

式中　q_0 ——四元数 $\boldsymbol{q}$ 的标部元素；

q_1，q_2，q_3 ——四元数 $\boldsymbol{q}$ 的矢部元素。

着陆平面的法向量在探测器本体坐标系下可以表示为

$$\boldsymbol{n}_{\mathrm{b}}=\boldsymbol{T}_{\mathrm{l}}^{\mathrm{b}}\begin{bmatrix}0\\0\\1\end{bmatrix}=\begin{bmatrix}2(q_1q_3-q_0q_2)\\2(q_2q_3+q_0q_1)\\1-2(q_1^2+q_2^2)\end{bmatrix}\tag{8-43}$$

考虑到该法向量观测量为两自由度信息，因此选取法向量 $\boldsymbol{n}$ 的前两项作为滤波器的输入，即

$$\boldsymbol{y}=\begin{bmatrix}2(q_1q_3-q_0q_2)\\2(q_2q_3+q_0q_1)\end{bmatrix}\tag{8-44}$$

线性化的观测矩阵为

$$\boldsymbol{H}=\frac{\partial \boldsymbol{h}}{\partial \boldsymbol{x}}=\begin{bmatrix} 2q_3 & -2q_0 & 2q_1 & \boldsymbol{0}_{2\times 3} \\ 2q_0 & 2q_3 & 2q_2 & \end{bmatrix} \tag{8-45}$$

在法向量测量输入间隔时刻，利用陀螺数据递推探测器姿态，陀螺采样时刻的预报方程为

$$\begin{cases} \dot{\boldsymbol{q}}=\dfrac{1}{2}\boldsymbol{\Omega q} \\ \dot{\boldsymbol{P}}=\boldsymbol{AP}+\boldsymbol{PA}^{\mathrm{T}}+\boldsymbol{FQF}^{\mathrm{T}} \end{cases} \tag{8-46}$$

其中

$$\boldsymbol{\Omega}=\begin{bmatrix} 0 & \omega_z & -\omega_y & \omega_x \\ -\omega_z & 0 & \omega_x & \omega_y \\ \omega_y & -\omega_x & 0 & \omega_z \\ -\omega_x & -\omega_y & -\omega_z & 0 \end{bmatrix} \tag{8-47}$$

式中　$\boldsymbol{P}$ ——误差协方差矩阵；

$\boldsymbol{Q}$ ——过程噪声服从的协方差阵；

$\boldsymbol{A}$ ——系统矩阵；

$\boldsymbol{F}$ ——干扰输入矩阵；

ω_x ，ω_y ，ω_z ——探测器相对着陆点坐标系角速度 $\boldsymbol{\omega}$ 在探测器本体坐标系三轴上的分量。

由于在着陆过程中探测器对目标天体表面定向，因此在陀螺数据输入时间间隔内 $\boldsymbol{\omega}$ 的方向为常值或旋转矢量的值很小，其中旋转矢量的大小为

$$\Delta\theta=\int_t^{t+\Delta t}\omega(\tau)\mathrm{d}\tau=\sqrt{\omega_x^2+\omega_y^2+\omega_z^2}\,\Delta t \tag{8-48}$$

则探测器姿态递推公式可以表示为

$$\boldsymbol{q}_k=\cos\left(\frac{\lambda}{2}\Delta t\right)\boldsymbol{q}_{k-1}+\sin\left(\frac{\lambda}{2}\Delta t\right)\boldsymbol{\Omega q}_{k-1}/\lambda \tag{8-49}$$

其中

$$\lambda=\sqrt{\omega_x^2+\omega_y^2+\omega_z^2} \tag{8-50}$$

对于轨道确定滤波器，选取探测器在目标天体固连坐标系下的位置与速度为状态。系统状态方程由目标天体固连坐标系下的动力学方程推得

$$\dot{\boldsymbol{x}}=f(\boldsymbol{x})+\boldsymbol{u} \tag{8-51}$$

其中

$$\boldsymbol{x}=[\boldsymbol{R}^{\mathrm{T}},\boldsymbol{v}^{\mathrm{T}}]^{\mathrm{T}}=[x,y,z,v_x,v_y,v_z]^{\mathrm{T}}$$

式中　x ，y ，z ——探测器的三轴位置；

v_x ，v_y ，v_z ——探测器的三轴速度；

$\boldsymbol{u}$ ——探测器所受到的控制加速度，该加速度利用加速度计测量。

输入量为目标着陆点在探测器本体坐标系下的位置矢量，即轨道确定滤波器的观测量为

$$\boldsymbol{y}=-\boldsymbol{T}_{\mathrm{F}}^{\mathrm{b}}(\boldsymbol{R}-\boldsymbol{\rho}) \tag{8-52}$$

相应的观测矩阵 $\boldsymbol{H}=-\boldsymbol{T}_{\mathrm{F}}^{\mathrm{b}}$，其中 $\boldsymbol{T}_{\mathrm{F}}^{\mathrm{b}}$ 为探测器本体坐标系相对于目标天体固连坐标系的坐标转换矩阵，$\boldsymbol{R}$ 和 $\boldsymbol{\rho}$ 分别为探测器和着陆目标点在目标天体固连坐标系下的位置。

通过导航滤波器能够确定探测器相对目标天体的位置、姿态状态，为了保证探测器安全精确地下降到目标着陆点，探测器需要利用这些信息自主地完成轨迹和姿态的控制。

8.3 下降着陆段自主制导方法

8.3.1 多项式制导算法

(1) 多项式制导算法

多项式制导算法假设探测器在三个方向（纵向、横向和高度方向）上的加速度都是时间的二次函数[15-16]。从方程角度来说，三个方向的加速度分量表示如式（8-53）所示

$$a_i(t)=C_{0_i}+C_{1_i}t+C_{2_i}t^2\ (i=1,2,3) \tag{8-53}$$

积分得到各方向速度和位移分量关于时间的表达式

$$v_i(t)=C_{0_i}t+\frac{C_{1_i}}{2}t^2+\frac{C_{2_i}}{3}t^3+v_{0_i}\ (i=1,2,3) \tag{8-54}$$

$$r_i(t)=\frac{C_{0_i}}{2}t^2+\frac{C_{1_i}}{6}t^3+\frac{C_{2_i}}{12}t^4+v_{0_i}t+r_{0_i}\ (i=1,2,3) \tag{8-55}$$

式（8-53）、式（8-54）、式（8-55）的初始状态为

$$\boldsymbol{r}(t=0)=\boldsymbol{r}_0 \tag{8-56}$$

$$\boldsymbol{v}(t=0)=\boldsymbol{v}_0 \tag{8-57}$$

以及末端状态为

$$\boldsymbol{r}(t=t_{\mathrm{f}})=\boldsymbol{r}_{\mathrm{f}} \tag{8-58}$$

$$\boldsymbol{v}(t=t_{\mathrm{f}})=\boldsymbol{v}_{\mathrm{f}} \tag{8-59}$$

$$\boldsymbol{a}(t=t_{\mathrm{f}})=\boldsymbol{a}_{\mathrm{f}} \tag{8-60}$$

联立式（8-56）～式（8-60）可以解出每个方向加速度表达式中的系数

$$C_{0_i}=a_{\mathrm{f}_i}-\frac{6}{t_{\mathrm{f}}}(v_{\mathrm{f}_i}-v_{0_i})+\frac{12}{t_{\mathrm{f}}^2}(r_{\mathrm{f}_i}-r_{0_i}-v_{0_i}t_{\mathrm{f}})\ (i=1,2,3) \tag{8-61}$$

$$C_{1_i}=-\frac{6}{t_{\mathrm{f}}}a_{\mathrm{f}_i}+\frac{30}{t_{\mathrm{f}}^2}(v_{\mathrm{f}_i}-v_{0_i})-\frac{48}{t_{\mathrm{f}}^3}(r_{\mathrm{f}_i}-r_{0_i}-v_{0_i}t_{\mathrm{f}})\ (i=1,2,3) \tag{8-62}$$

$$C_{2_i}=\frac{6}{t_{\mathrm{f}}^2}a_{\mathrm{f}_i}-\frac{24}{t_{\mathrm{f}}^3}(v_{\mathrm{f}_i}-v_{0_i})+\frac{36}{t_{\mathrm{f}}^4}(r_{\mathrm{f}_i}-r_{0_i}-v_{0_i}t_{\mathrm{f}})\ (i=1,2,3) \tag{8-63}$$

式中 t_{f} ——着陆时间。

简而言之，如式（8-53）所示的加速度分量，当系数为式（8-61）～式（8-63）时，在 t_f 时间内，可将探测器的状态从 $[\boldsymbol{r}_0, \boldsymbol{v}_0]$ 转换到 $[\boldsymbol{r}_f, \boldsymbol{v}_f]$。着陆时间 t_f 可通过假设垂直方向加速度为线性（即令 $C_{23}=0$）解得

$$t_f=\frac{2v_{f3}+v_{03}}{a_{f3}}+\left[\left(\frac{2v_{f3}+v_{03}}{a_{f3}}\right)^2+\frac{6}{a_{f3}}(r_{03}-r_{f3})\right]^{1/2}, a_{f3}\neq 0 \tag{8-64}$$

或

$$t_f=3\frac{r_{f3}-r_{03}}{2v_{f3}+v_{03}}, a_{f3}=0 \tag{8-65}$$

至此，得到控制推力矢量

$$\boldsymbol{\tau}_C=m(\boldsymbol{a}-\boldsymbol{g}) \tag{8-66}$$

该算法最大的优点在于其过程简单，计算量小并且可以得到任意时刻的加速度。然而，由于在计算过程中没有考虑燃耗，同时除了初始及最终时刻状态以外没有其他条件约束，最后得到的结果既不是燃耗最优解，又可能超过发动机所能产生的最大控制推力。在应用该制导算法时，有时为了达到在给定条件下的着陆精度，可能会消耗相当多的燃料，这一点无论从技术层面上还是经济层面上来说都是不合理的。多项式制导算法最初用于月球探测任务，后来又在火星探测任务中广泛使用，经过多年的改进已十分成熟。

（2）实例应用与分析

假定初始状态与末端状态为

$$\begin{cases}\boldsymbol{r}_0=[1000,2000,3000]^T\ \text{m}\\ \boldsymbol{v}_0=[10,100,-50]^T\ \text{m/s}\\ \boldsymbol{r}_f=[0,0,0]^T\ \text{m}\\ \boldsymbol{v}_f=[0,0,0]^T\ \text{m/s}\end{cases} \tag{8-67}$$

采用多项式制导算法得到着陆时间 $t_f=180$ s，燃料质量系数 PMF=0.289 6。各方向加速度、速度、位置变化如图 8-12～图 8-14 所示。

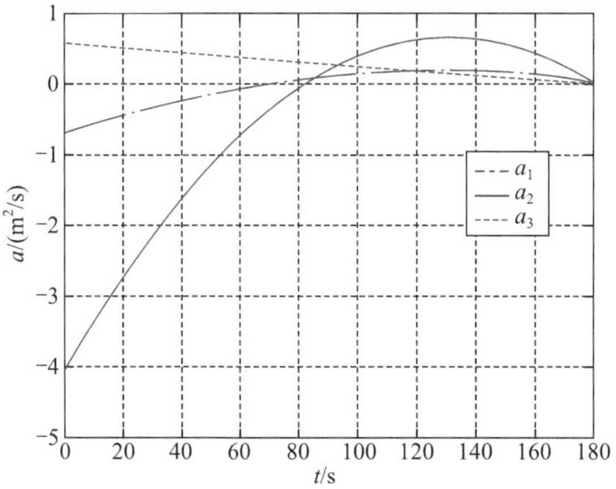

图 8-12　多项式制导算法下的加速度变化

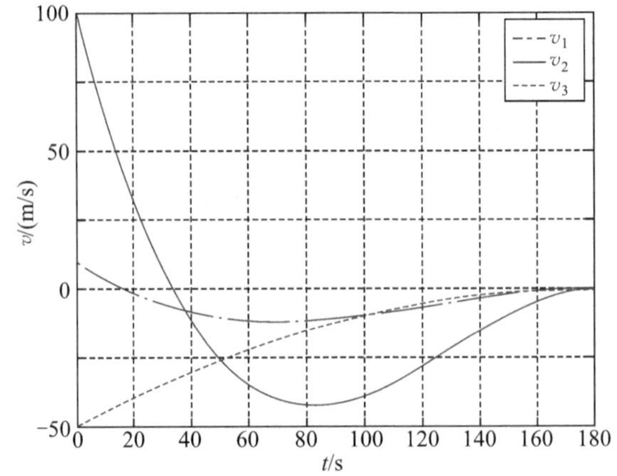

图 8－13　多项式制导算法下的速度变化

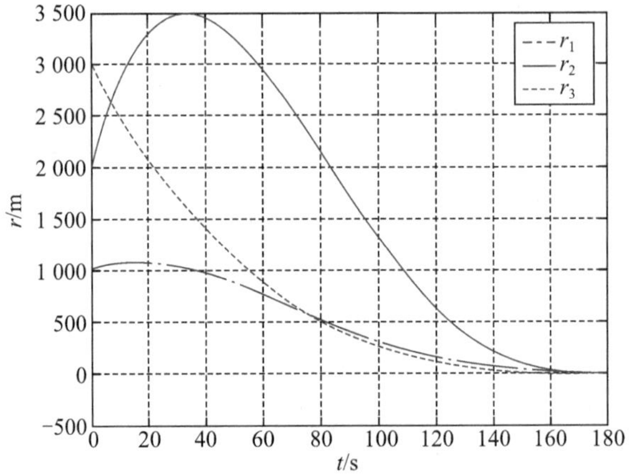

图 8－14　多项式制导算法下的位置变化

多项式制导方法的特点是垂直方向加速度近似线性变化，这一点可从图 8－12 中看出。从位置变化图 8－14 中可看出，在该初始条件下，垂直方向位置始终大于 0，表明即使在计算过程中没有加入与飞行高度相关的约束，最终结果也不会出现飞越到地表以下（高度为负）的情况。为了更直观地看到探测器在该制导算法下的运动轨迹，给出图 8－15。

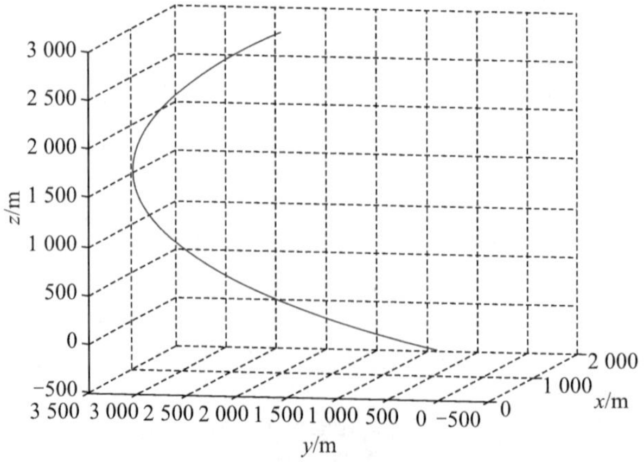

图 8－15　多项式制导算法下的运动轨迹

8.3.2　能量最优制导算法

(1) 能量最优制导算法

在建立了无转动无大气的二维行星模型后，D'Souza 等推导出解析的能量最优制导算法[17-18]。该方法基于最优控制律，是一种典型的动力下降段显式制导算法，所需最小化的性能指标如式（8－68）所示

$$J=\Gamma t_{\mathrm{f}}+\frac{1}{2}\int_{t_0}^{t_{\mathrm{f}}}\boldsymbol{a}^{\mathrm{T}}\boldsymbol{a}\,\mathrm{d}t \tag{8-68}$$

式中　t_{f} ——着陆时间；

$\boldsymbol{a}$ ——探测器加速度；

Γ ——着陆时间的加权系数，$\Gamma>0$，Γ 越大表示对着陆时间的重视程度越高，加速度平方在整个动力下降过程中对时间的积分表征能量，在此算法中先将 Γ 置为 0。

经推导分析，使得该性能指标取得最小值的控制律（加速度）如式（8－69）所示

$$\boldsymbol{a}=-4\frac{\Delta\boldsymbol{v}}{t_{\mathrm{go}}}-6\frac{\Delta\boldsymbol{r}}{t_{\mathrm{go}}^{2}}-\boldsymbol{g} \tag{8-69}$$

其中

$$\Delta\boldsymbol{r}=[r_1-r_{\mathrm{f1}},r_2-r_{\mathrm{f2}},r_3-r_{\mathrm{f3}}]^{\mathrm{T}}$$
$$\Delta\boldsymbol{v}=[v_1-v_{\mathrm{f1}},v_2-v_{\mathrm{f2}},v_3-v_{\mathrm{f3}}]^{\mathrm{T}}$$
$$\boldsymbol{g}=[0,0,g]^{\mathrm{T}}$$

从横截条件得到剩余时间 t_{go} 是方程（8－70）的正实根

$$t_{\mathrm{go}}^{4}-2\frac{\Delta\boldsymbol{v}^{\mathrm{T}}\Delta\boldsymbol{v}}{\Gamma+(g^{2}/2)}t_{\mathrm{go}}^{2}-12\frac{\Delta\boldsymbol{v}^{\mathrm{T}}\Delta\boldsymbol{r}}{\Gamma+(g^{2}/2)}t_{\mathrm{go}}-18\frac{\Delta\boldsymbol{r}^{\mathrm{T}}\Delta\boldsymbol{r}}{\Gamma+(g^{2}/2)}=0 \tag{8-70}$$

根据式（8－70）既可以得到数值解也可以得到解析解。在已知初始状态的条件下，将计算结果代入式（8－69）便可得到当前时段内的加速度矢量，积分一次得到下一时刻速度矢量，积分两次得到下一时刻位置矢量，将更新的速度及位置矢量代入式（8－70），计算得到下一步的剩余时间，接着确定下一步加速度、速度及位置矢量，如此循环往复形成闭环显式控制，直到到达末端状态。加速度、速度、位置与剩余时间之间的相互关系如图 8－16 所示。控制推力矢量即是给定时间内加速度矢量与探测器质量的乘积。

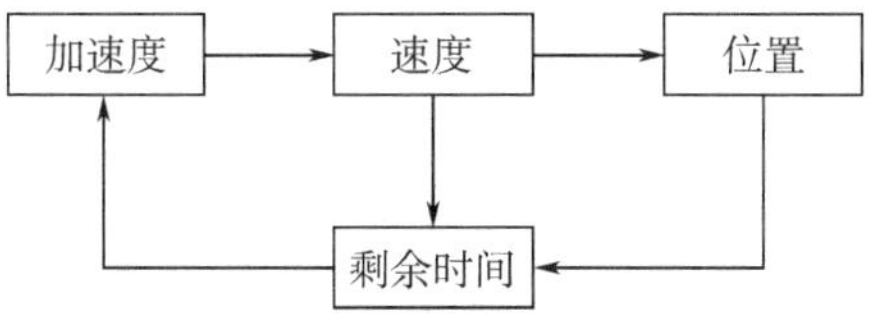

图 8－16　闭环显式制导律变量关系

该解析算法与需要进行迭代运算的优化控制算法相比有着明显的计算优势：它只需要计算一次得到剩余时间，并将其代入已知参数（相对目标的位置和速度）的方程便可得到

当前控制推力矢量（加速度）。然而，该算法没有考虑最大推力和最小飞行高度的限制，在没有这些约束的前提下进行计算可能会得到不可行解。不过这一点可以通过飞船上搭载的计算机进行提前预处理来解决，计算机能够预见这些约束是否满足；一旦超出，将通过牛顿迭代法调整剩余时间权重 Γ ，改变运行轨迹，牺牲部分燃耗来满足要求。

（2）实例应用与分析

在同样的初始状态条件下，采用能量最优制导算法得到着陆时间 $t_f = 94.1213$ s，燃料质量系数 PMF＝0.1812。各方向加速度、速度、位置变化如图 8－17～图 8－19 所示。

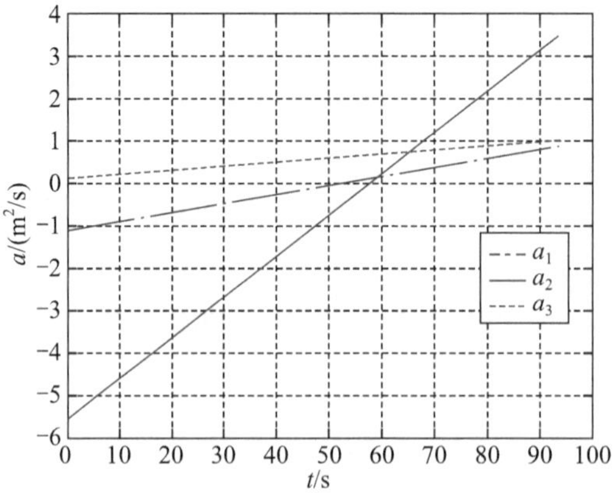

图 8－17　能量最优制导算法下的加速度变化

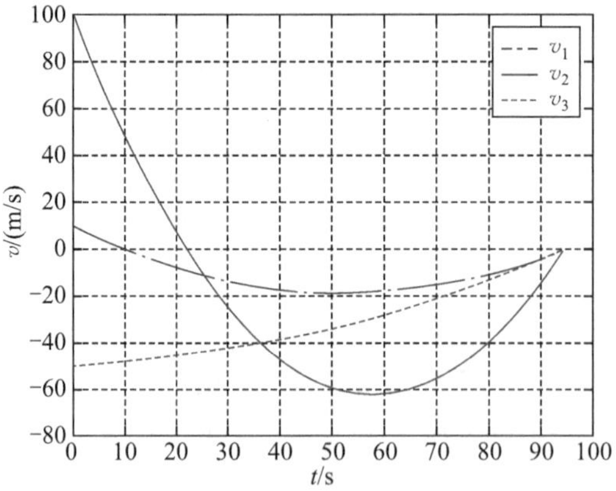

图 8－18　能量最优制导算法下的速度变化

能量最优制导算法将加速度平方和的积分作为优化性能指标，而加速度又与控制推力及燃耗息息相关。因此，虽然该方法没有考虑最大推力的约束，但可在计算出结果后增加一个判据，以确保得到的加速度对应的控制推力不超过发动机可用推力上限。同时，与多项式制导算法相比，能量最优制导算法所需的着陆时间和燃料质量系数 PMF 的值更小，大大缩短了着陆时间、节省了燃料。如此一来，可在允许范围内增大有效载荷质量，实现更多探测任务。类似地，在给定条件下能量最优制导算法得到的运动轨迹如图 8－20 所示，图中也没有出现高度小于 0 的情况，满足了飞行高度的约束。

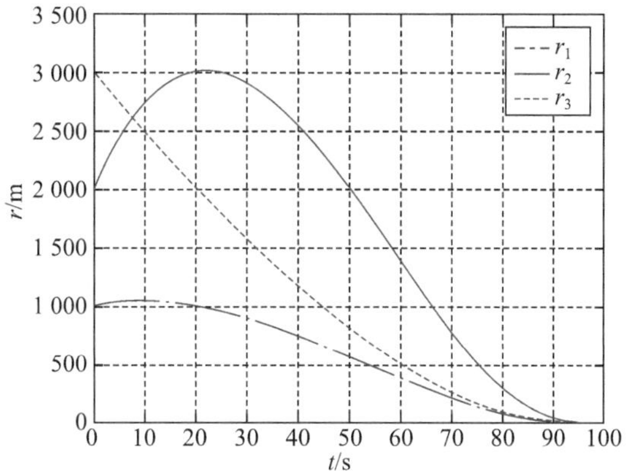

图 8-19　能量最优制导算法下的位置变化

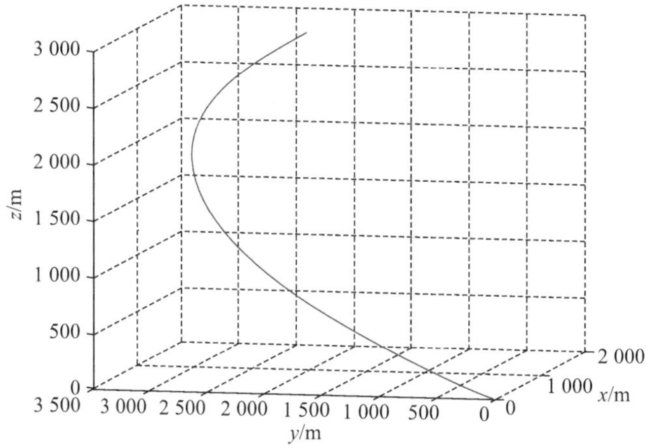

图 8-20　能量最优制导算法下的运动轨迹

8.3.3　多约束着陆轨迹优化方法

(1) 二阶圆锥凸优化制导算法

在动力下降段，由于受到最小可用推力大小的约束，控制矢量空间一般来说是非凸的，因而整个优化问题也是非凸的。为了实现星载计算机的实时计算，所采用的算法要求具有明确的收敛性。然而，与凸问题局部最优（全局最优）的特性相比，非凸问题（特别是多极值非凸问题）无法保证这一点。Acikmese 和 Ploen 研究发现，对于动力下降问题存在一个凸优化方法，该方法通过引入松弛变量放宽非凸约束，再经过换元、离散，将原问题转换成一个二阶圆锥规划问题，进一步用内点法求解，得到全局最优 PMF[19-20]。内点法（内部惩罚函数法）作为一种应用最广泛的、求解有约束多变量优化问题的数值解法，可在有限次迭代后收敛到允许误差范围内的最优值，这一点是任何一种常规动力下降段制导方法都不能保证的；同时，内点法得到的最优解可以达到任何要求精度。该算法最初假设重力加速度为常数，忽略气动力。然而，当该制导算法用于闭环回路时，模型中这些量的变化可以被视为扰动加入。

非凸动力下降段制导律问题可阐述如下。

最小化

$$J=\int_{t_0}^{t_f}\|\boldsymbol{\tau}_C(t)\|\,\mathrm{d}t \tag{8-71}$$

$$\begin{cases}\ddot{\boldsymbol{r}}=\boldsymbol{g}+\dfrac{\boldsymbol{\tau}_C}{m},\dot{m}=-\alpha\|\boldsymbol{\tau}_C\|,0<\rho_1<\|\boldsymbol{\tau}_C\|\leqslant\rho_2\\ S_j\boldsymbol{x}(t)-v_j+\boldsymbol{c}_j^{\mathrm{T}}\boldsymbol{x}(t)+\beta_j\leqslant 0(j=1,\cdots,n)\\ r_3(t)\geqslant 0,\boldsymbol{r}(0)=\boldsymbol{r}_0,\dot{\boldsymbol{r}}(0)=\dot{\boldsymbol{r}}_0\\ m(0)=m_0\\ \boldsymbol{r}(t_f)=\dot{\boldsymbol{r}}(t_f)=0\end{cases} \tag{8-72}$$

为了将该问题转化为凸优化问题便于后续进一步求解，此处引入松弛变量 ζ，以对非凸约束进行变换。引入松弛变量后的问题可表述为

最小化

$$J=\int_{t_0}^{t_f}\zeta(t)\,\mathrm{d}t \tag{8-73}$$

$$\begin{cases}\ddot{\boldsymbol{r}}=\boldsymbol{g}+\dfrac{\boldsymbol{\tau}_C}{m},\dot{m}=-\alpha\|\boldsymbol{\tau}_C\|,\|\boldsymbol{\tau}_C\|\leqslant\zeta(t),0<\rho_1<\zeta(t)\leqslant\rho_2\\ S_j\boldsymbol{x}(t)-v_j+\boldsymbol{c}_j^{\mathrm{T}}\boldsymbol{x}(t)+\beta_j\leqslant 0(j=1,\cdots,n)\\ r_3(t)\geqslant 0;\boldsymbol{r}(0)=\boldsymbol{r}_0;\dot{\boldsymbol{r}}(0)=\dot{\boldsymbol{r}}_0\\ m(0)=m_0\\ \boldsymbol{r}(t_f)=\dot{\boldsymbol{r}}(t_f)=0\end{cases} \tag{8-74}$$

图 8-21 展示了二维情况下通过引入松弛变量将非凸控制矢量空间转换成凸控制矢量空间的过程。一般来说，非凸问题的解是条件松弛后问题的可行解，反过来却不一定正确。Acikmese 和 Ploen 证明了，经过松弛得到的问题最优解同样也是非凸问题的最优解。

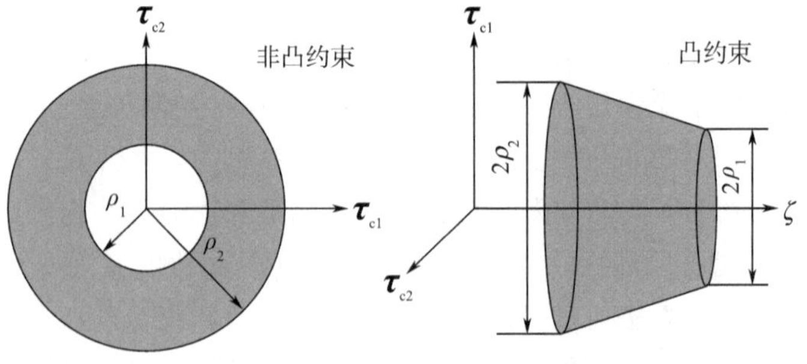

图 8-21　非凸控制推力空间和凸控制推力空间

为了进一步向半定规划（SDP）问题靠拢，引入

$$\sigma=\frac{\zeta}{m} \tag{8-75}$$

$$u = \frac{\tau_C}{m} \tag{8-76}$$

通过换元使得约束均表示为线性或二阶圆锥形式，接着将问题离散化，常用的离散基函数有分段常值函数和 Chebyshev 多项式等。此处采用分段常值函数，仅强调约束在节点处满足，从而得到一个有限维的二阶圆锥规划（SOCP）问题。

至此，优化问题表述如下。

最小化

$$J = \sum_{k=0}^{N} \omega_k \sigma_k \tag{8-77}$$

$$\begin{cases} \ddot{\boldsymbol{r}} = \boldsymbol{g} + \boldsymbol{u}, \dot{m} = -m\alpha\sigma, \| \boldsymbol{u}_k \| \leqslant \sigma_k (k = 0, 1, \cdots, N-1) \\ \dfrac{\rho_1}{m_k} \leqslant \sigma_k \leqslant \dfrac{\rho_2}{m_k}, r_3(t) \geqslant 0, \boldsymbol{u}(0) = \sigma(0)\hat{\boldsymbol{n}}, u_2(t_f) = u_3(t_f) = 0 \\ \omega_k = \Delta t (k = 0, 1, \cdots, N-1), \boldsymbol{r}(0) = \boldsymbol{r}_0, \dot{\boldsymbol{r}}(0) = \dot{\boldsymbol{r}}_0 \\ m(0) = m_0 \\ \boldsymbol{r}(t_f) = \dot{\boldsymbol{r}}(t_f) = 0 \end{cases} \tag{8-78}$$

SOCP 可通过内点法得到有效解决，最终将在有限时间里达到全局最小值。运用该算法时，可以使用一些现有的优化软件包，如 SeDuMi。工具箱的使用可以大大简化算法程序的编制过程。但 SeDuMi 作为一种通用的优化工具，并不具备火星探测任务的针对性，因此在后期研究中还应不断改进，以提高算法的运行速度与准确性。

（2）实例应用与分析

类似地，在给定初始状态条件下采用二阶圆锥凸优化制导算法，得到着陆时间 $t_f = 68$ s，燃料质量系数 PMF＝0.1977。各方向加速度、速度、位置变化如图 8－22～图 8－24 所示。

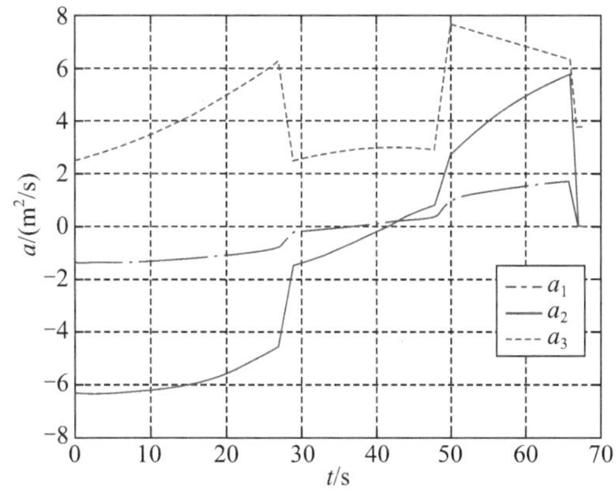

图 8－22　二阶圆锥凸优化制导算法加速度变化

该算法使用了搭载在 Matlab 上专门用于解决对称圆锥优化问题的工具箱 SeDuMi。由于在计算过程中需要进行多次迭代，因此运行效率相对较低，程序在编制过程中也相对更为复杂。然而，二阶圆锥凸优化制导算法中考虑了基本约束，得到的结果更加真实、更具有可行性；同时以燃耗为优化性能指标，计算出来的燃料质量系数 PMF 较小，所需的着陆时间也更短，是一种十分理想的动力下降段制导算法。同样给出二阶圆锥凸优化制导算法得到的运动轨迹，如图 8-25 所示。

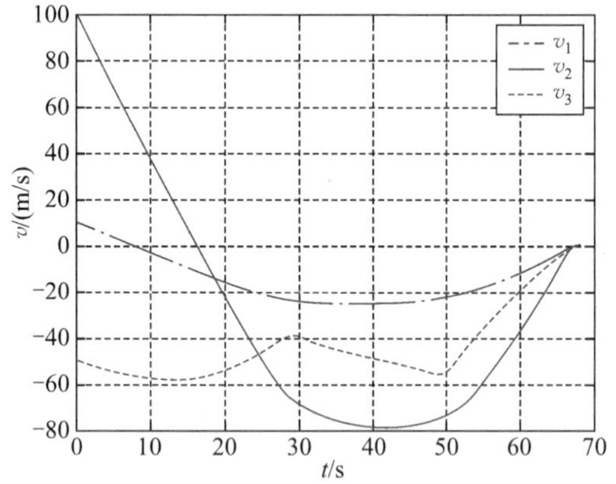

图 8-23　二阶圆锥凸优化制导算法速度变化

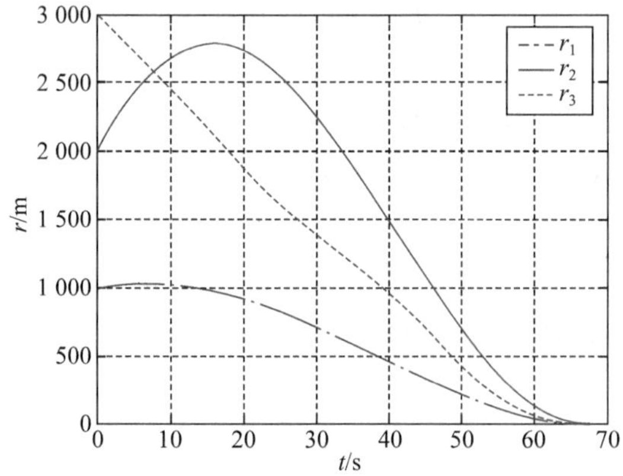

图 8-24　二阶圆锥凸优化制导算法位置变化

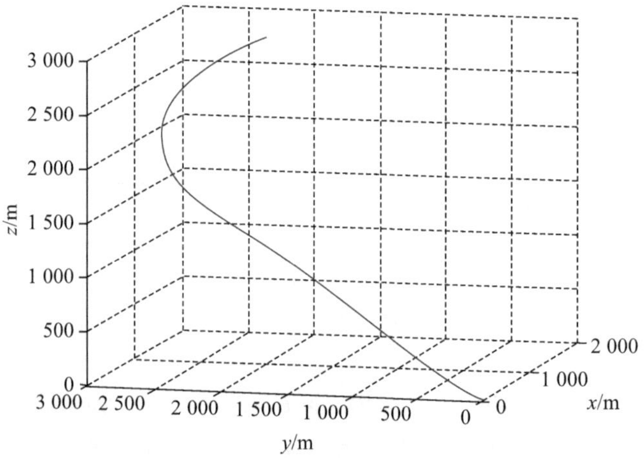

图 8-25　二阶圆锥凸优化制导算法运动轨迹

8.3.4　路径点优化反馈制导算法

（1）路径点优化反馈制导算法

8.3.2 节中给出的能量最优制导算法有两方面的缺陷：1）不具备自主障碍规避能力，需要结合规划制导任务以提升系统的可靠性；2）该最优制导律并非燃料最优，如何在此基础上优化燃料的使用也需要进一步研究。鉴于以上两个缺陷，本部分给出一种新的思路，即利用优化方法获得一个或多个路径点，在这些路径点之间均采用最优反馈制导律，从而实现满足障碍规避或近似燃料最优的目的[21]。下面以获取一个最优路径点为例，给出主要步骤。

1）基于探测器对火星地表的分析，根据任务需要，选取最佳着陆点 $\boldsymbol{r}_{\mathrm{f}}$ 及着陆时间 t_{f}。其中，出于保守考虑，预定着陆点可以取为实际着陆点上方若干米处。若着陆时间无特殊要求，可以参考能量最优制导律对应的着陆时间。

2）通过数值积分计算，验证最优制导律是否会造成探测器与火星表面障碍物碰撞，进而确定是否需要加入路径点。若探测器初始垂直高度和速度大小分别为 z_0 和 $\dot{z}_0$，则任务时间必须满足式（8－79）所示上限，否则会存在碰撞危险。

$$t_{\mathrm{f}} < t_{\max} = -\frac{3z_0}{\dot{z}_0} \tag{8-79}$$

3）若存在碰撞危险，则首先将整个任务时间分为两个阶段，即 $(t_0,\ t_{\mathrm{m}})$ 和 $(t_{\mathrm{m}},\ t_{\mathrm{f}})$。其中路径点时刻 t_{m} 可选为碰撞时刻，也可以设为自由。

下面给出最优路径点问题描述。

1）性能指标：全程燃料最优，即

$$J = m_0 - m_{\mathrm{f}} \tag{8-80}$$

2）边界条件：满足初末状态约束，即中间路径点状态自由

$$\text{阶段一}\ (t_0 \leqslant t \leqslant t_m):\ \begin{cases} \boldsymbol{r}(t_0) = \boldsymbol{r}_0,\ \boldsymbol{r}(t_{\mathrm{m}}) = \boldsymbol{r}_{\mathrm{m}} = \text{free} \\ \boldsymbol{v}(t_0) = \boldsymbol{r}_0,\ \boldsymbol{v}(t_{\mathrm{m}}) = \boldsymbol{v}_{\mathrm{m}} = \text{free} \end{cases} \tag{8-81}$$

$$\text{阶段二}\ (t_{\mathrm{m}} \leqslant t \leqslant t_{\mathrm{f}}):\ \begin{cases} \boldsymbol{r}(t_{\mathrm{m}}) = \boldsymbol{r}_{\mathrm{m}},\ \boldsymbol{r}(t_{\mathrm{f}}) = \boldsymbol{r}_{\mathrm{f}} \\ \boldsymbol{v}(t_{\mathrm{m}}) = \boldsymbol{v}_{\mathrm{m}},\ \boldsymbol{v}(t_{\mathrm{f}}) = \boldsymbol{v}_{\mathrm{f}} \end{cases} \tag{8-82}$$

3）状态约束：此处考虑全程高度大于零，不同地表情况也可以进行相应调整

$$z(t) \geqslant 0(t_0 \leqslant t \leqslant t_{\mathrm{f}}) \tag{8-83}$$

4）控制约束：在整个任务内，控制器均约束为控制受限后的最优制导律形式，即

$$\sigma_{\mathrm{c1}} = \boldsymbol{a} - \underset{T_{\max}/m}{\mathrm{sat}}\left[\frac{6(\boldsymbol{r}_{\mathrm{m}} - \boldsymbol{r})}{(t_{\mathrm{m}} - t)^2} - \frac{2\boldsymbol{v}_{\mathrm{m}} + 4\boldsymbol{v}}{t_{\mathrm{m}} - t} - \boldsymbol{g}\right] = 0 \tag{8-84}$$

$$\sigma_{\mathrm{c2}} = \boldsymbol{a} - \underset{T_{\max}/m}{\mathrm{sat}}\left[\frac{6(\boldsymbol{r}_{\mathrm{f}} - \boldsymbol{r})}{(t_{\mathrm{f}} - t)^2} - \frac{2\boldsymbol{v}_{\mathrm{f}} + 4\boldsymbol{v}}{t_{\mathrm{f}} - t} - \boldsymbol{g}\right] = 0 \tag{8-85}$$

以上优化问题可以通过最优控制工具箱 GPOPS 进行求解。若能给 GPOPS 提供各种约束对状态变量和控制量的偏导数，则将可以极大地提升优化的速度和精度。分析可知，探测器运动学方程及指标函数对于状态变量和控制量的偏导数均容易给出相应解析式；而

由于控制约束式（8－84）和式（8－85）中采用非连续可导的饱和函数，给优化带来了一定的难度，可能会导致最终无法获得最优解。鉴于此，研究给出如式（8－86）所示连续可导的近似饱和函数

$$\underset{U}{\mathrm{sat}}(\boldsymbol{q})=\begin{cases}\boldsymbol{q} & U/\|\boldsymbol{q}\|>n_{\mathrm{U}}\\ \Phi(\boldsymbol{q},U) & U/f\in[n_{\mathrm{L}},n_{\mathrm{U}}]\\ U/\|\boldsymbol{q}\|\cdot\boldsymbol{q} & U/\|\boldsymbol{q}\|<n_{\mathrm{L}}\end{cases}\tag{8-86}$$

式（8－86）中 $\Phi(\boldsymbol{q},U)$ 为新引入的二次连续函数，其系数取决于边界点 n_{L}，n_{U} 的位置。当两边界点重合时，近似饱和函数式（8－86）退化为

$$\underset{U}{\mathrm{sat}}(\boldsymbol{q})=\begin{cases}\boldsymbol{q} & \|\boldsymbol{q}\|\leqslant U\\ U/\|\boldsymbol{q}\|\cdot\boldsymbol{q} & \|\boldsymbol{q}\|>U\end{cases}\tag{8-87}$$

此处，若取 n_{L} 和 n_{U} 分别为 0.9 和 1.1，则有

$$\Phi(\boldsymbol{q},U)=-2.5\left(\frac{U}{\|\boldsymbol{q}\|}\right)^2+5.5\frac{U}{\|\boldsymbol{q}\|}-2.025\tag{8-88}$$

近似饱和函数对其自变量 $\boldsymbol{q}$ 的偏导数为

$$\frac{\partial\underset{U}{\mathrm{sat}}(\boldsymbol{q})}{\partial\boldsymbol{q}}=\begin{cases}\boldsymbol{I}_3 & \dfrac{U}{|\boldsymbol{q}|}>1.1\\ \boldsymbol{I}_3\Phi(\boldsymbol{q},U)\cdot\boldsymbol{I}_3+\dfrac{U}{\|\boldsymbol{q}\|}\left(5\dfrac{U}{\|\boldsymbol{q}\|}-5.5\right)\cdot\dfrac{\boldsymbol{q}\boldsymbol{q}^{\mathrm{T}}}{\|\boldsymbol{q}\|^2} & \dfrac{U}{\|\boldsymbol{q}\|}\in[0.9,1.1]\\ \dfrac{U}{\|\boldsymbol{q}\|}\left(\boldsymbol{I}_3-\dfrac{\boldsymbol{q}\boldsymbol{q}^{\mathrm{T}}}{\|\boldsymbol{q}\|^2}\right) & \dfrac{U}{\|\boldsymbol{q}\|}<0.9\end{cases}\tag{8-89}$$

以阶段一为例，控制约束对控制和典型状态的偏导数分别为

$$\frac{\partial\boldsymbol{\sigma}_{\mathrm{c1}}}{\partial\boldsymbol{a}}=\boldsymbol{I}_3\tag{8-90}$$

$$\frac{\partial\boldsymbol{\sigma}_{\mathrm{c1}}}{\partial\boldsymbol{r}}=-\frac{\partial\underset{T_{\max}/m}{\mathrm{sat}}(\boldsymbol{a}_1)}{\partial\boldsymbol{a}_1}\cdot\frac{\partial\boldsymbol{a}_1}{\partial\boldsymbol{r}}=\frac{\partial\underset{T_{\max}/m}{\mathrm{sat}}(\boldsymbol{a}_1)}{\partial\boldsymbol{a}_1}\cdot\frac{6}{(t_{\mathrm{m}}-t)^2}\boldsymbol{I}_3\tag{8-91}$$

$$\frac{\partial\boldsymbol{\sigma}_{\mathrm{c1}}}{\partial\boldsymbol{v}}=-\frac{\partial\underset{T_{\max}/m}{\mathrm{sat}}(\boldsymbol{a}_1)}{\partial\boldsymbol{a}_1}\cdot\frac{\partial\boldsymbol{a}_1}{\partial\boldsymbol{v}}=\frac{\partial\underset{T_{\max}/m}{\mathrm{sat}}(\boldsymbol{a}_1)}{\partial\boldsymbol{a}_1}\cdot\frac{4}{t_{\mathrm{m}}-t}\boldsymbol{I}_3\tag{8-92}$$

$$\frac{\partial\boldsymbol{\sigma}_{\mathrm{c1}}}{\partial t}=-\frac{\partial\underset{T_{\max}/m}{\mathrm{sat}}(\boldsymbol{a}_1)}{\partial a_1}\cdot\frac{\partial\boldsymbol{a}_1}{\partial t}=-\frac{\partial\underset{T_{\max}/m}{\mathrm{sat}}(\boldsymbol{a}_1)}{\partial\boldsymbol{a}_1}\left[\frac{12(\boldsymbol{r}_{\mathrm{m}}-\boldsymbol{r})}{(t_{\mathrm{m}}-t)^3}-\frac{2\boldsymbol{v}_{\mathrm{m}}+4\boldsymbol{v}}{(t_{\mathrm{m}}-t)^2}\right]\tag{8-93}$$

最后，结合优化得到的最优路径点，利用最优制导律实现着陆器着陆。

（2）实例应用与分析

为验证设计方法的有效性，本节进行了数值仿真验证。其中，$m_0=1\ 905\ \mathrm{kg}$，$\boldsymbol{g}=[0,\ 0,\ -3.711\ 4]^{\mathrm{T}}\ \mathrm{m/s^2}$，$c=1.96\ 4\ \mathrm{km/s}$，$T_{\max}=13.04\ \mathrm{kN}$。固定初始速度为 $\boldsymbol{v}_0=[100,\ 0,\ -75]^{\mathrm{T}}\ \mathrm{m/s}$，初始高度为 1 500 m，初始水平方向在 −8 000 m 到 3 000 m 内取值，保守选取末状态位置 $\boldsymbol{r}_{\mathrm{f}}=[0,\ 0,\ 50]^{\mathrm{T}}\ \mathrm{m}$，末状态速度 $\boldsymbol{v}_{\mathrm{f}}=[0,\ 0,\ 0]^{\mathrm{T}}\ \mathrm{m/s}$。

图 8－26 分别给出利用本节设计方法和基于开环优化的燃料最优对应的探测器着陆轨

迹簇，其中图 8-26（a）中的圆点为优化得到的路径点。图 8-27 进一步对比了两种方法对应的燃料消耗［图 8-27（a）］和飞行时间［图 8-27（b）］。从图中可以容易看出，通过优化得到路径点，最优反馈制导律可以有效完成各种初始条件下的着陆任务，可有效回避与火星地表的碰撞，并具备近似燃料最优的特性。

如果星载计算机具备强大的自主计算能力，则可以在线实时计算最优路径点；或者采用更加有效的算法离线计算各种初始条件下的最优路径并存储到星载计算机中，在线查表确定路径点。由于一种初始条件仅对应一个路径点状态，相对于存储整个开环燃料最优轨迹，存储单个路径点仅需占用极少空间，这也是本方法最大的优越性所在。

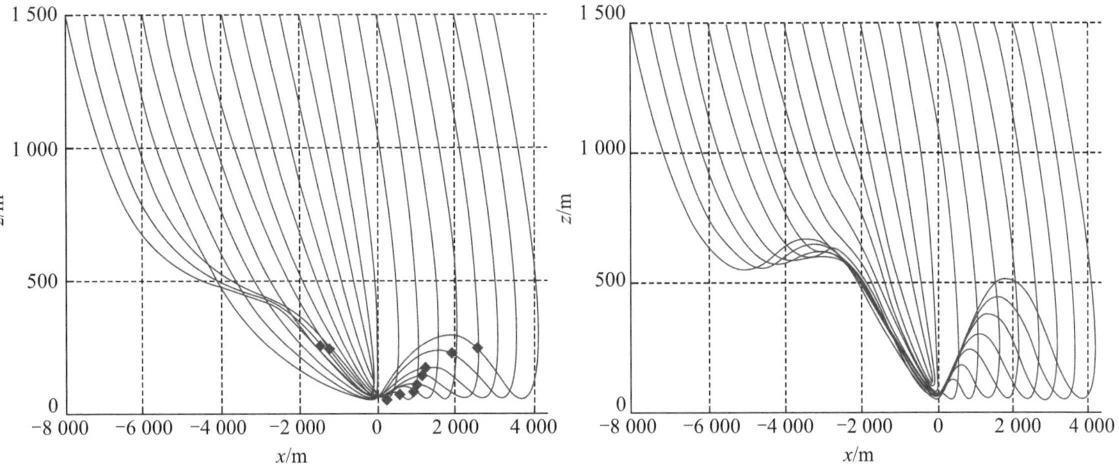

(a) 基于路径点规划的最优反馈制导

(b) 开环燃料最优

图 8-26　不同初始条件对应的探测器着陆轨迹

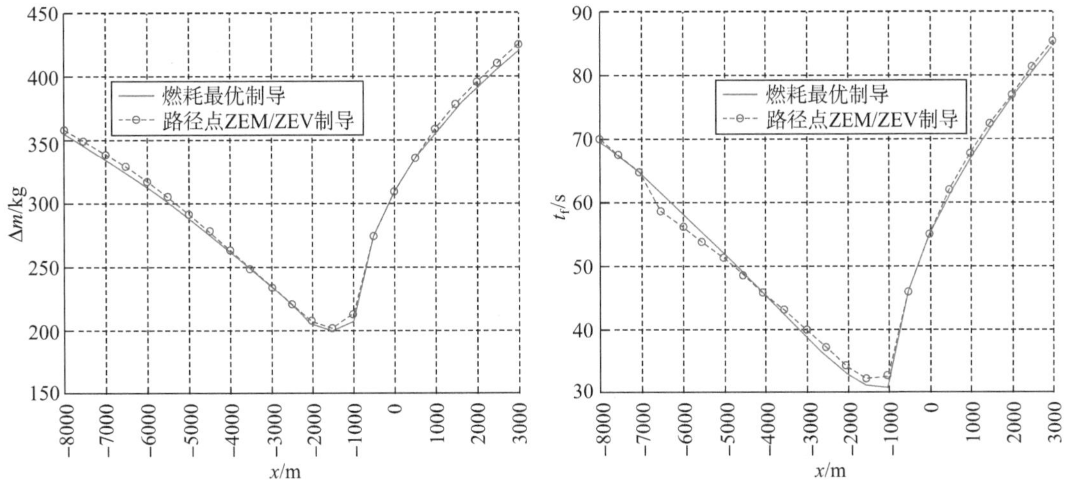

(a) 燃料消耗

(b) 飞行时间

图 8-27　路径点优化反馈制导方法与开环最优解性能对比

参考文献

[1] Cui Pingyuan, Gao Ai, Cui Hutao. Receding Horizon - based Dual Control Strategy for Pinpoint Planetary Landing. Transactions of the Japan Society for Aeronautical and Space Sciences. 2012, 55 (4): 222 - 228.

[2] Zhang Zexu, Wang Weidong, Li Litao, Huang Xiangyu, Cui Hutao, Li Shuang, Cui Pingyuan. Robust sliding mode guidance and control for soft landing on small bodies. Journal of the Franklin Institute. 2012, 349 (2): 493 - 509.

[3] 胡海静；朱圣英；崔平远．基于 Lyapunov 函数的小天体软着陆障碍规避控制方法．深空探测学报. 2015, 2 (2): 149 - 154.

[4] Scheeres D J, Gaskell R, Abe S, et al. The actual dynamical environment about Itokawa. AIAA/AAS Astrodynamics Specialist Conference and Exhibit. Keystone, Colorado, USA, 2006: 1 - 22.

[5] Kubota T, Otsuki M, Hashimoto T, et al. Touchdown dynamics for sampling in Hayabusa mission. AIAA/AAS Astrodynamics Specialist Conference. Keystone, Colorado, USA, 2006: 1403 - 1414.

[6] Kubota T, Otsuki M, Hashimoto T. Touchdown dynamics for sample collection in Hayabusa mission. IEEE International Conference on Robotics and Automation. Pasadena, California, USA, 2008: 158 - 163.

[7] Li S, Cui P Y, Cui H T. Vision - aided inertial navigation for pinpoint planetary landing. Aerospace Science and Technology, 2007, 11 (6): 499 - 506.

[8] Crassidis J L, Alonso R, Junkins J L. Optimal attitude and position determination from line of sight measurements. Journal of the Astronautical Sciences, 2000, 40 (2): 391 - 408.

[9] Woffinden D C, Geller D K. Relative angles - only navigation and pose estimation for autonomous orbital rendezvous. Journal of Guidance, Control, and Dynamics, 2007, 30 (5): 1455 - 1469.

[10] 朱圣英．小天体探测器光学导航与自主控制方法研究［博士学位论文］．哈尔滨：哈尔滨工业大学，2009.

[11] 朱圣英，崔平远，崔祜涛，邵巍．基于路标观测角的星际着陆器自主位姿确定技术．航空学报. 2010, 31 (2): 318 - 326.

[12] 崔平远，朱圣英，崔祜涛．小天体软着陆自主光学导航与制导方法研究．宇航学报 . 2009, 30 (6): 2159 - 2164.

[13] 田阳，崔平远，崔祜涛．基于图像的着陆点评估及探测器运动估计方法．宇航学报 . 2010, 31 (1): 98 - 103.

[14] 邵巍，常晓华，崔平远，崔祜涛．惯导融合特征匹配的小天体着陆导航算法．宇航学报 . 2010, 31 (7): 1748 - 1755.

[15] R. K. Cheng, Lunar terminal guidance, lunar missions and exploration. Wiley, New York, 1964,

305 - 355.

[16] Steinfieldt B A, Guidance, navigation, and control technology system trades for Mars pinpoint landing. AIAA Atmospheric Flight Mechanics Conference and Exhibit, Honolulu, Hawaii. 2008.

[17] D'Souza C. An optimal guidance law for planetary landing. Guidance, Navigation, and Control Conference. 1997.

[18] 秦同；朱圣英；崔平远．火星软着陆能量最优制导律转移能力分析．深空探测学报．2015，2 (3)：218 - 223.

[19] Acikemese B, Polen S R. Convex programming approach to powered descent guidance for Mars landing. Journal of Guidance, Control, and Dynamics, 30 (5): 1353 - 1366.

[20] Blac kmore L, Aci kmese B, Scharf D P. Minimum - landing - error powered - descent guidance for mars landing using convex optimization. Journal of guidance, control, and dynamics, 2010, 33 (4): 1161 - 1171.

[21] Guo Y, Hawkins M, Wie B. Waypoint - optimized zero - effort - miss/zero - effort - velocity feedback guidance for Mars landing. Journal of Guidance Control & Dynamics, 2013, 36 (3): 799 - 809.

第9章　自主导航与制导系统仿真

深空探测任务在实飞前需要通过大量的地面仿真验证其各系统性能，地面仿真技术也是深空探测的关键技术。本章从导航与控制系统级的角度，通过对系统功能及设计性能要求的分析，与本书之前章节所设计的导航与控制方法相对应，在硬件和软件层面上合理构建深空探测器导航与控制系统结构。在此基础上，分别针对小天体撞击、小天体附着、火星着陆三类代表性任务类型，给出了其自主导航与制导仿真系统，并对典型任务实例进行了分析讨论。

9.1　仿真系统的功能与结构

9.1.1　仿真系统设计

深空探测器在轨工作模式多，承担着探测器姿态与轨道的确定和控制、本体局部载荷指向控制及部分科学数据采集任务；且在不同的飞行阶段在轨操作又不尽相同，这导致了整个导航与控制系统无论在传感器、执行机构等有效载荷配置的硬件层面，还是在命令执行、文件管理等程序运行的软件层面都较为错综繁琐，因此需要设计合理的体系结构、减少系统复杂程度。结构的复杂性也使数学模型很难精确地概括系统全部的细节，某些细节的局部误差可能使系统性能发生质的变化，这需要利用半物理仿真进行试验。得益于实物系统的引入，半物理仿真较数学仿真能更精确地反映出过程噪声和测量噪声对系统性能的影响；同时星上运算环境的模拟也使软件内部算法的调用逻辑，以及软件与硬件之间的接口关系得以验证，从而对导航和控制方法的可行性、合理性及有效性做出更全面的分析。此外，对深空环境的仿真也是系统设计的一个关键因素。实施深空探测任务时，由于受到目标引力场、自旋和深空环境的影响，深空探测器绕飞目标的动力学更复杂，建模更困难，目标引力场的不均匀和深空摄动可能导致环绕轨道失稳。为此，需要了解深空环境与探测目标的基本特性。而受天文观测能力与条件的限制，目前对此类情况的了解还十分有限，只有一些既不完整又不精确的观测数据。因此，必须建立基于天文观测与天体物理理论的深空环境与探测目标模型。

（1）导航与控制系统软硬件组成及功能

①硬件组成及功能

深空探测器导航与制导系统由星载控制计算机、导航传感器、执行机构及转动部件机构四部分组成。星载控制计算机是导航与控制系统的核心，负责星上数据处理，包括导航、制导和控制所需的数据处理，有效载荷数据采集和管理及性能监视，同星务管理系统之间交互等。由于深空探测器导航与控制系统相对近地卫星功能要求较多，运算量也就相应更大，因此对星载控制计算机的要求更严格。考虑到系统复杂性、运算量及冗余性的要求，这里采用飞行计算机与接口单元相结合的星载计算机控制结构。

导航与制导系统中采用的导航传感器包括光学导航相机、激光测距仪、星敏感器、陀螺和加速度计，光学导航相机、加速度计属于轨道确定敏感器，星敏感器、陀螺属于姿态确定敏感器，激光测距仪则是在最终着陆阶段用于确定探测器相对着陆坐标系的状态，其中陀螺与加速度计组成惯性单元（IMU）。执行机构包括反作用飞轮、姿控喷嘴、轨控发动机，反作用飞轮、姿控喷嘴用来进行姿态控制，轨控发动机用来执行探测器的轨道机动与修正。转动部件机构主要包括太阳帆板转轴、高增益天线两轴万向节。太阳帆板控制电机驱动太阳帆板绕转轴转动，在探测器满足当前姿态约束的条件下，使太阳帆板法向指向与太阳视线夹角最小，以保证整星的电能供应；高增益天线两轴万向节则是保证天线在对地通信过程中对地面测控站高精度定向。整个导航与控制系统构成如图 9－1 所示。

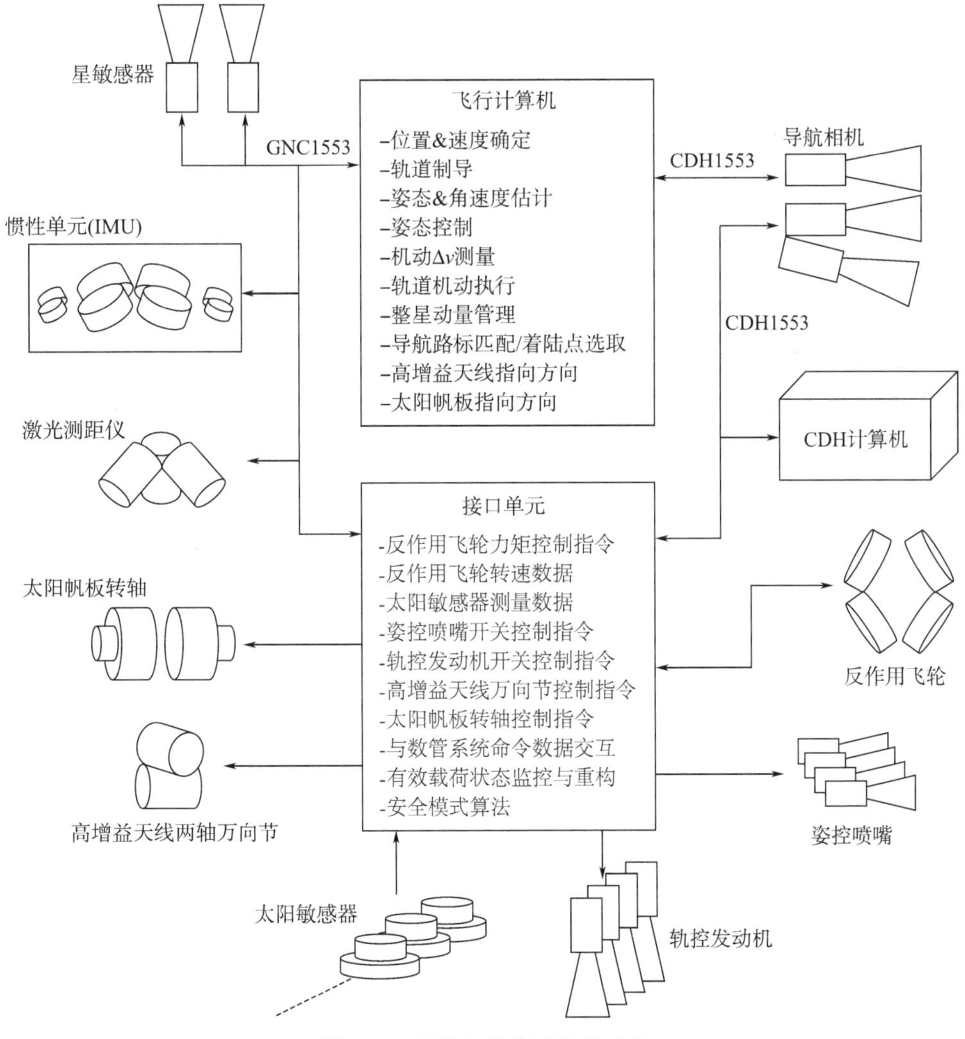

图 9－1　导航与控制系统构成图

②软件组成及功能

深空探测飞行距离远、运行阶段多、各阶段所处环境差异大，这就要求导航与控制系统需要完成复杂繁琐的在轨操作，以保证工程任务与科学任务的顺利实现。繁杂的在轨操作使得面向过程的软件体系庞乱冗杂，可替换性及可扩展性差，不利于探测器自主功能的实现。与面向过程方法相比，基于面向对象思想设计的软件结构便于全局性的任务指导和协调，可以提高系统的鲁棒性和灵活反应能力。

在面向对象的软件体系中，每个对象完成的行为依据指令和相应功能不同而不同。在各功能模块中所运行的算法主要因飞行阶段与工作模式而异，即利用飞行阶段与工作模式就可以区分每个对象所要完成行为形式。飞行阶段体现了采用的导航、制导方法对系统的影响，工作模式则体现了完成各阶段任务所采用的操作。考虑各模块功能实现、数据实时交互管理等要求，本节对导航与控制系统软件结构进行了设计，如图 9-2 所示。导航与控制软件系统主要包括自主 GNC 规划模块、自主 GNC 计算模块和实时数据管理模块，三个部分通过消息/指令互相通信或与其他分系统进行通信。

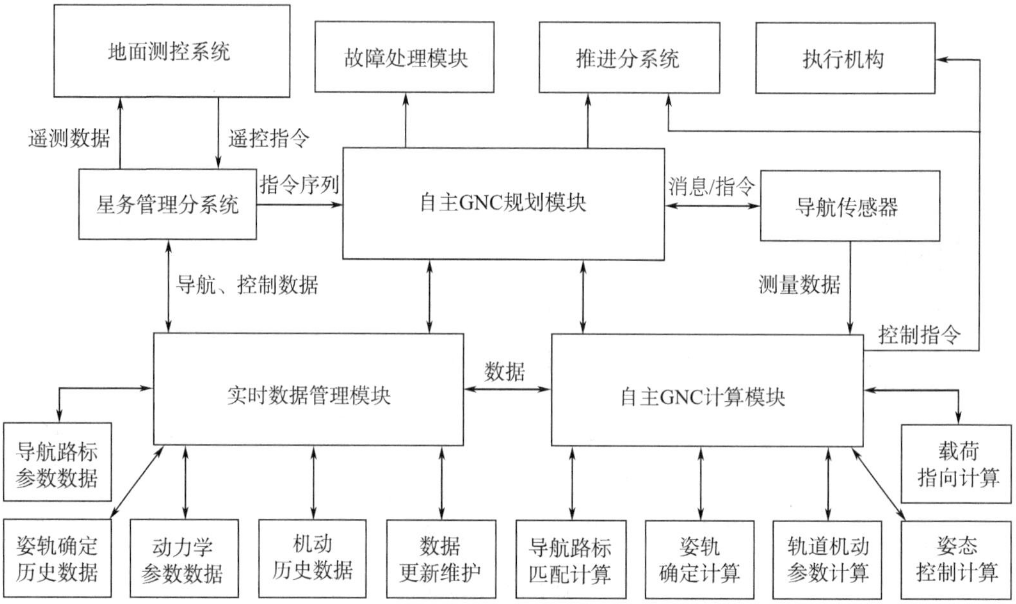

图 9-2　导航与控制系统软件结构图

自主 GNC 规划模块是探测器导航与控制系统的逻辑中枢，决定了其他模块的调用与交互，主要通过几种工作模式来规划和执行导航与控制任务。自主 GNC 规划模块从其他分系统接收消息，也接收星务管理系统传来的任务序列，再通过发送指令到各个分系统和模块来执行导航与控制任务。

自主 GNC 计算模块是导航与控制系统的中心计算部分，整个系统的大量运算都由 GNC 计算模块来完成，主要包括路标匹配、着陆点选取、姿态解算、姿态确定、轨道确定、轨道递推、姿态制导、姿态控制、轨道制导、星体载荷指向计算等重要函数。

实时数据管理模块的作用是为自主 GNC 规划模块、自主 GNC 计算模块提供数据，同时也为其他子系统提供关键的在轨星历信息。实时数据管理模块管理着整个导航与控制系统的所有数据，不仅包括探测器当前的状态数据，还包括探测器历史状态数据、预报状态数据及相关的参数数据，以供整个导航与控制系统调用。实时数据管理模块还担负着与星务管理系统进行数据交互的责任，实时数据管理模块将地面测控站需要的遥测数据通过星务管理系统传送回地面，同时也接收地面控制人员通过星务管理系统发送给导航与控制系统的相关导航与控制数据，以初始化或更新星上数据。

（2）深空环境数据库及三维实景

仿真是指利用数学模型对系统在计算机上进行试验研究的过程。仿真技术建立在计算机控制理论和相似原理基础之上，其发展同计算机技术发展密切相关。仿真经历了由数字仿真到可视化仿真等阶段，而可视化仿真是数字模拟与科学计算可视化技术相结合的产物。一般来说，可视化仿真包括两方面的内容：一是将仿真计算中产生的结果转换为图形和图像形式；二是仿真交互界面可视化。随着仿真技术的发展，可视化仿真实时性要求更加严格，不仅要求能够实时跟踪显示仿真计算结果，而且要求能够对仿真过程进行实时干预。当前国内可视化仿真技术的研究及应用方兴未艾，其显著的特征是可进行实时计算机图形及图像处理。仿真系统是一个特殊的计算机应用系统，可视化仿真系统除具有传统数字仿真的能力外，还应当具有可视交互和动画显示能力。

①深空环境数据库的建立和管理

太阳系行星星历、小行星信息和探测器星历数据等大量深空环境数据已形成各自的数据库，其中前两者在 Matlab 下开发管理，并定期地进行更新，可方便地进行查询；探测器星历数据库由美国微软公司的数据库管理系统 SQL Server 2000 开发，同时开发数据库管理系统，以提供数据输入、修改、查询等功能。另外，每个数据库都开发了方便的数据库接口模块，便于各仿真子系统与数据库的链接。

②深空环境三维视景的生成

开放数据系统（OpenGL）图形标准已被认定是高性能图形和交互式视景处理的标准，目前包括 ATT 公司 UNIX 软件实验室、IBM 公司、DEC 公司、SUN 公司、HP 公司、Microsoft 公司和 SGI 公司在内的几家在计算机市场占领导地位的大公司都采用了 OpenGL 图形标准。

OpenGL 具有建模、变换、光线处理、色彩处理、动画及其他更先进的功能，如纹理影射、物体运动模糊等。OpenGL 的这些功能为实现逼真的三维渲染效果，建立交互的三维景观提供了优秀的软件工具。OpenGL 的硬件、窗口、操作系统方面是相互独立的。许多计算机公司已经把 OpenGL 集成到各种窗口和操作系统中，其中操作系统包括 UNIX、Windows NT、DOS 等，窗口系统有 X 窗口、Windows 等。

深空探测仿真系统集成与可视化虚拟演示系统的构成原理如图 9－3 所示，主要由地面系统模拟器、深空探测器自主导航系统模拟器、深空探测器姿态 G&C 系统模拟器、深空探测器运行轨道仿真器、深空探测器自主管理系统模拟器、深空环境数据库与三维可视化演示单元六部分组成。

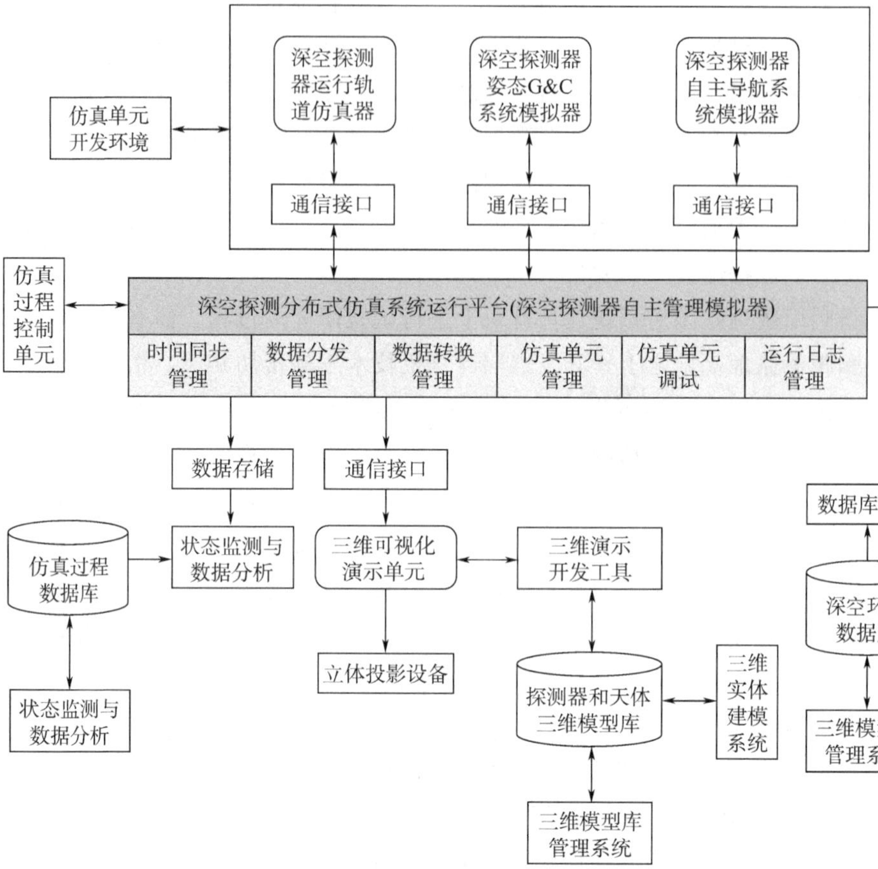

图 9-3　深空探测仿真系统集成与可视化虚拟演示系统的构成原理框图

1）自主导航子系统模拟器：负责深空探测器的导航图像处理、轨道确定、轨道机动序列规划与轨道控制等；

2）姿态 G&C 系统模拟器：负责姿态确定与姿态控制；

3）深空探测器运行轨道仿真器：根据深空环境、自主导航子系统输出的控制力，计算深空探测器在深空中的位置，并模拟导航相机的测量、星敏感器的测量等；

4）自主管理系统模拟器：负责深空探测器的任务规划与调度，命令序列的管理，遥测数据的收集与处理等；

5）深空环境数据库：负责模拟深空仿真环境，包括深空环境数学模型，数字化行星、小行星和彗星等；

6）仿真过程控制单元：基于 PRTI 平台对整个仿真系统进行管理，并对仿真进程进行控制；

7）三维可视化演示单元：可根据深空环境子系统提供的深空环境数据生成形象、可视的虚拟太空景象及深空探测器在飞行中的状态；

8）立体投影设备：采用 BARCO 公司提供的投影系统，利用三维可视化单元输出的有视差图像生成具有高度沉浸感的立体场景。

9.1.2 数学仿真系统

基于 HLA 标准的仿真系统能实现多方面的应用需求。具有许多优点：模型的可重用性、互操作性、能提供更大规模的将构造仿真/虚拟仿真/实况仿真集成在一起的综合环境、可以建立不同层次和不同粒度的对象模型等。所以基于 HLA 标准开发的模型可以实现以下广泛的用途：

1）良好的重用性，使得一个仿真应用开发的模型能在不同的仿真应用中实现共享，从而大大地节省新系统的开发费用和开发周期；

2）良好的互操作性，使得不同的 HLA 应用模型能实现集成，从而实现基于网络的多子系统的交互和对抗仿真。

深空探测是高投入、高风险的科技活动，仿真研究是降低风险和生产成本的有效手段之一。而探测器自主系统非常复杂，若对该系统进行全数学仿真，则单靠一台计算机很难实现。根据探测器自主系统自身特点采用 HLA（高层体系结构）仿真系统，将仿真任务分布到各个网络节点计算机上。

PRTI 是 PITCH 公司开发的 RTI 产品。该公司始建于 1991 年，是一家瑞典公司，它主要致力于决策支持系统、知识网络系统和仿真训练系统。它不仅为客户提供解决方案，还为瑞典军方、政府和公司提供开发服务，并且目前已形成多种用于国防、交通等领域的商品软件，尤其是 PRTI，其是第一个通过美国国防部建模仿真办公室（DMSO）测试并认证的符合 HLA 标准的商业 RTI。该软件的优点包括：可靠、稳定，性能高，具有功能强大的图形操作界面，资源配置要求低，安装、配置、运行简单，具有功能强大的开发和调试功能，适用于大规模开发和提高用户效率的 RTI。

（1）系统总体结构

探测器自主技术数学仿真系统采用客户（Client）/服务器（Server）模式，RTI 相当于分布操作系统的 Server，各仿真节点进程作为 Client 以联邦成员的身份通过调用 RTI 接口服务加入联邦并实现信息交互。从结构上可以将系统分成两部分：在客户端仿真节点端，运行独立的仿真程序和接口模块，负责设定的推演、态势视景显示和仿真行为控制，调用 LibRTI 中的 RTI 接口，发布定购对象交互并更新本地数据；在服务器端，运行支持系统 RTI 创建的 RTIExec 进程和 FeclExec 进程，负责交互数据的维护和管理。系统不同部分之间通过通信网络、协议、操作系统实现跨平台的连接。系统总体结构简图如图 9－4 所示。

HLA 是分布式交互仿真的高层体系结构，HLA 平台主要是在联邦成员的基础上进行联邦集成，即设计联邦成员的交互以达到仿真的目的。探测器自主技术数学仿真系统共有三个联邦成员：动力学联邦成员、自主管理联邦成员和仿真控制联邦成员。各联邦成员自成一个相对独立的系统，通过 PRTI 平台组建成探测器自主技术数学仿真联邦系统，该系统的网络结构如图 9－5 所示。

仿真控制子系统是探测器自主技术数学仿真系统的一个子系统，用于完成对探测器自主技术数学仿真系统控制。根据其功能划分为仿真控制模块、数据回放模块、传输模块和

PRTI 模块。自主管理系统与地面子系统的接口具有交互功能：地面可向自主管理系统上传指令，对已有的任务列表进行补充和修改。自主管理系统接收到地面上传的指令后，对指令进行冲突及优先级检测，并最终做出处理决定（摒弃、接收或替换某条指令）。动力学子系统通过数学模型产生探测器的轨道和姿态的实时数据。

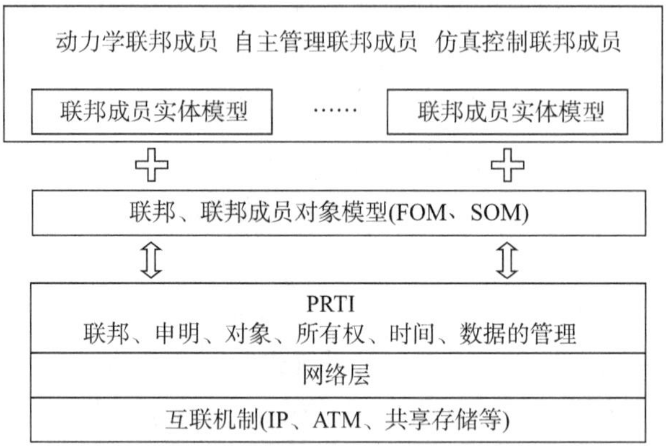

图 9-4 探测器自主技术数学仿真系统总体结构图

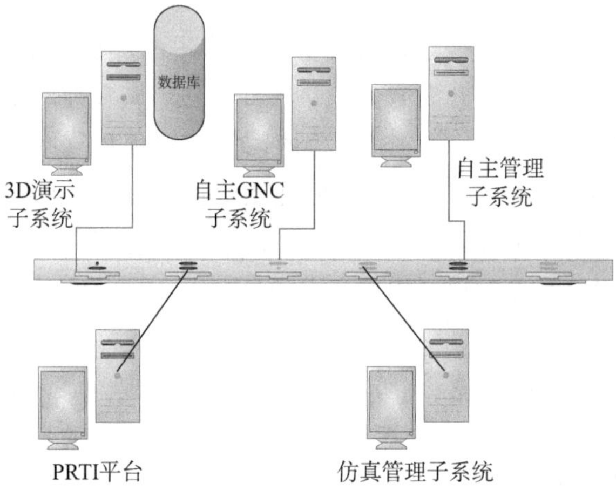

图 9-5 探测器自主技术数学仿真联邦系统网络结构图

①对象模型设计

HLA 是一个开放的体系结构，其目的是促进仿真系统间的互操作，提高仿真系统及其部件的重用能力。为了达到这一目的，HLA 要求一个联邦系统对应一个联邦对象模型（FOM）。FOM 将运行时联邦成员间数据交换的协议和条件文档化，是定义一个联邦的基本元素。该对象模型描述了联邦在运行过程中需要交换的各种数据及相关信息。FOM 表开发完成后，就形成了 HLA 对象模型模板（OMT）。OMT 是 HLA 的重要组成部分，图 9-6 给出了 FOM 表的开发过程及形成的 OMT 构件。

FOM 是对联邦成员之间公共的交互信息的描述。FOM 的基本目的是以通用的、标准化的格式提供一套所有公共数据交互的描述规范，把联邦运行时各联邦成员中参与信息交换的对象类及其属性、交互类及其参数的特性描述清楚。

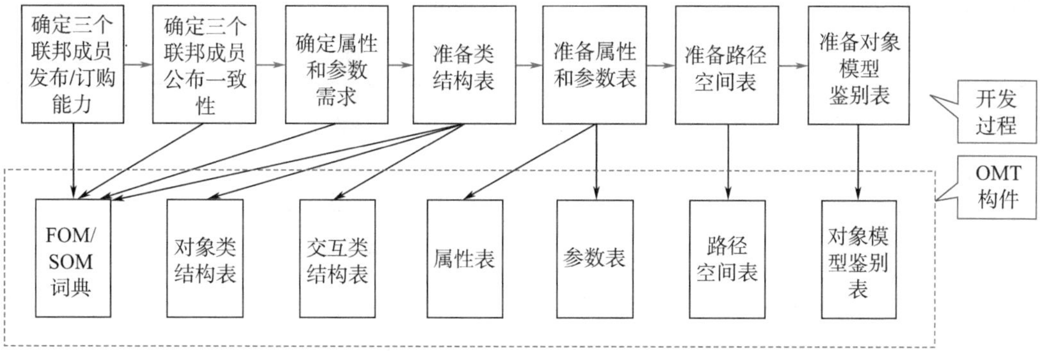

图 9-6　FOM 表的开发过程及形成的 OMT 构件

在每个仿真节点建立的仿真对象模型（SOM）包含的数据类型有两大类：对象类和交互类。对象类对应仿真软件中的各种实体，由属性构成；交互类对应着它们间的相互关系，由参数构成。在随后的建模过程中我们采用面向对象的建模方法，因此在设计时只需指定属性数据、参数数据，以及它们采用的数据类型即可。考虑到 FOM 中的对象类并不直接参与仿真进程的模型处理，此外任何一个仿真节点的外部实体的控制权并不在该节点，而是作为原始实体的一个镜像，因此对象类和仿真类不必设计得非常复杂和详细。

设计对象模型的第一步是识别系统中的对象。我们设计的对象类共有两种：任务指令对象和探测器对象。

设计对象模型的第二步是确定对象的属性及数据类型。对象的属性包括：任务指令，绝对时间，探测器估计位置，探测器估计速度，探测器估计姿态四元数，探测器估计姿态角速度，喷嘴开关状态（12 个），有效载荷状态（5 个），飞轮功率（4 个）。表 9-1 描述了系统对象类及其属性。

表 9-1　仿真系统对象类及其属性

对象类名称	序号	数据名称	属性名称	数据类型	单位	发布/订购关系		
						自主管理	自主 GNC	仿真管理
AutoComm	1	任务指令	Word	String		P	S	S
Spacecraft	2	绝对时间	AbsTime	Double		S	P	S
	3	探测器估计位置	Position	xyzRec	m	S	P	S
	4	探测器估计速度	Velocity	xyzRec	m/s	S	P	S
	5	探测器估计姿态四元数	AttiQ	double		S	P	S
	6	探测器估计姿态角速度	AngVelocity	xyzRec	rad/s	S	P	S
	7	喷嘴开关状态（12 个）	NozzleState	xyzRec		S	P	S
	8	有效载荷状态（5 个）	PayloadState	Double		S	P	S
	9	飞轮功率（4 个）	FlywheelPower	double	W	S	P	

第三步是确定交互类及其参数。根据仿真的实际需要，我们设计了 GNCComm 和 DESTROYComm 交互类。GNCComm 的参数为 Word，DESTROYComm 的参数为 DE-

STROYCommWord。交互类及其参数如表 9 - 2 所示。

表 9 - 2 仿真系统交互类及其参数

交互类名称	序号	数据名称	参数名称	数据类型	单位	发布/订购关系		
						自主管理	自主 GNC	仿真管理
GNCComm	1	GNC 指令	Word	String	无	S	P	S
DESTROYComm	2		DESTROYCommWord	String	无	S	S	P

完成对象类及其属性、交互类及其参数的设计后，我们就可获得 FOM 的对象类结构表、对象交互类表和属性/参数表。所建模型符合对象模型模板（OMT）的格式，由相关的多个 DOS 对象组成，至此我们已完成对象结构模型和对象动态模型的设计。对象功能模型涉及到模型数据处理的细节，我们把它放在 HLA 接口模块的设计中完成。

②联邦成员接口功能实现

1）系统和 PRTI 的接口。由于 LibRTI 中的 RTIAPI 是 HLA 接口规范中规定的六大服务的提供者，下面说明 LibRTI 在该软件中的使用方法。LibRTI 包含两个类：RTIAmbassador 和 FedAmbassador。RTIAmbassador 类包含 RTI 提供的所有服务，FedAmbassador 类提供联邦成员必需的回调函数，联邦成员可以按需要重载该类中的虚函数。

探测器自主技术数学仿真系统的联邦成员采用的是 PRTI1516，PRTI 的 RTIAmbassador 和 FedAmbassador 包含在头文件 RTI. h 和 Fedtime. h 中，只需在头文件中包含这两个文件即可定义 RTIAmbassador 的对象，如下所示

```
RTI:: RTIAmbassador _ rtiAmbassador;
```

通过“ _ rtiAmbassador”可以调用 RTI 的各种 API 函数，如

```
_ rtiAmbassador. joinFederationExecution ( " Automanage"," Detector", this, null ) ;
// joinFedetationExecution: 加入联邦执行。Automanage: 联邦成员的名称，和 FOM 表没有关系。Detector: 准备加入的联邦的名称。
```

FedAmbassador 是回调函数的一个入口，PRTI 中 FedAmbassador 被封装在类 BaseFederateAmbassador 中，联邦成员以它为基类，重载这个类的虚函数可以接收到其他联邦成员发来的交互信息。如

```
public final void reflectAttributeValues (
    //该回调函数通知联邦成员，它所定购的实例属性状态发生了变化
      final ObjectInstanceHandle _ theInstance,
      final AttributeHandleValueMap _ theAttributes,
      final byte [] _ theUserSuppliedTag,
      final OrderType _ theOrderType,
      final TransportationType _ theTransport ) {
      new Thread ( ) {
        public void run ( ) {
```

```
            byte [] tmp;
            byte [] tmp1 = new byte [8];
            int i, j;
        if ( _ theAttributes. containsKey ( _ attributeIdAbsTime ) ) {
          tmp = (byte []) _ theAttributes. get ( _ attributeIdAbsTime ) ;
          _ AbsTime = byteToDouble ( tmp1 ) ;}
        }
    }
}
```

2）联邦成员的设计类图。建立基于 HLA 的探测器自主技术数学仿真系统的工作可以分为两部分：一是对 HLA 技术框架的理解和对 RTI 编程模型的熟悉，二是对所仿真系统各联邦成员建立仿真模型。本系统有三个节点（三维演示模块是用 OpenGL 做的模型、驱动和三维显示），很显然它们除了仿真功能不同之外，在结构上也存在着很大的相似性。这里主要说明自主管理联邦成员应用的设计，其他联邦成员的应用与此结构类似。Autognc 类继承 RTI 中的 FederateAmbassadorImpl 类，运用该类中的一些服务函数完成仿真任务。图 9－7 是探测器自主技术数学仿真系统自主管理联邦成员基于 RTI 的设计类图。

HLA 提供了六个接口类，分别为 baseTypes，RTItypes，RTIAmbServices，federateAmbServices，fedtim 和 RTI。baseTypes，RTItypes 和 FedTime 定义了 RTI 的基本类型，例如，FedTime 定义了 RTIfedtime 类型，该类型又是从 RTItypes 中定义的 FedTime 类型派生的。特别需要注意的是，RTIAmbServices 和 federateAmbServices 类型，即 RTI 大使类和联邦成员大使类。RTI 大使类提供了 RTI 的接口服务，联邦成员大使类则定义了 RTI 调用联邦成员的一系列回调函数接口。FederateAmbassador 是默认的联邦成员大使类，任何参与仿真的联邦成员必须直接或间接从这一类型派生，以表示联邦成员本身就是联邦成员大使类型。另外，CSimu 类还引用一个 RTIambassador 类，即 RTI 大使类，所有 CSimu 需要访问的 RTI 接口服务都通过该引用访问。同时，CSimu 还是仿真模型的包容器类，真正模型解算工作在自主管理仿真模型中完成，CSimu 只是暂时保存和转发仿真数据。

3）联邦成员的流程图。图 9－8 显示了自主管理联邦成员的流程图，其他联邦成员有类似的结构。

联邦成员生命周期可以分为五个阶段：

a）预备阶段，每个联邦成员加入联邦、设置时间特性和完成发布预订；

b）注册阶段，每个联邦成员注册、更新初始实例；

c）运行阶段，每个联邦成员按正常方式推进逻辑时间；

d）后处理阶段，每个联邦成员停止推进，完成联邦执行后的所需处理工作；

e）退出联邦，每个联邦成员从联邦中退出，关闭联邦。

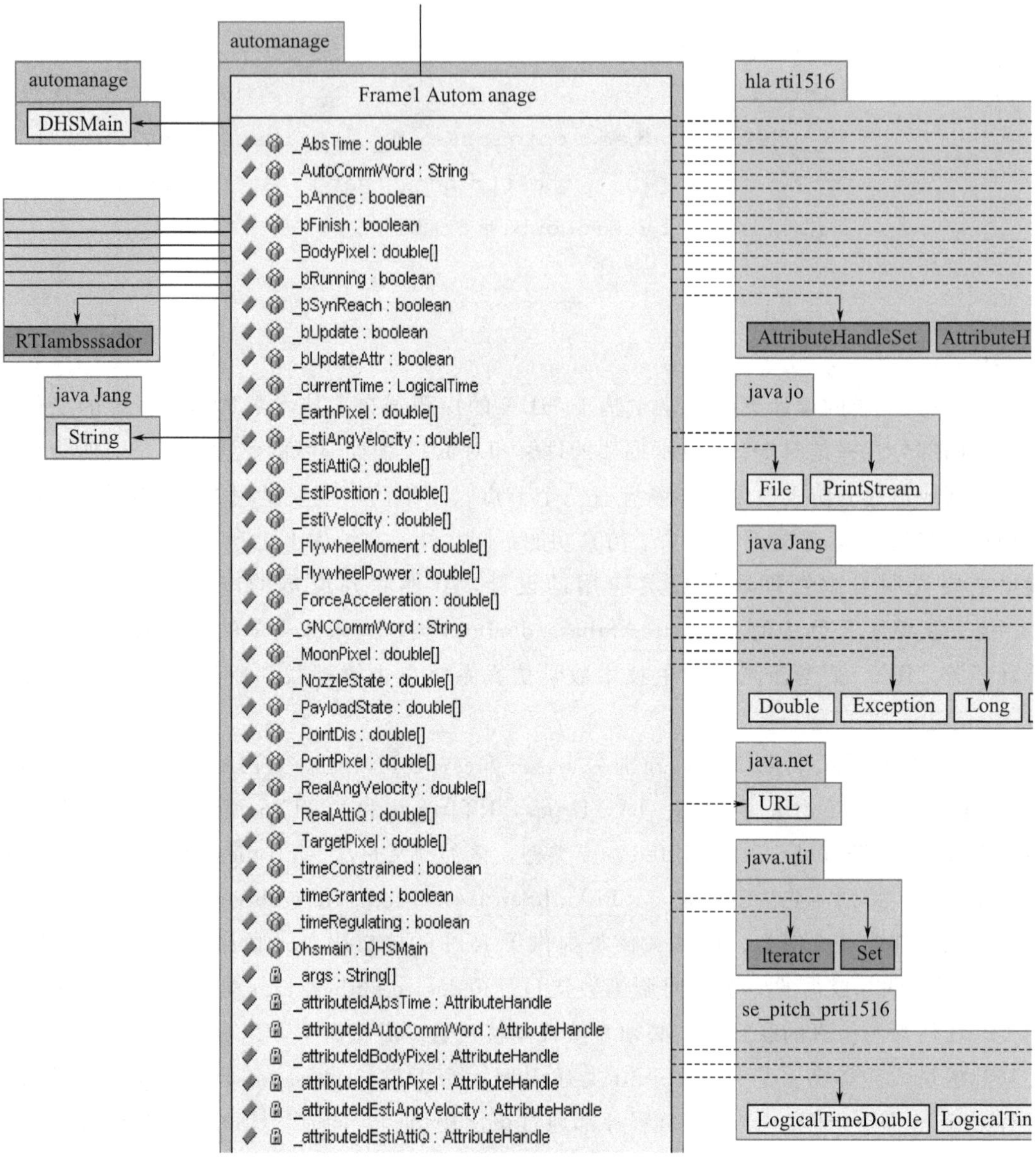

图 9－7　自主管理联邦成员设计类图

(2) 深空探测器自主管理系统

探测器自主管理系统主要完成星上数据、指令任务的管理，其主要实现方式如图 9－9 所示，根据 HLA 平台实时提供的探测器状态信息给出当前执行的指令。

除上面几个现成的类外，还需定义指令类、星上数据类、地面数据类、读写类，具体如下。

1) 指令类：包含指令的参数及其改变或获取这些参数数值的方法。

```
class Command
 { private  double time; //指令绝对时间
```

```
  private String command; //指令标示
  private String parameters; //指令参数
  …
  //方法
  参数.get( );
  参数.set( );
}
```

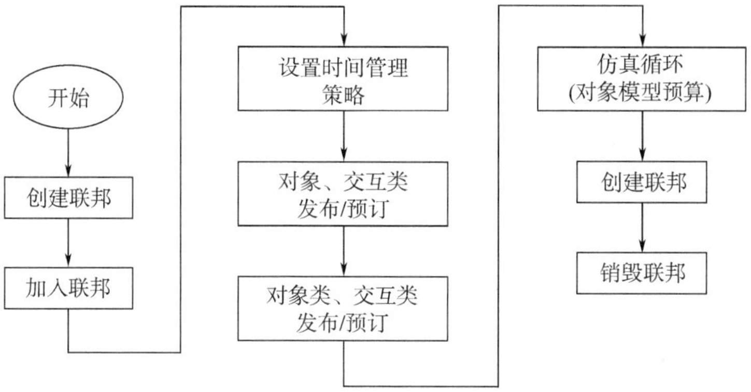

图 9－8　自主管理联邦成员的流程图

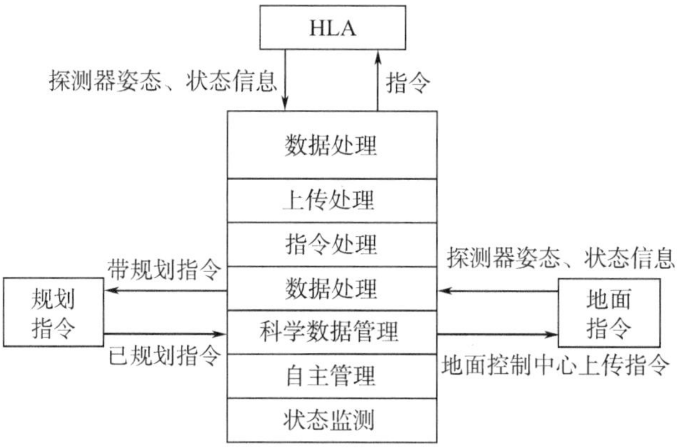

图 9－9　自主管理系统结构

2）星上数据类：探测器遥测数据、科学数据，供存储；同时给规划传送当前探测器的状态。

```
class DataOnboard
 { double  On_ Time//当前时间
  double []  On_ Position[3]; //探测器位置
  double []  On_ Velocity[3] //探测器速度
  double []  On_ ATT[4]; //探测器姿态
```

```
    float []   On_ Puls [3]; //喷气序列
    float []   On_ WheelPower [4]; //飞轮功率
    float []   On_ Load [5]; //有效载荷动作
    Boolean  On_ Health [N]; //N 个系统的健康状态，N 待定
    Double  On_ Resource [M]; //星上资源的状态
    …
    //方法
    参数.get ( );
    参数.set ( );
  }
```

3）地面数据类：供演示用，探测器遥测数据。

```
  class DataOffboard
   { double  Off_ Time//当前时间
    double []  Off_ Position [3]; //探测器位置
    double []  Off_ Velocity [3] //探测器速度
    double []  Off_ ATT [4]; //探测器姿态
    float []  Off_ Puls [12]; //12 喷嘴活动
    float []  Off_ Load [5]; //有效载荷动作
    …
    //方法
    参数.get ( );
    参数.set ( );
  }
```

4）读写类：负责从缓存数据的读写，为 synchronized 型类，可以解决缓存读写的冲突问题。

```
  class synchronized RW_ Data
   {
  private MyRead ( Vector,, class, n );   //从缓存 Vector 中读取第 n 个数据，返回的数据类型为 class
  private MyWrite ( Vector, class );   //把类数据 class 写入缓存 Vector
  private CountSize ( Vector ); //返回缓存中数据的个数
  …
  }
```

定义用于数据存储的缓存，分别有地面上传指令缓存、规划指令缓存、发送指令缓存、探测器遥测数据缓存、探测器星上数据缓存。

a）地面上传指令缓存 UpLoadComBuf：用于存储地面上传的指令；

b）规划指令缓存 PlComBuf：用于存储规划模块规划出的指令，该指令同时也是探测器当前指令序列，每次有新的规划时更新此序列；

c）发送指令缓存 SendComBuf：用于存储发送的指令，发向 HLA 的指令由此读出；

d）探测器遥测数据缓存 SpTelDataBuf：用于存储发送到三维演示子系统的数据；

e）探测器星上数据缓存 SpOnbDataBuf：用于存储探测器状态信息数据，规划模块需求的探测器当前信息也由此传递。

（3）深空探测器姿态 G&C 子系统

①姿态 G&C 子系统总体结构

G&C 系统作为演示系统的一个组成部分，其功能主要是为仿真演示实时提供探测器的姿态信息。这里采用的是单步模式，即每接收到一个带儒略日的指令 G&C 就输出对应时刻的姿态信息，必要时与自主光学导航系统交互，如图 9－10 所示。

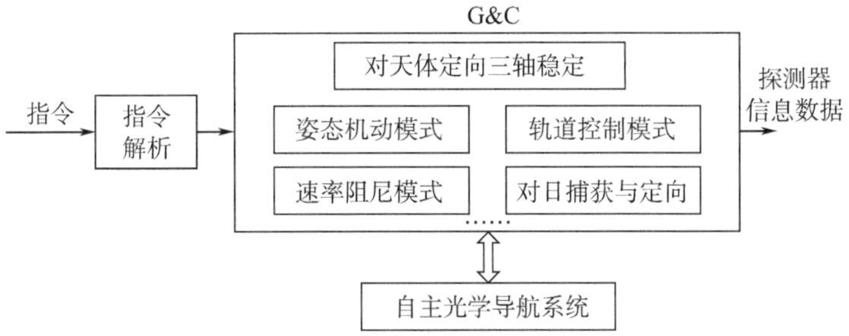

图 9－10　姿态模拟器总体结构

②G&C 系统的工作流程

如图 9－11 所示，首先需进行初始化设置，完成后接收自主系统的指令并进行分解。为了便于将整个流程阐述清楚，我们将自主系统发出的指令分为快速演示指令 QUICK-DEMO，对导航小行星拍照指令 NAVIGATIONPHOTO，轨道机动指令 ADJUST，大角度机动指令 Q2Q，任务模式指令 COMMAND 五种形式，以下分别对其工作流程进行说明。

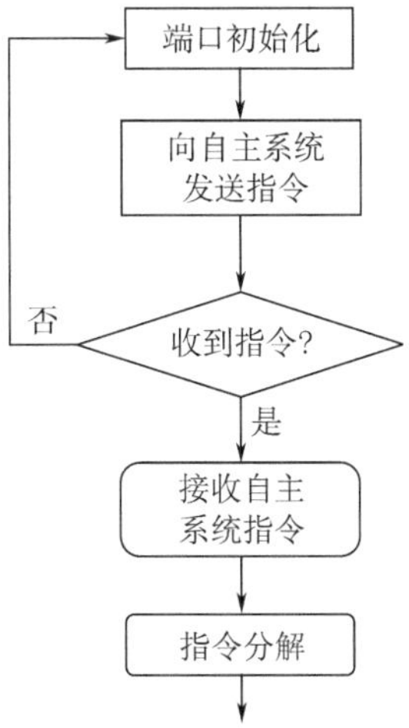

图 9－11　G&C 系统工作流程

在 QUICKDEMO 指令模式下（图 9－12），自主系统提供每一步仿真时间，在 While 循环的每一步开始时向导航系统请求星历信息（探测器星历或地球星历），计算出期望姿态参数，并将计算结果发给自主系统，通过演示系统演示。

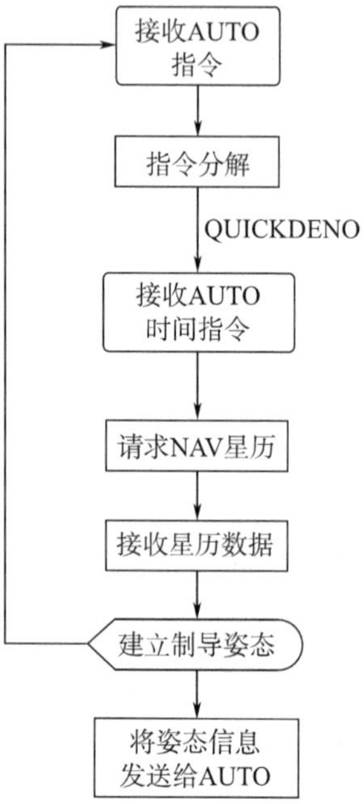

图 9－12　QUICKDEMO 指令的流程图

在 NAVIGATIONPHOTO 指令模式下（图 9－13），G&C 系统转向由导航系统规划任务指令，接收到任务指令后，先请求星历（导航小行星和探测器星历），假定当前姿态，从而计算出期望姿态，并估计机动时间；由导航系统决定是否执行机动，进而决定是否仿真；仿真每一步都按采样时间 2 s 发数给自主系统，总共进行 12 次估计，故而此处也用循环语句实现；完成后由导航系统决定 complete 指令跳出循环，任务结束。每一次仿真结束时不用给自主系统发仿真结束标志。

在 ADJUST 指令模式下（图 9－14），自主系统提供计算好的任务轨道机动时刻和冲量。其中，在进行轨道的机动模式仿真时，首先执行大角度喷气机动，完成机动并稳定后主发动机点火，同时给自主系统发指令；达到要求的冲量的 99.5%时给自主系统发指令，主发动机停火，然后剩余的冲量通过姿控推力器实现，直至仿真停止；仿真每一步都向自主系统按采样时间 2 s 发数。

在 COMMAND 指令模式下（图 9－15），自主系统提供初始仿真时间和仿真模式，决定是对日定向还是对地定向；然后向星历系统请求星历，进行仿真，并将仿真数据按采样时间（每个模式仿真时间长短不同，采样时间也不同）发给自主系统；仿真最终时刻给出标志信号。

在 Q2Q 指令模式下（图 9－16），执行不同的三轴定向之间的模式切换，同样需要完成期望姿态的计算，同时还必须保证姿态的连续性。

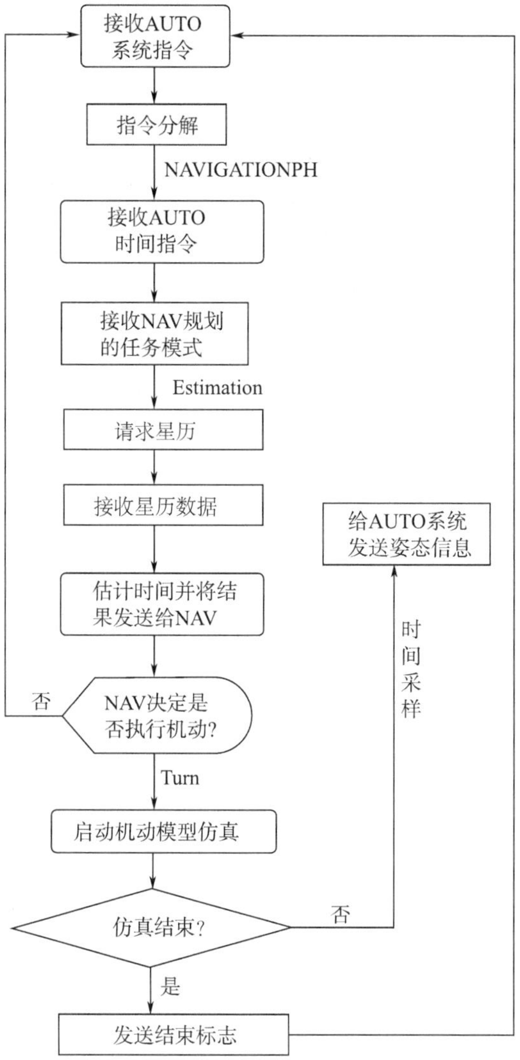

图 9-13　NAVIGATIONPHOTO 指令的流程图

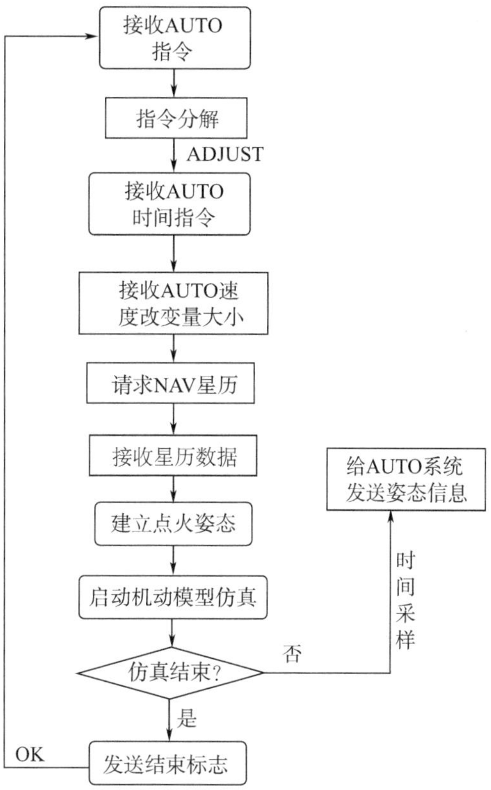

图 9-14　ADJUST 指令的流程图

当前除姿态捕获外，在所有连续的 Simulink 仿真模式完成后，当自主管理或导航子系统没有请求进一步的姿态服务时，都需经过飞轮机动转回进行对日三轴稳定定向的快速演示。

③主要控制模式

1）速率阻尼模式过程描述及方案设计如下。

过程描述：本模式是星箭分离后的首个姿态控制模式，任务是消除星箭分离产生的星体初始角速度，将星体稳定于惯性空间。采用速率陀螺测量星体三轴姿态角速度，将其作为控制偏差输入姿态控制计算机，计算控制力矩，由姿控推力器执行阻尼，如图 9-17 所示。

方案设计：设测得的星体角速度为 $\boldsymbol{\omega}$，增益系数为 K_D，则速率阻尼模式的控制律为 $\boldsymbol{T}_e=-K_D\boldsymbol{\omega}$

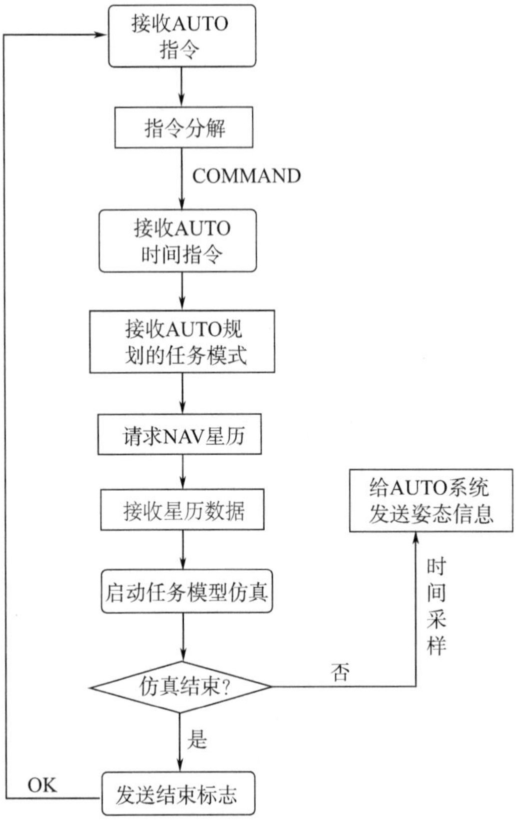

图 9-15　COMMAND 指令的流程图

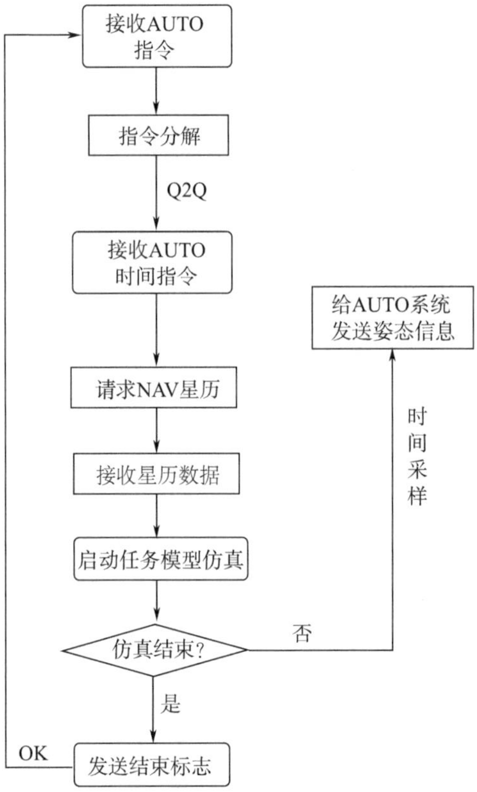

图 9-16　Q2Q 指令的流程图

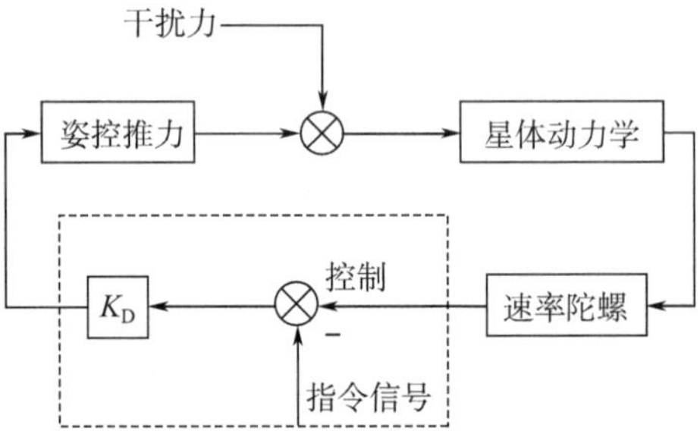

图 9-17　速率阻尼模式仿真原理框图

2）对日捕获与定向模式过程描述及方案设计如下。

过程描述：本模式的任务是控制星体 Y_b 轴对准太阳，实现对日单轴定向。探测器在星箭分离、速率阻尼模式之后，根据0-1太阳敏感器测量信息，利用合理设计的逻辑控制算法实现全方位对日捕获控制。结合数字太阳敏感器达到给定精度的对日定向，0-1 太阳敏感器对日捕获的数学仿真原理如图 9-18 所示，数字太阳敏感器对日定向数学仿真原理如图 9-19 所示。

方案设计：0-1 太阳敏感器感受到的光照区域指定了各轴角速度指令 $\boldsymbol{\omega}_c$ 的生成逻辑，使得星体 Y_b 轴逐渐稳定至指向太阳。控制指令取为 $\boldsymbol{P}_u=\boldsymbol{K}_D(\boldsymbol{\omega}_c-\boldsymbol{\omega})$；若使用飞轮控制，

设飞轮角动量为 $\boldsymbol{h}$，最大角动量为 $\boldsymbol{h}_{\max}$，$\boldsymbol{I}$ 为整星惯量阵。根据整星近似零动量，$\boldsymbol{I\omega}+\boldsymbol{h}=0$，取 $\boldsymbol{\omega}_c<-\boldsymbol{I}^{-1}\boldsymbol{h}_{\max}$，使飞轮不会饱和。当数字太阳敏感器有输出时，指令角速度为零，数字太阳敏感器工作，进行对日定向控制，目的是使星体 Y_b 轴与日光夹角减小到一定程度，即完成对日定向。可以将两个数字太阳敏感器的输出值分别输入 X 通道和 Z 通道来控制星体绕 OX_b 轴和 OZ_b 轴转动，使 OY_b 轴对准太阳。采用 PD 控制，控制指令取为 $\boldsymbol{P}_u=-(\boldsymbol{K}_D\boldsymbol{\omega}+\boldsymbol{K}_P\boldsymbol{\alpha})$，$\boldsymbol{\alpha}$ 是数字太阳敏感器的输出。为限制飞轮转速，对 $\boldsymbol{\alpha}$ 施加了饱和限制。

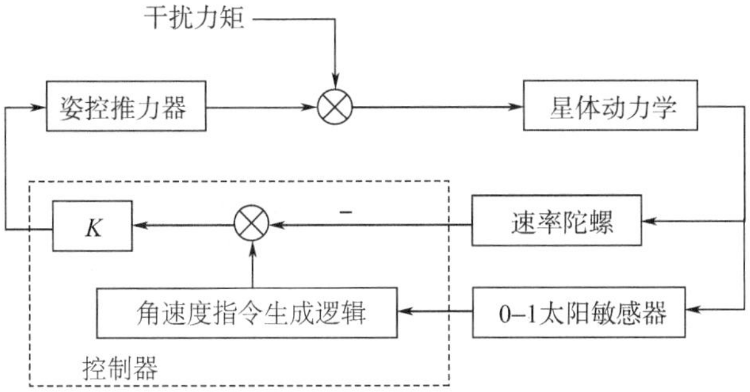

图 9-18　0-1 太阳敏感器对日捕获数学仿真框图

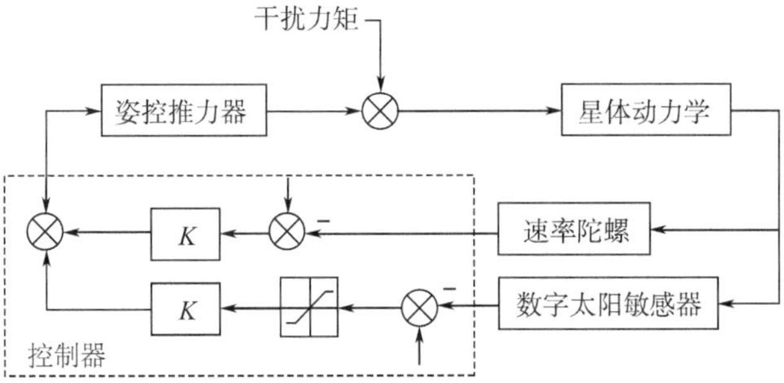

图 9-19　数字太阳敏感器对日定向数学仿真框图

3）姿态机动模式过程描述及方案设计如下。

过程描述：用于对日/对地/对小天体定向的双模切换控制等过程。该模式是基于 Euler 定理，即惯性空间两个坐标系间的转换可通过绕某一瞬时转轴（Euler 轴）转过一定角度实现。执行机构为反作用飞轮，姿态确定方案为陀螺积分。

方案设计：由星敏感器确定星体相对黄道惯性坐标系的初始姿态四元数，机动过程中利用光纤陀螺测量星体相对惯性坐标系的角速度，然后通过对星体姿态四元数微分方程积分求得星体相对黄道惯性坐标系的连续姿态四元数。目标姿态四元数由任务给定，目标姿态四元数的共轭矩阵乘以星体姿态四元数矩阵，可得到星体与目标姿态的误差四元数；目标姿态角速度与星体姿态角速度做差，得到误差角速度，组成 PD 控制器，绕瞬时 Euler 轴机动，原理如图 9-20 所示。

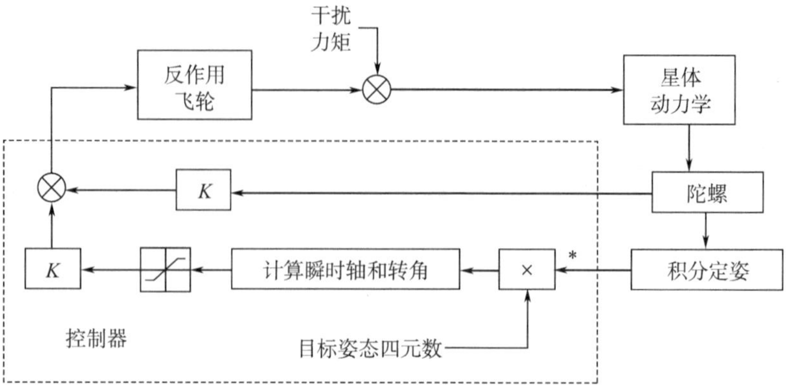

图 9-20　飞轮大角度机动数学仿真框图

设误差四元数 $\boldsymbol{q}_e=[q_{e0}, \boldsymbol{q}_{ea}]$ ，由标部 q_{e0} 得到误差角 $\delta=2\cos^{-1}(q_{e0})$ ，矢部 $\boldsymbol{q}_{ea}$ 代表当前误差瞬时轴方向。当 $\delta\in[0, \pi]$ 时，为消除误差，应使星体角速度与 $\boldsymbol{q}_{ea}$ 同向，控制指令取为 $\boldsymbol{P}_u=-K_D\boldsymbol{\omega}+K_P\boldsymbol{q}_{ea}$ ；当 $\delta\in(\pi, 2\pi]$ 时，则应使星体角速度与 $\boldsymbol{q}_{ea}$ 反向，$\boldsymbol{P}_u=-K_D\boldsymbol{\omega}-K_P\boldsymbol{q}_{ea}$ 。

机动过程中飞轮不进行卸载。为防止飞轮转速饱和、控制力矩过大，限制星体机动过程中角速度的最大值和控制力矩的最大值。

4）对天体定向三轴稳定模式过程描述及方案设计如下。

过程描述（以对小天体科学探测模式为例）：该模式为探测器对小行星进行科学考察的长期模式。在该模式中，$-Y$ 轴指向小行星质心方向，X 轴在轨道平面内，XYZ 三轴构成右手直角坐标系。在控制过程中，探测器姿态控制部件为四个反作用飞轮，用星敏感器和光纤陀螺联合定姿，用姿控喷嘴卸载。该模式采用的工作部件有光纤陀螺、姿控喷嘴、星敏感器和飞轮，数学仿真原理如图 9-21 所示。

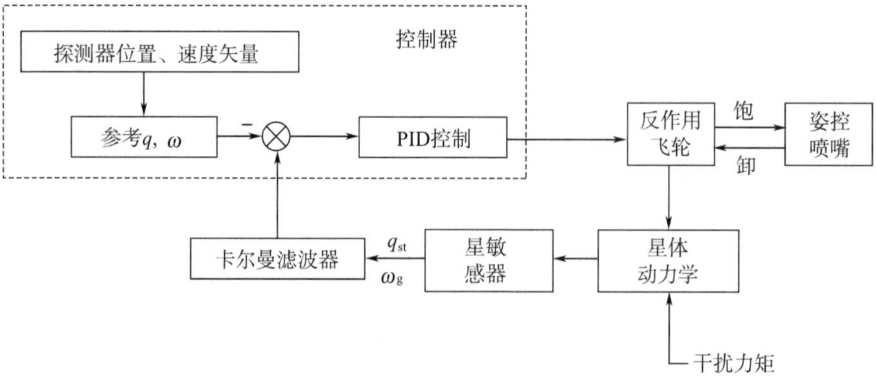

图 9-21　对天体定向三轴稳定数学仿真框图

方案设计：首先在得到星敏感器提供的探测器相对黄道惯性坐标系的初始姿态四元数和光纤陀螺提供的星体相对黄道惯性坐标系的角速度后，通过星体姿态四元数微分方程得到星体相对黄道惯性坐标系的连续姿态四元数。

然后，依据探测器当前所在位置、速度可求出定向姿态参考坐标系相对小行星赤道惯性坐标系的姿态四元数，同时定向姿态参考坐标系相对小行星赤道惯性坐标系的转动角速度也可求出。参考的姿态四元数和角速度经坐标转换统一转化到黄道惯性坐标系下以分量表示。

最后，黄道惯性系下参考姿态四元数的共轭矩阵乘以星体姿态四元数矩阵得到星体相对参考姿态的偏差四元数；星体角速度减去黄道惯性矩阵系下的参考姿态角速度在星体坐标系的分量，得到星体相对于参考姿态角速度的偏差角速度；进一步组成 PID 控制器，进行稳定控制。

5）全方位对日捕获与姿态重新建立模式（安全模式）。当出现不满足光照或通信条件、反作用飞轮力矩饱和、星载计算机故障等情况时，将触发安全模式。首先完成对日定向，然后使中增益天线对准地球，以确保探测器的供电和对地通信。

6）太阳帆板指向控制模式。为使太阳电池阵跟踪太阳，采用以下三种驱动方案：

a）由姿态控制计算机根据星上估计的探测器俯仰姿态与星历计算太阳帆板角位置控制指令，驱动太阳帆板转动；

b）利用安装在太阳帆板上的模拟太阳敏感器实现太阳帆板自动跟踪太阳；

c）太阳帆板匀速转动，定期由地面调整角度和角速度。

7）轨道控制模式过程描述及方案设计如下。

过程描述：本模式用于深空机动、中途修正、小行星捕获制动、绕飞轨道保持等。首先对姿态控制推力器预热，由姿态控制推力器完成点火姿态的建立，然后转入惯性空间姿态保持。当满足点火要求的姿态稳定精度时，轨控发动机或推力器点火，产生需要的 $\Delta\boldsymbol{V}$，同时由推力器保持姿态稳定。执行轨道控制时需要太阳帆板对日定向，轨道机动完成后由反作用飞轮执行姿态机动转入下一姿态模式。

方案设计：首先进行轨道测定。自由（无动力）飞行阶段的测轨定轨工作由地面测控系统完成，轨道控制过程中探测器沿 $+X_b$ 方向速度改变，由加速度计测量。

然后进行姿态确定，利用星敏感器与速率陀螺联合定姿。

再进行轨道控制。用双组元（以一甲基肼为燃烧剂，四氧化二氮为氧化剂）推进系统的 490 N 发动机或 10 N 推力器组合作为轨道控制发动机，分为轨道机动和轨道修正两种模式：

a）轨道机动，采用 $+X$ 方向 490 N 发动机，或 10 N 推力器组合（合成推力 40 N 或 20 N）；

b）轨道修正，采用 $+X$ 方向 10 N 推力器组合。

在 490 N 发动机发生故障时，可使用推力沿 $+X$ 方向的推力器代替，但点火次数增加、比冲降低。

由地面变轨控制优化软件计算出制导指令注入星上计算机，由星上 GNC 计算机进行实时计算控制。

最后进行姿态控制。姿态控制计算机实时产生最优姿态曲线数据，并比较实测姿态与最优姿态，利用其误差量由控制器算法软件算出控制信号量，经控制接口线路转换为姿态控制推力器的开关驱动信号。

采用推力器作为姿态控制执行机构。姿态控制要克服由于 490 N 发动机推力偏离探测器质心所产生的干扰力矩、液体推进剂晃动和帆板天线挠性振动的影响。变轨期间三轴姿控精度为 1°(3σ)。

点火姿态建立的数学仿真原理如图 9－22 所示，点火姿态稳定控制模式的数学仿真原理如图 9－23 所示。

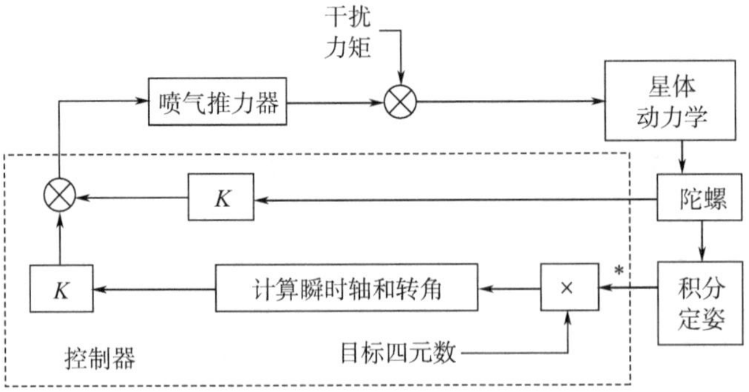

图 9－22　点火姿态建立的数学仿真框图

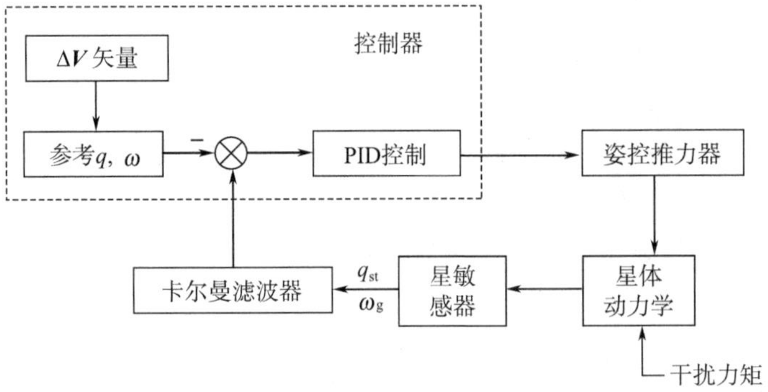

图 9－23　点火姿态稳定控制模式的数学仿真框图

(4) 深空探测器自主导航子系统

①自主导航系统的工作模式

自主导航系统的工作过程如图 9－24 所示。首先，自主导航规划模块利用拍照规划功能识别导航目标，请求 GNC 分系统转向需要姿态。其次，向导航相机发出拍照指令，获得导航目标天体的图像；再由自主导航规划模块发送图像处理指令到自主导航计算模块，经图像处理模块处理后，把得到的导航目标位置信息存入轨道确定文件。然后，自主导航规划模块发出轨道确定的指令，调用轨道确定函数计算探测器的轨道参数。最后，自主导航规划模块发出轨道预报的指令，利用轨道积分器进行轨道预报；如果执行过程出现故障，则进入故障处理模块。

自主导航系统的工作模式包括：拍照模式、图像处理模式、轨道确定模式、轨道预报模式和着陆操作模式。下面对这些工作模式进行详细说明。

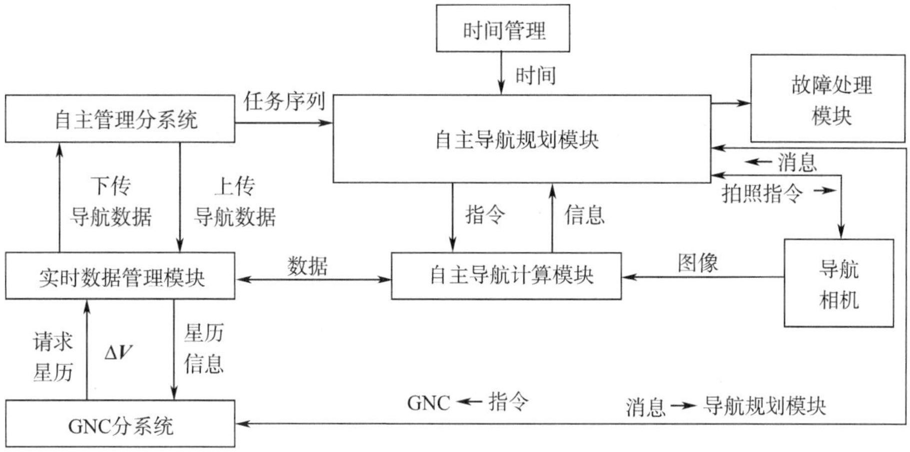

图 9-24　自主导航系统的工作过程

1）拍照模式的任务是完成拍照序列规划和图像拍摄。拍照模式的工作过程如下：

a）利用拍照规划功能识别出一批适合当前状态的导航目标，并优化导航目标列表；选择第一个导航目标发送到 GNC 分系统。

b）询问 GNC 分系统从当前姿态调整到拍照姿态所需要的时间，如果满足规定的转向时间，继续；否则，转向步骤 e）。

c）请求 GNC 分系统转向需要姿态。

d）发指令给导航相机进行拍照，得到的图像数据传送至导航计算模块，并写入导航光学文件。

e）从列表中选择下一个导航目标，发送到 GNC 分系统，并转到步骤 b）。如果列表中已没有剩余导航目标，则拍照结束。

2）图像处理模式的任务是完成导航图像的处理。图像处理模式的工作过程如下：

a）预报导航目标的位置，要求精确到 1～2 pixel。

b）从光学导航文件中读取预定长度的图像数据，并确定导航目标的中心，要求精确度达到 0.1～0.2 pixel。

c）把导航目标的位置信息写入轨道确定文件，图像处理结束。

3）轨道确定模式的任务是完成探测器位置与速度的估计。轨道确定模式的工作过程如下：

a）读取轨道确定文件中预定长度的光学和姿态数据。

b）利用轨道积分器和数学模型，计算轨道确定弧段内所有数据的残差和偏微分。

c）利用导航滤波器估计探测器的历元状态，包括探测器位置、速度和其他参数。

d）把估计的探测器历元状态存入轨道确定文件中，轨道确定结束。

4）轨道预报模式的任务是完成探测器位置与速度的外推。轨道预报模式的工作过程如下：

a）从轨道确定文件中读取轨道确定得到的探测器最新状态。

b）利用轨道积分器，外推探测器的状态到一个预先指定的时间。

c）将信息存入探测器星历文件，轨道预报结束。

②导航小行星序列规划

自主光学导航通过小行星图像来确定探测器的位置，因此选择合适的导航小行星是自主光学导航的前提。

1）选择准则如表 9－3 所示。

表 9－3　导航小行星选择准则

参数	范围
速度	≤7.0 km/s
距离	1×10^{8} km
相位	[40°，75°]
成像比例	[0.05，0.7]
反照率	＞0.2

2）综合评估确定小行星是否合适的因素有速度、距离、相位、成像比例、反照率等，因此需要对这些因素进行综合评估。

3）统计整个巡航段内所用到的导航小行星，以及每个小行星使用的次数（图 9－25）。

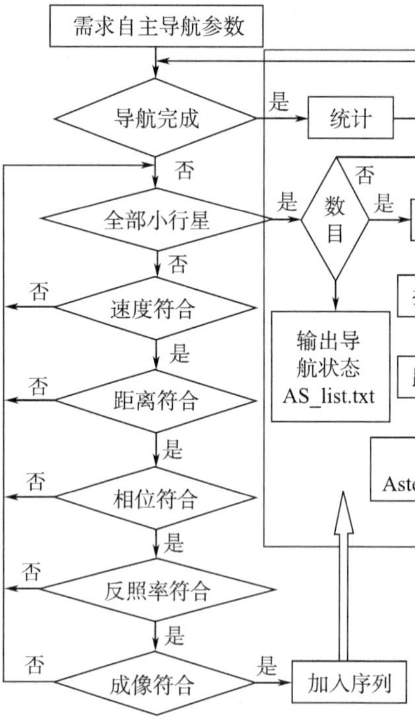

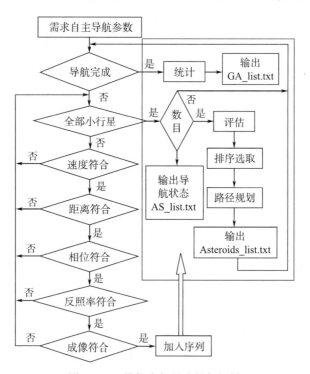

图 9－25　导航小行星选择与规划

9.1.3　半物理仿真系统

为了验证导航与控制系统方案的可行性及自主导航、制导与控制方法的可靠性，搭建了基于 dSPACE 实时仿真机、PC104 计算机、光学导航相机、星敏感器、图像模拟器和星空模拟器的导航与控制半物理仿真系统，对探测器导航与控制系统整体性能进行分析，图 9-26 给出半物理仿真系统的结构框图。

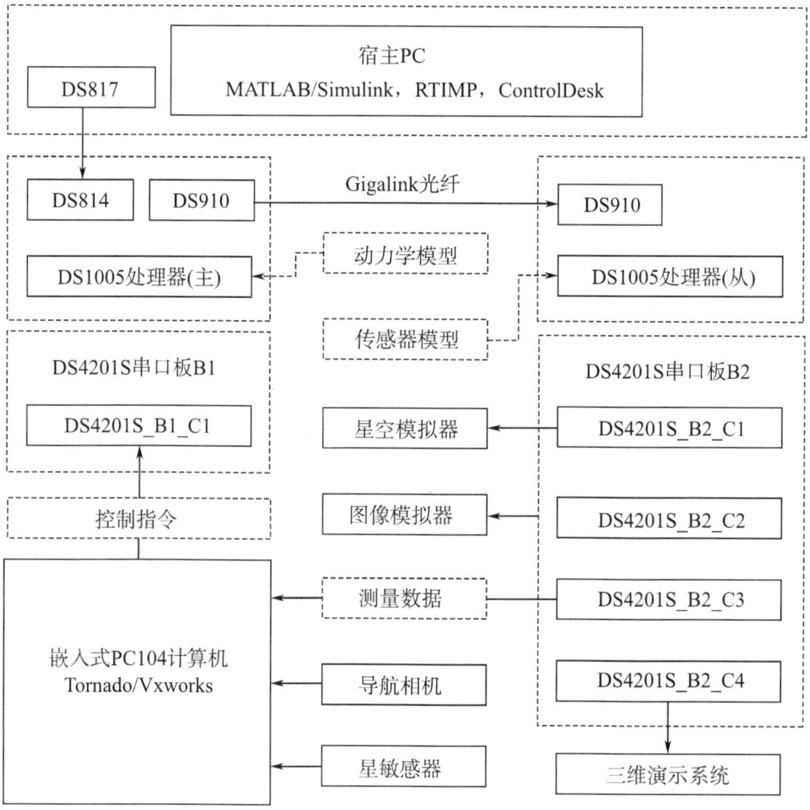

图 9-26　半物理仿真系统结构

(1) 半物理仿真系统硬件组成

考虑到地面仿真条件下空间与环境的局限性，搭建的半物理仿真系统由 dSPACE 实时仿真机、PC104 计算机、光学导航相机、星敏感器、图像模拟器、星空模拟器、三维演示系统及相应的供电系统组成。

仿真计算机是系统仿真的核心设备，半物理仿真中的仿真计算机主要用来解算探测器的动力学和运动学模型，进行坐标转换，通过接口接收探测器导航与控制系统输出的执行机构控制指令，同时驱动星空模拟器和图像模拟器运动。由于要求硬件接入回路，用作半物理仿真的仿真计算机需要具备两个特点：第一是实时性，也就是其库程序、I/O 服务、操作系统等全部都应该是实时的；第二，它必须有足够的 I/O 能力，即应具有高速数据接口且并行 A/D、D/A 转换，以支持实验过程中大量的信息交换。dSPACE 实时仿真机拥有实时性强、可靠性高、扩充性好等优点，满足探测器半物理仿真实时计算与数据交换的要求，因此选用 dSPACE 系统作为半物理仿真的首选实时仿真计算平台。表 9-4 给出了半物理仿真中采用的 dSPACE 系统的具体配置，dSPACE 仿真机实物如图 9-27 所示。

表 9-4 dSPACE 系统配置

板卡型号	板卡功能	数量
DS1005	主处理器板	1
DS1005	从处理器板	1
DS4201S	4 路串口卡，提供串口连接	2
DS910	主从处理器通信卡	2
DS814	光纤卡，与宿主机通信	1

图 9-27 dSPACE 实时仿真机

PC104 计算机是导航与控制系统软件实现的硬件平台，半物理仿真中的 PC104 计算机主要用于运行相关的导航、控制算法，通过接口接收导航传感器输出的测量数据，同时将产生的执行机构控制指令发送给 dSPACE 实时仿真机。为了确保系统的实时性、可靠性和可信性，基于 PC104 选用 VxWorks 嵌入式实时操作系统模拟星载计算机的软硬件环境，PC104 计算机实物如图 9-28 所示。

图像模拟器的主要功能是模拟生成光学导航相机拍摄的场景，以及生成形状、色彩、亮度变化逼真的动态模拟图像，给导航相机提供一个接近真实的感知环境。图像模拟器接收实时仿真机输出的探测器当前时刻的位置、姿态状态，结合光照等信息，利用虚拟现实技术驱动目标模型，在显示器屏幕上生成导航相机采集的图像，图像模拟器实物如图 9-29 所示。光学导航相机通过拍摄图像模拟器产生的虚拟图像，经过相应的图像处理给出光学观测数据。在本半物理仿真系统中采用的导航相机具体参数如表 9-5 所示，导航相机实物如图 9-30 所示。

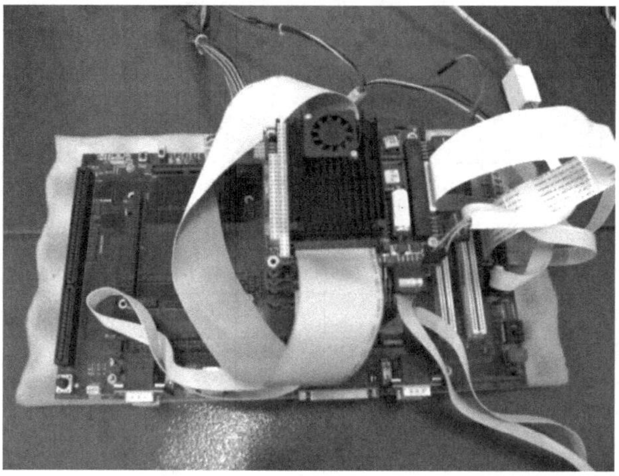

图 9-28　PC104 计算机

图 9-29　图像模拟器

图 9-30　光学导航相机

表 9-5 光学导航相机参数

参数名称	量值
帧频范围	8～24 Hz
像元时钟范围	14～40 MHz
CCD 传感器	1/2″
CCD 尺寸	7.6 mm×6.2 mm
像元大小	4.65 μm×4.65 μm
一帧内总行数	1 060
灵敏度	0.20 lux
信噪比	>50 dB
局部图像时的最高帧频	200 Hz
gamma 校正	0.45～1.0

星空模拟器的主要功能是模拟生成星敏感器观测场景，以及生成一个位置、大小、亮度变化逼真的动态模拟星图。星空模拟器接收实时仿真机输出的探测器当前时刻姿态信息，通过查找星历数据库确定星敏感器当前视场内能观测到的星体，根据这些星体的星历信息、星等信息在显示器屏幕上生成星敏感器观测的图像，星空模拟器实物如图 9-31 所示。星敏感器根据拍摄的星空模拟图像确定探测器姿态，用于在稳定控制时提高姿态控制精度。星敏感器通过 RS232 串口将当前时刻探测器估计姿态四元数发送给 PC104 计算机，以供姿态确定算法调用。本半物理仿真中采用的星敏感器实物如图 9-32 所示。

图 9-31 星空模拟器

由于受到地面仿真环境条件的限制，导航与控制系统其他部件如轨控发动机、反作用飞轮、姿控喷嘴等执行机构以及激光测距仪、IMU 等传感器实物无法或不易加入系统仿真回路中，在本半物理仿真系统中利用 dSPACE 实时仿真机模拟其工作过程与运算模型。

图 9-32　星敏感器

(2) 半物理仿真系统软件结构

在导航与控制半物理仿真系统中，采用 dSPACE 仿真机模拟执行机构模型、探测器动力学模型及部分敏感器模型，PC104 计算机则用来模拟星载机，主要负责运行星载 GNC 算法[1]；二者之间利用串口通信。探测器导航与制导半物理仿真系统软件结构如图 9-33 所示。

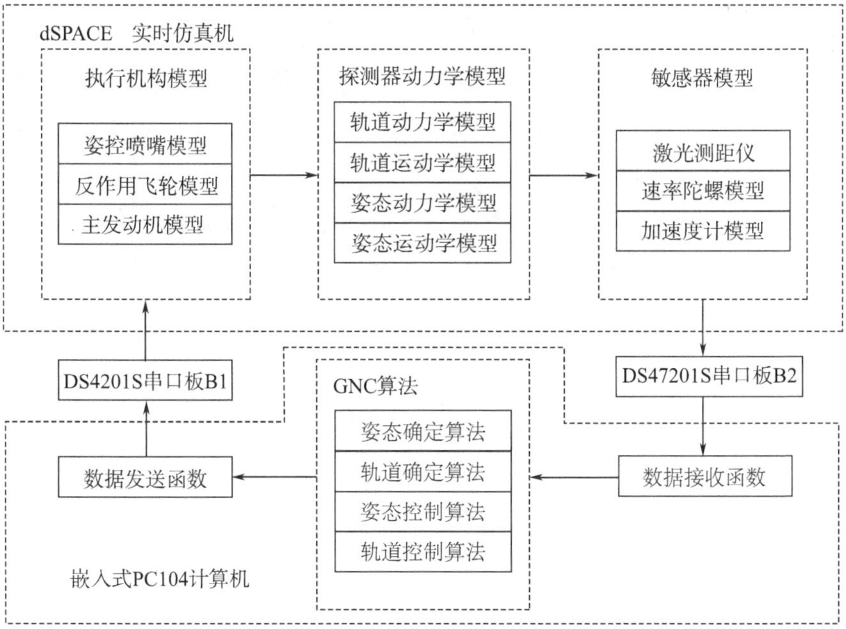

图 9-33　导航与制导半物理仿真系统软件结构图

在 dSPACE 仿真机中模拟的模型均为数学模型，其中执行机构包括姿控喷嘴、反作用飞轮与主发动机。姿控喷嘴、反作用飞轮是姿态控制系统执行机构，主发动机是进行轨道机动的执行机构。通过模拟执行机构施加给探测器的力、力矩，驱动探测器的动力学模型和运动学模型，得到探测器当前时刻的位置、速度、姿态及角速度等状态信息。激光测距仪、速率陀螺、加速度计等敏感器模型利用探测器当前的状态，构建出各传感器的测量信息，这些测量信息通过串口传送给嵌入式 PC104 计算机，执行 GNC 算法。

嵌入式 PC104 计算机通过数据接收函数接收导航相机、星敏感器的测量数据和 dSPACE 仿真机模拟的测量信息，并将这些信息传送给 GNC 算法。其中轨道确定算法、姿态确定算法分别用于对探测器的位置、姿态进行估计，姿态控制算法、轨道控制算法利用确定算法给出的探测器估计状态计算得到施加给驱动机构的控制量，该控制量信号再通过串口传送给 dSPACE 仿真机，驱动执行机构模型，从而形成整个闭环系统。

在整个自主导航半物理仿真的过程中，各种指令数据都是通过宿主计算机上的光纤接口与 dSPACE 仿真机进行通信，并通过仿真机上的 ControlDesk 软件对指令进行监视和捕获。ControlDesk 软件和 dSPACE 组件系统之间采用共享内存的方式来交换数据。通过 ControlDesk 不仅可以实现对实时仿真数据的监视、捕获，还可以实现对在 dSPACE 硬件上运行的模型参数进行在线调整、交互修改及对 dSPACE 仿真机运行状态的控制等。半物理仿真分析的 ControlDesk 控制面板如图 9-34 所示。

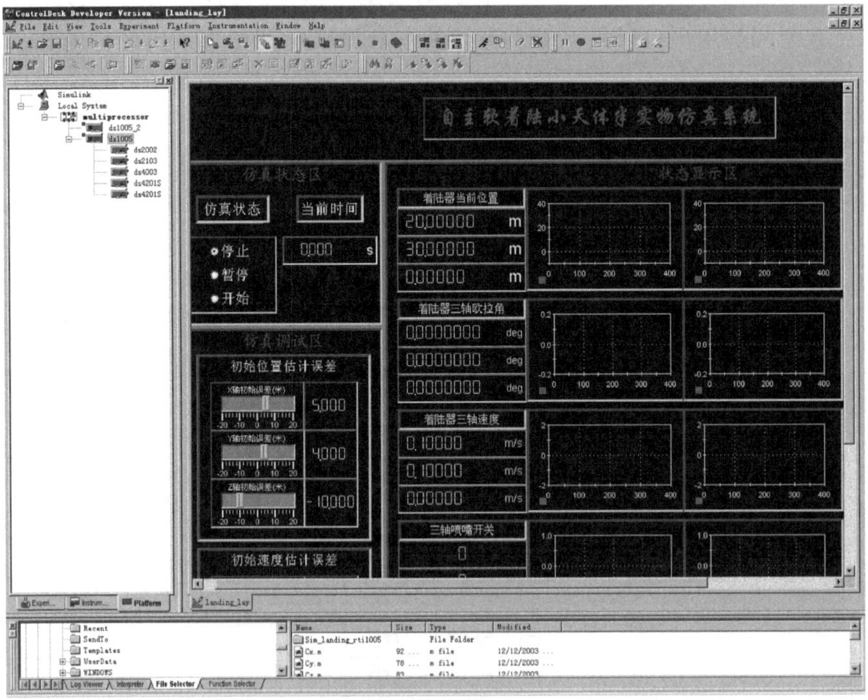

图 9-34　深空天体探测实时仿真 ControlDesk 控制界面

9.2　小天体撞击自主导航与制导半物理仿真

9.2.1　小天体撞击任务分析

在深空小天体探测任务中，为了获取更准确的科学观测数据，探测器必须要靠近目标天体。所以，无论是飞越目标天体的星尘任务、执行采样返回的隼鸟任务还是撞击彗星并拍照的深度撞击任务，接近目标天体时的导航尤为关键，这也是当前自主导航领域研究的重点问题。接近段导航任务的特点是未知参数多、轨道和姿态机动频繁、定轨精度要求高。未知参数包括探测器的位置、姿态信息，目标天体的星历、引力参数、自转角速度等特性信息，气体泄漏带来的加速度、太阳光压系数、姿态调整时由于发动机安装不平衡带来的加速度等动力学信息。定轨精度在此阶段的末段要求达到米级。这些难题都需要通过设计合理的导航算法来解决。美国深度撞击任务中，接近段导航方案的设计是整个探测任务的关键，它直接决定了轨道控制、姿态制导和在轨观测的执行。小天体探测任务在接近段一般采用基于星上导航相机的自主光学导航方案，例如深空 1 号任务、星尘任务与深度撞击任务。当前对接近段导航方式的研究主要分为两类：一类是结合地面导航和光学导航的组合导航方式，另一类是单纯依靠导航相机进行的光学自主导航。组合导航主要依靠地面深空网提供的探测器相对于地球的位置矢量的方向信息和径向速度信息，以及星上导航相机提供的飞行器相对于目标天体的位置矢量的方向信息。它适用于距离目标天体较远、光学信息精度不高情况下的导航。光学自主导航则完全依赖于星上导航相机提供的方向信息，它适用于距离目标天体较近、地面导航延迟严重情况下的导航，是自主导航的发展趋势和研究热点问题。传统的小天体接近段光学自主导航算法，最早应用于星尘任务。传统算法建立在 J2000 小天体惯性坐标系中，采用的观测数据为小天体相对于探测器的方位信息。由于观测数据无法提供视线方向的距离信息，传统算法要求探测器相对于目标天体的位置和速度矢量间的夹角不能过小，所以它仅适用于飞越目标天体的深空探测任务。然而撞击任务中，探测器相对于目标天体的位置和速度矢量的夹角近似为零，传统的导航算法失效，因此必须研究新的导航算法。而探测器为了完成在轨观测任务，必须进行多次轨道修正和姿态调整，需要多次使用上述算法，所以还必须对不同阶段的导航精度进行评定。

深度撞击任务采用的观测策略和估计方式为每 15 s 对目标天体进行一次拍照，由前 10 min 的数据对探测器的相对位置进行初步估计；以后每分钟估计一次，以 20 min 为一次估计弧段。算法中采取的滤波方式为迭代最小二乘。导航开始时间为撞击前 2 h，结束时间为撞击前 750 s。在整个过程中需要进行三次轨道修正。

9.2.2　仿真系统设计

小天体撞击探测器的自主导航与制导系统由星载机、敏感器、执行机构及对地通信机构四部分组成。星载机用于执行图像处理、轨道确定、轨道机动、姿态确定、姿态控制等 GNC 算法[2]。自主导航与制导系统中采用的敏感器包括星敏感器、陀螺、加速度计、光学导航相机，其中星敏感器、陀螺属于姿态确定敏感器，加速度计、光学导航相机属于轨道确定敏感器，陀螺与加速度计组成惯性单元（IMU）。执行机构包括反作用飞轮、姿控喷嘴、轨控发动机，其中反作用飞轮、姿控喷嘴用来进行姿态控制，轨控发动机用来执行撞击器的接近轨道修正。这些敏感器与执行机构均为深空环境中常用的部件。自主导航与制导系统的构成如图 9-35 所示。

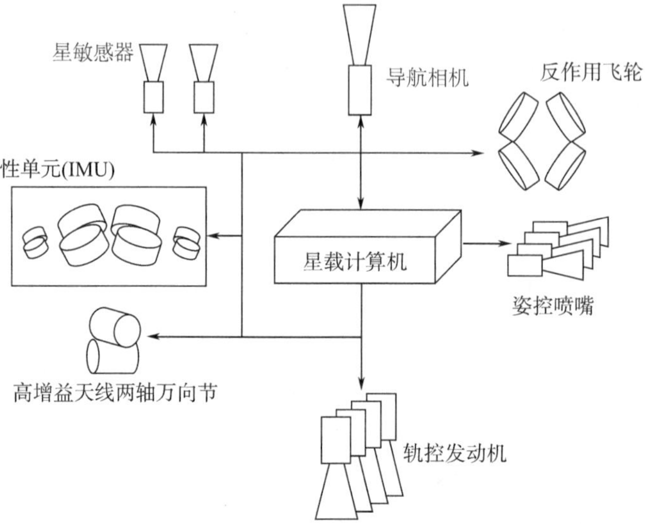

图 9-35　自主导航与制导系统构成图

星敏感器根据拍摄的星空图像确定撞击器相对于惯性空间的姿态，用于稳定控制时提高姿态控制精度，由于其中要运用图像拍摄及图像处理、恒星匹配和姿态估计等算法运算，因此星敏感器给出的撞击器姿态信息为离散值，以帧/秒的量级给出。

速率陀螺通过惯性器件的陀螺定向性原理测量撞击器相对绝对空间的角速度，其测量的信息是绝对角速度在安装陀螺的撞击器本体坐标系下的分量形式，利用姿态运动学对该角速度进行积分可以得到撞击器的姿态。陀螺可以实时给出测量信息，但是由于常值漂移的存在，通过积分得到的姿态信息精度将随时间的增长而降低。因此，在进行姿态机动过程中可以利用陀螺进行短时间的姿态估计，而在长时间的姿态稳定阶段，单独使用陀螺进行定姿则无法满足任务的精度需求。

考虑到星敏感器、陀螺的优缺点，在姿态稳定阶段通过星敏感器与陀螺联合定姿，可以得到撞击器相对惯性空间较高精度的姿态信息。在星敏感器给出姿态信息的时间点，利用 EKF 等滤波方法对测量得到的姿态信息与利用陀螺信息递推得到的姿态信息进行处理，可以在得到更新点姿态信息的同时对陀螺的常值漂移进行估计。在星敏感器给出姿态信息的时间点间隔内，更新点的姿态信息、陀螺常值漂移的估计值及陀螺的测量值，用于进行下一步的姿态估计。

在撞击器常规飞行模式下，姿态控制系统保证光学导航相机指向目标天体并对其进行拍摄。通过对图像的处理可以得到目标天体在像平面上的光心坐标，该光心坐标与姿态确定系统提供的、在拍摄时刻撞击器的姿态信息将传送给轨道确定系统，通过基于最小二乘或 EKF 等滤波方法，可以确定撞击器相对目标天体的位置、速度。在撞击器执行轨道机动或姿态机动时，撞击器会产生本体振动，且不能保证目标天体在导航相机视场内，因此难以提取目标天体的光心信息，这时只能依靠轨道动力学递推撞击器的接近轨道。在撞击器执行机动点火的状态下，利用加速度计测得的控制加速度，结合撞击器轨道动力学模型确定撞击器相对目标天体的位置、速度信息。

反作用飞轮和姿控喷嘴安装在撞击器的三轴上，反作用飞轮主要用于稳定控制，而姿控喷嘴主要用于大角度机动和反作用飞轮饱和卸载。姿态制导系统根据轨道确定系统给出的撞击器轨道信息及轨道制导系统给出的速度机动增量产生期望的姿态，姿态控制系统输出反作用飞轮的控制电压或驱动姿控喷嘴开关，从而控制撞击器姿态到达期望姿态。

由上分析可知，在撞击器执行常规飞行与撞击器执行机动飞行两个阶段中，自主导航与制导系统会采用特定的敏感器、执行机构及确定控制算法，其系统关系方框图如图 9-36、图 9-37 所示。

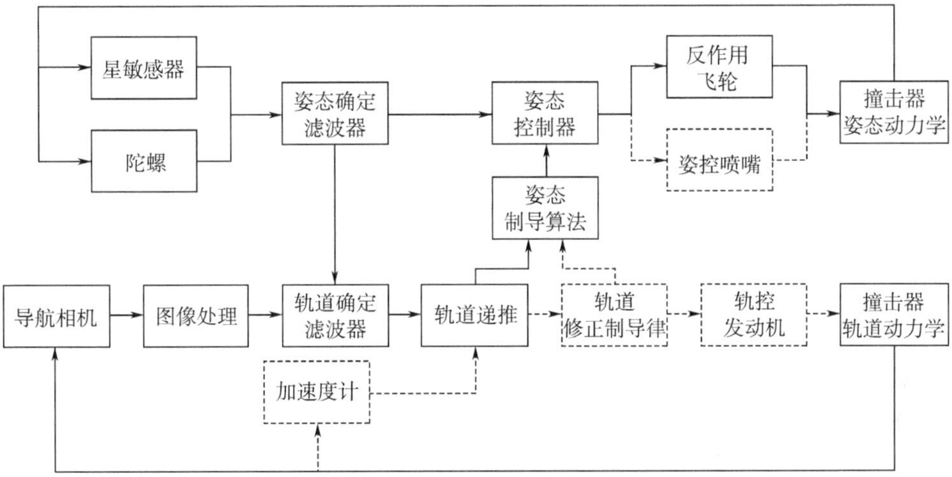

图 9-36　常规飞行阶段系统关系方框图

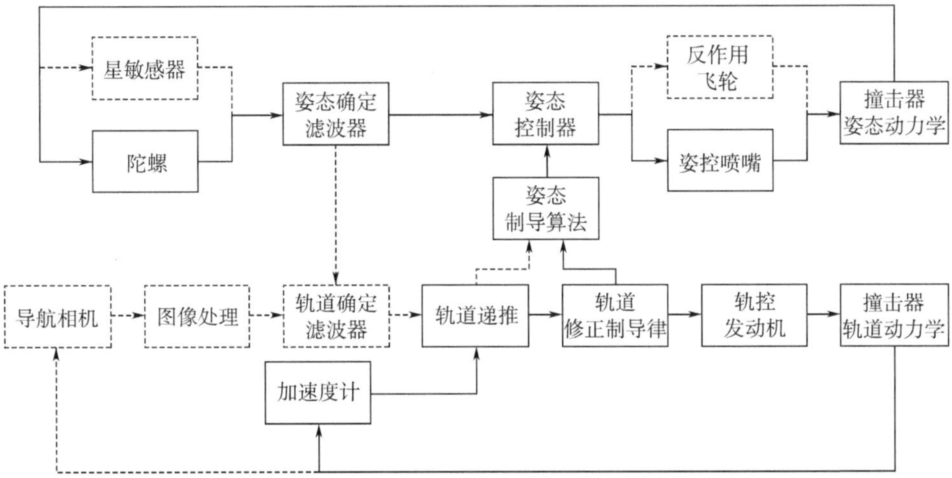

图 9-37　轨道机动阶段系统关系方框图

9.2.3 典型任务仿真实例

美国于 2005 年 1 月 12 日将彗星探测器发射升空，实施深度撞击（Deep Impact）计划，该探测器于 2005 年 7 月 4 日到达彗星 Tempel 1，探测器发射一个小型撞击器撞向彗星 Tempel。本节将以深度撞击任务中接近段为例，对其导航技术进行仿真。

接近段从撞击前 60 天持续到撞击前 5 天。任务小组预计该阶段初期探测器将会从 HRI 密集观测 Tempel 1 彗星，随后修正探测器与彗星星历。该阶段也包括对彗星的常规科学观测、载荷测试及两次机动，以调整最终撞击时间。接近段开始前，可以利用 HRI 从彗星背景中清晰地确定彗核。每天收集的图像及光谱将进一步确定彗星的活动及其光变曲线。这项研究的目的是更好地确定旋转轴及撞击相位。

该阶段的两次机动调整探测器飞向彗星的轨道，并最终调整撞击时间，将其调整至 2005 年 7 月 4 日窗口 55 min 以内，这时哈勃望远镜的观测效果最好。HST 位于地球 96 min 轨道上，每周期有大约 50 min 的观测时间。

对于大多数深度撞击任务阶段来说，太阳—航天器—彗星夹角都大于 120°，所以受到热控系统约束，观测周期被限制为每 4 h 15 min。在撞击前大约 10 天，太阳—航天器—彗星夹角小于 120°，这使得 HRI 可以连续地从阴影处观测彗星，获取大量的光学导航图像，为撞击阶段的两次机动做准备。

在接近段半物理仿真中，探测器采用光学导航相机跟踪目标天体光心的自主导航方案，利用卡尔曼滤波算法确定探测器在 B 平面坐标系下的位置。制导算法采用改进的预测制导律，将计算得到的预测飞越点与期望目标点进行比较，利用其偏差产生控制信号，在保证燃耗和探测器指向满足要求的条件下施加机动速度，改变探测器的接近轨迹，达到消除飞越点偏差的目的，相关仿真参数如表 9－6 所示。

表 9－6 综合仿真参数

仿真参数	量值	单位
初始标称相对位置	(73 440，0，0)	km
初始标称相对速度	(−10.2，0，0)	km/s
750 s 之前飞越目标点	(0，0)	km
750 s 之后飞越目标点	(1，3)	km
发动机推力大小	88	N
探测器质量	372	kg
初始位置传送误差	8	km
初始位置确定精度	(150，8，8)	km
初始速度确定精度	0.1	m/s
加速度计常值偏差	50	μg
加速度计随机偏差	10	μg
点火机动控制精度	2%	—

图 9－38 为仿真结果图，图中所显示的仿真中，探测器分别在 1 200 s、4 100 s、6 450 s 和 6 780 s 处实施了 4 次轨道机动。由分析可知，第一次机动是在进行轨道确定、提高导航精度后探测器实施的主要机动，第三次机动是场景分析后探测器为到达新选定目标点而进行的机动，第二次和第四次机动则是对前两次机动施加的修正。四次轨道机动共消耗燃料 7.6 m/s，最终撞击目标点坐标为（34.2，68.9）m，脱靶量为 76.9 m，其开关次数与脱靶量均满足最终的任务要求。由于姿态制导考虑了机动的方向约束，因此在整个机动过程中，只有 Z 轴方向上执行了姿态机动，保证了姿态机动的快速、可靠，并且节省燃料。

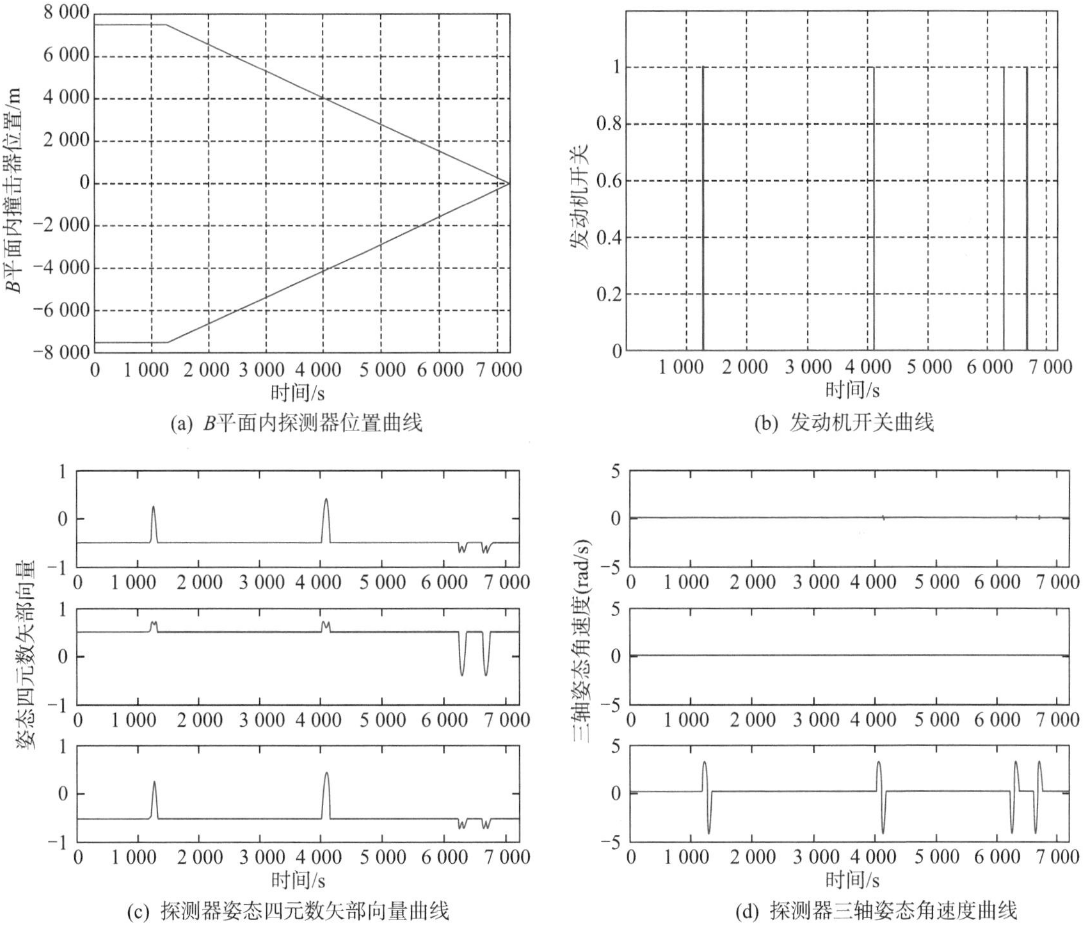

(a) B平面内探测器位置曲线　(b) 发动机开关曲线

(c) 探测器姿态四元数矢部向量曲线　(d) 探测器三轴姿态角速度曲线

图 9－38　接近交会段半物理仿真结果

为了更精确、更完备地测试各算法及星载导航制导软件的性能，应用表 9－6 中的仿真条件，对深空目标天体接近交会自主导航与控制系统进行了多次仿真验证。图 9－39 给出了 300 次仿真的飞越点分布图，由图可见飞越点最大误差在 200 m 以内。并且通过对飞越点分布的分析可以看出，最终飞越点的分布与探测器的初始位置及速度无关，这是由于导航系统能利用光学导航将初始状态误差消除，制导系统利用导航信息可以将飞越偏差消除，因此探测器的初始状态对飞越精度影响不大。影响最终飞越精度的因素主要是最后一次机动时刻、导航精度及点火执行的控制精度。

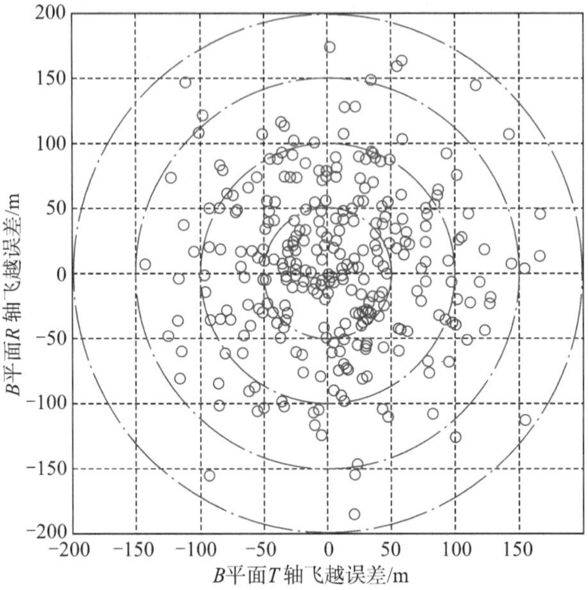

图 9-39 最终飞越点分布图

9.3 小天体附着自主导航与制导半物理仿真

9.3.1 小天体附着任务分析

与近地卫星相比，小天体附着探测器导航与控制系统所需完成的不仅是姿态和轨道的确定与控制，还需实现自主导航、自主任务规划、外界环境感知、星历服务等功能。从功能角度分析，小天体附着探测器导航与控制系统实际包含了传统的姿态确定和控制系统ADCS、反作用力控制系统RCS、图像处理与分析系统IPAS、自主导航系统ANS和星历服务系统ESS。

为了使导航与控制系统具备如上所述的功能，在动态未知的深空环境中，精确地完成各种在轨操作需要导航与控制系统适应复杂多变的任务环境，以满足所受的约束条件，进而完成整个小天体附着探测任务。综合考虑深空环境、工程实现和预算费用等方面因素，小天体附着探测器导航与控制系统主要受以下几方面条件约束。

由于受通信与光照的约束，一般探测器与目标天体交会多在距地球一个天文单位左右的位置，在这样的距离范围内探测器与地面站单程通信时间为十几分钟。如此严重的通信延迟，对于附着接近这种持续时间较短的任务，显然不能满足探测器实时性的需求。这就要求探测器具有较高的自主性，可以在实时性要求较高的任务阶段自主完成相应的导航和控制。

在探测器附着接近目标天体进行科学探测之前，小天体的形状、质量、密度、引力场和自旋状态等信息都是依靠地面天文观测确定的，这导致小天体物理参数存在着较大的不确定性，而这些参数又恰恰对探测器轨道和姿态的确定与控制影响较大，这就要求导航与控制系统具有较强的鲁棒性和对复杂环境的自适应能力。

小天体附着探测器在轨工作模式多，要完成光学数据采集、姿态确定、姿态机动、姿态稳定、轨道确定、轨道机动保持等多种操作。这导致整个导航与控制系统无论在传感器、执行机构等有效载荷配置的硬件层次，还是在命令的执行、文件管理等程序运行的软件层次都较为复杂，如何合理搭配有效载荷、构建软件结构、减少系统复杂程度，以便于整体系统设计、利于飞行任务实施，是设计导航与控制系统的关键约束之一。

综合考虑以上条件约束，这里对小天体附着探测器自主导航与控制系统总体结构进行设计。小天体附着探测器的自主导航与控制系统包括星敏感器、太阳敏感器、IMU、测距仪、测速仪、成像仪、GNC 计算机、推进系统和太阳帆板驱动机构等。GNC 计算机收到从各种敏感器传来的测量信号，经过综合处理给出轨道和姿态控制信号，然后控制着陆推进系统实现附着。测距仪用于测量探测器到目标天体表面的距离；测速仪可测出相对于目标天体的速度矢量；成像仪用于附着前对目标表面地形成像，所得图像用以选择着陆点。采用图 9-40 所示的方案实现具有自主信息获取、处理与融合、自主姿态与轨道确定、自主轨道修正规划与执行、自主目标物理特性辨识、末段制导、自主障碍检测与规避、自主软着陆制导与控制等功能的自主导航与控制系统。

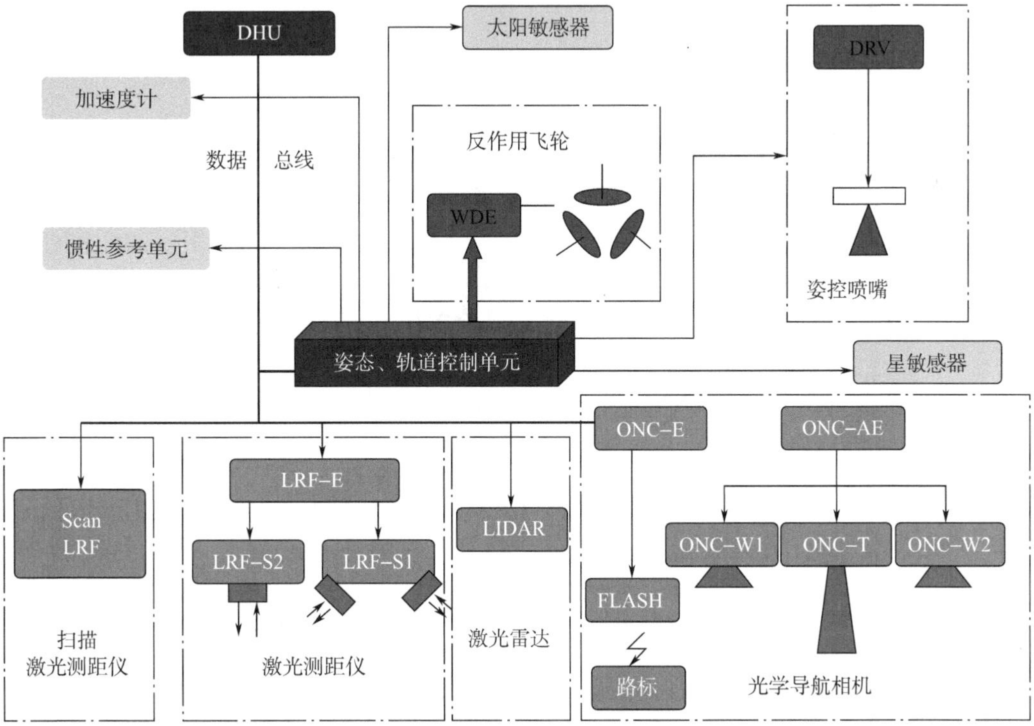

图 9-40　小行星附着探测器的自主导航与控制系统结构

9.3.2 仿真系统设计

在嵌入式自主导航与控制系统开发的基础上，本部分将对星载嵌入式计算机、光学导航相机、激光测距仪、IMU进行集成，形成小天体附着探测器自主导航控制与系统原型模拟器，并利用小天体表面目标模拟器、探测器动力学仿真器、探测器运动模拟器等地面试验设备，搭建小天体附着探测器自主导航与控制半物理验证平台，对该自主导航与控制系统原型模拟器进行测试。

(1) 仿真系统集成结构

小天体附着探测器自主导航与控制系统原型模拟器由嵌入式计算机、光学导航相机、激光测距仪和IMU及执行机构模拟器等组成。其中嵌入式计算机主要通过收集和处理各种传感器的测量数据来完成导航与制导系统的工作，负责轨道确定、轨道机动、姿态确定、姿态控制等导航和控制算法的运行，还负责完成与其他子系统的交互功能。光学导航相机完成导航路标提取任务，图像处理支持在轨的自主导航运算，图像处理单元将中间处理数据通过导航与控制系统内部数据总线传送给星载控制计算机，激光测距仪测量指定方向下探测器相对目标小行星表面的距离，IMU利用陀螺系统测量探测器相对惯性空间的绝对角速度，加速度计测量探测器所受的非保守力加速度，从而完成自主导航功能。执行机构模拟器完成对姿控喷嘴、反作用飞轮与主发动机等执行机构的模拟。自主导航与控制系统原型模拟器结构、实物分别如图9-41、图9-42所示。

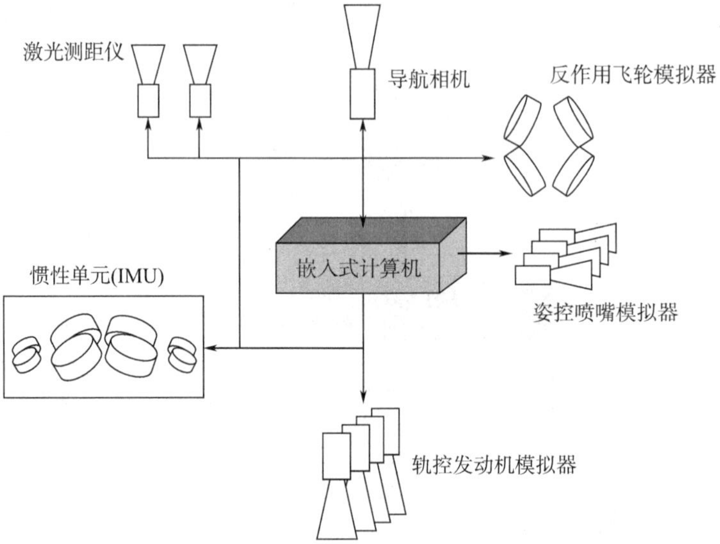

图9-41　自主导航与控制系统原型模拟器结构图

(2) 小天体附着仿真验证平台

半物理仿真将参试的探测器控制系统各部件（包括硬件和软件）接入仿真回路，进行闭路动态试验。小天体附着探测器自主导航与控制系统不同于一般的地面设备，它必须在特定条件下才能实现闭路运行并显示其性能指标。因此，有必要搭建自主导航与控制技术验证平台，模拟探测器在轨道上的各种运行状态，以达到验证所设计的控制系统方案、检验系统实际性能的目的。

图 9-42　自主导航与控制系统原型模拟器实物图

本部分内容将现有地面试验设备与仿真组成部分进行初步集成，初步搭建小行星附着探测器自主导航与控制技术半物理验证平台，验证平台实物如图 9-43 所示。

图 9-43　自主导航与控制技术半物理验证平台

整个验证平台由嵌入式自主导航与控制处理系统、光学导航相机、激光测距仪、IMU、执行机构仿真器、小行星表面目标模拟器、动力学仿真器、探测器运动模拟器组成，构成一个闭环的小行星附着探测器自主导航与控制系统半物理验证平台系统。技术验证平台各部分的功能如下。

①嵌入式自主导航与控制处理系统

星载嵌入式控制计算机是自主导航与控制系统的核心，提供星上数据处理功能，包括导航、制导和控制所需的数据处理，有效载荷数据采集和管理，以及性能监视、同星务管理系统之间交互等功能。在集成试验系统中，嵌入式自主导航与控制处理系统主要用来运行相关的导航、控制算法，通过接口接收导航敏感器模拟器输出的测量量，同时将产生的执行机构控制指令发送给撞击器轨道与姿态仿真模拟器。在集成试验系统中，本部分主要用于小天体附着探测器自主导航与控制软件试验。

②光学导航相机

小天体附着探测过程中，通过分析目标天体表面在附着探测器携带的导航相机上所成的图像，能准确地提取小行星表面的导航信息，进行自主导航和控制。光学导航相机通过拍摄小行星表面目标模拟器的图像，经过相应的图像处理给出光学观测数据。导航相机获得信息的准确性直接关系到导航系统的精度，需要使用适合的高灵敏度、高动态范围的光学成像仪。在集成试验系统中，本部分主要用于小天体附着探测器自主导航相机的原理试验。

③其他导航敏感器/执行机构模拟器

导航敏感器包括激光测距仪、IMU 等，通过测量探测器当前的状态，输出各敏感器的测量信息，并将这些测量信息发送给自主导航与控制处理系统。执行机构模拟器则利用执行机构的动力学模型完成对执行机构工作原理的模拟，同时给自主导航与控制处理系统提供模拟的数据接口。其中执行机构包括姿控喷嘴、反作用飞轮与主发动机，姿控喷嘴与反作用飞轮是姿态控制系统执行机构，主发动机是轨道机动的执行机构。

④小天体表面目标模拟器

小天体表面目标模拟器的主要功能是模拟生成小天体附着探测的实际场景，依据已探测到的小天体表面的测量数据，借鉴国外发布的相关图像和成果，利用沙盘的方式模拟小天体表面的地形地貌；参考小天体表面各种地形的统计信息，完成对表面陨石坑、岩石、斜坡度等地形的模拟，为光学导航相机、激光测距仪提供测量条件，以验证在各种地形环境下自主导航与控制系统的性能。

⑤探测器动力学仿真器

探测器动力学仿真器模拟探测器的动力学模型，通过接收执行机构施加给探测器的力及力矩，驱动探测器的轨道动力学、轨道运动学、姿态动力学和姿态运动学模型，得到探测器当前时刻的位置、速度、姿态及角速度等状态信息。探测器动力学仿真器将探测器当前状态信息传送给探测器运动模拟器，以驱动位姿模拟平台的运动。

⑥探测器运动模拟器

探测器运动模拟器接收动力学仿真器发送的探测器当前时刻的位置、速度、姿态及角速度等状态信息，依靠 5DOF 运动平台完成对探测器运动的模拟，其中实现三自由度位置、两自由度姿态的模拟，利用伺服驱动的方式完成对探测状态的模拟跟踪，同时利用磁尺、码盘等机构测量运动平台状态。自主导航与控制处理系统与敏感器组成的自主导航与控制系统原型模拟器固定安装在运动模拟器上，通过运动模拟器完成对位姿的模拟，完成自主导航与控制系统原型模拟器的测试实验。

9.3.3 典型任务仿真实例

2003 年 5 月 9 日，日本用 M-5 固体运载火箭从日本鹿儿岛航天中心发射了日本首个小行星探测器隼鸟号（开发名称为第 20 号科学卫星 MUSES-C）。主要目的是将隼鸟号探测器送往小行星 25143（又名糸川，Itokawa），采集小行星样本并送回地球进行研究。

日本 ISAS 以隼鸟号的研制为背景发展了小行星附着的自主导航与控制技术。在相应的最终着陆段半物理仿真中，探测器采用激光测距仪和光学导航相机跟踪目标着陆点的自主导航方案，利用测距矢量及目标点之间的几何关系，确定着陆平面法向方向和目标着陆点位置。制导算法采用基于制导变量的脉冲控制制导律，通过对目标着陆点视线与着陆平面法向矢量之间夹角的控制，将软着陆天体控制分解为切向控制与法向控制两部分，通过施加机动速度冲量，使探测器安全、平稳、精确地下降到目标着陆点。

仿真中以小行星 Eros433 为目标天体，着陆点经纬度为（$\pi/4$，$\pi/4$）。在着陆点坐标系下，探测器初始位置为［125，−217，433］m，相对天体表面速度为［0.1，0.1，0.1］m/s，初始姿态欧拉角为［$5°$，$4°$，$-5°$］，三轴初始角速度为 $0.04°/s$。探测器质量为 372 kg，采用姿控喷嘴作为执行机构，每轴姿控喷嘴可提供控制力大小为 2 N。位置初始估计误差服从方差 100 m^2 的随机分布，速度估计误差服从方差 0.1 m^2/s^2 的随机分布，三轴姿态角估计初值均为 $0°$。激光测距仪测量噪声服从比例 0.1%噪声分布，三个激光测距仪的安装俯仰角均为 $120°$，方位角分别为（$0°$，$120°$，$240°$）。考虑到避免频繁实施机动和节省燃料的要求，当满足关系 $v^*/\dot{H} < 0.5$ 时，探测器实施轨道机动。

图 9-44 为仿真结果图，图中显示探测器共进行了 14 次轨道机动。由分析可知：第一次机动是在停泊点处主要施加水平机动速度，使探测器飞向着陆点上方；第二次机动是在探测器到达着陆点上方后施加的减速机动，主要目的是消除水平速度，使探测器延着陆点法向方向接近着陆点；第三次以后的机动主要是控制探测器垂直方向的速度，同时对水平位置与速度进行修正。轨道机动共消耗燃料 11.2 m/s；最终撞击目标点坐标为（5.8，−2.9）m，脱靶量为 6.5 m；最终的着陆速度小于 0.03 m/s，满足平稳精确软着陆的任务要求。同时，探测器纵轴与着陆区法向夹角保持在 $0.05°$以内，保证探测器垂直目标天体表面到达着陆点。

为了更精确完备地测试各算法及星载导航与制导软件的性能，这里对最终着陆段自主导航与控制系统进行了多次仿真验证。图 9-45 给出了 300 次仿真的最终着陆点分布图，由图中可见，着陆点最大误差在 20 m 以内。综合上述半物理仿真分析可以验证自主导航与控制系统的有效性、合理性，其可以在各种摄动和干扰的作用下保证探测器精确软着陆在目标天体表面。

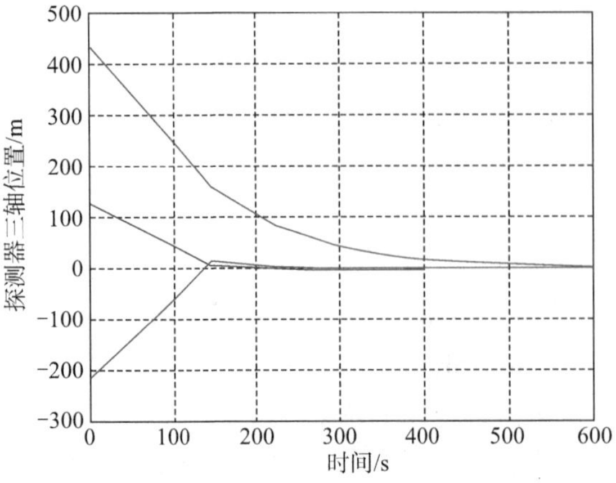

(a) 探测器三轴位置曲线

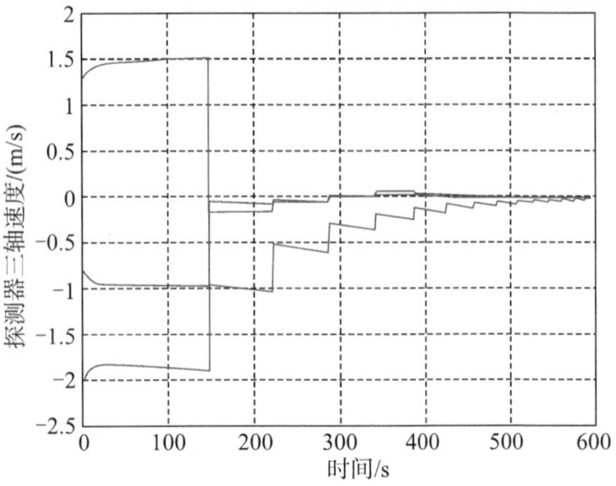

(b) 探测器三轴速度曲线

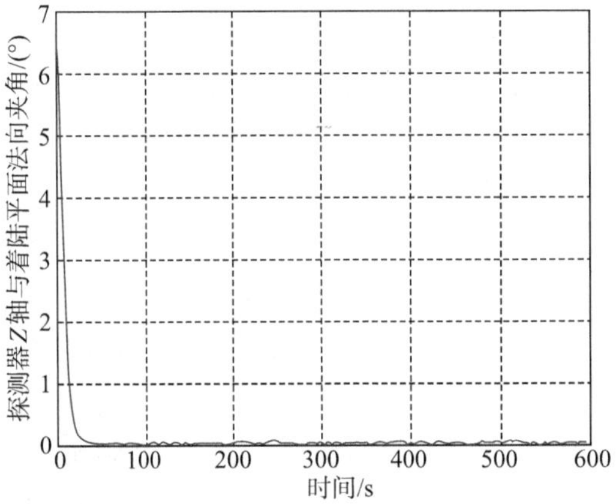

(c) 探测器纵轴与法向夹角曲线

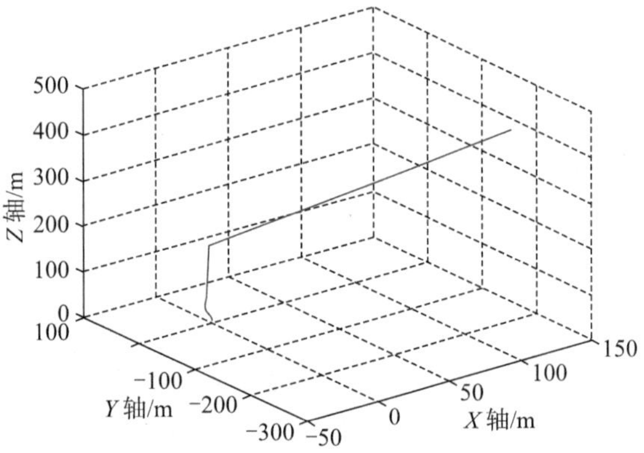

(d) 探测器三维下降轨迹

图 9－44　最终着陆段半物理仿真结果

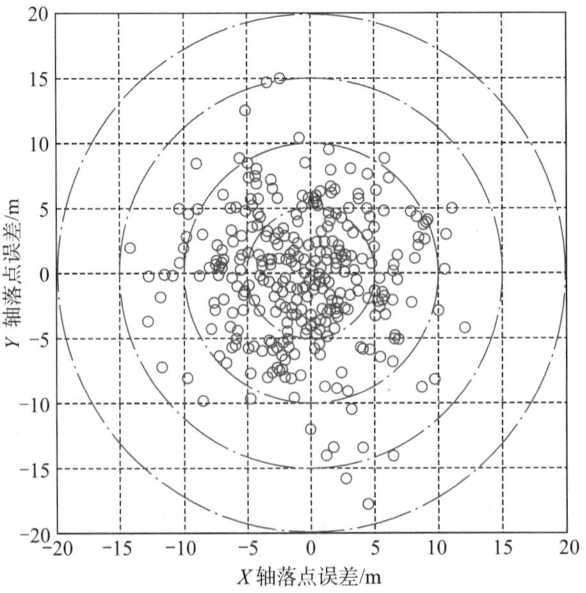

图 9－45　最终着陆点分布图

9.4　火星着陆自主导航与制导数学仿真

9.4.1　火星着陆任务分析

火星作为太阳系中自然环境与地球最为相似的行星，一直是人类进行行星探测的首选目标。从 20 世纪 60 年代开始，人类拉开了对火星进行近距离探测的序幕，相关探测方式也随着空间技术水平的提高，由飞越、绕飞探测向着陆、巡游探测发展。火星探测是近年来人类深空探测的最热点探测任务之一。其中具有代表性的火星着陆探测任务包括美国的海盗号（Viking）、火星探路者（MPF）、勇气号（MER－A）和机遇号（MER－B）、凤凰号（Phinex）、好奇号（Curiosity），以及欧洲空间局的火星快车（Mars Express）/猎兔犬 2 号（Beagle 2）等。这其中尤以 2011 年 11 月 26 日发射升空、2012 年 8 月 6 日成功着陆火星的好奇号最具代表性。

好奇号是美国迄今最大、最昂贵、最先进的火星车，对新一代进入制导技术、导航与轨迹姿态控制技术、火星软着陆技术等进行了验证，进一步推进了火星着陆探测技术的发展。

经过 50 年的努力，人类已经进行了 45 次火星探测尝试，其中成功率只有 38%；而已有的 19 次火星着陆探测任务中，也只有 7 次获得成功，其中由于着陆因素导致任务失败的比例达到 50%。随着深空探测技术的发展，火星着陆探测任务，尤其是高精度定点着陆任务的关键阶段就是着陆器的进入、下降和着陆（EDL，Entry，Descent and Landing）过程，而进入段是 EDL 过程中历时时间最长、环境最为恶劣的阶段。火星表面存在的稀薄大气及其大气环境极大的不确定性给火星进入段导航带来了巨大的挑战，也是成功着陆火星、尤其是高精度着陆火星所面临的最大困难之一。

9.4.2　仿真系统设计

火星表面精确着陆导航与制导控制仿真系统是针对火星着陆任务需求设计的综合仿真演示验证系统，其目标是建立可信的火星着陆探测环境和模型，研制火星着陆精确自主导航与制导控制设计分析系统，建成火星着陆全过程仿真演示验证平台。系统采用跨平台软件架构设计方法，考虑其可扩展性、基础数据可信性、多功能集成、虚拟可视化，并兼顾数学仿真和半物理仿真。总体设计思路如图 9－46 所示。

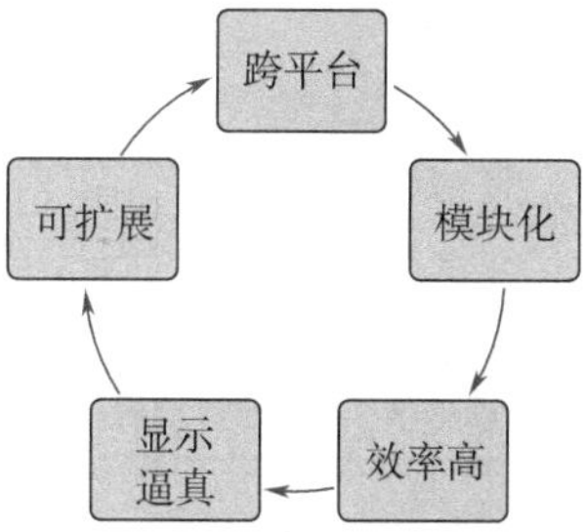

图 9－46　火星着陆仿真系统总体设计思路

该系统主要具有三个主要功能，分别是：仿真验证功能、设计分析功能和综合仿真演示功能。其中，仿真验证功能可以实现火星着陆过程仿真、火星着陆自主导航与制导控制技术仿真，以及自主导航与制导控制技术方案验证；设计分析功能可以实现行星着陆方案的设计与分析、火星着陆自主导航系统设计分析、火星着陆制导与控制系统设计分析；综合仿真演示功能主要包括关键技术可视化显示、行星着陆过程的仿真，以及三维演示、仿真试验数据的存储回放。

仿真系统的结构框架分为硬件和软件两部分，硬件结构如图 9－47 所示，软件结构如图 9－48 所示。

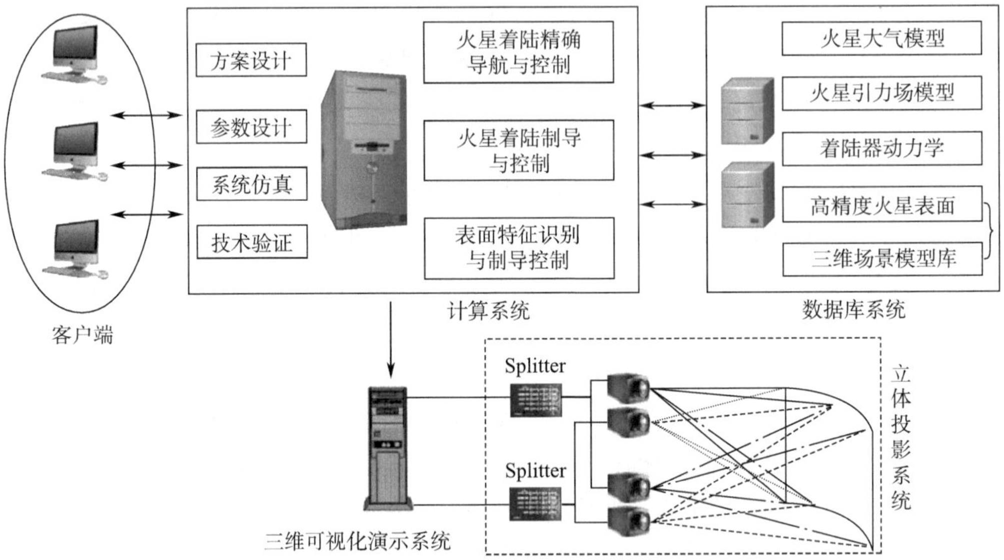

图 9－47　火星着陆仿真系统硬件结构图

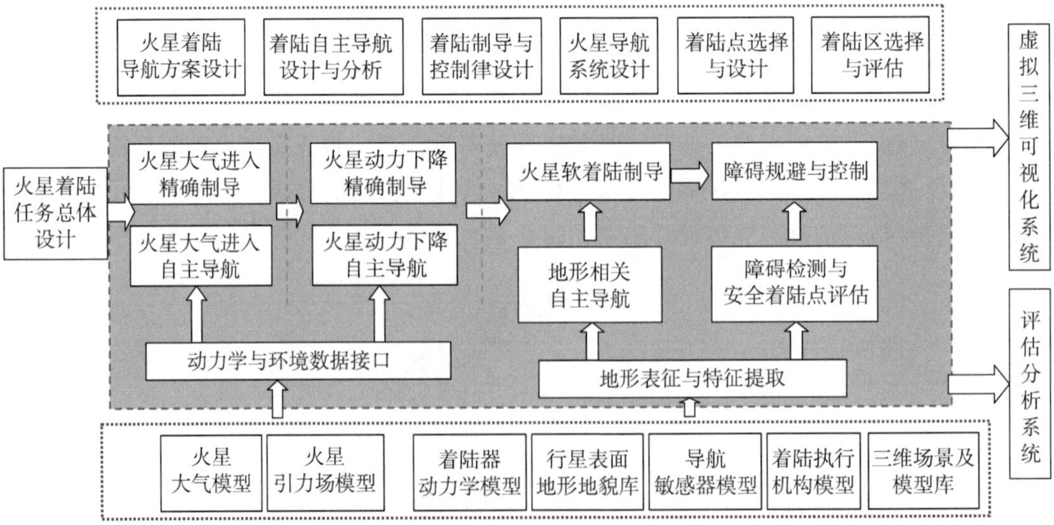

图 9－48　火星着陆仿真系统软件结构图

火星着陆仿真系统由数据库/模型子系统、特征提取与障碍检测子系统、着陆自主导航系统、着陆制导与控制子系统，以及着陆系统界面及三维可视化子系统组成。各子系统的具体模块如表 9-7 表示。

表 9-7　火星着陆仿真系统各子系统模块组成

子系统名称	子系统模块组成
数据库/模型子系统	着陆器动力学模型、导航敏感器模型、执行机构模型、三维场景及模型库、火星星历数据库、火星大气模型库、火星引力场模型、火星表面地形形貌库
特征提取与障碍检测子系统	地形表征模块、特征提取与匹配模块、障碍检测模块、安全着陆点评估与选择模块
着陆自主导航子系统	导航方案设计模块、接近段自主导航模块、大气进入段自主导航模块、动力下降段自主导航模块、软着陆段自主导航模块、着陆自主导航测试试验模块
着陆制导与控制子系统	制导与控制方案设计模块、大气进入段制导与控制模块、动力下降段制导与控制模块、软着陆段制导与控制模块、障碍规避与控制模块、着陆制导与控制测试试验
着陆系统界面及三维可视化子系统	各子系统模块界面、三维可视化模块

数据库/模型子系统中的各个模型及数据库是完成着陆仿真演示验证的基础，本部分以火星大气模型库为例说明数据库及模型在着陆仿真中的作用。在火星大气进入段探测器主要靠气动力减速，火星大气密度是计算气动力的关键气动参数。系统中集成的大气模型库有简化后的大气密度指数模型，该模型假设火星大气密度是着陆器高度的指数函数。调用时只需输入着陆器高度即可解析算出大气密度，再输出到动力学模型中获得着陆器所受的气动力。此外，还有更为精确也更为复杂的火星大气模型数据库，其中具有代表性的为美国的 Mars-GRAM 和欧洲的 MCD 火星全球气候数据库[3]。上述数据库是基于一定的大气环流模型，并结合历次火星探测任务数据组成的综合型气候数据库，可以输出不同高度、经纬度、季节及太阳辐射情况下的大气密度、温度及风速等信息。相比简化的指数模型，其虽然更加精确，但调用过程复杂，不适合实时仿真。MCD 数据库输出的高度为 60 km的火星全球大气密度如图 9-49 所示。

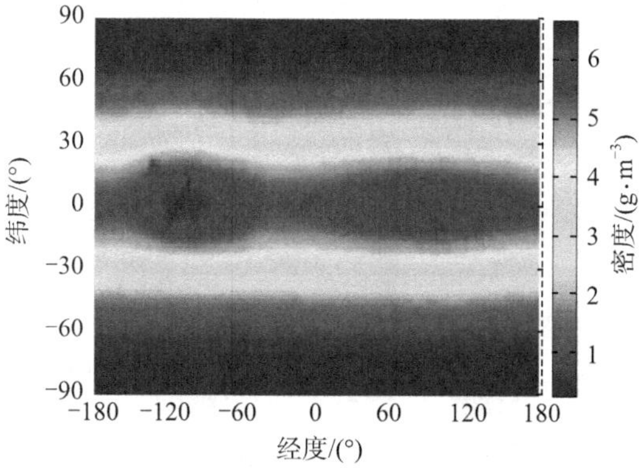

图 9-49　MCD 数据库中高度为 60 km 的火星全球大气密度

特征提取与障碍检测子系统主要为着陆段的视觉导航和安全点选取服务。在仿真过程中，导航相机获取地形数据库中的模拟地形图像，通过特征提取与匹配确定某一或多个特征点在着陆点坐标系下的位置，用作视觉导航的自然路标；并通过障碍检测选取安全着陆点，以实现障碍规避。特征提取与障碍检测仿真示意图如图 9－50 所示。

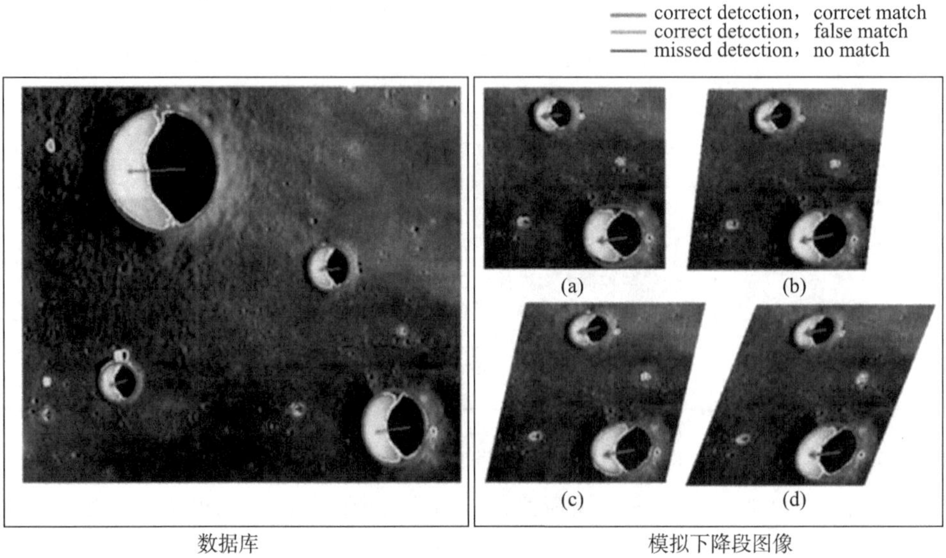

图 9－50　陨石坑边缘提取示意图

着陆自主导航子系统和制导与控制子系统是火星着陆仿真系统中最重要的两个子系统。其各模块组成形式类似，方案设计模块负责着陆各阶段导航与制导控制方案的选择及关键参数设置。其中，动力下降段的设计模块界面如图 9－51 所示。

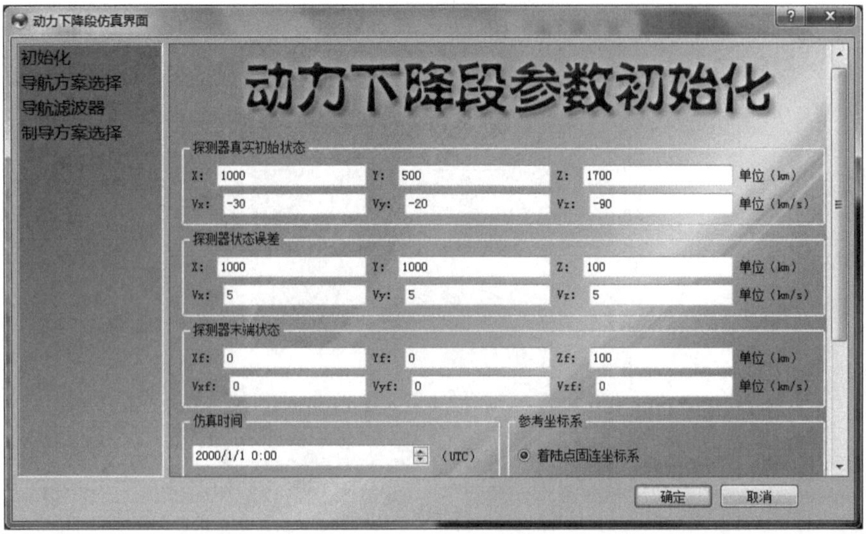

图 9－51　着陆仿真系统动力下降段导航与制导控制方案设计模块界面

通过图 9－51 所示的界面选定导航与制导参数及着陆器状态参数后，即可进行着陆仿真，动力下降段导航误差如图 9－52 所示。

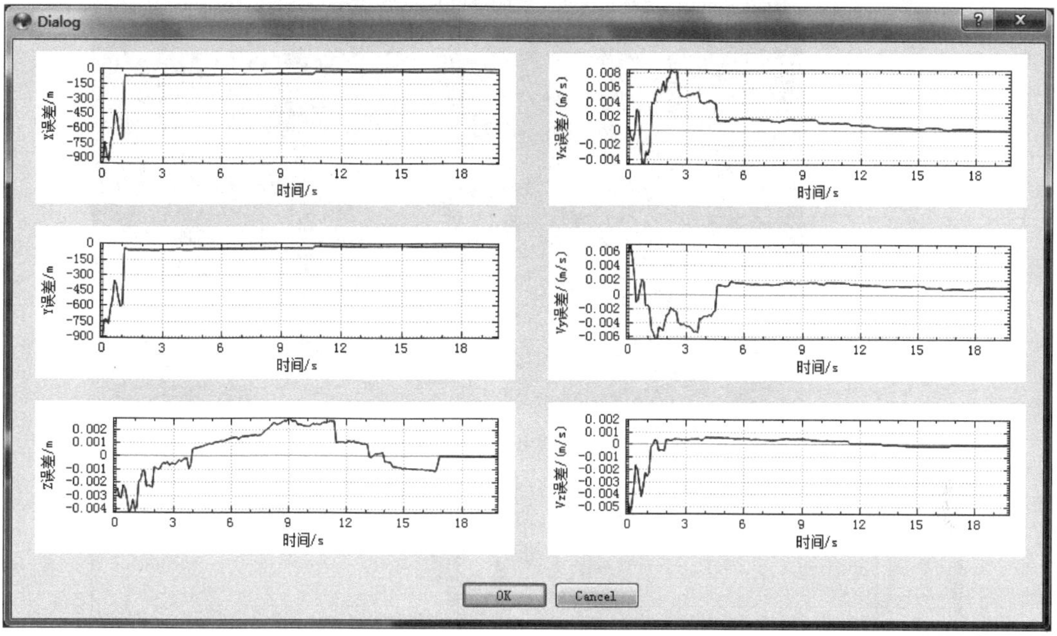

图 9－52　着陆仿真系统动力下降段导航误差

三维可视化子系统主要通过三维演示技术展示各类数据库、导航与制导控制方案及仿真结果，示例如图 9－53 和图 9－54。

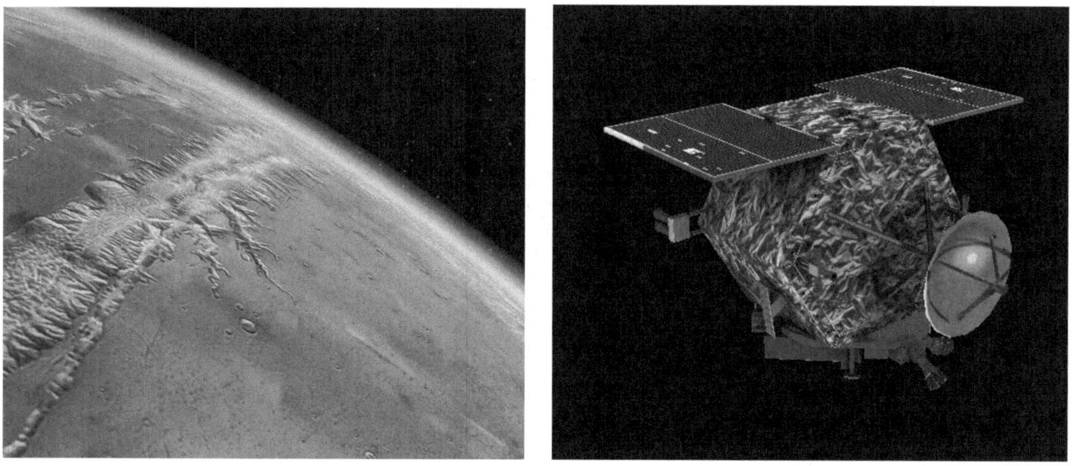

(a) 火星地形　(b) 探测器三维模型

图 9－53　火星地形及探测器三维模型

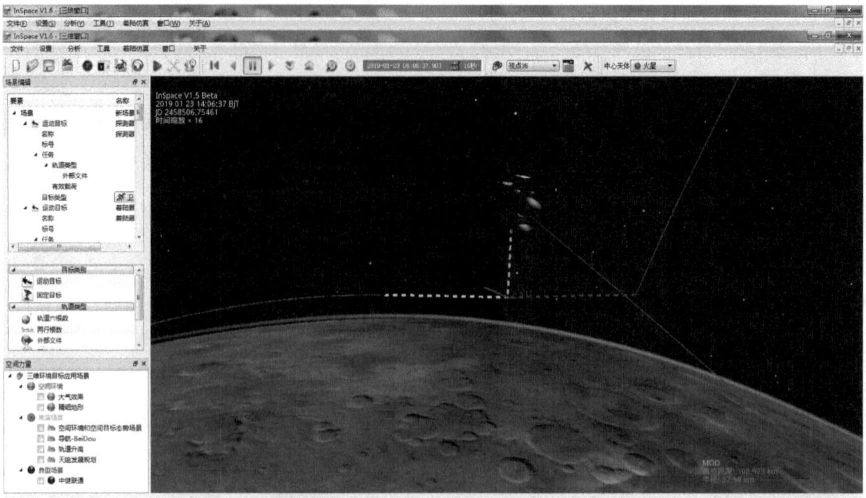

(a) 进入段无线电导航方案三维演示图

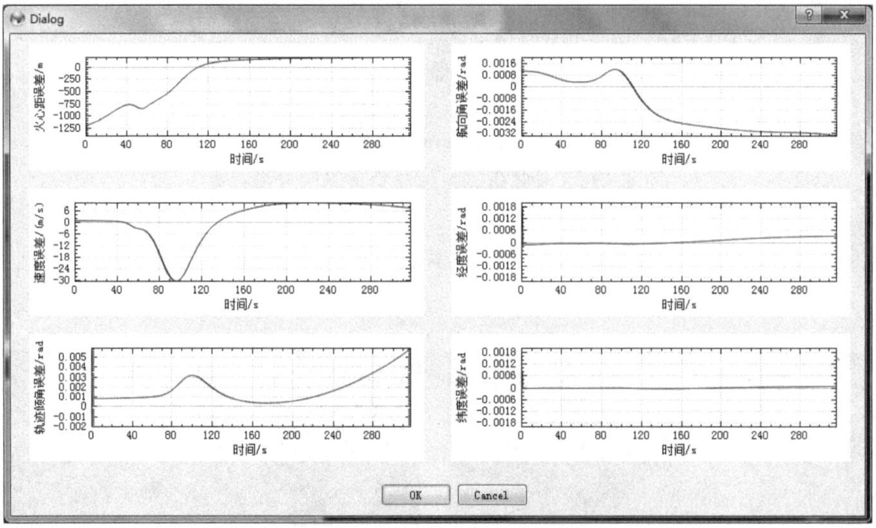

(b) 进入段无线电导航方案仿真结果

图 9-54　进入段无线电导航方案三维演示及仿真结果

9.4.3　典型任务仿真实例

2011 年 11 月 26 日，美国国家航空航天局（NASA）用宇宙神 5 运载火箭发射了火星科学实验室（MSL）。2012 年 8 月 6 日，MSL 携带的好奇号（Curiosity）火星巡视探测器成功登陆火星的盖尔环形山，开始进行人类迄今为止最重要的火星探测活动。按 NASA 的计划，好奇号将在火星表面至少工作一个火星年（686 个地球日）。在此期间，好奇号火星巡视探测器将挖掘火星土壤，钻取火星岩石粉末，分析火星岩石样本，探测火星过去或者现在是否存在支持微生物生存的环境。火星着陆过程依次包括接近段、进入段、降落伞下降段和着陆段。好奇号的火星着陆过程如图 9-55 所示[4]。

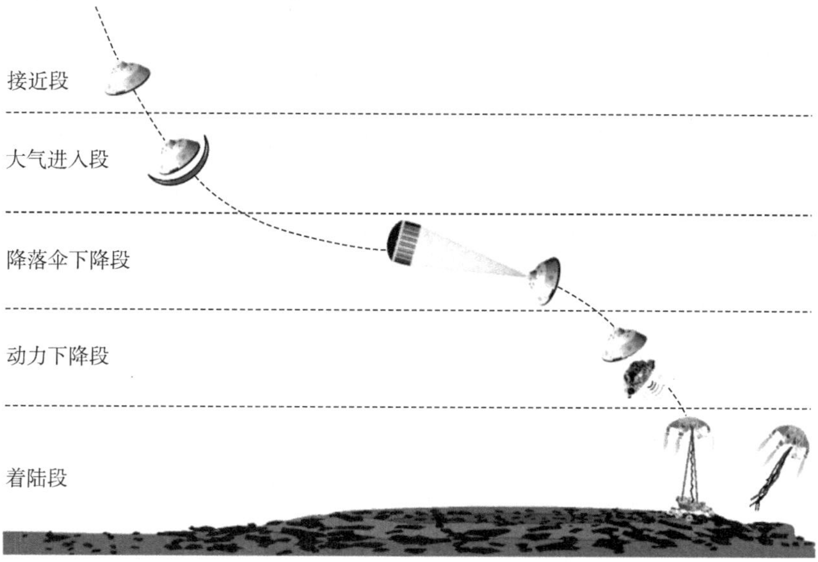

图 9-55　火星着陆过程示意图

接近段导航采用地面深空探测网 DSN 的无线电跟踪数据，通过位于加利福尼亚、西班牙和澳大利亚的 DSN 基站对探测器进行无线电跟踪，并通过多普勒数据解算得到探测器的径向距离与速度。同时，为了得到探测器的方位信息，采用 DOR（Differential One-way Range）测量，通过两台长基线的望远镜接受探测器信号并计算距离差，从而解算出探测器的方位角。

从巡航级分离直至降落伞下降段，好奇号都将以惯性导航作为唯一的导航方式。进入大气后，当测量的阻力加速度值达到 1.96 m/s^2 时，制导系统触发、开始余程控制阶段，即解析的预测校正进入制导。GNC 系统通过惯性单元得到当前探测器的速度、阻力加速度，并与相应的参考轨迹对比，从而确定控制量、完成跟踪纵程的目标。横程误差如果超过预先设定的阈值门限，则通过倾侧角反转可以保证横程误差在一定的范围之内。当探测器速度减小到 1 100 m/s 时，进入制导过程、开始进入方位角调整阶段，生成倾侧角指令来控制着陆器朝向目标着陆区方位。

在降落伞开伞前约 15 s 时，配重被抛出以消除进入过程的质心偏差。这将减小开伞时的攻角，并减小开伞时对探测器的冲击，当马赫数达到 2.05 时降落伞打开。伞降段导航方案主要由 IMU 及下降敏感器（TDS）执行。其中 TDS 由三轴多普勒雷达速度计和倾斜雷达高度计组成，具有 6 束独立的雷达波束。其中一束与探测器对称轴重合，三束均匀分布且与对称轴呈 20°，另外两束与对称轴呈 50°。通过对波束方向相对距离及速度的测量和波束方向的几何关系可以解算出探测器相对火星表面的相对距离、姿态与速度信息。

经过伞降阶段的无控减速，当距离地面 1.6～2 km、下降速度约 120 m/s 时，反冲发动机点火，动力下降阶段开始。动力下降段导航方法与伞降段相同，制导采用阿波罗登月舱的多项式制导方法实现软着陆。本部分将针对火星着陆过程 EDL 关键导航与制导技术进行仿真与分析。

（1）最终接近段自主导航方案仿真与分析

在已实施的火星探测任务中，探测器在接近段的导航大多采用基于地面设备的无线电跟踪测量。但是依靠地面深空网（DSN）进行最终接近段导航具有一定的局限性：一是由于地球-火星距离遥远，通信存在较大时延，地面缺乏对探测器实时测控的能力，同时地面测控信号的强度会随距离衰减，导航误差也随之增大；二是地面无法直接提供探测器相对火星的导航信息，导航精度受到火星星历误差的限制。针对上述问题，参考文献［5，6］提出了一种基于 X 射线脉冲星的火星最终接近段组合导航方案（如图 9-56 所示）。

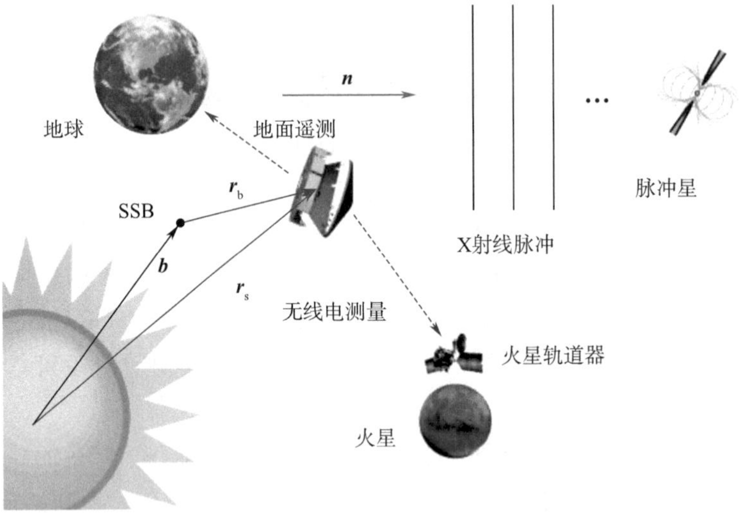

图 9-56　基于 X 射线脉冲星的火星最终接近段组合导航方案示意图

图 9-57 给出了基于 X 射线脉冲星的火星最终接近段组合导航方案与相关组合导航方案性能的仿真结果，表 9-8 给出了基于 X 射线脉冲星组合导航方案与 MSL 地面跟踪导航性能对比情况。

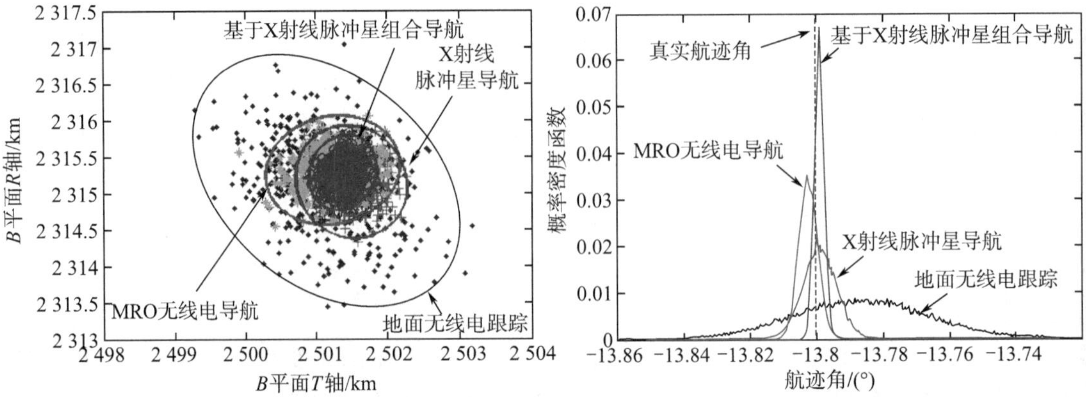

图 9-57　火星最终接近段导航方案性能对比

表 9-8　基于 X 射线脉冲星组合导航方案与 MSL 地面跟踪导航性能对比

导航方案	MSL 地面跟踪导航	X-ray 组合导航
导航方式	DSN	DSN+MRO+XNAV
3σ 误差椭圆长轴 / km	5.339 2	2.726 0
3σ 误差椭圆短轴 / km	1.099 4	0.856 9

由上述结果可见，引入 X 射线脉冲星信息可以有效提高探测器的状态估计精度，与传统接近段导航方案相比，具有更好的实时性。此外，利用 X 射线脉冲星导航方案与轨道器无线电导航方案的优势互补，提高了导航系统的自主性和可靠性。因此，该方案有助于为火星大气进入段提供更为精确的进入点状态信息。

(2) 大气进入段自主导航方案仿真与分析

目前火星大气进入段采用惯性导航方式，导航精度受初始状态偏差、IMU 漂移和随机误差及外部环境扰动等因素的影响，随着火星探测着陆精度要求的不断提高，需要寻求新的导航方案以提高导航性能。基于火星大气进入过程的特殊环境条件，可以利用火星轨道器或火星表面无线电信标作为信息源构建进入段的组合导航方案，利用探测器与无线电信标间的相对距离和速度信息提高导航系统性能[7-9]。参考文献［10］提出了基于无线电测量的火星进入段自主导航方案（如图 9-58 所示）。

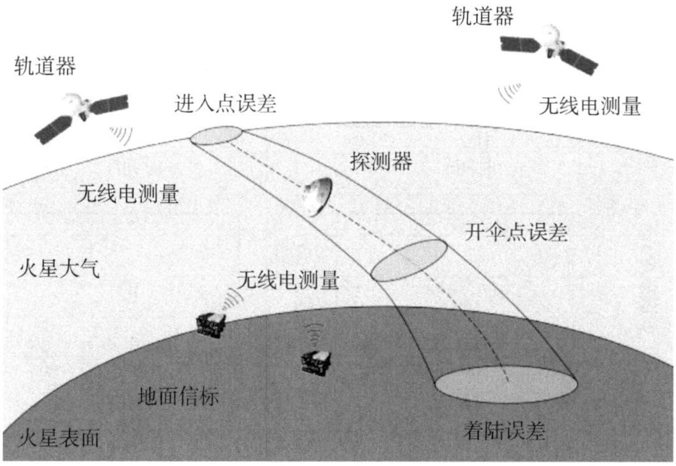

图 9-58　基于无线电测量的火星进入段组合导航方案示意图

随着火星探测任务的深入开展，未来将有更多轨道器和火星着陆器装备有无线电导航通信设备，从而为构建火星通信及导航网络提供可能，有望逐步建成“火星 GPS”导航网络。

假设三颗星表无线电信标可用，对火星进入段自主导航方案进行性能分析。信标位置如图 9-59 所示，其中可见区域表示在整个进入过程中此区域信标对探测器全可见。图 9-60给出了基于三颗信标的无线电测距导航滤波结果。表 9-9 给出了基于三颗无线电信标的测距、测距测速及惯性导航方案的导航精度比较。

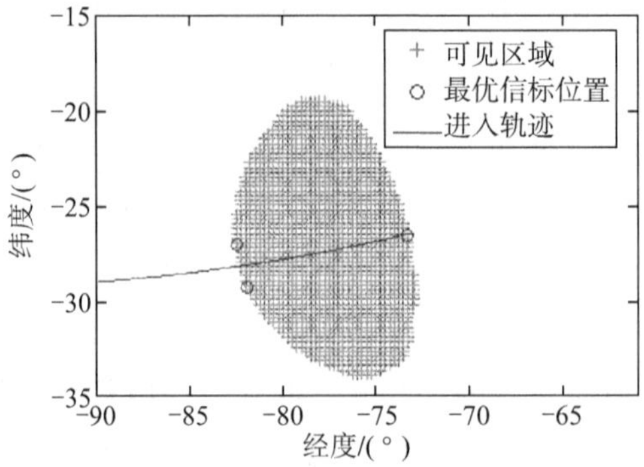

图 9-59　三颗火星表面信标位置

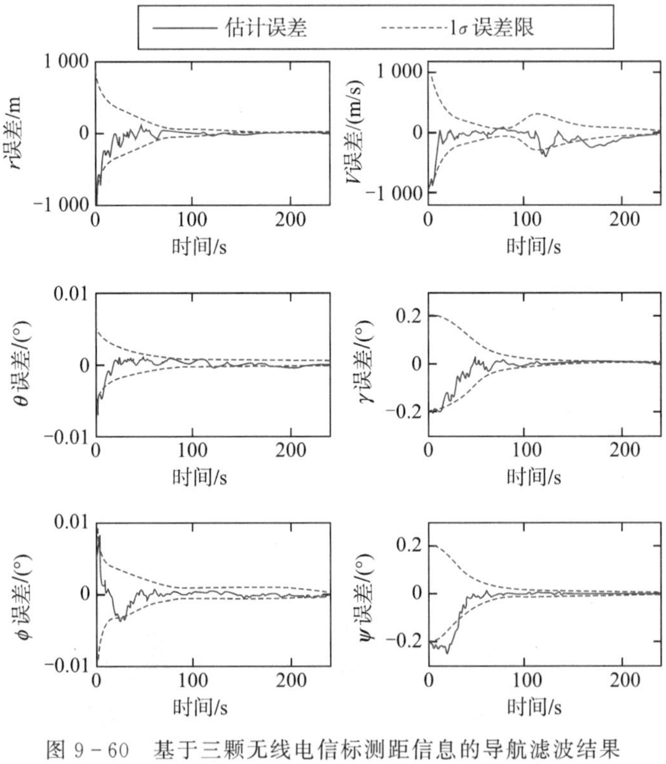

图 9-60　基于三颗无线电信标测距信息的导航滤波结果

表 9-9　不同导航方式导航误差比较 (3σ)

导航方式	位置/km	速度/(m/s)	航迹角/(°)	方位角/(°)	经度/(°)	纬度/(°)
惯性导航	0.396 0	2.282	0.096 4	0.065 0	0.006 1	0.006 2
无线电信标测距	0.017 2	0.472 8	0.033 1	0.025 2	0.000 37	0.002 02
无线电信标测距测速	0.007 4	0.169 9	0.009 3	0.004 4	0.000 05	0.000 23

由上述结果可见，通过引入无线电信标的测距信息，可以提高导航精度与收敛性能；进一步增加测速信息，导航性能可以得到进一步提高。仿真结果表明，基于无线电测量的自主导航方案能够有效提高火星大气进入段导航性能。

(3) 下降着陆段自主导航方案仿真与分析

为实现火星精确软着陆，在动力下降段要求导航系统提供探测器精确的位置和速度信息。以往的火星着陆任务在动力下降段均采用雷达高度计测量探测器的高度信息，借助不同的方式获取速度信息，然而均无法直接测得探测器相对目标着陆点的水平位置信息。虽然导航相机可以通过着陆区特征点观测得到探测器相对目标着陆点的位置信息，但由于图像识别与处理过程繁琐，基于光学相机的导航方案难以单独用于动力下降段。为此，参考文献 [11] 提出了基于多普勒雷达测量与轨道器无线电信标测量相结合的火星下降段自主导航方案（如图 9-61 所示）。

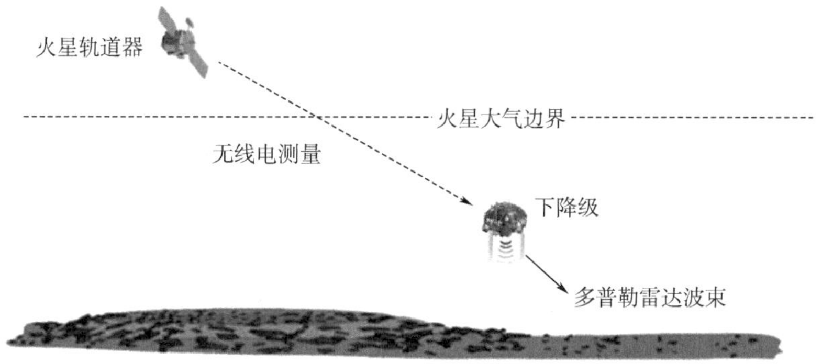

图 9-61　基于无线电测量的火星下降段组合导航方案示意图

选择 MRO 作为无线电测量信息源，对基于 TDS 导航方案和基于多普勒雷达与轨道器无线电信标测量组合导航方案进行对比分析，可以得到如图 9-62 所示的探测器状态的导航滤波结果。

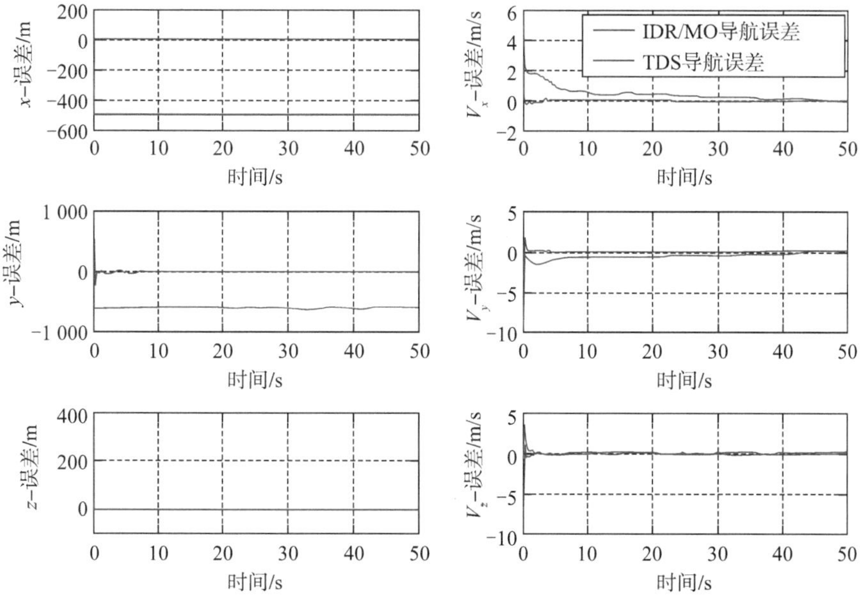

图 9-62　两种导航方案导航误差对比

由上述结果可见，采用 TDS 导航方案只能准确估计探测器的高度和速度；而采用组合导航方案，可以准确估计出探测器的高度、速度及水平位置信息。同时，多普勒雷达和无线电接收机的工作频率高，数据测量快，可以保证实时性要求。

（4）火星着陆全过程自主导航方案综合仿真试验与分析

利用前述各阶段自主导航方案，对火星着陆全过程进行综合仿真，进一步研究各阶段交接点的导航精度（如表 9－10 所示），仿真系统结构如图 9－63 所示，仿真条件同前。

表 9－10　火星着陆各阶段导航方案

着陆阶段	导航方案	敏感器
最终接近段	基于 X 射线脉冲星的组合导航方案	无线电接收机 X 射线敏感器
大气进入段	基于无线电信标测量的导航方案	无线电接收机 IMU
伞降段	惯性导航方案	IMU
动力下降段	基于轨道无线电信标测量的组合导航方案	IMU 多普勒雷达 无线电接收机

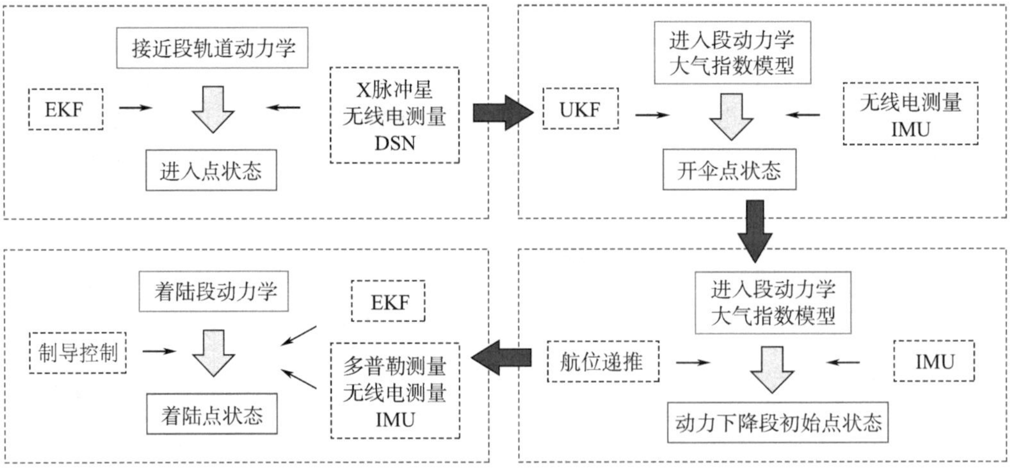

图 9－63　仿真系统结构图

通过综合仿真，可以得到火星着陆各阶段交接点的导航精度如表 9－11 所示，同时着陆误差椭圆如图 9－64 所示。

表 9－11　火星着陆各阶段交接点导航误差

交接点	导航误差（3σ）/m
进入点	300
开伞点	110
着陆点	50

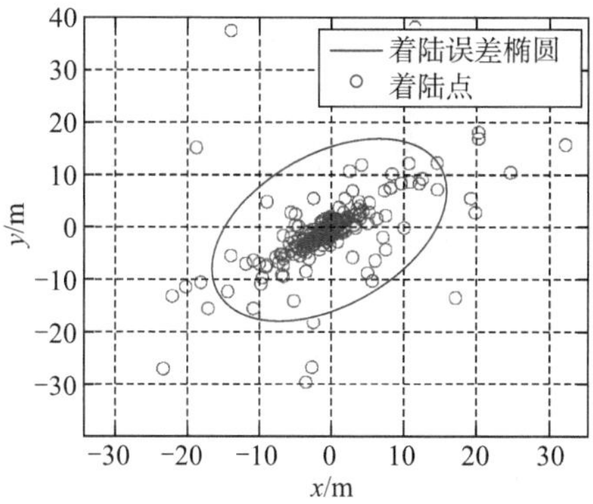

图 9-64　着陆误差椭圆

综合仿真结果表明，火星着陆过程各阶段自主导航方案可以对火星着陆探测器的状态进行有效估计，且较已有火星着陆自主导航方案的性能有较大提高，在给定初始条件下能够满足火星定点着陆的精度需求。

参考文献

[1] 高艾，崔平远，崔祜涛．基于 VxWorks 的小天体撞击任务的星载 GNC 软件设计．空间控制技术与应用，2010，36（1）：51－55.

[2] 朱圣英，崔祜涛，崔平远．小天体撞击器 GNC 系统设计与仿真．系统仿真学报．2011，23（1）：89－94.

[3] 秦同，王硕，高艾，等．一种火星大气密度三维解析模型．深空探测学报，2014，1（2）：117－122.

[4] 崔平远，于正湜，朱圣英．火星进入段自主导航技术研究现状与展望．宇航学报，2013，34（4）：447－456.

[5] Cui P，Yu Z，Zhu S，and Gao A. Real－time navigation for Mars final approach using X－ray pulsars. AIAA Guidance，Navigation，and Control Conference，Boston，Massachusetts，USA. 2013：AIAA 2013－5204.

[6] Cui P，Wang S，Gao A，Zhu S. X－ray pulsars/Doppler integrated navigation for Mars final approach. Advances in Space Research，2015，57（9）：1889－1900.

[7] Lévesque J F，Lafontaine J D. Innovative navigation schemes for state and parameter estimation during mars entry. Journal of Guidance，Control，and Dynamics，2007，30（1）：169－184.

[8] Yu Z，Zhu S，Cui，Pingyuan. Orbit optimization of Mars orbiters for entry navigation：From an observability point of view. Acta Astronautica. 2015，111：136－145.

[9] Yu Zhengshi，Cui Pingyuan，Zhu Shengying. On the observability of Mars entry navigation using radiometric measurements. Advances in Space Research. 2014，54（8）：1513－1524.

[10] Yu Z，Cui P，and Zhu S. Observability－based beacon configuration optimization for mars entry navigation. Journal of Guidance，Control，and Dynamics，2015，38（4）：643－650.

[11] Qin T，Zhu S，Cui P，et al. An innovative navigation scheme of powered descent phase for Mars pinpoint landing. Advances in Space Research，2014，55（9）：1888－1900.